高等数学学习指导与习题解析（下）

北京邮电大学高等数学双语教学组　编

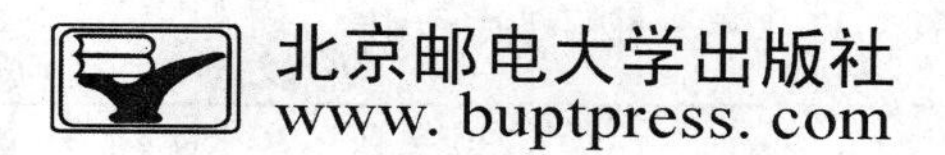

内 容 简 介

本书是以国家教育部非数学专业数学基础课教学指导分委员会制定的工科类本科的高等数学教学大纲为依据，根据北京邮电大学高等数学双语教学组编写的双语高等数学教材而编写的教学辅导书。本书对双语高等数学教材的习题作了全解，对各章的知识要点和学习要求进行了总结，且每章都附有极具针对性的总习题供读者进行自我检测。

本书与北京邮电大学高等数学双语教学组编写的双语高等数学教材相匹配，可与教材同步使用，也可以作为普通高等学校学习高等数学和微积分课程的教学辅导书，是在校大学生和教师必备的参考书。

图书在版编目（CIP）数据

高等数学学习指导与习题解析. 下 / 北京邮电大学高等数学双语教学组编. --北京：北京邮电大学出版社，2014.4

ISBN 978-7-5635-3877-5

Ⅰ. ①高…　Ⅱ. ①北…　Ⅲ. ①高等数学－双语教学－高等学校－教学参考资料　Ⅳ. ①O13

中国版本图书馆 CIP 数据核字（2014）第 044159 号

书　　　名：高等数学学习指导与习题解析（下）
著作责任者：北京邮电大学高等数学双语教学组　编
责 任 编 辑：刘　颖
出 版 发 行：北京邮电大学出版社
社　　　址：北京市海淀区西土城路 10 号（邮编：100876）
发　行　部：电话：010-62282185　传真：010-62283578
E-mail：publish@bupt.edu.cn
经　　　销：各地新华书店
印　　　刷：北京联兴华印刷厂
开　　　本：787 mm×960 mm　1/16
印　　　张：19.25
字　　　数：417 千字
印　　　数：1—3 000 册
版　　　次：2014 年 3 月第 1 版　2014 年 3 月第 1 次印刷

ISBN 978-7-5635-3877-5　　　　定　价：39.00 元

前 言

为了满足高等院校工科类双语数学基础课的教学需要，我们编写了全英文的高等数学教材及其中译本。与一般高等院校使用的中文高等数学和微积分教材相比较，双语高等数学教材在内容编排与讲解上适当吸收了欧美国家微积分教材的一些优点，更注重与后续课程学习和实际应用的衔接。由于双语教学模式下要学好本课程就需要花费更多的精力，为了帮助读者解决学习本课程的困难，给读者一些启示和提供一些方法，我们编写了这本书供读者参考。

本书是由我们在双语教学第一线的教师经过集体讨论、反复推敲、分别执笔编写出来的，与已出版的双语高等数学教材相匹配。本书包括《高等数学学习指导与习题解析(上)》及《高等数学学习指导与习题解析(下)》共两分册。本书也可以作为一般高等院校学生和教师学习高等数学和微积分课程的教学参考书，或有志于学习高等数学的读者的一本自学辅导书。

本书的内容选取和编排顺序与双语高等数学教材一致，以章节为序，按节编排知识要点和习题解答。由于双语教学的特殊模式，教材在编排时作者从淡化运算技巧出发有意删除了一些计算方法和技巧，因而使读者在解题时产生一定的困难，本书在习题解答中弥补了这一不足，使读者通过学习，在计算方法和技巧上有所提高。本书按节编排知识要点，按章提出了学习的基本要求，可以使读者通过自学把知识要点串联在一起，有的放矢地学习，避免遗漏。本书还结合高等数学的教学大纲和重要的知识点，在每章都给出了极具针对性的总习题，以便读者自我测试和掌握学习情况。

本书分为上、下两册出版，全书由袁健华和艾文宝主编。下册的第七章至第十一章的知识要点和习题解析分别由袁健华、朱萍、李晓花、石霞和艾文宝撰写，李晓花还撰写了第十二章，最后由袁健华和艾文宝审定了下册。在本书的编写中还参阅了国内其他作者编写的高等数学习题指导书，在此向这些作者表示感谢。在本书的编写过程中得到北京邮电大学、北京邮电大学理学院和国际学院教改项目的支持，作者在此表示衷心的感谢！

由于编者水平有限，时间仓促，不妥之处在所难免，书中如有错漏之处，欢迎读者通过邮箱(jianhuayuan@bupt.edu.cn)指出，以便我们及时纠正。

编 者

目　录

第七章　微分方程

本章介绍了微分方程及其解、阶、通解、初始条件和特解等概念，以及几类简单的常微分方程的解法．读者通过学习要掌握可分离变量的微分方程、齐次微分方程、一阶线性微分方程的解法，要掌握用降阶法解一些高阶微分方程，掌握二阶常系数齐次微分方程的解法，并会解某些高于二阶的常系数齐次微分方程．

第一节　微分方程的基本概念

一、知识要点

含有未知函数及其导数的方程称为**微分方程**．微分方程中含有的未知函数的最高阶导数的阶数称为微分方程的阶．一般地，n 阶微分方程的形式为

$$F(x,y,y',y'',\cdots,y^{(n)})=0.$$

满足 n 阶微分方程 $y^{(n)}=f(x,y,y',\cdots,y^{(n-1)})$ 的函数 y 称为微分方程的解，它的解中一般含有 n 个独立的任意常数．称含有 n 个独立常数的解为方程组的通解；不含任意常数的解为特解．

设 n 阶微分方程 $y^{(n)}=f(x,y,y',\cdots,y^{(n-1)})$ 满足初始条件 $y(x_0)=y_0,y'(x_0)=y_1,\cdots,y^{(n-1)}(x_0)=y_{n-1}$．求满足微分方程以及初始条件的特解称之为**微分方程的初始值问题**．如果微分方程的通解可用初等函数表示或可用初等函数的积分表示，称该微分方程可用初等解法求解．

二、习题解答

1．指出下列微分方程的阶：

(1) $y'-2y=x+2$；

(2) $x^2y''-3xy'+y=x^4\mathrm{e}^x$；

(3) $(1+x^2)(y')^3-2xy=0$；

(4) $xy'''-\cos^2(y')+y=\tan x$；

(5) $x\ln x\mathrm{d}y+(y-\ln x)\mathrm{d}x=0$;　　　　(6) $L\dfrac{\mathrm{d}^2Q}{\mathrm{d}t^2}+R\dfrac{\mathrm{d}Q}{\mathrm{d}t}+\dfrac{Q}{C}=0$.

解:

(1) 该方程为 1 阶的.

(2) 该方程为 2 阶的.

(3) 该方程为 1 阶的.

(4) 该方程为 3 阶的.

(5) 该方程为 1 阶的.

(6) 该方程为 2 阶的.

2. 请指出各题中的函数 y 是否为所给微分方程的解,并说明原因.

(1) $xy'=2y, y=5x^2$;

(2) $y''+y=0, y=\sin x-4\cos x$;

(3) $y''-2y'+y=0, y=x^2\mathrm{e}^x$;

(4) $y''-(\lambda_1+\lambda_2)y'+\lambda_1\lambda_2(y')^2-2y'=0, y=\ln x$.

解:(1) 函数 $y=5x^2$ 是微分方程 $xy'=2y$ 的一个解.

由于 $y'=10x$,将 $y=5x^2$ 和 $y'=10x$ 代入微分方程左边可知函数 $y=5x^2$ 满足 $xy'=2y$,所以函数 $y=5x^2$ 是微分方程 $xy'=2y$ 的解.

(2) 函数 $y=3\sin x-4\cos x$ 是微分方程 $y''+y=0$ 的一个解.

由 $y=3\sin x-4\cos x$ 可得 $y'=3\cos x+4\sin x, y''=-3\sin x+4\cos x$,所以 $y''+y=0$ 成立,函数 $y=3\sin x-4\cos x$ 是微分方程 $y''+y=0$ 的解.

(3) 函数 $y=x^2\mathrm{e}^x$ 不是微分方程 $y''-2y'+y=0$ 的一个解.

由 $y=x^2\mathrm{e}^x$ 可得 $y'=x^2\mathrm{e}^x+2x\mathrm{e}^x=\mathrm{e}^x(x^2+2x)$ 以及 $y''=[\mathrm{e}^x(x^2+2x)]'=\mathrm{e}^x(x^2+4x+2)$,所以 $y''-2y'+y=y''=\mathrm{e}^x(x^2+4x+2)-2\mathrm{e}^x(x^2+2x)+x^2\mathrm{e}^x=2\mathrm{e}^x\neq0$. 故而函数 $y=x^2\mathrm{e}^x$ 不是微分方程 $y''-2y'+y=0$ 的一个解.

(4) 函数 $y=\ln x$ 不是微分方程 $y''-(\lambda_1+\lambda_2)y'+\lambda_1\lambda_2(y')^2-2y'=0$ 的解.

由 $y=\ln x$ 可得 $y'=\dfrac{1}{x}$ 以及 $y''=-\dfrac{1}{x^2}$,所以

$$
\begin{aligned}
&y''-(\lambda_1+\lambda_2)y'+\lambda_1\lambda_2(y')^2+yy'-2y'\\
=&-\frac{1}{x^2}-\frac{\lambda_1+\lambda_2}{x}+\frac{\lambda_1\lambda_2}{x^2}+\frac{\ln x}{x}-\frac{2}{x}\\
=&\frac{-1-(\lambda_1+\lambda_2)x+\lambda_1\lambda_2+x\ln x-2x}{x^2}\neq0.
\end{aligned}
$$

故而函数 $y=\ln x$ 不是微分方程 $y''-(\lambda_1+\lambda_2)y'+\lambda_1\lambda_2(y')^2-2y'=0$ 的解.

3. 求下列曲线的方程:

(1) 曲线上任意点 $P(x,y)$ 处的切线都是 x^2.

(2) 曲线上任意点 $P(x,y)$ 处到原点的距离等于点 P 和点 Q 之间的距离，其中 Q 点是曲线上过点 P 的切线与 x 轴的交点.

解：(1) 由题意可知曲线上任意点 $P(x,y)$ 处 $y'=x^2$，由导数公式可知该曲线的方程为

$$y'=x^2$$

或

$$y=\frac{x^3}{3}+C(C\text{ 为任意常数}).$$

(2) 设该曲线的方程为 $y=y(x)$. Q 点是曲线上过点 P 的切线与 x 轴的交点. 可得 Q 点坐标为 $(x-\frac{y}{y'},0)$，则有

$$|PQ|=\sqrt{y^2+\left(\frac{y}{y'}\right)^2}$$

以及

$$|OP|=\sqrt{x^2+y^2}.$$

由题意可知，曲线 $y=y(x)$ 满足

$$x^2+y^2=y^2+\left(\frac{y}{y'}\right)^2,$$

即 $x^2(y')^2=y^2$，可得曲线的方程为 $y=Cx$ 或 $y=\frac{C}{x}$，其中，C 为任意常数.

第二节　一阶微分方程

一、知识要点

1. 一阶可分离变量微分方程

一阶可分离变量微分方程的形式为

$$\frac{\mathrm{d}y}{\mathrm{d}x}=g(x)h(y).$$

求解方法如下：先分离变量 $\frac{\mathrm{d}y}{h(y)}=g(x)\mathrm{d}x$，然后两边取不定积分，即得通解

$$\int\frac{\mathrm{d}y}{h(y)}=\int g(x)\mathrm{d}x.$$

2. 一阶齐次微分方程

一阶齐次微分方程的形式可表示为

$$\frac{\mathrm{d}y}{\mathrm{d}x}=F\left(\frac{y}{x}\right).$$

求解方法如下:先作变量替换,令 $y=ux$,将原方程化为可分离变量的微分方程

$$u+x\frac{\mathrm{d}u}{\mathrm{d}x}=F(u).$$

求解得到 $u=G(x)$后将 $u=\frac{y}{x}$回代即得到原方程的解.

3. 一阶线性微分方程

一阶线性齐次微分方程形式为

$$\frac{\mathrm{d}y}{\mathrm{d}x}+p(x)y=0,\quad p(x)\in C(I).$$

其通解为 $y=C\mathrm{e}^{\int p(x)\mathrm{d}x}$.

一阶线性非齐次微分方程形式为

$$\frac{\mathrm{d}y}{\mathrm{d}x}+p(x)y=q(x),\quad p(x),q(x)\in C(I).$$

其通解为

$$y=\mathrm{e}^{-\int p(x)\mathrm{d}x}\left[C+\int q(x)\mathrm{e}^{\int p(x)\mathrm{d}x}\mathrm{d}x\right].$$

4. 贝努利微分方程

贝努利微分方程的形式为

$$\frac{\mathrm{d}y}{\mathrm{d}x}+p(x)y=q(x)y^{\alpha}(\alpha\neq 0,\alpha\neq 1),\quad p(x),q(x)\in C(I).$$

求解方法如下:先将原方程两边同时乘以 $y^{-\alpha}$得

$$\frac{1}{1-\alpha}\frac{\mathrm{d}(y^{1-\alpha})}{\mathrm{d}x}+p(x)y^{1-\alpha}=q(x),$$

再令 $z=y^{1-\alpha}$并在方程两边同时乘以 $1-\alpha$,原方程即化为一阶线性微分方程

$$\frac{\mathrm{d}z}{\mathrm{d}x}+(1-\alpha)p(x)z=q(x).$$

求得上一阶线性微分方程的解 $z=z(x)$后变量回代即得原方程的解.

5*. 全微分方程

全微分方程的形式为

$$X(x,y)\mathrm{d}x+Y(x,y)\mathrm{d}y=0,$$

其中,$X(x,y)$,$Y(x,y)$满足$\frac{\partial X(x,y)}{\partial y}\equiv\frac{\partial Y(x,y)}{\partial x}$,$(x,y)\in D$.

其通解为 $u(x,y)=C$,二元函数 $u(x,y)$满足 $\mathrm{d}u(x,y)=X\mathrm{d}x+Y\mathrm{d}y$,即

$$u(x,y)=\int_{x_0}^{x}X(x,y_0)\mathrm{d}x+\int_{y_0}^{y}Y(x_0,y)\mathrm{d}y,\quad (x,y),(x_0,y_0)\in D.$$

二、习题解答

1. 用分离变量法求下列微分方程的通解或特解：

(1) $\frac{\mathrm{d}y}{\mathrm{d}x}=\frac{x}{y}$；

(2) $\mathrm{d}y+y\tan x\mathrm{d}x=0$；

(3) $\frac{\mathrm{d}y}{\mathrm{d}x}=\frac{\sqrt{1-y^2}}{\sqrt{1-x^2}}$；

(4) $\frac{x}{1+y}\mathrm{d}x-\frac{y}{1+x}\mathrm{d}y=0,y|_{x=0}=1$；

(5) $(xy^2+x)\mathrm{d}x+(y-x^2y)\mathrm{d}y=0$；

(6) $y'\sin x=y\ln y$；

(7) $(1+x^2)\mathrm{d}y+\sqrt{1-y^2}\,\mathrm{d}x=0$；

(8) $\arctan y\mathrm{d}y+(1+y^2)x\mathrm{d}x=0$.

解：

(1) 将微分方程$\frac{\mathrm{d}y}{\mathrm{d}x}=\frac{x}{y}$分离变量得

$$y\mathrm{d}y=x\mathrm{d}x.$$

两边同时积分有$\frac{1}{2}y^2=\frac{1}{2}x^2+C_1$，即通解为 $y^2=x^2+C$，其中，C 是任意常数.

(2) 将微分方程 $\mathrm{d}y+y\tan x\mathrm{d}x=0$ 分离变量得

$$\frac{\mathrm{d}y}{y}=\frac{1}{\cos x}\mathrm{d}(\cos x).$$

两边同时积分，易得 $\ln|y|=\ln|\cos x|+\ln C$，即通解为 $y=C\cos x$，其中，C 是任意常数.

(3) 将微分方程$\frac{\mathrm{d}y}{\mathrm{d}x}=\frac{\sqrt{1-y^2}}{\sqrt{1-x^2}}$分离变量得

$$\frac{\mathrm{d}y}{\sqrt{1-y^2}}=\frac{\mathrm{d}x}{\sqrt{1-x^2}}.$$

两边同时积分可得通解为 $\arcsin y=\arcsin x+C$，其中，C 是任意常数.

(4) 将微分方程$\frac{x}{1+y}\mathrm{d}x-\frac{y}{1+x}\mathrm{d}y=0$ 分离变量得

$$y(1+y)\mathrm{d}y=x(1+x)\mathrm{d}x.$$

两边同时积分，可得通解为

$$\frac{1}{3}y^3+\frac{1}{2}y^2=\frac{1}{3}x^3+\frac{1}{2}x^2+C,$$

即

$$\frac{1}{3}x^3+\frac{1}{2}x^2-\frac{1}{3}y^3-\frac{1}{2}y^2+C=0.$$

由给定初始条件$y|_{x=0}=1$可得$\frac{1}{3}-\frac{1}{2}+C=0$,即$C=\frac{5}{6}$.

所以原微分方程初始问题的特解为$\frac{1}{3}x^3+\frac{1}{2}x^2-\frac{1}{3}y^3-\frac{1}{2}y^2+\frac{5}{6}=0$.

(5) 将微分方程$(xy^2+x)\mathrm{d}x+(y-x^2y)\mathrm{d}y=0$分离变量得

$$-\frac{x}{(1-x^2)}\mathrm{d}x=\frac{y}{(1+y^2)}\mathrm{d}y.$$

两边同时积分,可得通解为$\ln(1-x^2)+\ln C=\ln(1+y^2)$,即$y^2=C(1-x^2)-1$,其中,$C$是任意常数.

(6) 将微分方程$y'\sin x=y\ln y$分离变量得

$$\frac{\mathrm{d}y}{y\ln y}=\frac{1}{\sin x}\mathrm{d}x.$$

两边同时积分,可得通解为$\ln|\ln y|=\ln\left|\tan\frac{x}{2}\right|+\ln C_1$,整理可得该微分方程的通解为$\ln y=C\tan\frac{x}{2}$.

(7) 将微分方程$(1+x^2)\mathrm{d}y-\sqrt{1-y^2}\,\mathrm{d}x=0$分离变量得

$$\frac{\mathrm{d}y}{\sqrt{1-y^2}}=\frac{\mathrm{d}x}{1+x^2}.$$

两边同时积分,可得通解为$\arcsin y=\arctan x+C$,其中,C是任意常数.

(8) 将微分方程$\arctan y\mathrm{d}y+(1+y^2)x\mathrm{d}x=0$分离变量得

$$\frac{\arctan y\mathrm{d}y}{1+y^2}=-x\mathrm{d}x.$$

两边同时积分,有$\int\arctan y\mathrm{d}(\arctan y)=\int -x\mathrm{d}x$成立,故微分方程的通解为$(\arctan y)^2=-x^2+C$,其中,$C$是任意常数.

2. 求下列一阶线性微分方程的通解:

(1) $xy'+y=\mathrm{e}^x$;　　(2) $xy'-y=x^2\mathrm{e}^x$;

(3) $\cos^2 x\frac{\mathrm{d}y}{\mathrm{d}x}+y=\tan x$;　　(4) $\tan t\frac{\mathrm{d}x}{\mathrm{d}t}-x=5$;

(5) $x\ln x\mathrm{d}y+(y-\ln x)\mathrm{d}x=0$;　　(6) $(1+x^2)y'-2xy=(1+x^2)^2$;

(7) $\frac{\mathrm{d}s}{\mathrm{d}t}+s\cos t=\frac{1}{2}\sin 2t$;　　(8) $xy'-y=\frac{x}{\ln x}$.

解:

(1) 该一阶线性非齐次微分方程对应的齐次微分方程为$xy'+y=0$.易求齐次微分方程的通解为$y=\frac{C}{x}$.下面用常数变易法求解非齐次微分方程.设非齐次微分方程的解为$y=$

$\dfrac{h(x)}{x}$,代入方程 $xy'+y=e^x$ 可得

$$\frac{h'(x)x-h(x)}{x}+\frac{h(x)}{x}=e^x,$$

即 $h'(x)=e^x$. 可得

$$h(x)=e^x+C.$$

故微分方程 $xy'+y=e^x$ 的通解为 $y=\dfrac{e^x+C}{x}$,其中,C 是任意常数.

注： 该题也可直接用公式法求解.

将微分方程 $xy'+y=e^x$ 写为 $y'+\dfrac{y}{x}=\dfrac{e^x}{x}(x\neq 0)$,易知 $p(x)=\dfrac{1}{x}$,$q(x)=\dfrac{e^x}{x}$. 微分方程 $xy'+y=e^x$ 的通解为

$$\begin{aligned}y&=e^{-\int p(x)dx}\left[C+\int q(x)e^{\int p(x)dx}dx\right]=e^{-\int\frac{1}{x}dx}\left[C+\int\frac{e^x}{x}e^{\int\frac{1}{x}dx}dx\right]\\&=\frac{1}{x}\left(C_1+\int e^x dx\right)=\frac{e^x+C}{x}(\text{其中},C\text{是任意常数}).\end{aligned}$$

(2) 该一阶线性非齐次微分方程对应的齐次微分方程为 $xy'-y=0$,易求齐次微分方程的通解为 $y=Cx$. 下面用常数变易法求解非齐次微分方程. 设非齐次微分方程的解为 $y=h(x)x$,则有

$$h'(x)x^2+xh(x)-h(x)x=x^2e^x,$$

即

$$x^2h'(x)=x^2e^x.$$

可解得 $h(x)=e^x+C$. 故微分方程 $xy'-y=x^2e^x$ 的通解为 $y=xe^x+Cx$,其中,C 是任意常数.

注： 该题也可直接用公式法求解.

将微分方程 $xy'-y=x^2e^x$ 写为 $y'-\dfrac{y}{x}=xe^x(x\neq 0)$. 易知 $p(x)=-\dfrac{1}{x}$,$q(x)=xe^x$,代入公式可得微分方程的通解为

$$\begin{aligned}y&=e^{-\int p(x)dx}\left(C+\int q(x)e^{\int p(x)dx}dx\right)=e^{\int\frac{1}{x}dx}\left(C+\int xe^x e^{-\int\frac{1}{x}dx}dx\right)\\&=x\left(C+\int e^x dx\right)=x(e^x+C)(\text{其中}C\text{是任意常数}).\end{aligned}$$

(3) 该一阶线性非齐次微分方程对应的齐次微分方程为 $\cos^2 x\dfrac{dy}{dx}+y=0$,易求齐次微分方程的通解为 $y=Ce^{-\tan x}$. 下面用常数变易法求解非齐次微分方程. 设非齐次微分方程的解为 $y=h(x)e^{-\tan x}$,代入方程可得

$$\cos^2 x\frac{dy}{dx}+y=-h(x)e^{-\tan x}+h(x)e^{-\tan x}+\cos^2 xh'(x)e^{-\tan x}=\tan x.$$

即 $h'(x)=\dfrac{\tan x}{\cos^2 x}e^{\tan x}$故 $h(x)=\tan xe^{\tan x}-e^{\tan x}+C$,原非齐次微分方程的通解为 $y=\tan x-$

$1+Ce^{-\tan x}$,其中,C 是任意常数.

(4) 该一阶线性非齐次微分方程对应的齐次微分方程为$\frac{dx}{dt}-\frac{x}{\tan t}=0$,用分离变量法可求得其通解为 $x=C\sin t$. 下面用常数变易法求解非齐次微分方程. 设非齐次微分方程的解为 $x=h(t)\sin t$,代入非齐次微分方程可得

$$h'(t)\sin t=\frac{5}{\tan t},$$

即 $h(t)=-\frac{5}{\sin t}+C$,故原微分方程的通解为 $x=C\sin t-5$,其中,C 是任意常数.

(5) 该一阶线性非齐次微分方程对应的齐次微分方程为 $x\ln x\mathrm{d}y+y\mathrm{d}x=0$,用分离变量法可求得其通解为 $y=\frac{C}{\ln x}$. 下面用常数变易法求解非齐次微分方程. 设非齐次微分方程的解为 $y=\frac{h(x)}{\ln(x)}$,代入非齐次微分方程可得

$$xh'(x)=\ln x$$

即 $h(x)=\frac{1}{2}\ln^2 x+C$,故原微分方程的通解为 $y=\frac{1}{2}\ln x+\frac{C}{\ln x}$,其中,$C$ 是任意常数.

(6) 该一阶线性非齐次微分方程对应的齐次微分方程为 $y'-\frac{2xy}{1+x^2}=0$,用分离变量法可求得其通解为 $y=C(1+x^2)$. 下面用常数变易法求解非齐次微分方程. 设非齐次微分方程的解为 $y=h(x)(1+x^2)$,代入非齐次微分方程可得

$$h'(x)(1+x^2)=1+x^2,$$

即 $h(x)=x+C$. 故原微分方程的通解为 $y=(x+C)(1+x^2)$,其中,C 是任意常数.

(7) 该一阶线性非齐次微分方程对应的齐次微分方程为$\frac{ds}{dt}+s\cos t=0$,用分离变量法可求得其通解为 $s=Ce^{-\sin t}$. 下面用常数变易法求解非齐次微分方程. 设非齐次微分方程的解为 $s=h(t)e^{-\sin t}$,代入非齐次微分方程可得

$$h'(t)e^{-\sin t}=\sin t\cos t,$$

即 $h(t)=\sin te^{\sin t}-e^{\sin t}+C$. 故原微分方程的通解为 $s=\sin t-1+Ce^{-\sin t}$,其中,C 是任意常数.

(8) 该一阶线性非齐次微分方程对应的齐次微分方程为 $y'-\frac{y}{x}=0$,用分离变量法可求得其通解为 $y=Cx$. 下面用常数变易法求解非齐次微分方程. 设非齐次微分方程的解为 $y=h(x)x$,代入非齐次微分方程可得

$$h'(x)x=\frac{1}{\ln x},$$

即 $h(x)=\ln|\ln x|+C$. 故原微分方程的通解为 $y=x\ln|\ln x|+Cx$,其中,C 是任意常数.

3. 求下列方程的解:

(1) $(2x^2-y^2)+3xy\frac{dy}{dx}=0$;　　(2) $xy'=y\ln\frac{y}{x}$;

(3) $(x^3+y^3)\mathrm{d}x-3xy^2\mathrm{d}y=0$;

(4) $3y^2y'-y^3=x+1$;

(5) $y'-x^2y^2=y$;

(6) $y'=\dfrac{x}{y}+\dfrac{y}{x}, y|_{x=-1}=2$;

(7) $y'+2xy=2x^3y^3$;

(8) $(x+y)^2y'=a^2$(a 是常数);

(9) $y'=\dfrac{1}{\mathrm{e}^y+x}$;

(10) $\dfrac{\mathrm{d}y}{\mathrm{d}x}=(x+y)^2$;

(11) $(\cos y-2x)'=1$;

(12) $y'=\sin^2(x-y+1)$;

(13) $x^2y'+xy=y^2, y|_{x=1}=1$;

(14) $yy'-y^2=x^2$;

(15) $x\mathrm{d}y-y\mathrm{d}x=y^2\mathrm{e}^y\mathrm{d}y$;

(16) $(1+\mathrm{e}^{\frac{x}{y}})\mathrm{d}x+\mathrm{e}^{\frac{x}{y}}(1-\dfrac{x}{y})\mathrm{d}y=0$.

解:(1) 由$(2x^2-y^2)+3xy\dfrac{\mathrm{d}y}{\mathrm{d}x}=0$ 可得

$$\frac{\mathrm{d}y}{\mathrm{d}x}=\frac{y^2-2x^2}{3xy}=\frac{1}{3}\frac{y}{x}-\frac{2}{3}\frac{x}{y},$$

该方程为一阶齐次微分方程. 令 $u=\dfrac{y}{x}$,则 $u+x\dfrac{\mathrm{d}u}{\mathrm{d}x}=\dfrac{1}{3}u-\dfrac{2}{3}\dfrac{1}{u}$,即 $x\dfrac{\mathrm{d}u}{\mathrm{d}x}=-\dfrac{2}{3}(u+\dfrac{1}{u})$. 分离变量就得到$\dfrac{\mathrm{d}u}{u+\dfrac{1}{u}}=-\dfrac{2}{3}\dfrac{\mathrm{d}x}{x}$,从而$\dfrac{1}{2}\ln(1+u^2)=-\dfrac{2}{3}\ln x+C$. 所以原方程的解为

$$\frac{1}{2}\ln\left[1+\left(\frac{y}{x}\right)^2\right]=-\frac{2}{3}\ln x+C,$$

其中,C 是任意常数.

(2) 由 $xy'=y\ln\dfrac{y}{x}$可得

$$\frac{\mathrm{d}y}{\mathrm{d}x}=\frac{y}{x}\ln\frac{y}{x},$$

该方程为一阶齐次微分方程. 令 $u=\dfrac{y}{x}$,则 $u+x\dfrac{\mathrm{d}u}{\mathrm{d}x}=u\ln u$. 分离变量可得$\dfrac{\mathrm{d}u}{u\ln u-u}=\dfrac{\mathrm{d}x}{x}$,从而 $\ln(\ln u-1)=\ln x+\ln C$. 所以原方程的解为

$$\ln\left(\frac{y}{x}-1\right)=Cx,$$

其中,C 是任意常数.

(3) 由$(x^3+y^3)\mathrm{d}x-3xy^2\mathrm{d}y=0$ 可得

$$\frac{\mathrm{d}y}{\mathrm{d}x}=\frac{x^3+y^3}{3xy^2}=\frac{1}{3}\frac{y}{x}+\frac{1}{3}\frac{y}{x},$$

该方程为一阶齐次微分方程. 令 $u=\dfrac{y}{x}$,则 $u+x\dfrac{\mathrm{d}u}{\mathrm{d}x}=\dfrac{1}{3}u+\dfrac{1}{3}\dfrac{1}{u}$,分离变量可得

$$\frac{\mathrm{d}u}{2u-\frac{1}{u}}=-\frac{1}{3}\frac{\mathrm{d}x}{x},$$

从而$\frac{1}{4}\ln(2u^2-1)=-\frac{1}{3}\ln x+C$. 所以原方程的解为

$$2\left(\frac{y}{x}\right)^2-1=Cx^{-\frac{4}{3}},$$

其中,C是任意常数.

(4) 由 $3y^2y'-y^3=x+1$ 可得

$$\frac{\mathrm{d}y}{\mathrm{d}x}-\frac{y}{3}=\frac{x+1}{3}y^{-2},$$

该方程为贝努利微分方程. 令 $u=y^3$,则$\frac{\mathrm{d}u}{\mathrm{d}x}-u=x+1$,对于该一阶线性非齐次微分方程,用求解公式可得 $u=Ce^x+e^x\left[\int(x+1)e^{-x}\mathrm{d}x\right]=Ce^x-x-2$,所以原方程的解为 $y^3=Ce^x-x-2$,其中,C是任意常数.

(5) 由 $y'-x^2y^2=y$ 可得

$$\frac{\mathrm{d}y}{\mathrm{d}x}-y=x^2y^2,$$

该方程为贝努利微分方程. 令 $u=y^{-1}$,则$\frac{\mathrm{d}u}{\mathrm{d}x}+u=x^2$,对于该一阶线性非齐次微分方程,用求解公式可得 $u=Ce^{-x}+e^{-x}\left[\int -x^2e^x\mathrm{d}x\right]=Ce^{-x}-x^2+2x-2$,所以原方程的解为 $(Ce^{-x}-x^2+2x-2)y=1$ 或 $y=0$,其中,C是任意常数.

(6) 由 $y'=\frac{x}{y}+\frac{y}{x}$可知该方程为一阶齐次微分方程,令 $u=\frac{y}{x}$,则

$$\frac{\mathrm{d}u}{\mathrm{d}x}x+u=u+\frac{1}{u},$$

从而$\frac{1}{2}u^2=\ln|x|+C$,又由 $y|_{x=-1}=2$ 可得 $C=2$,所以原方程的解为$\frac{1}{2}\left(\frac{y}{x}\right)^2=\ln|x|+C$,其中,$C$是任意常数.

(7) 由 $y'+2xy=2x^3y^3$ 可知该方程为贝努利微分方程,令 $u=y^{-2}$,则

$$\frac{\mathrm{d}u}{\mathrm{d}x}-4xu=-4x^3.$$

对于这一一阶线性非齐次微分方程用公式可得 $u=Ce^{2x^2}+x^2+\frac{1}{2}$,所以原方程的解为$\frac{1}{y^2}=Ce^{2x^2}+x^2+\frac{1}{2}$.

(8) 令 $u=x+y$,则$\frac{\mathrm{d}y}{\mathrm{d}x}=\frac{\mathrm{d}u}{\mathrm{d}x}-1$,由$(x+y)^2y'=a^2$ 可得

$$\frac{\mathrm{d}u}{\mathrm{d}x}=\frac{a^2+u^2}{u^2},$$

即
$$\frac{\mathrm{d}x}{\mathrm{d}u}=\frac{u^2}{a^2+u^2}.$$

分离变量求解上面的微分方程得到 $x=u-a\arctan\left(\frac{u}{a}\right)+C$,所以原方程的解为

$$x=x+y-a\arctan\left(\frac{x+y}{a}\right)+C,$$

其中,C 是任意常数.

(9) 令 $u=\mathrm{e}^y$,则$\frac{\mathrm{d}u}{\mathrm{d}x}=\mathrm{e}^y\,\frac{\mathrm{d}y}{\mathrm{d}x}$. 由 $y'=\frac{1}{\mathrm{e}^y+x}$,可得

$$\frac{\mathrm{d}u}{\mathrm{d}x}=\frac{1}{1+\frac{x}{u}},$$

即$\frac{\mathrm{d}x}{\mathrm{d}u}=1+\frac{x}{u}$. 对于该一阶齐次微分方程,令 $z=\frac{x}{u}$,则$\frac{\mathrm{d}z}{\mathrm{d}u}u=1$,得 $z=\ln u+C$,所以原方程的解为$\frac{x}{\mathrm{e}^y}=y+C$,其中,$C$ 是任意常数.

(10) 令 $u=x+y$,则$\frac{\mathrm{d}y}{\mathrm{d}x}=\frac{\mathrm{d}u}{\mathrm{d}x}-1$. 由$\frac{\mathrm{d}y}{\mathrm{d}x}=(x+y)^2$ 原方程可化为

$$\frac{\mathrm{d}u}{\mathrm{d}x}=1+u^2,$$

分离变量可得$\frac{\mathrm{d}u}{1+u^2}=\mathrm{d}x$,从而 $\arctan u=x+C$,所以原方程的解为 $\arctan(x+y)=x+C$,其中,C 是任意常数.

(11) 由$(\cos y-2x)'=1$ 可得$-\sin y\,\frac{\mathrm{d}y}{\mathrm{d}x}=2$,分离变量则得到$-\sin y\mathrm{d}y=2\mathrm{d}x$,从而原方程的解为 $\cos y=2x+C$,其中,C 是任意常数.

(12) 令 $u=x-y+1$,则有$\frac{\mathrm{d}y}{\mathrm{d}x}=1-\frac{\mathrm{d}u}{\mathrm{d}x}$. 由 $y'=\sin^2(x-y+1)$,可得

$$1-\frac{\mathrm{d}u}{\mathrm{d}x}=\sin^2 u,$$

即
$$\frac{\mathrm{d}u}{\cos^2 u}=\mathrm{d}x.$$

两边积分,得到 $\tan u=x+C$,所以原方程的解为 $\tan(x-y+1)=x+C$,其中,C 是任意常数.

(13) 原方程为贝努利微分方程,令 $u=y^{-1}$,则$\frac{\mathrm{d}u}{\mathrm{d}x}=-y^{-2}\frac{\mathrm{d}y}{\mathrm{d}x}$. 由 $x^2y'+xy=y^2$ 可得

$$x^2\,\frac{\mathrm{d}u}{\mathrm{d}x}-xu=-1,$$

即
$$\frac{\mathrm{d}u}{\mathrm{d}x}-\frac{u}{x}=-\frac{1}{x^2}.$$

用公式求解上面的一阶线性非齐次微分方程可得 $u=Cx+\frac{1}{2x}$,即$\frac{1}{y}=Cx+\frac{1}{2x}$.由初始条件 $y|_{x=1}=1$ 可解得 $C=\frac{1}{2}$,所以原方程满足初始条件 $y|_{x=1}=1$ 的特解为$\frac{1}{y}=\frac{1}{2}x+\frac{1}{2x}$.

(14) 原方程为贝努利微分方程,令 $u=y^2$,则$\frac{\mathrm{d}u}{\mathrm{d}x}=2yy'$.由 $yy'-y^2=x^2$ 可得
$$\frac{\mathrm{d}u}{\mathrm{d}x}-2u=2x^2.$$

用公式求解上面的一阶线性非齐次微分方程可得 $u=C\mathrm{e}^{2x}-x^2-x-\frac{1}{2}$,所以原方程的解为 $y^2=C\mathrm{e}^{2x}-x^2-x-\frac{1}{2}$,其中,$C$ 是任意常数.

(15) 由 $x\mathrm{d}y-y\mathrm{d}x=y^2\mathrm{e}^y\mathrm{d}y$ 可得$\frac{x\mathrm{d}y-y\mathrm{d}x}{y^2}=\mathrm{e}^y\mathrm{d}y$,即
$$-\frac{y\mathrm{d}x-x\mathrm{d}y}{y^2}=\mathrm{e}^y\mathrm{d}y.$$

由于 $\mathrm{d}\left(\frac{x}{y}\right)=-\frac{y\mathrm{d}x-x\mathrm{d}y}{y^2}$,从而 $\mathrm{d}\left(\frac{x}{y}\right)=\mathrm{d}(\mathrm{e}^y)$,所以原方程的解为$\frac{x}{y}=\mathrm{e}^y+C$,其中,$C$ 是任意常数.

(16) 令 $u=\frac{x}{y}$,则$\frac{\mathrm{d}x}{\mathrm{d}y}=\frac{\mathrm{d}u}{\mathrm{d}y}y+u$,由微分方程$(1+\mathrm{e}^{\frac{x}{y}})\mathrm{d}x+\mathrm{e}^{\frac{x}{y}}\left(1-\frac{x}{y}\right)\mathrm{d}y=0$ 可得
$$u+y\frac{\mathrm{d}u}{\mathrm{d}y}=\frac{(u-1)\mathrm{e}^u}{1+\mathrm{e}^u}.$$

分离变量可得$\frac{(1+\mathrm{e}^u)\mathrm{d}u}{u+\mathrm{e}^u}=-\frac{1}{y}\mathrm{d}y$,方程左右两边同时积分求得 $\ln(u+\mathrm{e}^u)=-\ln y+\ln C$.所以原方程的解为$\left(\frac{x}{y}+\mathrm{e}^{\frac{x}{y}}\right)y=C$,其中,$C$ 是任意常数.

4. 已知一微分方程$\frac{\mathrm{d}y}{\mathrm{d}x}=\varphi\left(\frac{ax+by+c}{\mathrm{d}x+ey+f}\right)$,其中,$\varphi(u)$是连续函数,$a,b,c,d,e,f$ 都是常数.

(1) 若 $ae\neq bd$,证明可选取适当的常数 h 与 k,使得所给微分方程可以通过变换 $x=u+h,y=v+k$ 化为齐次微分方程.

(2) 若 $ae=bd$,证明所给微分方程可通过适当的变换化成一个可分离变量的方程.

(3) 求下列方程的通解:

① $\frac{\mathrm{d}y}{\mathrm{d}x}=\frac{x+y+2}{x-y-3}$；　　② $\frac{\mathrm{d}y}{\mathrm{d}x}=\frac{1+x-y}{2+x-y}$.

(1) **证明**：若 $ae\neq bd$，则 $\begin{cases}ax+by+c=0\\dx+ey+f=0\end{cases}$ 必存在一个解. 设该线性方程组的解为 (h,k)，令 $x=u+h,y=v+k$，代入 $\frac{\mathrm{d}y}{\mathrm{d}x}=\varphi\left(\frac{ax+by+c}{\mathrm{d}x+ey+f}\right)$，则原方程可变为

$$\frac{\mathrm{d}v}{\mathrm{d}u}=G(\frac{v}{u}),$$

此即为一阶齐次微分方程.

(2) **证明**：若 $ae=bd$，不妨设 $\frac{a}{d}=\frac{b}{e}=k$. 令 $\mathrm{d}x+ey=u$，代入 $\frac{\mathrm{d}y}{\mathrm{d}x}=\psi\left(\frac{ax+by+c}{\mathrm{d}x+ey+f}\right)$，则方程变为

$$\frac{\mathrm{d}y}{\mathrm{d}x}=d+e\psi(u),$$

此为一个可分离变量的方程.

(3) **解**：① 令 $x=u+\frac{1}{2},y=v-\frac{5}{2}$，则微分方程 $\frac{\mathrm{d}y}{\mathrm{d}x}=\frac{x+y+2}{x-y-3}$ 可变为 $\frac{\mathrm{d}v}{\mathrm{d}u}=\frac{u+v}{u-v}$，其通解为

$$\arctan\frac{v}{u}-\frac{1}{2}\ln\left[1+\left(\frac{v}{u}\right)^2\right]=\ln u+C,$$

其中，C 是任意常数.

从而原方程的解为

$$\arctan\frac{y+\frac{5}{2}}{x-\frac{1}{2}}-\frac{1}{2}\ln\left[1+\left(\frac{y+\frac{5}{2}}{x-\frac{1}{2}}\right)^2\right]=\ln(x-\frac{1}{2})+C,$$

其中，C 是任意常数.

② 令 $x-y=u$，则微分方程 $\frac{\mathrm{d}y}{\mathrm{d}x}=\frac{1+x-y}{2+x-y}$ 可变为 $1-\frac{\mathrm{d}u}{\mathrm{d}x}=\frac{1+u}{2+u}$，即 $\frac{\mathrm{d}u}{\mathrm{d}x}=\frac{1}{2+u}$，其解为

$$x=2u+\frac{1}{2}u^2+C,$$

其中，C 是任意常数.

从而原方程的解为

$$x=2(x-y)+\frac{1}{2}(x-y)^2+C,$$

其中，C 是任意常数.

第三节　可降阶的二阶微分方程

一、知识要点

1. 方程 $y^{(n)}=f(x)$

利用不定积分直接求解.

2. 方程 $y''=f(x,y')$

这类方程的特点是不显含未知函数 y. 引进新的未知函数 $p=p(x)$ 使得 $y'=p$，则微分方程 $y''=f(x,y')$ 可变为

$$p'=f(x,p),$$

这是一个关于 $p(x)$ 的一阶微分方程.

3. 方程 $y''=f(y,y')$

这类方程的特点是不显含自变量 x. 引入关于变量 y 的函数 $p=p(y)$ 使得 $y'=p$，则 $y''=p\dfrac{\mathrm{d}p}{\mathrm{d}y}$，因此微分方程 $y''=f(y,y')$ 可变为

$$p\frac{\mathrm{d}p}{\mathrm{d}y}=f(y,p),$$

这是一个以 y 为自变量，$p(y)$ 为未知函数的一阶微分方程.

二、习题解答

1. 求下列方程的通解：

(1) $y''=\dfrac{1}{1+x^2}$；　　(2) $y'''=\cos x+\sin x$；

(3) $y''=y'+x$；　　(4) $y'''=y''$；

(5) $2y''+5y'=5x^2-2x-1$；　　(6) $y''=1+(y')^2$；

(7) $y^3y''-1=0$；　　(8) $y''-2(y')^2=0$.

解：(1) 由 $y''=\dfrac{1}{1+x^2}$，在方程两边同时积分可得

$$y'=\int\frac{1}{1+x^2}\mathrm{d}x=\arctan x+C,$$

再次两边积分得到

$$y=\int(\arctan x+C)\mathrm{d}x=x\arctan x-\frac{1}{2}\ln(1+x^2)+C_1x+C_2,$$

即原方程的统解为

$$y=x\arctan x-\frac{1}{2}\ln(1+x^2)+C_1x+C_2,$$

其中,C_1,C_2 为任意常数.

(2) 由 $y'''=\cos x+\sin x$,在方程两边同时积分可得

$$y''=\sin x-\cos x+C,$$

再次两边积分得到

$$y'=-\cos x-\sin x+C_1x+C_2,$$

对于上一阶微分方程仍采用两边同时积分的方法,可求得原方程的通解为

$$y=-\sin x+\cos x+C_1x^2+C_2+C_3,$$

其中,C_1,C_2,C_3 为任意常数.

(3) 令 $y'=p$,由 $y''=y'+x$ 可得 $p'-p=x$.用常数变易法或者公式法易解之得

$$p=Ce^x-x-1.$$

由 $y'=p$ 可知 $y=\int p\mathrm{d}x=C_1e^x-\frac{1}{2}x^2-x+C_2$.所以原方程的通解为

$$y=C_1e^x-\frac{1}{2}x^2-x+C_2,$$

其中,C_1,C_2 为任意常数.

(4) 由 $y'''=y''$,方程两边同时积分可得

$$y''=y'+C_1,$$

再次积分得

$$y'=y+C_1x+C_2,$$

对于该一阶线性非齐次微分方程,用常数变易法或者公式法可求解得到

$$y=C_1e^x+C_2x+C_3,$$

即得原方程的解,其中,C_1,C_2,C_3 为任意常数.

(5) 令 $y'=p$,则由 $2y''+5y'=5x^2-2x-1$ 可得

$$2p'+5p=5x^2-2x-1,$$

解以上关于 p 的一阶线性非齐次微分方程得

$$p=x^2-\frac{6}{5}x+Ce^{-\frac{5}{2}x}+\frac{7}{25}.$$

由于 $y'=p$ 从而得到原方程的解为

$$y=\frac{1}{3}x^3-\frac{3}{5}x^2+C_1e^{-\frac{5}{2}x}+\frac{7}{25}x+C_2,$$

其中,C_1,C_2 为任意常数.

(6) 令 $y'=p$,则 $y''=p\dfrac{\mathrm{d}p}{\mathrm{d}y}$,由 $y''=1+(y')^2$ 可得

$$p\frac{\mathrm{d}p}{\mathrm{d}y}=1+p^2,$$

分离变量求解该方程可得

$$\frac{1}{2}\ln(1+p^2)=y+C,$$

或者

$$\sqrt{1+p^2}=C_1\mathrm{e}^y.$$

由此可得 $p^2=C_1\mathrm{e}^{2y}-1$. 由 $y'=p$,可得 $y'=\sqrt{C_1\mathrm{e}^{2y}-1}$,即

$$\frac{\mathrm{d}y}{\sqrt{C_1\mathrm{e}^{2y}-1}}=\mathrm{d}x.$$

两边同时积分易得原方程解为

$$\sqrt{C_1\mathrm{e}^{2y}-1}-\arctan\sqrt{C_1\mathrm{e}^{2y}-1}=x+C_2,$$

其中,C_1,C_2 为任意常数.

(7) 令 $y'=p$,则 $y''=p\dfrac{\mathrm{d}p}{\mathrm{d}y}$,由 $y^3y''-1=0$ 可得 $p\dfrac{\mathrm{d}p}{\mathrm{d}y}=\dfrac{1}{y^3}$,即

$$p\mathrm{d}p=\frac{1}{y^3}\mathrm{d}y.$$

方程两边同时积分可得 $p^2=-y^{-2}+C_1$,从而

$$p=\sqrt{-y^2+C_1},$$

由 $y'=p$,可知$\dfrac{\mathrm{d}y}{\mathrm{d}x}=\sqrt{-y^2+C_1}$,用分离变量法易得原方程解为

$$\arctan\frac{y}{\sqrt{C_1-y^2}}=x+C_2,$$

其中,C_1,C_2 为任意常数.

(8) 令 $y'=p$,则 $y''=p\dfrac{\mathrm{d}p}{\mathrm{d}y}$,由微分方程 $y''-2(y')^2=0$ 可得

$$p\frac{\mathrm{d}p}{\mathrm{d}y}-2p^2=0,$$

令 $u(y)=p^2(y)$,则$\dfrac{u'}{2}-2u=0$,从而

$$u=C_1\mathrm{e}^{4y}.$$

由 $y'=p$,可得

$$\frac{\mathrm{d}y}{\mathrm{d}x}=\pm\sqrt{C_1\mathrm{e}^{4y}}=C_2\mathrm{e}^{2y}.$$

分离变量并积分易得原方程解为

$$x=\int C_2\mathrm{e}^{-2y}\mathrm{d}y=C_2\mathrm{e}^{-2y}+C_1.$$

2. 求下列方程在给定初始条件下的特解：

(1) $y^3y''+1=0, y|_{x=1}=1, y'|_{x=1}=0$；

(2) $y''-a(y')^2=0$（a 是常数），$y|_{x=0}=0, y'|_{x=0}=-1$；

(3) $y'''=e^{ax}$（a 是常数），$y|_{x=1}=y'|_{x=1}=y''|_{x=1}=0$；

(4) $y''+(y')^2=1, y|_{x=0}=0, y'|_{x=0}=0$.

解：(1) 令 $y'=p$，则 $y''=p\dfrac{dp}{dy}$，由 $y^3y''+1=0$ 可得

$$p\frac{dp}{dy}=-\frac{1}{y^3},$$

即

$$pdp=-\frac{1}{y^3}dy.$$

方程两边同时积分可得 $p^2=y^{-2}+C_1$，易解之得 $p=\sqrt{y^{-2}+C_1}$，又由 $y|_{x=1}=1, y'|_{x=1}=0$ 可得 $0=\sqrt{1+C_1}$ 即 $C_1=-1$，故而

$$p=\sqrt{y^{-2}-1}=\frac{\sqrt{1-y^2}}{y},\quad y>0.$$

由 $p=\dfrac{\sqrt{1-y^2}}{y}(y>0)$ 可得 $\dfrac{dy}{dx}=\dfrac{\sqrt{1-y^2}}{y}$，即 $\dfrac{ydy}{\sqrt{1-y^2}}=dx$. 从而有

$$\sqrt{1-y^2}=-x+C_2,$$

即

$$y=\sqrt{1-(-x+C_2)^2}.$$

又由 $y|_{x=1}=1$ 可得 $C_2=1$，则原方程在给定初始条件下的特解为

$$y=\sqrt{2x-x^2}.$$

(2) 若 $a=0$，则微分方程 $y''-a(y')^2=0$ 的通解为 $y=C_1x+C_2$，由 $y|_{x=0}=0, y'|_{x=0}=-1$，可求得 $C_2=0, C_1=-1$. 所以给定初始条件下原方程的特解为 $y=-x$.

若 $a\neq 0$，令 $y'=p$，则 $y''=p\dfrac{dp}{dy}$. 微分方程 $y''-a(y')^2=0$ 可化为

$$p\frac{dp}{dy}-ap^2=0.$$

令 $u(y)=p^2(y)$，则 $\dfrac{u'}{2}-au=0$，分离变量可解得 $u=C_1e^{2ay}$，即 $p^2=C_1e^{2ay}$. 由初始条件 $y|_{x=0}=0, y'|_{x=0}=-1$ 可得 $1=C_1e^{2a\times 0}$，从而 $C_1=1$. 故 $p^2=e^{2ay}$，即 $\dfrac{dy}{e^{ay}}=dx$. 两边积分可得

$$\frac{e^{-ay}}{-a}=x+C_2,$$

由初始条件 $y|_{x=0}=0$ 可得 $C_2=-1/a$. 则原方程在给定初始条件下的特解为

$$e^{-ay}=-ax+1,$$

即

$$x=\frac{e^{-ay}-1}{-a}.$$

(3) 若 $a=0$,则原微分方程 $y'''=1$ 的通解为 $y'''=C_1x^2+C_2x+C_3$,由给定初始条件 $y|_{x=1}=y'|_{x=1}=y''|_{x=1}=0$,可求待定常数 C_1,C_2,C_3,从而得到满足初始条件的特解为

$$y=\frac{1}{6}x^3-\frac{1}{2}x^2+\frac{1}{2}-\frac{1}{6}.$$

若 $a\neq 0$,由微分方程 $y'''=e^{ax}$,通过积分的方法可得

$$y''=\frac{1}{a}e^{ax}+C_1,$$

由初始条件 $y''|_{x=1}=0$ 可得 $C_1=-\frac{e^a}{a}$,从而 $y''=\frac{1}{a}e^{ax}-\frac{1}{a}e^a$. 方程两边同时积分,可得

$$y'=\frac{1}{a^2}e^{ax}-\frac{1}{a}e^ax+C_2.$$

由初始条件 $y'|_{x=1}=0$ 可得 $C_2=\left(-\frac{1}{a^2}+\frac{1}{a}\right)e^a$,即 $y'=\frac{1}{a^2}e^{ax}-\frac{1}{a}e^ax-\frac{1}{a^2}e^a+\frac{1}{a}e^a$,方程两边同时积分可得

$$y=\frac{1}{a^3}e^{ax}-\frac{1}{2a}e^ax^2-\frac{1}{a^2}e^ax+\frac{1}{a}e^ax+C_3.$$

由初始条件 $y|_{x=1}=0$ 可得 $C_3=-\frac{1}{a^3}e^a+\frac{1}{2a}e^a+\frac{1}{a^2}e^a-\frac{1}{a}e^a$,从而原方程在给定初始条件下的特解为

$$y=\frac{1}{a^3}e^{ax}-\frac{1}{2a}e^ax^2-\frac{1}{a^2}e^ax+\frac{1}{a}e^ax-\frac{1}{a^3}e^a+\frac{1}{2a}e^a+\frac{1}{a^2}e^a-\frac{1}{a}e^a.$$

(4) 令 $y'=p$,则 $y''=p\frac{dp}{dy}$,原微分方程 $y''+(y')^2=1$ 可化为

$$p\frac{dp}{dy}+p^2=1.$$

令 $u(y)=p^2(y)$,则有 $\frac{1}{2}\frac{du}{dy}+u=1$,即 $\frac{du}{2-2u}=dy$. 解之得 $u=1-C_1e^{-2y}$,即

$$p^2=1-C_1e^{-2y}.$$

由初始条件 $y|_{x=0}=0,y'|_{x=0}=0$ 可得 $C_1=1$. 从而 $p^2=1-e^{-2y}$,即

$$\frac{dy}{dx}=\sqrt{-e^{2y}+1}.$$

分离变量有 $\frac{dy}{\sqrt{1-(e^y)^2}}=dx$. 由于

$$\int\frac{\mathrm{d}y}{\sqrt{1-(\mathrm{e}^y)^2}}=\int\frac{\mathrm{e}^y\mathrm{d}y}{\mathrm{e}^y\sqrt{1-(\mathrm{e}^y)^2}}\overset{v=\mathrm{e}^y}{=}\int\frac{\mathrm{d}v}{v\sqrt{1-v^2}}\overset{v=\sin t}{=}\int\frac{\mathrm{d}(\sin t)}{\sin t\cos t}$$

$$=\int\frac{\mathrm{d}t}{\sin t}=-\ln|\csc t-\cot t|+C=-\ln\left|\frac{1-\cos t}{\sin t}\right|+C=\ln\left|\frac{v}{1-\sqrt{1-v^2}}\right|+C$$

$$=\ln\left|\frac{\mathrm{e}^y}{1-\sqrt{1-\mathrm{e}^{2y}}}\right|+C=y-\ln\left|1-\sqrt{1-\mathrm{e}^{2y}}\right|+C.$$

可得 $x=y-\ln\left|1-\sqrt{1-\mathrm{e}^{2y}}\right|+C$，由初始条件 $y|_{x=0}=0$ 可得 $C=0$，因此原方程在给定初始条件下的特解为

$$x=y-\ln\left|1-\sqrt{1-\mathrm{e}^{2y}}\right|.$$

第四节　高阶线性微分方程

一、知识要点

1. 线性微分方程的概念

形如 $a_n(x)y^{(n)}+a_{n-1}(x)y^{(n-1)}+\cdots+a_1(x)y'+a_0(x)y=f(x)$ 的微分方程称为 **n 阶线性微分方程**，其中 $a_k(x)(k=0,1,2,\cdots,n)$ 都是自变量 x 的函数．当 $a_k(x)(k=0,1,2,\cdots,n)$ 都是常数时，又称方程为 **n 阶线性常系数微分方程**．若右端项函数 $f(x)$ 恒为零，则称方程为 **n 阶线性齐次微分方程**，否则称其为 **n 阶线性非齐次微分方程**．

2. 线性微分方程解的性质

定理 1（线性齐次微分方程解的叠加原理）　若函数 $y_1(x)$，$y_2(x)$ 是线性齐次微分方程

$$a_n(x)y^{(n)}+a_{n-1}(x)y^{(n-1)}+\cdots+a_1(x)y'+a_0(x)y=0$$

的两个解，α，β 是两个任意实数，则 $\alpha y_1(x)+\beta y_2(x)$ 也是此微分方程的解．

此定理说明，线性齐次微分方程的解集合是一个线性空间．

定理 2（线性非齐次微分方程解的叠加原理）　若函数 $y_1(x)$，$y_2(x)$ 是线性非齐次微分方程

$$a_n(x)y^{(n)}+a_{n-1}(x)y^{(n-1)}+\cdots+a_1(x)y'+a_0(x)y=f(x)$$

的两个解，α，β 是两个任意实数，则 $\alpha y_1(x)+\beta y_2(x)$ 是线性微分方程

$$a_n(x)y^{(n)}+a_{n-1}(x)y^{(n-1)}+\cdots+a_1(x)y'+a_0(x)y=(\alpha+\beta)f(x)$$

的解．

特别地，当 $\alpha=1$，$\beta=-1$ 时，$y_1(x)-y_2(x)$ 就是线性齐次微分方程

$$a_n(x)y^{(n)}+a_{n-1}(x)y^{(n-1)}+\cdots+a_1(x)y'+a_0(x)y=0$$

的解．

3. 线性微分方程解的结构

定义 1 设 $y_1(x),y_2(x),\cdots,y_n(x)$是定义在 I 上的 n 个函数,若存在不全为零的 n 个常数 $k_1,k_2,\cdots,k_n$,使得

$$k_1y_1(x)+k_2y_2(x)+\cdots+k_ny_n(x)=0$$

在 I 上恒成立,则称这 n 个函数在 I 上**线性相关**,否则称它们**线性无关**.

特别地,两个函数 $y_1(x),y_2(x)$在 I 上线性相关的充分必要条件是$\dfrac{y_1(x)}{y_2(x)}\equiv C$ 在 I 上成立.

定理 3(线性齐次微分方程解的结构) 若函数 $y_1(x),y_2(x),\cdots,y_n(x)$是线性齐次微分方程

$$a_n(x)y^{(n)}+a_{n-1}(x)y^{(n-1)}+\cdots+a_1(x)y'+a_0(x)y=0$$

的 n 个线性无关解,则此微分方程的通解是

$$y(x)=C_1y_1(x)+C_2y_2(x)+\cdots+C_ny_n(x),$$

其中,$C_1,C_2,\cdots,C_n$ 是 n 个任意常数.

此定理说明,n 阶线性齐次微分方程的解空间是 n 维线性空间.

定理 4(线性非齐次微分方程解的结构) 若函数 $y^*(x)$是线性非齐次微分方程

$$a_n(x)y^{(n)}+a_{n-1}(x)y^{(n-1)}+\cdots+a_1(x)y'+a_0(x)y=f(x)$$

的一个特解,$y_1(x),y_2(x),\cdots,y_n(x)$是相应的线性齐次微分方程

$$a_n(x)y^{(n)}+a_{n-1}(x)y^{(n-1)}+\cdots+a_1(x)y'+a_0(x)y=0$$

的 n 个线性无关解,则非齐次微分方程的通解是

$$y(x)=y^*(x)+C_1y_1(x)+C_2y_2(x)+\cdots+C_ny_n(x),$$

其中,$C_1,C_2,\cdots,C_n$ 是 n 个任意常数.

二、习题解答

1. 下列函数组哪些是线性相关的?哪些是线性无关?并给出简要原因.

(1) x,x^2;

(2) $x,3x$;

(3) e^{-x},e^x;

(4) $e^{3x},6e^{3x}$;

(5) $e^x\cos 2x,e^x\sin 2x$;

(6) $\sin 2x,\cos x\sin x$;

(7) $e^{x^2},2xe^{x^2}$;

(8) $\ln x,x\ln x$.

解:

(1) x,x^2 是线性无关的.

由于不存在不全为零的实数 C_1,C_2 使得 $C_1x+C_2x^2=0$ 对所有的实数 x 都成立,所以两个函数 x,x^2 是线性无关的.

(2) $x,3x$ 是线性相关的.

令 $C_1=3,C_2=-1$,可得 $C_1x+C_2(3x)=0$ 对所有的实数 x 都成立,所以两个函数 $x,3x$ 是线性相关的.

(3) e^{-x},e^x 是线性无关的.

由于不存在不全为零的实数 C_1,C_2 使得 $C_1e^{-x}+C_2e^x=0$ 对所有的实数 x 都成立,所以两个函数 e^{-x},e^x 是线性无关的.

(4) $e^{3x},6e^{3x}$ 是线性相关的.

令 $C_1=6,C_2=-1$,可得 $C_1e^{3x}+C_2(6e^{3x})=0$ 对所有的实数 x 都成立,所以两个函数 $e^{3x},6e^{3x}$ 是线性相关的.

(5) $e^x\cos 2x,e^x\sin 2x$ 是线性无关的.

由于不存在不全为零的实数 C_1,C_2 使得 $(C_1\cos 2x+C_2\sin 2x)e^x=0$ 对所有的实数 x 都成立,所以两个函数 $e^x\cos 2x,e^x\sin 2x$ 是线性无关的.

(6) $\sin 2x,\cos x\sin x$ 是线性相关的.

令 $C_1=1,C_2=-2$,可得 $C_1\sin 2x+C_2(\cos x\sin x)=0$ 对所有的实数 x 都成立,所以两个函数 $\sin 2x,\cos x\sin x$ 是线性相关的.

(7) $e^{x^2},2xe^{x^2}$ 是线性无关的.

由于不存在不全为零的实数 C_1,C_2 使得 $C_1e^{x^2}+C_2(2xe^{x^2})=0$ 对所有的实数 x 都成立,所以两个函数 $e^{x^2},2xe^{x^2}$ 是线性无关的.

(8) $\ln x,x\ln x$ 是线性无关的.

由于不存在不全为零的实数 C_1,C_2 使得 $C_1\ln x+C_2x\ln x=0$ 对所有的实数 x 都成立,所以两个函数 $\ln x,x\ln x$ 是线性无关的.

2. 证明在自变量的变换 $x=\varphi(t)$ 下,n 阶线性微分方程仍是 n 阶线性微分方程,并且齐次线性微分方程仍变为齐次线性微分方程. 其中 $x=\varphi(t)$ 具有 n 阶连续导数且 $\varphi'(t)\neq 0$.

证明:当 $n=1$ 时,一阶线性微分方程的一般形式为

$$\frac{dy}{dx}+P_1(x)y=Q(x).$$

令 $x=\varphi(t)$,则可得

$$\frac{dy}{dt}\frac{dt}{dx}+P_1(\varphi(t))y=Q(\varphi(t)).$$

由于 $x=\varphi(t)$ 具有 n 阶连续导数且 $\varphi'(t)\neq 0$,可知

$$\frac{dy}{dt}\frac{1}{\varphi'(t)}+P_1^*(t)y=Q^*(t)$$

成立. 故在自变量的变换 $x=\varphi(t)$ 下,一阶线性微分方程仍是一阶线性微分方程. 显然,若 $Q(x)=0$,则 $Q(\varphi(t))=0$ 成立,即齐次线性微分方程仍变为齐次线性微分方程.

下面用归纳法证明结论成立.假设当 $n=m$ 时本题结论仍成立,即在自变量的变换 $x=\varphi(t)$下,m 阶线性微分方程仍是 m 阶线性微分方程,并且齐次线性微分方程仍变为齐次线性微分方程.则考虑 $n=m+1$ 时一般的 n 阶线性微分方程

$$y^{(m+1)}(x)+P_1(x)y^m+\cdots+P_{m+1}(x)y(x)=Q(x),$$

其可记为 $y^{(m+1)}(x)+F(y^{(m)},y^{(m-1)},\cdots,y)=Q(x)$的形式,其中 $F(y^{(m)},y^{(m-1)},\cdots,y)=0$ 为 m 阶齐次线性微分方程.在自变量的变换 $x=\varphi(t)$下,有

$$\frac{\mathrm{d}[y^{(m)}]}{\mathrm{d}t}\frac{\mathrm{d}t}{\mathrm{d}x}+F(y^{(m)},y^{(m-1)},\cdots,y)\bigg|_{x=\varphi(t)}=Q(\varphi(t)),$$

即

$$\frac{\mathrm{d}[y^{(m)}(\varphi(t))]}{\mathrm{d}t}\frac{1}{\varphi'(t)}+F(y^{(m)},y^{(m-1)},\cdots,y)\bigg|_{x=\varphi(t)}=Q(\varphi(t)).$$

由于对于方程 $F(y^{(m)},y^{(m-1)},\cdots,y)=0$,该 m 阶齐次线性微分方程仍变为 m 阶齐次线性微分方程,而若 $Q(x)=0$ 则 $Q(\varphi(t))=0$ 成立,可知本题结论对于 $m+1$ 阶线性微分方程仍成立.由归纳法可知,本题结论为真.

3. 设 $\mathrm{e}^x,x^2\mathrm{e}^x$ 是某二阶齐次线性微分方程的两个特解,证明它们线性无关并求该微分方程的通解.

证明:假设它们线性相关,则存在两个不全为零的常数 C_1,C_2 使得 $C_1\mathrm{e}^x+C_2x^2\mathrm{e}^x=0$,即

$$(C_1+C_2x^2)\mathrm{e}^x=0.$$

由于 $\mathrm{e}^x\neq0$,所以 $C_1+C_2x^2=0$, $\forall x\in\mathbf{R}$ 成立.取 $x=0$,以及 $x=1$,有$\begin{cases}C_1=0\\C_2=0\end{cases}$成立,与 C_1,C_2 不全为零矛盾,因此 $\mathrm{e}^x,x^2\mathrm{e}^x$ 线性无关.

由微分方程解的结构理论可知,该微分方程的通解可表示为

$$y=C_1\mathrm{e}^x+C_2x^2\mathrm{e}^x,C_1,C_2\text{ 是任意常数}.$$

4. 验证 $y_1=x$ 与 $y_2=\sin x$ 是方程$(y')^2-yy''=1$ 的两个线性无关的解.$y=C_1x+C_2\sin x$ 是该方程的通解吗?

解:首先证明 $y_1=x$ 是方程$(y')^2-yy''=1$ 的解.由 $x'=1,x''=0$;$(x')^2-xx''=1-0=1$,知 $y_1=x$ 是方程$(y')^2-yy''=1$ 的一个解.其次,由$(\sin x)'=\cos x$,$(\sin x)''=-\sin x$ 可得 $\cos^2x-\sin x(-\sin x)=\cos^2x+\sin^2x=1$,易知 $y_2=\sin x$ 也是方程$(y')^2-yy''=1$ 的一个解.若存在常数 C_1 和 C_2 使得 $C_1x+C_2\sin x=0$,易知 C_1 和 C_2 必全为零,故而 x 与 $\sin x$ 线性无关.所以 $y_1=x$ 与 $y_2=\sin x$ 是方程$(y')^2-yy''=1$ 的两个线性无关的解.设 $y=C_1x+C_2\sin x$,将其代入方程$(y')^2-yy''=1$ 的左边可得$(y')^2-yy''=C_1^2+C_2^2$,并不一定恒等于方程的右边,也就是说若 $C_1^2+C_2^2\neq1$,$y=C_1x+C_2\sin x$ 不是原微分方程的解.所以 $y=C_1x+C_2\sin x$ 不是该微分方程的通解.

5. 设 y_1 与 y_2 线性无关.证明若 $A_1B_2-A_2B_1\neq0$,则 $A_1y_1+A_2y_2$ 与 $B_1y_1+B_2y_2$ 也线性无关.

证明：假设 $A_1y_1+A_2y_2$ 与 $B_1y_1+B_2y_2$ 线性相关，则存在一个不全为零的常数 C，使得

$$\frac{A_1y_1+A_2y_2}{B_1y_1+B_2y_2}=C,$$

即

$$(A_1-B_1C)y_1+(A_2-B_2C)y_2=0.$$

由于题设 y_1,y_2 线性无关，所以可得 $A_1-B_1C=0$；$A_2-B_2C=0$，即 $C=\frac{A_2}{B_2}=\frac{A_1}{B_1}$，由此可知 $A_1B_2-A_2B_1=0$. 该结论与已知 $A_1B_2-A_2B_1\neq 0$ 矛盾，因此假设不成立. 故而 $A_1y_1+A_2y_2$ 与 $B_1y_1+B_2y_2$ 是线性无关的.

6. 设 $y_1=1+x+x^3$，$y_2=2-x-x^3$ 是某二阶非齐次线性方程的两个特解，且 $y_1^*=x$ 是对应齐次线性方程的一个特解. 求此二阶非线性方程满足初始条件 $y|_{x=0}=5$ 与 $y'|_{x=0}=-2$ 的特解.

解：设 $y_3=y_1-y_2=2x^3+2x-1$，由 $y_1=1+x+x^3$，$y_2=2-x-x^3$ 是某二阶非齐次线性方程的两个特解，可知 y_3 是对应齐次线性方程的一个特解. 而 $y_1^*=x$ 是对应齐次线性方程的另一个特解，并且易证明 y_3 与 y_1^* 是线性无关的，所以对应齐次线性方程的通解为

$$y=C_1x+C_2(2x^3+2x-1).$$

由非齐次微分方程解的结构理论可知该二阶非齐次线性微分方程的通解可以表示为

$$y=1+x+x^3+C_1x+C_2(2x^3+2x-1).$$

由初始条件 $y|_{x=0}=5$，$y'|_{x=0}=-2$，可得

$$\begin{cases}1-C_2=5,\\1+C_1+2C_2=-2,\end{cases}$$

解之得到 $C_2=-4$，$C_1=5$，因此可得所求的该二阶非齐次线性微分方程满足初始条件的特解为

$$y=1+x+x^3+5x-4(2x^3+2x-1),$$

即

$$y=-7x^3-2x+5.$$

7. 设 $y_1=x$，$y_2=x+e^x$，$y_3=1+x+e^x$ 都是方程 $y''+a_1(x)y'+a_2(x)y=Q(x)$ 的解. 求此方程的通解.

解：　由 $y_1=x$，$y_2=x+e^x$，$y_3=1+x+e^x$ 都是方程 $y''+a_1(x)y'+a_2(x)y=Q(x)$ 的解可知 $y^*=y_2-y_1=e^x y^{**}=y_3-y_2=1$ 为方程 $y''+a_1(x)y'+a_2(x)y=0$ 的两个特解.

易证明 e^x，1 线性无关，因此 $y''+a_1(x)y'+a_2(x)y=Q(x)$ 的通解可以表示为

$$y=x+C_1+C_2e^x, C_1,C_2 \text{ 为任意常数}.$$

注：　该微分方程通解的表达式不唯一.

第五节 高阶常系数线性微分方程

一、知识要点

1. 二阶线性常系数齐次微分方程的特征法

考虑方程

$$y''+ay'+by=0,$$

其中,a,b 是常数.

一元二次代数方程

$$\lambda^2+a\lambda+b=0$$

称为它的特征方程,特征方程的根 λ_1,λ_2 称为它的特征根.

定理(二阶线性常系数齐次微分方程的通解结构) 设 λ_1,λ_2 是二阶线性常系数齐次微分方程 $y''+ay'+by=0$ 的两个特征根,则

(1) 当 $\lambda_1\neq\lambda_2$,且都是实数时,微分方程的通解是 $y(x)=C_1e^{\lambda_1 x}+C_2e^{\lambda_2 x}$;

(2) 当 $\lambda_1=\lambda_2$ 时,微分方程的通解是 $y(x)=C_1e^{\lambda_1 x}+C_2xe^{\lambda_1 x}$;

(3) 当 $\lambda_1=\alpha+i\beta,\lambda_2=\alpha-i\beta$ 时,微分方程的通解是

$$y(x)=e^{\alpha x}(C_1\cos\beta x+C_2\sin\beta x).$$

注:高阶线性常系数齐次微分方程有类似的特征解法.

2. 二阶线性常系数非齐次微分方程的待定系数法

(1) 右端项为 $f(x)=P_n(x)e^{\mu x}$ 的方程

考虑微分方程

$$y''+ay'+by=P_n(x)e^{\mu x},$$

其中,$P_n(x)$是 n 次多项式,μ 为实数.

设方程 $y''+ay'+by=P_n(x)e^{\mu x}$ 的一个特解形式为

$$y^*(x)=x^kQ_n(x)e^{\mu x},$$

其中,$Q_n(x)=a_nx^n+a_{n-1}x^{n-1}+\cdots+a_1x+a_0$ 为 n 次多项式的一般形式,k 的取值方式为:当 μ 不是 $y''+ay'+by=0$ 的特征根时,$k=0$;当 μ 是 $y''+ay'+by=0$ 的单特征根时,$k=1$;当 μ 是 $y''+ay'+by=0$ 的重特征根时,$k=2$.

将 $y^*(x)=x^kQ_n(x)e^{\mu x}$ 代入微分方程

$$y''+ay'+by=P_n(x)e^{\mu x},$$

就可求出待定系数 $a_k(k=0,1,2,\cdots,n)$.

若记齐次微分方程

$$y''+ay'+by=0$$

的通解为 $y(x)=C_1y_1(x)+C_2y_2(x)$，则微分方程

$$y''+ay'+by=P_n(x)e^{\mu x}$$

的通解为

$$y(x)=y^*(x)+C_1y_1(x)+C_2y_2(x).$$

(2) 右端项为 $f(x)=P_n(x)e^{\alpha x}\cos\beta x$ 的方程

考虑微分方程

$$y''+ay'+by=P_n(x)e^{\alpha x}\cos\beta x,$$

其中，$P_n(x)$是 n 次多项式，α,β 为实数.

设方程 $y''+ay'+by=P_n(x)e^{\alpha x}\cos\beta x$ 的一个特解形式为

$$y^*(x)=x^k e^{\alpha x}[Q_n(x)\cos\beta x+W_n(x)\sin\beta x],$$

其中

$$Q_n(x)=a_nx^n+a_{n-1}x^{n-1}+\cdots+a_1x+a_0,$$
$$W_n(x)=b_nx^n+b_{n-1}x^{n-1}+\cdots+b_1x+b_0$$

为 n 次多项式的一般形式，k 的取值方式为：当 $\alpha\pm i\beta$ 不是 $y''+ay'+by=0$ 的特征根时，$k=0$；当 $\alpha\pm i\beta$ 是 $y''+ay'+by=0$ 的特征根时，$k=1$.

将 $y^*(x)=x^k e^{\alpha x}[Q_n(x)\cos\beta x+W_n(x)\sin\beta x]$代入方程

$$y''+ay'+by=P_n(x)e^{\alpha x}\cos\beta x,$$

就可求出待定系数 $a_k,b_k(k=0,1,2,\cdots,n)$.

类似地，方程 $y''+ay'+by=P_n(x)e^{\alpha x}\sin\beta x$ 也有一个形如

$$y^*(x)=x^k e^{\alpha x}[Q_n(x)\cos\beta x+W_n(x)\sin\beta x]$$

的特解，其中 k 的取值方式与上面一样.

二、习题解答

1. 求下列方程的通解：

(1) $y''+y'-2y=0$；

(2) $y''+y'-2y=0$；

(3) $y''+8y'+15y=0$；

(4) $y''-6y'+9y=0$；

(5) $\frac{d^2x}{dt^2}+9x=0$；

(6) $\frac{d^2x}{dt^2}+x=0$；

(7) $y''-5y'+6y=0$；

(8) $y''-4y'+5y=0$；

(9) $4\frac{d^2x}{dt^2}-20\frac{dx}{dt}+25x=0$；

(10) $\frac{d^2x}{dt^2}+2\frac{dx}{dt}+2x=0$；

(11) $y'''-3ay''+3a^2y'-a^3y=0$；

(12) $y^{(4)}+2y''+y=0$.

解:(1) 所给微分方程 $y''+y'-2y=0$ 的特征方程为

$$\lambda^2+\lambda-2=0,$$

解之得 $\lambda_1=1,\lambda_2=-2$. 因此,微分方程 $y''+y'-2y=0$ 的通解为

$$y=C_1\mathrm{e}^{-2x}+C_2\mathrm{e}^{x}.$$

(2) 所给微分方程 $y''-9y'=0$ 的特征方程为

$$\lambda^2-9\lambda=0,$$

解之得 $\lambda_1=0,\lambda_2=9$. 因此,微分方程 $y''+9y'=0$ 的通解为

$$y=C_1\mathrm{e}^{9x}+C_2.$$

(3) 所给微分方程 $y''+8y'+15y=0$ 的特征方程为

$$\lambda^2+8\lambda+15=0,$$

解之得 $\lambda_1=-3,\lambda_2=-5$. 因此,微分方程 $y''+8y'+15y=0$ 的通解为

$$y=C_1\mathrm{e}^{-3x}+C_2\mathrm{e}^{-5x}.$$

(4) 所给微分方程 $y''-6y'+9y=0$ 的特征方程为

$$\lambda^2-6\lambda+9=0,$$

解之得 $\lambda_1=\lambda_2=3$. 因此,微分方程 $y''-6y'+9y=0$ 的通解为

$$y=(C_1+C_2x)\mathrm{e}^{3x}.$$

(5) 所给微分方程 $\frac{\mathrm{d}^2x}{\mathrm{d}t^2}+9x=0$ 的特征方程为

$$\lambda^2+9=0,$$

解之得 $\lambda_1=3\mathrm{i},\lambda_2=-3\mathrm{i}$. 因此,微分方程 $\frac{\mathrm{d}^2x}{\mathrm{d}t^2}+9x=0$ 的通解为

$$x=C_1\cos 3t+C_2\sin 3t.$$

(6) 所给微分方程 $\frac{\mathrm{d}^2x}{\mathrm{d}t^2}+x=0$ 的特征方程为

$$\lambda^2+1=0,$$

解之得 $\lambda_1=\mathrm{i},\lambda_2=-\mathrm{i}$. 因此,微分方程 $\frac{\mathrm{d}^2x}{\mathrm{d}t^2}+x=0$ 的通解为

$$x=C_1\cos t+C_2\sin t.$$

(7) 所给微分方程 $y''-5y'+6y=0$ 的特征方程为

$$\lambda^2-5\lambda+6=0,$$

解之得 $\lambda_1=2,\lambda_2=3$. 因此,微分方程 $y''-5y'+6y=0$ 的通解为

$$y=C_1\mathrm{e}^{2x}+C_2\mathrm{e}^{3x}.$$

(8) 所给微分方程 $y''-4y'+5y=0$ 的特征方程为

$$\lambda^2-4\lambda+5=0,$$

解之得 $\lambda_1=2+\mathrm{i}$, $\lambda_2=2-\mathrm{i}$. 因此，微分方程 $y''-4y'+5y=0$ 的通解为

$$y=(C_1\sin x+C_2\cos x)\mathrm{e}^{2x}.$$

(9) 所给微分方程 $4\frac{\mathrm{d}^2x}{\mathrm{d}t^2}-20\frac{\mathrm{d}x}{\mathrm{d}t}+25x=0$ 的特征方程为

$$4\lambda^2-20\lambda+25=0,$$

解之得 $\lambda_1=\lambda_2=\frac{5}{2}$. 因此，微分方程 $4\frac{\mathrm{d}^2x}{\mathrm{d}t^2}-20\frac{\mathrm{d}x}{\mathrm{d}t}+25x=0$ 的通解为

$$x=(C_1+C_2t)\mathrm{e}^{\frac{5}{2}t}.$$

(10) 所给微分方程 $\frac{\mathrm{d}^2x}{\mathrm{d}t^2}+2\frac{\mathrm{d}x}{\mathrm{d}t}+2x=0$ 的特征方程为

$$\lambda^2+2\lambda+2=0,$$

解之得 $\lambda_1=-1+\mathrm{i}$, $\lambda_2=-1-\mathrm{i}$. 因此，微分方程 $\frac{\mathrm{d}^2x}{\mathrm{d}t^2}+2\frac{\mathrm{d}x}{\mathrm{d}t}+2x=0$ 的通解为

$$y=(C_1\sin x+C_2\cos x)\mathrm{e}^{-x}.$$

(11) 所给微分方程 $y'''-3ay''+3a^2y'-a^3y=0$ 的特征方程为

$$\lambda^3-3a\lambda^2+3a^2\lambda-a^3=0,$$

解之得 $\lambda_1=\lambda_2=\lambda_3=a$. 因此，微分方程 $y'''-3ay''+3a^2y'-a^3y=0$ 的通解为

$$y=(C_1+C_2x+C_3x^2)\mathrm{e}^{ax}.$$

(12) 所给微分方程 $y^{(4)}+2y''+y=0$ 的特征方程为

$$\lambda^4+2\lambda^2+1=0,$$

解之得 $\lambda_1=\lambda_2=\mathrm{i}$, $\lambda_3=\lambda_4=-\mathrm{i}$. 因此，微分方程 $y^{(4)}+2y''+y=0$ 的通解为

$$y=(C_1+C_2x)\sin x+(C_3+C_4x)\cos x.$$

2. 求下列方程满足给定初始条件的特解：

(1) $y''-y=0$, $y|_{x=0}=0$, $y'|_{x=0}=1$；

(2) $y''+2y'+2y=0$, $y|_{x=0}=1$, $y'|_{x=0}=-1$；

(3) $4y''+4y'+y=0$, $y|_{x=0}=2$, $y'|_{x=0}=0$；

(4) $y''+4y'+29y=0$, $y|_{x=0}=0$, $y'|_{x=0}=15$；

(5) $y''+2y'+10y=0$, $y|_{x=0}=1$, $y'|_{x=0}=2$；

(6) $y^{(4)}-a^4y=0\ (a>0)$, $y|_{x=0}=1$, $y'|_{x=0}=0$, $y''|_{x=0}=-a^2$, $y'''|_{x=0}=0$.

解：(1) 所给微分方程 $y''-y=0$ 的特征方程为

$$\lambda^2-1=0,$$

解之得 $\lambda_1=1$, $\lambda_2=-1$. 因此，微分方程 $y''-y=0$ 的通解为

$$y=C_1\mathrm{e}^x+C_2\mathrm{e}^{-x}.$$

由初始条件 $y|_{x=0}=0$, $y'|_{x=0}=1$ 可得

$$\begin{cases}C_1+C_2=0,\\C_1-C_2=1,\end{cases}$$

解得 $C_1=\frac{1}{2}, C_2-\frac{1}{2}$. 因此,可得微分方程 $y''-y=0$ 满足初始条件的特解为

$$y=\frac{1}{2}e^{x}-\frac{1}{2}e^{-x}.$$

(2) 所给微分方程 $y''+2y'+2y=0$ 的特征方程为

$$\lambda^2+2\lambda+2=0,$$

解之得 $\lambda_1=-1+i, \lambda_2=-1-i$. 因此,微分方程 $y''+2y'+2y=0$ 的通解为

$$y=(C_1\sin x+C_2\cos x)e^{-x}.$$

由初始条件 $y|_{x=0}=1, y'|_{x=0}=-1$ 可得

$$\begin{cases} C_2=1, \\ C_1-C_2=-1, \end{cases}$$

解得 $C_1=0, C_2=1$, 因此,可得微分方程 $y''+2y'+2y=0$ 满足初始条件的特解为

$$y=e^{-x}\cos x.$$

(3) 所给微分方程 $4y''+4y'+y=0$ 的特征方程为

$$4\lambda^2+4\lambda+1=0,$$

解之得 $\lambda_1=\lambda_2=-\frac{1}{2}$. 因此,可得微分方程 $4y''+4y'+y=0$ 的通解为

$$y=(C_1+C_2x)e^{-\frac{1}{2}x}.$$

由 $y|_{x=0}=2, y'|_{x=0}=0$ 可得

$$\begin{cases} C_1=2, \\ -\frac{1}{2}C_1+C_2=0, \end{cases}$$

解得 $C_1=2, C_2=1$. 因此,可得微分方程 $4y''+4y'+y=0$ 满足初始条件的特解为

$$y=(2+x)e^{-\frac{1}{2}x}.$$

(4) 所给微分方程 $y''+4y'+29y=0$ 的特征方程为

$$\lambda^2+4\lambda+29=0,$$

解之得 $\lambda_1=-2+5i, \lambda_2=-2-5i$. 因此,可得微分方程 $y''+4y'+29y=0$ 的通解为

$$y=(C_1\sin 5x+C_2\cos 5x)e^{-2x}.$$

由初始条件 $y|_{x=0}=0, y'|_{x=0}=15$ 可得

$$\begin{cases} C_2=0, \\ 5C_1-2C_2=15, \end{cases}$$

解得 $C_1=3, C_2=0$. 因此,可得微分方程 $y''+4y'+29y=0$ 满足初始条件的特解为

$$y=3\sin 5xe^{-2x}.$$

(5) 所给微分方程 $y''+2y'+10y=0$ 的特征方程为

$$\lambda^2+2\lambda+10=0,$$

解之得 $\lambda_1=-1+3i,\lambda_2=-1-3i$. 因此,可得微分方程 $y''+2y'+10y=0$ 的通解为

$$y=(C_1\sin 3x+C_2\cos 3x)e^{-x}.$$

由初始条件 $y|_{x=0}=1,y'|_{x=0}=2$ 可得

$$\begin{cases}C_2=1,\\3C_1-C_2=2,\end{cases}$$

解得 $C_1=1,C_2=1$. 因此,可得微分方程 $y''+2y'+10y=0$ 满足初始条件的特解为

$$y=(\sin 3x+\cos 3x)e^{-x}.$$

(6) 所给微分方程 $y^{(4)}-a^{(4)}y=0(a>0)$ 的特征方程为

$$\lambda^4-a^4=0,$$

解之得 $\lambda_1=a,\lambda_2=-a,\lambda_3=ai,\lambda_4=-ai$. 因此,可得微分方程 $y^{(4)}-a^4y=0(a>0)$ 的通解为

$$y=C_1e^{ax}+C_2e^{-ax}+C_3\sin ax+C_4\cos ax.$$

由初始条件 $y|_{x=0}=1,y'|_{x=0}=0,y''|_{x=0}=-a^2,y'''|_{x=0}=0$ 可得

$$\begin{cases}C_1+C_2+C_4=1,\\\alpha C_1-\alpha C_2+\alpha C_3=0,\\\alpha^2C_1+\alpha^2C_2-\alpha^2C_4=-\alpha^2,\\\alpha^3C_1-\alpha^3C_2-\alpha^3C_3=0,\end{cases}$$

解得 $C_1=0,C_2=0,C_3=0,C_4=1$. 因此,可得微分方程 $y^{(4)}-a^4y=0(a>0)$ 满足初始条件的特解为

$$y=\cos ax.$$

3. 写出下列方程具有待定系数的特解形式:

(1) $y''-5y'+4y=(x^2+1)e^x$;　　(2) $x''-6x'+9x=(2t+1)e^{3t}$;

(3) $y''-4y'+8y=3e^x\sin x$;　　(4) $y''+a_1y'+a_2y=A$(其中 a_1,a_2,A 是常数).

解:(1)微分方程 $y''-5y'+4y=(x^2-1)e^x$ 对应的齐次方程为 $y''+5y'+4y=0$,其特征方程为

$$\lambda^2-5\lambda+4=0,$$

解之得到特征方程的两个特征根为 $\lambda_1=1,\lambda_2=4$,故 $\lambda_1=1$ 是对应的一重实特征值. 因此,所求微分方程 $y''-5y'+4y=(x^2+1)e^x$ 特解形式可设为

$$y^*=x(B_0+B_1x+B_2x^2)e^x,$$

其中,B_0,B_1,B_2 为待定系数.

(2) 微分方程 $x''-6x'+9x=(2t+1)e^{3t}$ 对应齐次方程为 $x''-6x'+9x=0$,其特征方程为

$$\lambda^2-6\lambda+9=0,$$

解之得到特征方程的两个特征根为 $\lambda_1=\lambda_2=3$,故可得 $\lambda=3$ 是二重实特征值,因此,所求微分方程 $x''-6x'+9x=(2t+1)e^{3t}$ 特解形式可设为

$$x^* = t^2(B_0 + B_1 x)e^{3t},$$

其中,B_0,B_1 为待定系数.

(3) 微分方程 $y''-4y'+8y=3e^x\sin x$ 对应齐次方程为 $y''-4y'+8y=0$,其特征方程为

$$\lambda^2-4\lambda+8=0,$$

解之得到特征方程的两个特征根为 $\lambda=2\pm 2i$,因此,所求微分方程 $y''-4y'+8y=3e^x\sin x$ 特解形式可以设为

$$y=e^x(B_1\sin x+B_2\cos x),$$

其中,B_1,B_2 为待定系数.

(4) 微分方程 $y''+a_1y'+a_2y=A$ 对应齐次方程为 $y''+a_1y'+a_2y$,其特征方程为

$$\lambda^2+a_1\lambda+a_2=0.$$

若 $a_1\neq 0,a_2\neq 0$,则 $\lambda=0$ 不是特征值,因此,所求微分方程 $y''+a_1y'+a_2y=A$ 的特解形式可设为

$$y=B_1.$$

若 $a_1\neq 0,a_2=0$,则 $\lambda=0$ 是一单的特征值,因此,所求微分方程 $y''+a_1y'+a_2y=A$ 的特解形式可设为

$$y=B_1x.$$

若 $a_1=0,a_2=0$,则 $\lambda=0$ 是二重特征值,因此,所求微分方程 $y''+a_1y'+a_2y=A$ 的特解形式可设为

$$y=B_1x^2.$$

其中,B_1 为待定系数.

4. 求下列各方程通解或满足初始条件的特解:

(1) $2y''+y'-y=2e^x$;　(2) $y''+a^2y=e^x$;

(3) $y''-7y'+12y=x$;　(4) $y''-3y'=-6x+2$;

(5) $2y''+5y'=5x^2-2x-1$;　(6) $y''+3y'+2y=3xe^{-x}$;

(7) $y''-2y'+5y=e^x\sin 2x$;　(8) $y''-6y'+9y=(x+1)e^{3x}$;

(9) $y''-4y'+4y=x^2e^{2x}$;　(10) $y''+4y=x\cos x$;

(11) $y''+4y=\cos 2x,y(0)=0,y'(0)=2$;

(12) $y''-10y'+9y=e^{2x},y(0)=\frac{6}{7},y'(0)=\frac{33}{7}$.

解:(1) 微分方程 $2y''+y'-y=2e^x$ 对应的齐次方程为 $2y''+y'-y=0$,其特征方程为

$$2\lambda^2+\lambda-1=0,$$

解之得到 $\lambda_1=-1,\lambda_2=\frac{1}{2}$. 于是齐次线性微分方程 $2y''+y'-y=0$ 通解为

$$\tilde{y}=C_1e^{-x}+C_2e^{\frac{1}{2}x}.$$

由于 $\lambda=1$ 不是特征值,令原微分方程的特解为 $y^*=B_0e^x$,则 $(y^*)'=B_0e^x$,$(y^*)''=$

$B_0 e^x$，代入原方程可得 $B_0=1$，故而原微分方程的一个特解为 $y^*=e^x$. 因此，微分方程 $2y''+y'-y=2e^x$ 的通解为

$$y=C_1 e^{-x}+C_2 e^{\frac{1}{2}x}+e^x.$$

(2)

① 若 $a=0$ 微分方程 $y''+a^2 y=e^x$ 对应的齐次线性方程为 $y''=0$，其特征方程为

$$\lambda^2=0,$$

解之可得二重特征根 $\lambda=0$. 所以对应齐次线性方程的通解为 $\tilde{y}=C_1 x+C_2$. 易知 $y^*=e^x$ 为 $y''=e^x$ 的一个特解，所以原微分方程的通解为

$$y=e^x+C_1 x+C_2.$$

注： 微分方程 $y''=e^x$ 的通解 $y=e^x+C_1 x+C_2$ 也可以通过两次积分运算求得.

② 若 $a\neq 0$，微分方程 $y''+a^2 y=e^x$ 对应的齐次线性方程为 $y''+ay=0$，其特征方程为

$$\lambda^2+a^2=0,$$

解之可得特征根为 $\lambda_1=a\mathrm{i}$，$\lambda_2=-a\mathrm{i}$. 所以齐次线性方程的通解为

$$y=C_1 \sin ax+C_2 \cos ax.$$

此时，$v=1$ 不是特征值，故令原方程的特解为 $y^*=B_0 e^x$，代入原方程可得 $B_0=\dfrac{1}{1+a^2}$. 因此，若 $a\neq 0$，微分方程 $y''+a^2 y=e^x$ 通解为

$$y=C_1 \sin ax+C_2 \cos ax+\frac{1}{1+a^2}e^x.$$

(3) 微分方程 $y''-7y'+12y=x$ 对应的齐次方程为 $y''-7y'+12y=0$，其特征方程为

$$\lambda^2-7\lambda+12=0,$$

解之得到两个特征根为 $\lambda_1=3$，$\lambda_2=4$，于是齐次线性方程的通解为

$$y=C_1 e^{3x}+C_2 e^{4x}.$$

由于 $\lambda=0$ 不是特征值，故可设原方程的特解为 $y^*=B_0+B_1 x$，代入原方程可得 $B_0=\dfrac{7}{144}$，$B_1=\dfrac{1}{12}$. 因此，微分方程 $y''-7y'+12y=x$ 的通解为

$$y=C_1 e^{3x}+C_2 e^{4x}+\frac{1}{12}x+\frac{7}{144}.$$

(4) 易得微分方程 $y''-3y'=-6x+2$ 对应齐次线性方程 $y''-3y'=0$ 的通解为

$$y=C_1 e^{3x}+C_2.$$

由于 $v=0$ 是对应齐次线性微分方程的特征方程的单特征值，故可设原方程的特解为

$$y^*=x(B_0+B_1 x).$$

代入原方程可得 $B_0=0$，$B_1=1$. 因此，微分方程 $y''-3y'=-6x+2$ 的通解为

$$y=C_1 e^{3x}+C_2+x^2.$$

(5) 易得微分方程 $2y''+5y'=5x^2-2x-1$ 对应齐次线性方程 $2y''+5y'=0$ 的通解为

$$y=C_1\mathrm{e}^{-\frac{5}{2}x}+C_2.$$

由于 $v=0$ 是对应齐次线性微分方程的特征方程的单特征值,故可设原方程的特解为

$$y^*=x(B_0+B_1x+B_2x^2),$$

代入原方程可得 $B_0=\frac{7}{25}, B_1=-\frac{3}{5}, B_3=\frac{1}{3}$. 因此,微分方程 $2y''+5y'=5x^2-2x-1$ 通解为

$$y=C_1\mathrm{e}^{-\frac{5}{2}x}+C_2+\frac{7}{25}x-\frac{3}{5}x^2+\frac{1}{3}x^3.$$

(6) 微分方程 $y''+3y'+2y=3x\mathrm{e}^{-x}$ 对应齐次线性方程为 $y''+3y'+2y=0$,其特征方程为

$$\lambda^2+3\lambda+2=0.$$

易解得特征根为 $\lambda_1=-1, \lambda_2=-2$,所以齐次线性方程的通解为

$$y=C_1\mathrm{e}^{-x}+C_2\mathrm{e}^{-2x}.$$

由于 $v=-1$ 是单特征值,故可设原方程的特解为 $y^*=x(B_0+B_1x)\mathrm{e}^{-x}$ 代入原方程可得 $B_0=-3, B_1=\frac{3}{2}$. 因此,微分方程 $y''+3y'+2y=3x\mathrm{e}^{-x}$ 的通解为

$$y=C_1\mathrm{e}^{-x}+C_2\mathrm{e}^{-2x}+\left(-3x+\frac{3}{2}x^2\right)\mathrm{e}^{-x}.$$

(7) 微分方程 $y''-2y'+5y=\mathrm{e}^x\sin 2x$ 对应的齐次线性方程为 $y''-2y'+5y=0$,其特征方程为

$$\lambda^2-2\lambda+5=0.$$

解之得到特征根为 $\lambda=1\pm2\mathrm{i}$,所以对应齐次线性方程的通解为

$$y=(C_1\sin 2x+C_2\cos 2x)\mathrm{e}^x.$$

由于 $\mu+v\mathrm{i}=1+2\mathrm{i}$ 是单特征值,故可设原方程的特解为 $y^*=x(B_0\sin 2x+B_1\cos 2x)\mathrm{e}^x$,代入原方程可求得 $B_0=0, B_1=-\frac{1}{4}$. 因此,微分方程 $y''-2y'+5y=\mathrm{e}^x\sin 2x$ 通解为

$$y=(C_1\sin 2x+C_2\cos 2x)\mathrm{e}^x-\frac{1}{4}x\cos 2x\mathrm{e}^x$$

(8) 微分方程 $y''-6y'+9y=(x+1)\mathrm{e}^{3x}$ 对应齐次线性方程为 $y''-6y'+9y=0$,其特征方程为

$$\lambda^2-6\lambda+9=0.$$

解之得到特征根为 $\lambda_{1,2}=3$,所以对应齐次线性方程的通解为

$$y=(C_1+C_2x)\mathrm{e}^{3x}.$$

由于 $v=3$ 是二重特征值,故可设原方程的特解为 $y^*=x^2(B_0+B_1x)\mathrm{e}^{3x}$,代入原方程可

求得 $B_0=\frac{1}{2}, B_1=\frac{1}{6}$. 因此，微分方程 $y''-6y'+9y=(x+1)e^{3x}$ 的通解为

$$y=(C_1+C_2x)e^{3x}+x^2\left(\frac{1}{2}+\frac{1}{6}x\right)e^{3x}.$$

(9) 易得微分方程 $y''-4y'+4y=x^2e^{2x}$ 对应齐次线性方程为 $y''-4y'+4y=0$，其特征方程为

$$\lambda^2-4\lambda+4=0.$$

解之得到特征根为 $\lambda_{1,2}=2$，所以对应齐次线性方程的通解为

$$y=(C_1+C_2x)e^{2x}.$$

由于 $\lambda=2$ 是二重特征值，故可设原方程的特解为 $y^*=x^2(B_0+B_1x+B_2x^2)e^{2x}$，代入原方程可求得 $B_0=0, B_1=0, B_2=\frac{1}{12}$. 因此，微分方程 $y''-4y'+4y=x^2e^{2x}$ 通解为

$$y=(C_1+C_2x)e^{2x}+\frac{1}{12}x^4e^{2x}.$$

(10) 微分方程 $y''+4y=x\cos x$ 对应齐次线性方程为 $y''+4y=0$，其特征方程为

$$\lambda^2+4=0.$$

解之得到特征根为 $\lambda_1=2i, \lambda_2=-2i$，所以对应齐次线性方程的通解为

$$y=C_1\sin 2x+C_2\cos 2x.$$

由于 $v=i$ 不是特征值，故可设原方程的特解为 $y^*=(B_0+B_1x)\cos x+(A_0+A_1x)\sin x$，代入原方程可得 $B_0=0, B_1=\frac{1}{3}, A_0=\frac{2}{9}, A_1=0$. 因此，微分方程 $y''+4y=x\cos x$ 对应的通解为

$$y=C_1\sin 2x+C_2\cos 2x+\frac{1}{3}x\cos x+\frac{2}{9}\sin x.$$

(11) 微分方程 $y''+4y=\cos 2x$ 对应的齐次线性方程为 $y''+4y=0$. 易得该齐次线性方程的通解为

$$y=C_1\sin 2x+C_2\cos 2x.$$

由于 $\lambda=2i$ 是特征值，故可设原方程的特解为 $y^*=B_0x\cos 2x+A_0x\sin 2x$，代入原方程可得 $B_0=0, A_0=\frac{1}{4}$. 因此，微分方程 $y''+4y=\cos 2x$ 通解为

$$y=\frac{1}{4}x\sin 2x+C_1\sin 2x+C_2\cos 2x.$$

由初始条件 $y|_{x=0}=0, y'|_{x=0}=2$ 可得

$$\begin{cases} C_2=0, \\ 2C_1=2, \end{cases}$$

解之得到 $C_1=1, C_2=0$，所以微分方程 $y''+4y=\cos 2x$ 满足初始条件的特解为

$$y=\frac{1}{4}x\sin 2x+\sin 2x.$$

(12) 微分方程 $y''-10y'+9y=e^{2x}$ 对应齐次线性方程为 $y''-10y'+9y=0$. 易得该齐次线性方程的通解为

$$y=C_1e^{x}+C_2e^{9x}.$$

由于 $v=2$ 不是特征值,故可设原方程的特解为 $y^*=B_0e^{2x}$,代入原方程可得 $B_0=-\frac{1}{7}$. 因此,微分方程 $y''-10y'+9y=e^{2x}$ 的通解为

$$y=C_1e^{x}+C_2e^{9x}-\frac{1}{7}e^{2x}.$$

由初始条件 $y|_{x=0}=\frac{6}{7}$,$y'|_{x=0}=\frac{33}{7}$,可得 $C_1=\frac{1}{2}$,$C_2=\frac{1}{2}$. 所以微分方程 $y''-10y'+9y=e^{2x}$ 满足初始条件的特解为

$$y=\frac{1}{2}e^{x}+\frac{1}{2}e^{9x}-\frac{1}{7}e^{2x}.$$

第六节　欧拉微分方程

一、知识要点

形如

$$x^2y''+axy'+by=f(x)$$

的微分方程称为二阶欧拉方程,其中,a,b 是常数.

当 $x>0$ 时,作变量代换 $x=e^t$,引进运算 $D=\frac{d}{dt}$,$D^2=\frac{d^2}{dt^2}$,使得 $Dy=\frac{dy}{dt}$,$D^2y=\frac{d^2y}{dt^2}$. 则

$$xy'=Dy,x^2y''=D(D-1)y,$$

因此欧拉方程变为

$$D(D-1)y+aDy+by=f(e^t),$$

即

$$\frac{d^2y}{dt^2}+(a-1)\frac{dy}{dt}+by=f(e^t).$$

这是一个以 t 为自变量,y 为未知函数二阶线性常系数微分方程.

当 $x<0$ 时,通过变量代换 $x=-e^t$,可类似求解.

二、习题解答

求下列方程的通解：

(1) $x^2y''+xy'-y=0$；　　(2) $x^2y''-2y=0$；

(3) $y''-\frac{y'}{x}+\frac{y}{x^2}=\frac{2}{x}$；　　(4) $x^2y''-2xy'+2y=\ln^2x-2\ln x$；

(5) $x^3y'''+3x^2y''-2xy'+2y=0$；　　(6) $x^2y''+xy'-4y=x^3$；

(7) $x^3y'''+xy'-y=3x^4$；　　(8) $x^3y'''-x^2y''+2xy'-2y=x^3+3x$.

解：(1) $x^2y''+xy'-y=0$ 是一个欧拉微分方程，令 $x=e^t$，从而

$$\frac{dy}{dx}=\frac{dy}{dt}\frac{dt}{dx}=\frac{1}{dx/dt}\frac{dy}{dt}=\frac{1}{e^t}\frac{dy}{dt}=\frac{1}{x}\frac{dy}{dt},$$

$$\frac{d^2y}{dx^2}=\frac{d}{dx}\left(\frac{1}{x}\frac{dy}{dt}\right)=\frac{1}{x^2}\left(\frac{d^2y}{dt^2}-\frac{dy}{dt}\right).$$

代入原方程，化简可得

$$\frac{d^2y}{dt^2}-y=0.$$

对于该二阶常系数齐次线性微分方程，容易求得其通解为

$$y=C_1e^{-t}+C_2e^t.$$

由 $x=e^t$ 可得微分方程 $x^2y''+xy'-y=0$ 的通解为

$$y=C_1\frac{1}{x}+C_2x.$$

(2) $x^2y''-2y=0$ 是一个欧拉微分方程，令 $x=e^t$，从而

$$\frac{dy}{dx}=\frac{dy}{dt}\frac{dt}{dx}=\frac{1}{dx/dt}\frac{dy}{dt}=\frac{1}{e^t}\frac{dy}{dt}=\frac{1}{x}\frac{dy}{dt},$$

$$\frac{d^2y}{dx^2}=\frac{d}{dx}\left(\frac{1}{x}\frac{dy}{dt}\right)=\frac{1}{x^2}(\frac{d^2y}{dt^2}-\frac{dy}{dt}).$$

代入原方程，化简可得

$$\frac{d^2y}{dt^2}-\frac{dy}{dt}-2y=0.$$

对于该二阶常系数齐次线性微分方程，容易求得其通解为

$$y=C_1e^{2t}+C_2e^{-t}.$$

由 $x=e^t$ 可得微分方程 $x^2y''-2y=0$ 的通解为

$$y=C_1x^2+\frac{C_2}{x}.$$

(3) 将微分方程 $y''-\frac{y'}{x}+\frac{y}{x^2}=\frac{2}{x}$ 左右两边同乘以 x^2，得到 $x^2y''-xy'+y=2x$，该方程

是一个欧拉微分方程,令 $x=\mathrm{e}^t$,从而

$$\frac{\mathrm{d}y}{\mathrm{d}x}=\frac{\mathrm{d}y}{\mathrm{d}t}\frac{\mathrm{d}t}{\mathrm{d}x}=\frac{1}{\mathrm{d}x/\mathrm{d}t}\frac{\mathrm{d}y}{\mathrm{d}t}=\frac{1}{\mathrm{e}^t}\frac{\mathrm{d}y}{\mathrm{d}t}=\frac{1}{x}\frac{\mathrm{d}y}{\mathrm{d}t},$$

$$\frac{\mathrm{d}^2y}{\mathrm{d}x^2}=\frac{\mathrm{d}}{\mathrm{d}x}\left(\frac{1}{x}\frac{\mathrm{d}y}{\mathrm{d}t}\right)=\frac{1}{x^2}\left(\frac{\mathrm{d}^2y}{\mathrm{d}t^2}-\frac{\mathrm{d}y}{\mathrm{d}t}\right).$$

代入微分方程 $x^2y''-xy'+y=2x$,化简可得

$$\frac{\mathrm{d}^2y}{\mathrm{d}t^2}-2\frac{\mathrm{d}y}{\mathrm{d}t}+y=2\mathrm{e}^t.$$

这是一个二阶非齐次线性微分方程,易得其对应的齐次方程 $\frac{\mathrm{d}^2y}{\mathrm{d}t^2}-2\frac{\mathrm{d}y}{\mathrm{d}t}+y=0$ 的通解为

$$\tilde{y}=(C_1+C_2t)\mathrm{e}^t.$$

由于 $v=1$ 是特征方程的二重特征根,可设特解为 $y^*=B_0t^2\mathrm{e}^t$,代入方程 $\frac{\mathrm{d}^2y}{\mathrm{d}t^2}-2\frac{\mathrm{d}y}{\mathrm{d}t}+y=2\mathrm{e}^t$ 可求得 $B_0=1$. 所以 $\frac{\mathrm{d}^2y}{\mathrm{d}t^2}-2\frac{\mathrm{d}y}{\mathrm{d}t}+y=2\mathrm{e}^t$ 的通解为

$$y=(t^2+C_1+C_2t)\mathrm{e}^t.$$

由 $x=\mathrm{e}^t$,即 $t=\ln x$ 可得原方程的通解为

$$y=(\ln^2x+C_1+C_2\ln x)x.$$

(4) $x^2y''-2xy'+2y=\ln^2x-2\ln x$ 是一个欧拉微分方程,令 $x=\mathrm{e}^t$,从而

$$\frac{\mathrm{d}y}{\mathrm{d}x}=\frac{\mathrm{d}y}{\mathrm{d}t}\frac{\mathrm{d}t}{\mathrm{d}x}=\frac{1}{\mathrm{d}x/\mathrm{d}t}\frac{\mathrm{d}y}{\mathrm{d}t}=\frac{1}{\mathrm{e}^t}\frac{\mathrm{d}y}{\mathrm{d}t}=\frac{1}{x}\frac{\mathrm{d}y}{\mathrm{d}t},$$

$$\frac{\mathrm{d}^2y}{\mathrm{d}x^2}=\frac{\mathrm{d}}{\mathrm{d}x}\left(\frac{1}{x}\frac{\mathrm{d}y}{\mathrm{d}t}\right)=\frac{1}{x^2}\left(\frac{\mathrm{d}^2y}{\mathrm{d}t^2}-\frac{\mathrm{d}y}{\mathrm{d}t}\right).$$

代入原方程,化简可得

$$\frac{\mathrm{d}^2y}{\mathrm{d}t^2}-3\frac{\mathrm{d}y}{\mathrm{d}t}+2y=t^2-2t.$$

这是一个二阶非齐次线性微分方程,易得其对应的齐次方程 $\frac{\mathrm{d}^2y}{\mathrm{d}t^2}-3\frac{\mathrm{d}y}{\mathrm{d}t}+2y=0$ 的通解为

$$\tilde{y}=C_1\mathrm{e}^t+C_2\mathrm{e}^{2t}.$$

由于 $v=0$ 不是特征方程的特征根,所以可设微分方程 $\frac{\mathrm{d}^2y}{\mathrm{d}t^2}-3\frac{\mathrm{d}y}{\mathrm{d}t}+2y=t^2-2t$ 的特解为 $y^*=B_0t^2+B_1t+B_2$. 代入方程 $\frac{\mathrm{d}^2y}{\mathrm{d}t^2}-3\frac{\mathrm{d}y}{\mathrm{d}t}+2y=t^2-2t$,可求得特解为 $y^*=\frac{1}{2}t^2+\frac{1}{2}t+\frac{1}{4}$. 即该方程的通解为

$$y=\frac{1}{2}t^2+\frac{1}{2}t+\frac{1}{4}+C_1e^t+C_2e^{2t}.$$

由 $x=e^t$，即 $t=\ln x$ 可得原方程的通解为

$$y=\frac{1}{2}\ln^2 x+\frac{1}{2}\ln x+\frac{1}{4}+C_1x+C_2x^2.$$

(5) 微分方程 $x^3y'''+3x^2y''-2xy'+2y=0$ 是一个欧拉微分方程，令 $x=e^t$，从而

$$\frac{dy}{dx}=\frac{dy}{dt}\frac{dt}{dx}=\frac{1}{dx/dt}\frac{dy}{dt}=\frac{1}{e^t}\frac{dy}{dt}=\frac{1}{x}\frac{dy}{dt},$$

$$\frac{d^2y}{dx^2}=\frac{d}{dx}\left(\frac{1}{x}\frac{dy}{dt}\right)=\frac{1}{x^2}\left(\frac{d^2y}{dt^2}-\frac{dy}{dt}\right),$$

$$\frac{d^3y}{dx^3}=\frac{d}{dx}\left[\frac{1}{x^2}\left(\frac{d^2y}{dt^2}-\frac{dy}{dt}\right)\right]=\frac{1}{x^3}\left(\frac{d^3y}{dt^3}-3\frac{d^2y}{dt^2}+2\frac{dy}{dt}\right).$$

代入原方程，化简可得

$$\frac{d^3y}{dt^3}-3\frac{dy}{dt}+2y=0.$$

求解该三阶齐次线性微分方程，容易得到其通解为

$$y=(C_1+C_2t)e^t+C_3e^{-2t}.$$

由 $x=e^t$，即 $t=\ln x$ 可得原方程的通解为

$$y=(C_1+C_2\ln x)x+C_3x^{-2}.$$

(6) 微分方程 $x^2y''+xy'-4y=x^3$ 是一个欧拉微分方程，令 $x=e^t$，从而

$$\frac{dy}{dx}=\frac{dy}{dt}\frac{dt}{dx}=\frac{1}{dx/dt}\frac{dy}{dt}=\frac{1}{e^t}\frac{dy}{dt}=\frac{1}{x}\frac{dy}{dt},$$

$$\frac{d^2y}{dx^2}=\frac{d}{dx}\left(\frac{1}{x}\frac{dy}{dt}\right)=\frac{1}{x^2}\left(\frac{d^2y}{dt^2}-\frac{dy}{dt}\right).$$

代入原方程，化简可得

$$\frac{d^2y}{dt^2}-4y=e^{3t}.$$

这是一个二阶非齐次线性微分方程，其对应的齐次方程为 $\frac{d^2y}{dt^2}-4y=0$，容易求得该齐次方程的通解为

$$y=C_1e^{2t}+C_2e^{-2t}.$$

由于 $v=3$ 不是特征根，故可设微分方程 $\frac{d^2y}{dt^2}-4y=e^{3t}$ 的特解为 $y^*=Be^{3t}$，代入方程可求得 $B=\frac{1}{5}$，所以微分方程 $\frac{d^2y}{dt^2}-4y=e^{3t}$ 的通解为

$$y=C_1e^{2t}+C_2e^{-2t}+\frac{1}{5}e^{3t}.$$

由 $x=e^t$,即 $t=\ln x$ 可得原方程的通解为

$$y=C_1x^2+C_2x^{-2}+\frac{1}{5}x^3.$$

(7) 微分方程 $x^3y'''+xy'-y=3x^4$ 是一个欧拉微分方程,令 $x=e^t$,从而

$$\frac{dy}{dx}=\frac{dy}{dt}\frac{dt}{dx}=\frac{1}{dx/dt}\frac{dy}{dt}=\frac{1}{e^t}\frac{dy}{dt}=\frac{1}{x}\frac{dy}{dt},$$

$$\frac{d^2y}{dx^2}=\frac{d}{dx}\left(\frac{1}{x}\frac{dy}{dt}\right)=\frac{1}{x^2}\left(\frac{d^2y}{dt^2}-\frac{dy}{dt}\right),$$

$$\frac{d^3y}{dx^3}=\frac{d}{dx}\left[\frac{1}{x^2}\left(\frac{d^2y}{dt^2}-\frac{dy}{dt}\right)\right]=\frac{1}{x^3}\left(\frac{d^3y}{dt^3}-3\frac{d^2y}{dt^2}+2\frac{dy}{dt}\right).$$

代入原方程,化简可得

$$\frac{d^3y}{dt^3}-3\frac{d^2y}{dt^2}+3\frac{dy}{dt}-y=3e^{4t}.$$

这是一个三阶非齐次线性微分方程,其对应的齐次微分方程为 $\frac{d^3y}{dt^3}-3\frac{d^2y}{dt^2}+3\frac{dy}{dt}-y=0$,容易求得齐次微分方程的通解为.

$$\tilde{y}=(C_1+C_2t+C_3t^2)e^t.$$

可设 $\frac{d^3y}{dt^3}-3\frac{d^2y}{dt^2}+3\frac{dy}{dt}-y=3e^{4t}$ 的特解形如 $y^*=Be^{4t}$,代入原方程可求得一个特解为 $y^*=\frac{1}{27}e^{4t}$. 从而可得微分方程 $\frac{d^3y}{dt^3}-3\frac{d^2y}{dt^2}+3\frac{dy}{dt}-y=3e^{4t}$ 的通解为

$$y=(C_1+C_2t+C_3t^2)e^t+\frac{1}{27}e^{4t}.$$

由 $x=e^t$,即 $t=\ln x$ 可得原方程的通解为

$$y=(C_1+C_2\ln x+C_3\ln^2x)x+\frac{1}{27}x^4.$$

(8) 微分方程 $x^3y'''-x^2y''+2xy'-2y=x^3+3x$ 是一个欧拉微分方程,令 $x=e^t$,从而

$$\frac{dy}{dx}=\frac{dy}{dt}\frac{dt}{dx}=\frac{1}{dx/dt}\frac{dy}{dt}=\frac{1}{e^t}\frac{dy}{dt}=\frac{1}{x}\frac{dy}{dt},$$

$$\frac{d^2y}{dx^2}=\frac{d}{dx}\left(\frac{1}{x}\frac{dy}{dt}\right)=\frac{1}{x^2}\left(\frac{d^2y}{dt^2}-\frac{dy}{dt}\right),$$

$$\frac{d^3y}{dx^3}=\frac{d}{dx}\left[\frac{1}{x^2}\left(\frac{d^2y}{dt^2}-\frac{dy}{dt}\right)\right]=\frac{1}{x^3}\left(\frac{d^3y}{dt^3}-3\frac{d^2y}{dt^2}+2\frac{dy}{dt}\right).$$

代入原方程,化简可得

$$\frac{d^3y}{dt^3}-4\frac{d^2y}{dt^2}+5\frac{dy}{dt}-2y=e^{3t}+3e^t.$$

这是一个三阶非齐次线性微分方程,其对应的齐次线性微分方程为 $\frac{d^3y}{dt^3}-4\frac{d^2y}{dt^2}+5\frac{dy}{dt}-$

$2y=0$,求得该齐次方程的通解为 $\tilde{y}=(C_1+C_2t)e^t+C_3e^{2t}$.此外,用待定系数法可求得非齐次微分方程的一个特解为 $y^*=\frac{1}{4}e^{3t}-e^t\left(\frac{3t^2}{2}+3t+3\right)$从而可得微分方程$\frac{d^3y}{dt^3}-4\frac{d^2y}{dt^2}+5\frac{dy}{dt}-2y=e^{3t}+3e^t$ 的通解为

$$y=(C_1+C_2t)e^t+C_3e^{2t}+\frac{1}{4}e^{3t}-e^t\left(\frac{3t^2}{2}+3t+3\right).$$

由 $x=e^t$,即 $t=\ln x$ 可得原方程的通解为

$$y=(C_1+C_2\ln x)x+C_3x^2+\frac{1}{4}x^3-x\left(\frac{3\ln^2 x}{2}+3\ln x+3\right).$$

第七节　微分方程的应用

一、知识要点

掌握微分方程(或方程组)解决简单应用问题的方法.

二、习题解答

1. 一曲线过点(1,0)且曲线上任一点 $P(x,y)$处的切线在 y 轴上的截距等于 P 点与原点的距离.求该曲线的方程.

解:设该曲线的方程为 $y=y(x)$.过曲线上任一点 $P(x,y)$作该曲线的切线 L,则 L 上任意一点(X,Y)满足方程

$$Y-y=y'(X-x).$$

设 $X=0$,可得 $Y=y-xy'$,由于曲线上任一点 $P(x,y)$处的切线在 y 轴上的截距等于 P 点与原点的距离,可得

$$\sqrt{y^2+x^2}=y-y'x,$$

即

$$x^2+y^2=(y-y'x)^2.$$

化简可得

$$x=xy'^2-2yy'.$$

令 $y=ux$,则 $y'=u'x+u$,由 $x=xy'^2-2yy'$可得

$$x=x(u'x+u)^2-2ux(u'x+u),$$

即

$$x^2(u')^2-u^2=1.$$

化简可得

$$\frac{\mathrm{d}u}{\sqrt{1+u^2}}=-\frac{\mathrm{d}x}{x}\text{或者}\frac{\mathrm{d}u}{\sqrt{1+u^2}}=\frac{\mathrm{d}x}{x}(\text{舍去}).$$

两边积分得通解为

$$\ln(u+\sqrt{1+u^2})=-\ln x+C.$$

由曲线过点(1,0)可知 $x=1$ 时 $u=0$,所以可求得 $C=0$. 从而该曲线满足

$$\ln(u+\sqrt{1+u^2})=-\ln x,$$

即

$$x(u+\sqrt{1+u^2})=1.$$

由于 $y=ux$,可得所求曲线方程为

$$y+\sqrt{x^2+y^2}=1\Rightarrow y=\frac{1-x^2}{2}.$$

2. 已知一曲线过点(2,8)和原点,且坐标轴及曲线上任意一点(x,y)分别向两坐标轴所作的垂线围成一矩形,该曲线将此矩形分成两部分,其中一部分的面积是另一部分的两倍. 求该曲线的方程.

解:

设该曲线方程为 $y=f(x)$. 由已知过曲线上任意一点(x,y)分别向两坐标轴所作垂线围成的矩形面积为 $A=xy$,如题 2 图所示,$2A=3A_2$ 或 $A=3A_2$. 由此可得

$$xy=\frac{3}{2}\int_0^x f(t)\mathrm{d}t \text{ 或 } xy=3\int_0^x f(t)\mathrm{d}t.$$

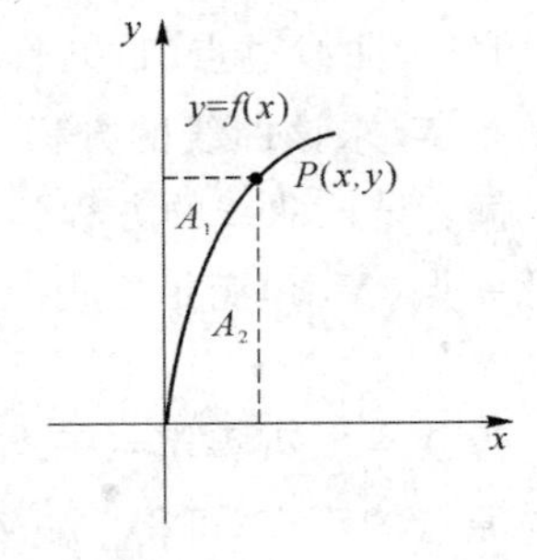

题 2 图

两边同时求导,可得

$$y+xy'=\frac{3}{2}y \text{ 或 } y+xy'=3y.$$

即

$$xy'=\frac{1}{2}y \text{ 或 } xy'=2y.$$

解之得

$$y=C_1\sqrt{x} \text{ 或 } y=C_2x^2.$$

又曲线过点(2,8),可得 $C_1=4\sqrt{2}$,$C_2=2$. 因此该曲线的方程为

$$y=4\sqrt{2x} \text{ 或 } y=2x^2.$$

3. 设一降落伞质量为 m,启动时的初速度为 v_0. 若空气阻力与速度成正比,求降落伞的速度 v 与时间 t 的关系.

解:已知该降落伞质量为 m,启动时的初速度为 v_0,设重力加速度为 g,空气的阻力系数

为 k,由牛顿第三运动定律可知

$$m\frac{\mathrm{d}v}{\mathrm{d}t}=mg-kv,\quad v(0)=v_0,$$

则

$$\frac{\mathrm{d}v}{\mathrm{d}t}=g-\frac{k}{m}v,$$

解之可得

$$v=\frac{mg}{k}+\left(v_0-\frac{mg}{k}\right)\mathrm{e}^{-\frac{k}{m}t}.$$

4. 已知一容器内有含 1 kg 盐的 10 L 盐溶液.现在以 3 L/min 的速度向里注水,同时以 2 L/min 的速度向外抽取盐溶液.求一个小时后容器内的含盐总量.

解:设在时刻 t 时该盐水的含盐量为 $x(t)$,在时刻 $t+\Delta t$ 时该盐水的含盐量为 $x(t)+\Delta x$,由已知可得

$$\Delta x=-\frac{2x}{10+t}\Delta t,$$

于是有

$$\frac{2x}{10+t}\mathrm{d}t=-\mathrm{d}x,x(0)=1.$$

则由 $\frac{2x}{10+t}\mathrm{d}t=-\mathrm{d}x$ 可解得 $x(t)=\frac{C}{(10+t)^2}$. 由 $x(0)=1$ 可得

$$x(t)=\frac{100}{(10+t)^2}.$$

所以一个小时后容器内的含盐总量为

$$x(60)=\frac{100}{(10+60)^2}=\frac{1}{49}\mathrm{kg}.$$

5. 据经济学原理,市场上商品价格的变化率与需求量和供应量的差成正比.设一特定商品,供应量为 Q_1,需求量为 Q_2,它们分别是价格 P 的下列线性函数:

$$Q_1=-a+bP;\quad Q_2=c-dP,$$

其中,a,b,c,d 均为正实数.求商品价格变化率与时间 t 的关系.

解:由已知可得价格 P 满足

$$\frac{\mathrm{d}P}{\mathrm{d}t}=k(Q_2-Q_1)=-k(b+d)P+k(a+c),$$

从而

$$\frac{\mathrm{d}P}{\mathrm{d}t}+k(b+d)P=k(a+c),$$

解之可得

$$P=\frac{a+c}{b+d}+C\mathrm{e}^{-k(b+d)t}.$$

6. 令 $y(t)$表示时刻 t 时鱼缸内水的高度,$V(t)$表示水的体积.水从鱼缸底部的面积为 a 的小孔漏出.托里拆利定律指出

$$\frac{\mathrm{d}V}{\mathrm{d}t}=-a\sqrt{2gy},$$

其中,g 是重力加速度.设鱼缸是一高 6 m、半径 2 m 的圆柱体,$g=980\ \mathrm{cm/s^2}$,小孔是半径为 1 cm 的圆形孔,设在时刻 $t=0$ 时鱼缸是满的,求在时刻 t 时水的高度,及将水排完所需的时间.

解:考虑微小的时间间隔 $t+\Delta t$,水面由 y 下降到 $y+\Delta y$,则 $\Delta V=\pi r^2\Delta y$,r 为鱼缸底面的半径.由于该容器为圆柱体,底面半径 r 为常数,故而由$\frac{\mathrm{d}V}{\mathrm{d}t}=-a\sqrt{2gy}$可得

$$-a\sqrt{2gy}\,\mathrm{d}t=\pi r^2\mathrm{d}y,$$

所以$\frac{\mathrm{d}y}{\mathrm{d}t}=\frac{-a\sqrt{2gy}}{\pi r^2}$,求解该微分方程可得$\sqrt{y}=\frac{-a\sqrt{2g}}{2\pi r^2}t+C$,即

$$y=\left(\frac{-a\sqrt{2g}}{2\pi r^2}t+C\right)^2,$$

由于在时刻 $t=0$ 时鱼缸是满的,即高度为 6 m=600 cm,可得 $C=10\sqrt{6}$,所以

$$y(t)=\left(\frac{-a\sqrt{2g}}{2\pi r^2}t+10\sqrt{6}\right)^2,$$

水排完的时间为 $t=\frac{20\pi r^2\sqrt{6}}{a\sqrt{2g}}$.

7. 学习曲线是指描述一个人学习新技能的能力的曲线图,设该曲线函数为 $y(t)$,其中 t 为时间,$y(0)=0$,M 是一个人学习新技能能力的最大值,且比例$\frac{\mathrm{d}y}{\mathrm{d}t}$满足

$$\frac{\mathrm{d}y}{\mathrm{d}t}=a[M-y(t)],$$

其中,a 正常数.求此学习曲线的表达式.

解:由已知$\frac{\mathrm{d}y}{\mathrm{d}t}=a[M-y(t)]$可得

$$\frac{\mathrm{d}y}{\mathrm{d}t}+ay=aM.$$

求解上微分方程在给定初始条件 $y(0)=0$ 下的特解,则

$$y=M(1-\mathrm{e}^{-at}).$$

8. 探照灯的反射镜是由一平面曲线绕中心轴旋转形成的.它要求通过反射后所有从光

源处发出的光变成与旋转轴平行光束.求平面曲线的方程.

解:取光源所在处为坐标原点,x 轴平行于光的反射方向.设所求曲面由曲线 $\begin{cases} y=f(x) \\ z=0 \end{cases}$ 绕 x 轴旋转而成.通过平面 $z=0$ 上曲线 $y=f(x)$ 的任一点作该曲线的切线 NT,则由光的反射定律:入射角等于反射角.从而可建立微分方程

$$\frac{dy}{dx}=\frac{y}{x+\sqrt{x^2+y^2}}.$$

解之得到

$$y^2=C(C+2x).$$

9. 根据下列两种情况,建立肿瘤增长的数学模型并求解.

(1) 设肿瘤体积增长率正比于 V^b,其中 V 是肿瘤的体积,b 是常数.开始时,肿瘤的体积是 V_0.当 $b=\frac{2}{3}$ 及 $b=1$ 时,求肿瘤体积 V 的变化率.用 t 表示.若 $b=1$,肿瘤体积增大一倍需多长时间?

(2) 设肿瘤体积的增长率的形式是 $k(t)V$,这里 $k(t)$ 是时间 t 的减函数,$k(t)$ 在 t 时刻的变化率正比于 $k(t)$ 的值.求函数 $V(t)$,肿瘤增长一倍所需时间及体积增长的上限.

解:(1) 由题意可得 $\frac{dV}{dt}=kV^b$,且 $V(0)=V_0$.

当 $b=\frac{2}{3}$ 时,$\frac{dV}{dt}=kV^{\frac{2}{3}}$;求解该微分方程可得 $3V^{\frac{1}{3}}=kt+C$,由 $V(0)=V_0$,可知

$$V^{\frac{1}{3}}=\frac{1}{3}kt+V_0^{\frac{1}{3}}.$$

当 $b=1$ 时,$\frac{dV}{dt}=kV^1$;求解该微分方程可得 $V=Ce^{kt}$.由 $V(0)=V_0$ 可得

$$V=V_0e^{kt}.$$

若 $b=1$,肿瘤体积增大一倍后 $V=2V_0$,由 $2V_0=V_0e^{kt}$ 可得

$$t=\frac{\ln 2}{k}.$$

(2) 由已知可得 $-\frac{dk(t)}{dt}=ak$,解之得 $k(t)=C_1e^{-at}(a>0)$.不妨设 $k(0)=A$(A 为正常数),则

$$k(t)=Ae^{-at},\quad a>0.$$

从而 $\frac{dV}{dt}=Ae^{-at}V(a>0)$ 且 $V(0)=V_0$,解之得

$$V=V_0e^{\frac{A}{a}}e^{e^{-at}}.$$

若肿瘤增长一倍,即 $V=2V_0$,则所需时间

$$t=\frac{1}{a}[\ln A-\ln(A-\alpha\ln 2)].$$

当 $t\to+\infty$ 时,可得体积增长的上限为

$$\lim_{t\to+\infty}V=V_0\mathrm{e}^{\frac{A}{\alpha}}.$$

10. 设一物体以初速度 v_0 沿斜面下滑. 设斜面的倾角为 θ,且物体与斜面的摩擦系数为 μ. 证明物体下滑的距离随时间 t 的变化规律为

$$s=\frac{1}{2}g(\sin\theta-\mu\sin\theta)t^2+v_0t.$$

证明:运用牛顿运动定律,由已知可得物体下滑的距离 s 满足

$$\frac{\mathrm{d}^2s}{\mathrm{d}t^2}m=mg\sin\theta-\mu mg\cos\theta,\quad \frac{\mathrm{d}s}{\mathrm{d}t}(0)=v_0,\quad s(0)=0.$$

解之可得

$$s=\frac{1}{2}g(\sin\theta-\mu\sin\theta)t^2+v_0t,$$

得证.

11. 现有一质量为 m 的质点由静止初始状态沉入液体,已知下沉时液体的阻力与下沉的速度成正比,求该质点的运动规律.

解:设该质点的运动速度为 v,由已知可得

$$m\frac{\mathrm{d}v}{\mathrm{d}t}=mg-kv,\quad v(0)=0,$$

其中,g 是重力加速度,k 液体的阻力系数. 即

$$\frac{\mathrm{d}v}{\mathrm{d}t}=g-\frac{k}{m}v,\quad v(0)=0.$$

解之可得 $v=\frac{mg}{k}-\frac{mg}{k}\mathrm{e}^{-\frac{k}{m}t}$.

本章学习要求

1. 了解微分方程及其解、通解、初始条件和特解等概念.

2. 掌握可分离变量的方程、一阶线性方程、齐次方程、贝努利方程的解法,掌握简单的变量代换解某些微分方程的方法.

3. 掌握可降阶的高阶微分方程解法.

4. 理解线性微分方程解的性质以及解的结构.

5. 掌握二阶常系数齐次线性微分方程的解法,并会解某些高于二阶的常系数齐次线性

微分方程.

6. 掌握微分方程(或方程组)解决一些简单的应用问题.

总习题七

1. 填空题:

(1) 微分方程$\frac{dy}{dx}=1+x^2$的通解是____________.

(2) 微分方程$xy'+y=0$的通解是____________.

(3) 微分方程$y'+y=0$的通解是____________.

(4) 微分方程$y''+2y'+y=0$的通解是____________.

(5) 微分方程$y''-2y'+4y=0$的通解是____________.

(6) 微分方程$y''-4y'+4y=6x^2$有形如____________的特解.

(7) 微分方程$y''-4y'+4y=xe^{2x}$有形如____________的特解.

(8) 微分方程$y''-3y'+2y=xe^x$有形如____________的特解.

2. 求下列微分方程的通解:

(1) $\frac{dy}{dx}=\frac{2}{y\sqrt{1-x^2}}$;

(2) $\frac{dy}{dx}=\frac{y}{1+x}$;

(3) $(xy^2+x)dx+(y-x^2y)dy=0$;

(4) $y\ln x dx+x\ln y dy=0$;

(5) $y'=\frac{y}{x}+\tan\frac{y}{x}$;

(6) $\frac{dx}{dt}=e^{\frac{x}{t}}+\frac{x}{t}$;

(7) $(x^2+1)y'+2xy=4x^2$;

(8) $y'+\frac{y}{x}=\sin x$;

(9) $y''=\sin x$;

(10) $y'''=xe^x$;

(11) $xy''+y'=0$;

(12) $y''=1+(y')^2$;

(13) $4\frac{d^2x}{dt^2}-20\frac{dx}{dt}+25x=0$;

(14) $y^{(4)}-y=0$.

(15) $x''+3x'+2x=3\sin t$;

(16) $2y''+y'-y=2e^x$.

3. 求下列微分方程的特解:

(1) $x^2\frac{dy}{dx}+xy=y^2$, $y|_{x=1}=1$;

(2) $\frac{dy}{dx}=\frac{1}{1+x}+\frac{y}{x}$, $y|_{x=1}=-\ln 2$;

(3) $yy''=2(y'^2-y')$, $y|_{x=0}=1, y'|_{x=0}=2$;

(4) $\frac{d^2y}{dx^2}=-2x\left(\frac{dy}{dx}\right)^2$,　$y|_{x=0}=1, y'|_{x=0}=0$;

(5) $y''+5y'+6=0$,　$y|_{x=0}=0, y'|_{x=0}=1$;

(6) $y''+4y'+4y=0$,　$y|_{x=0}=4, y'|_{x=0}=-4$.

4. 方程 $y''+9y=0$ 的一条积分曲线通过点$(\pi,-1)$,且在该点和直线 $y+1=x-\pi$,求该曲线方程.

5. 设二阶常系数线性非齐次微分方程

$$y''+Ly'+My=Ne^x$$

的一个特解为 $Y(x)=e^{2x}+(1+x)e^x$,求常数 L,M,N.

6. 已知某二阶常系数线性非齐次微分方程有 3 个特解

$$y_1=3,\quad y_2=3+x^2,\quad y_3=3+x^2+e^x,$$

求该微分方程的通解.

7. 设 $\varphi(x)$ 为连续函数,且满足 $\varphi(x)=e^x-\int_0^x(x-t)\varphi(t)dt$,试求函数 $\varphi(x)$ 的解析表达式.

8. 已知 $f(x)$ 为一阶连续可微函数,且$\int_0^1 f(xt)dt=\frac{1}{2}f(x)+1$,,求 $f(x)$.

9. 设一物体质量为 m,以初速度 v_0 从一斜面上推下,若斜面的倾角为 α,摩擦系数为 μ,试求物体在斜面上移动的距离和时间的关系.

10. 设 L 是一条平面曲线,其上任意一点 $P(x,y)(x>0)$到坐标原点的距离,恒等于该点处的切线在 y 轴上的截距,且 L 经过点$\left(\frac{1}{2},0\right)$.

(1) 试求曲线 L 的方程;

(2) 求 L 位于第一象限部分的一条切线,使该切线与 L 以及两坐标轴所围图形的面积最小.

参考答案

1. (1) $y=x+\frac{x^3}{3}+C$;　(2) $y=Cx^{-1}$;　(3) $y=Ce^{-x}$;　(4) $y=C_1e^{-x}+C_2xe^{-x}$;

(5) $y=C_1e^x\sin\sqrt{3}x+C_2e^x\cos\sqrt{3}x$;　(6) $y^*=B_0+B_1x+B_2x^2$;

(7) $y^*=x^2(B_0+B_1x)e^{2x}$;　(8) $y^*=x(B_0+B_1x)e^x$.

2. (1) $y^2=\arcsin x+C$;　(2) $y=C(1+x)$;

(3) $\frac{1+y^2}{1-x^2}=C$；　(4) $\ln^2 x+\ln^2 y=C$；

(5) $y=x\arcsin\frac{x}{C}$；　(6) $\ln Ct=-e^{-\frac{x}{t}}$；

(7) $y=\left(\frac{4}{3}x^3+C\right)\left(\frac{1}{x^2+1}\right)$；　(8) $y=-\cos x+\frac{\sin x}{x}+\frac{C}{x}$；

(9) $y=-\sin x+C_1x+C_2$；　(10) $y=xe^x-3e^x+C_1x^2+C_2x+C_3$；

(11) $y=C_1\ln x+C_2$；　(12) $y=-\ln\cos(x+C_1)+C_2$；

(13) $x=C_1e^{\frac{5}{2}t}+C_2te^{\frac{5}{2}t}$；　(14) $y=C_1e^x+C_2e^{-x}+C_3\cos x+C_4\sin x$；

(15) $x=C_1e^{-t}+C_2e^{-2t}+\frac{3}{10}\sin t-\frac{9}{10}\cos t$；(16) $y=C_1e^{\frac{x}{2}}+C_2e^{-x}+e^x$.

3. (1) $y=\frac{2x}{1+x^2}$；　(2) $y=x\ln\frac{x}{1+x}$；　(3) $y=\tan\left(x+\frac{\pi}{4}\right)$；

(4) $y=1$；　(5) $y=e^{-2x}-e^{-3x}$；　(6) $y=4(1+x)e^{-2x}$.

4. 曲线的方程是 $y=\cos 3x-\frac{1}{3}\sin 3x$.

5. $L=-3, M=2, N=-1$.

6. $y=C_1x^2+C_2e^x+3$.

7. $\varphi(x)=\frac{1}{2}(\cos x+\sin x+e^x)$.

8. $f(x)=x+2$.

9. $s=\frac{1}{2}(\sin\alpha-\mu\cos\alpha)gt^2+v_0t$.

10. (1) $y=\frac{1}{4}-x^2$；(2) $y=\frac{1}{3}-\frac{\sqrt{3}}{3}x$.

第八章　向量与空间解析几何

第一节　平面向量和空间向量

一、知识要点

1. 向量的概念

向量是一个既有大小又有方向的量，它通常用一条有向线段来表示. 我们用黑体字母或者明确的起点和终点来表示向量. 起点为 O，终点为 P 的向量记作 $\overrightarrow{OP}$ 或者 $\boldsymbol{a}$.

如果两个向量 $\boldsymbol{a}$ 和 $\boldsymbol{b}$ 具有相同的大小和方向，则称它们相等，记作 $\boldsymbol{a}=\boldsymbol{b}$. 向量 $\boldsymbol{b}$ 的负向量是指与向量 $\boldsymbol{b}$ 有相同大小，但方向相反的向量，记作 $-\boldsymbol{b}$.

2. 向量的线性运算

设 $\boldsymbol{a}$ 和 $\boldsymbol{b}$ 是两个向量，从 $\boldsymbol{a}$ 的终点画一个等于 $\boldsymbol{b}$ 的向量，那么 $\boldsymbol{a}$ 与 $\boldsymbol{b}$ 的和 $\boldsymbol{a}+\boldsymbol{b}$ 是从 $\boldsymbol{a}$ 的起点指向 $\boldsymbol{b}$ 的终点的向量.

向量 $\boldsymbol{a}$ 与 $\boldsymbol{b}$ 的差等于 $\boldsymbol{a}$ 与 $\boldsymbol{b}$ 的负向量之和，即 $\boldsymbol{a}-\boldsymbol{b}=\boldsymbol{a}+(-\boldsymbol{b})$.

标量 m 和向量 $\boldsymbol{a}$ 的积，记作 $m\boldsymbol{a}$. 当 m 是正数时，其积是一个与 $\boldsymbol{a}$ 同方向，长度是 $\boldsymbol{a}$ 的 m 倍的向量；当 m 是负数时，其积是一个与 $\boldsymbol{a}$ 方向相反，长度是 $\boldsymbol{a}$ 的 m 倍的向量.

3. 直角坐标系

选定一个点 O 作为原点，从 O 引出三条两两互相垂直的有向线段，这三条线分别称为 x 轴、y 轴以及 z 轴. 它们的正向符合右手规则：伸出右手握住 z 轴，使得四个手指从 x 轴的正向以 $\frac{\pi}{2}$ 角度转向 y 轴的正向，大拇指的指向就是 z 轴的正向. 这三条坐标轴形成空间直角坐标系.

二、习题解答

A

1. 向量 $\boldsymbol{a}=2\boldsymbol{i}+\boldsymbol{j}-2\boldsymbol{k}$ 是一个单位向量吗？如果不是，求与 $\boldsymbol{a}$ 同方向的单位向量.

解：不是，与 $\boldsymbol{a}$ 同方向的单位向量为 $\boldsymbol{a}^0=\frac{\boldsymbol{a}}{|\boldsymbol{a}|}=\frac{2}{3}\boldsymbol{i}+\frac{1}{3}\boldsymbol{j}-\frac{2}{3}\boldsymbol{k}$.

2. 设 $\boldsymbol{p}$ 是从原点到点 P 的向量，$\boldsymbol{q}$ 是从原点到点 Q 的向量，求向量 $\boldsymbol{p},\boldsymbol{q},\overrightarrow{PQ},\boldsymbol{p}+\boldsymbol{q},\boldsymbol{p}-\boldsymbol{q}$ 的分量形式：

(1) $P(3,2),Q(5,-4)$；

(2) $P(0,8,-6),Q(4,-3,6)$.

解：

(1) $\boldsymbol{p}=3\boldsymbol{i}+2\boldsymbol{j}$，$\boldsymbol{q}=5\boldsymbol{i}-4\boldsymbol{j}$，$\overrightarrow{PQ}=2\boldsymbol{i}-6\boldsymbol{j}$，$\boldsymbol{p}+\boldsymbol{q}=8\boldsymbol{i}-2\boldsymbol{j}$，$\boldsymbol{p}-\boldsymbol{q}=-2\boldsymbol{i}+6\boldsymbol{j}$.

(2) $\boldsymbol{p}=8\boldsymbol{j}-6\boldsymbol{k}$，$\boldsymbol{q}=4\boldsymbol{i}-3\boldsymbol{j}+6\boldsymbol{k}$，$\overrightarrow{PQ}=4\boldsymbol{i}-11\boldsymbol{j}+12\boldsymbol{k}$，$\boldsymbol{p}+\boldsymbol{q}=4\boldsymbol{i}+5\boldsymbol{j}$，$\boldsymbol{p}-\boldsymbol{q}=-4\boldsymbol{i}+11\boldsymbol{j}-12\boldsymbol{k}$.

3. 设 $\boldsymbol{a}=\boldsymbol{i}+2\boldsymbol{j}+3\boldsymbol{k},\boldsymbol{b}=4\boldsymbol{i}-3\boldsymbol{j}-\boldsymbol{k},\boldsymbol{c}=-5\boldsymbol{i}-3\boldsymbol{j}+5\boldsymbol{k},\boldsymbol{d}=-7\boldsymbol{i}+\boldsymbol{j}-15\boldsymbol{k}$，且 $\boldsymbol{e}=4\boldsymbol{i}-7\boldsymbol{k}$. 计算下列向量：

(1) $2\boldsymbol{a}-\boldsymbol{c}$；

(2) $3\boldsymbol{a}-2\boldsymbol{b}+\boldsymbol{c}-2\boldsymbol{d}+\boldsymbol{e}$；

(3) $4\boldsymbol{a}+2\boldsymbol{b}+\boldsymbol{c}+\boldsymbol{d}$.

解：

(1) $2\boldsymbol{a}-\boldsymbol{c}=7\boldsymbol{i}+7\boldsymbol{j}+\boldsymbol{k}$；

(2) $3\boldsymbol{a}-2\boldsymbol{b}+\boldsymbol{c}-2\boldsymbol{d}+\boldsymbol{e}=8\boldsymbol{i}+7\boldsymbol{j}+39\boldsymbol{k}$；

(3) $4\boldsymbol{a}+2\boldsymbol{b}+\boldsymbol{c}+\boldsymbol{d}=\boldsymbol{0}$.

4. 设向量 $\boldsymbol{a}=-2\boldsymbol{i}+3\boldsymbol{j}+x\boldsymbol{k}$ 和 $\boldsymbol{b}=y\boldsymbol{i}-6\boldsymbol{j}+2\boldsymbol{k}$ 共线，求 x 和 y 的值.

解：向量 $\boldsymbol{a}=-2\boldsymbol{i}+3\boldsymbol{j}+x\boldsymbol{k}$ 和 $\boldsymbol{b}=y\boldsymbol{i}-6\boldsymbol{j}+2\boldsymbol{k}$ 共线，则对应坐标成比例，即

$$\frac{-2}{y}=\frac{3}{-6}=\frac{x}{2},$$

故 $x=-1,y=4$.

5. 点 $P(-1,2,3)$ 和 $N(2,3,-1)$ 位于哪个卦限？求点 P 分别关于坐标平面、坐标轴以及原点的对称点的坐标.

解：

点 $P(-1,2,3)$ 位于第 2 卦限，点 $N(2,3,-1)$ 位于第 5 卦限.

点 P 关于坐标平面 xOy 的对称点为 $(-1,2,-3)$；

点 P 关于坐标平面 xOz 的对称点为 $(-1,-2,3)$；

点 P 关于坐标平面 yOz 的对称点为 $(1,2,3)$；

点 P 关于 x 轴的对称点为 $(-1,-2,-3)$；

点 P 关于 y 轴的对称点为 $(1,2,-3)$；

点 P 关于 z 轴的对称点为 $(1,-2,3)$；

点 P 关于原点的对称点为 $(1,-2,-3)$.

6. 求向量 $\boldsymbol{a}=2\boldsymbol{i}+\boldsymbol{j}-2\boldsymbol{k}$ 和 $\boldsymbol{b}=6\boldsymbol{i}-3\boldsymbol{j}+2\boldsymbol{k}$ 的方向余弦.

解：$|\boldsymbol{a}|=\sqrt{2^2+1^2+(-2)^2}=3$，故向量 $\boldsymbol{a}=2\boldsymbol{i}+\boldsymbol{j}-2\boldsymbol{k}$ 的方向余弦为

$$\cos\alpha=\frac{2}{3},\quad \cos\beta=\frac{1}{3},\quad \cos\gamma=-\frac{2}{3}.$$

$|\boldsymbol{b}|=\sqrt{6^2+(-3)^2+2^2}=7$,故向量 $\boldsymbol{b}=6\boldsymbol{i}-3\boldsymbol{j}+2\boldsymbol{k}$ 的方向余弦为

$$\cos\alpha=\frac{6}{7},\quad \cos\beta=-\frac{3}{7},\quad \cos\gamma=\frac{2}{7}.$$

7. 假定向量 $\boldsymbol{b}$ 平行于向量 $\boldsymbol{a}=\boldsymbol{i}+\boldsymbol{j}-\boldsymbol{k}$,且 $\boldsymbol{b}$ 和 z 轴正向的夹角是锐角,求 $\boldsymbol{b}$ 的方向余弦.

解:向量 $\boldsymbol{a}$ 的方向余弦为

$$\cos\alpha=\frac{1}{\sqrt{3}},\quad \cos\beta=\frac{1}{\sqrt{3}},\quad \cos\gamma=-\frac{1}{\sqrt{3}}.$$

因为 $\boldsymbol{b}$ 平行于向量 $\boldsymbol{a}$,且 $\boldsymbol{b}$ 和 z 轴正向的夹角是锐角,故 $\boldsymbol{b}$ 的方向余弦为

$$\cos\alpha=-\frac{1}{\sqrt{3}},\quad \cos\beta=-\frac{1}{\sqrt{3}},\quad \cos\gamma=\frac{1}{\sqrt{3}}.$$

8. 是否存在一个向量,使得其方向角为 $\frac{\pi}{4},\frac{\pi}{4},\frac{\pi}{3}$?

解:因为 $\cos^2\left(\frac{\pi}{4}\right)+\cos^2\left(\frac{\pi}{4}\right)+\cos^2\left(\frac{\pi}{3}\right)\neq 1$,故不存在这样一个向量,使得其方向角为 $\frac{\pi}{4},\frac{\pi}{4},\frac{\pi}{3}$.

9. 求从第一个点到第二个点的向量长度:

(1) $(3,2,-2),(7,4,2)$;

(2) $(5,-1,-6),(-3,-5,2)$.

解:

(1) $\sqrt{(7-3)^2+(4-2)^2+(2-(-2))^2}=6$;

(2) $\sqrt{(-3-5)^2+(-5-(-1))^2+(2-(-62))^2}=12$.

10. 给定点 $A(1,1,1)$ 和 $B(1,2,0)$,如果点 P 将线段 AB 分成比例 $2:1$ 的两个部分,求点 P 的坐标.

解:$\overrightarrow{AP}=2\overrightarrow{PB}$,而 $\overrightarrow{AP}=\overrightarrow{OP}-\overrightarrow{OA}$,$\overrightarrow{PB}=\overrightarrow{OB}-\overrightarrow{OP}$,

故 $\overrightarrow{OP}-\overrightarrow{OA}=2(\overrightarrow{OB}-\overrightarrow{OP})$,

从而 $\overrightarrow{OP}=\frac{1}{1+2}(\overrightarrow{OA}+2\overrightarrow{OB})=(1,\frac{5}{3},\frac{1}{3})$.

B

1. 假定 $\boldsymbol{a}=-\boldsymbol{i}+3\boldsymbol{j}+\boldsymbol{k}$,$\boldsymbol{b}=8\boldsymbol{i}+2\boldsymbol{j}-4\boldsymbol{k}$,$\boldsymbol{c}=\boldsymbol{i}+2\boldsymbol{j}-\boldsymbol{k}$,且 $\boldsymbol{d}=-\boldsymbol{i}+\boldsymbol{j}+3\boldsymbol{k}$,求标量 m,n,以及 p 使得

$$m\boldsymbol{a}+n\boldsymbol{b}+p\boldsymbol{c}=\boldsymbol{d}.$$

解:因为 $m\boldsymbol{a}+n\boldsymbol{b}+p\boldsymbol{c}=\boldsymbol{d}$,所以

$$\begin{cases}-m+8n+p=-1,\\3m+2n+2p=1,\\m-4n-p=3,\end{cases}$$

从而

$m=2$，　$n=\dfrac{1}{2}$，$p=-3$.

2. 假设向量 $\boldsymbol{a}_1$ 和 $\boldsymbol{a}_2$ 不共线，$\overrightarrow{AB}=\boldsymbol{a}_1-2\boldsymbol{a}_2$，$\overrightarrow{BC}=2\boldsymbol{a}_1+3\boldsymbol{a}_2$，$\overrightarrow{CD}=-\boldsymbol{a}_1-5\boldsymbol{a}_2$. 证明 A，B，D 三点共线.

证明：因为$\overrightarrow{AB}=\boldsymbol{a}_1-2\boldsymbol{a}_2$，且

$$\begin{aligned}\overrightarrow{AD}&=\overrightarrow{AB}+\overrightarrow{BC}+\overrightarrow{CD}\\&=(\boldsymbol{a}_1-2\boldsymbol{a}_2)+(2\boldsymbol{a}_1+3\boldsymbol{a}_2)+(-\boldsymbol{a}_1-5\boldsymbol{a}_2)\\&=2\boldsymbol{a}_1-4\boldsymbol{a}_2\\&=2(\boldsymbol{a}_1-2\boldsymbol{a}_2)\\&=2\overrightarrow{AB},\end{aligned}$$

故 A，B，D 三点共线.

3. 假定三个力 $\boldsymbol{F}_1=(1,2,3)$，$\boldsymbol{F}_2=(-2,3,-4)$和 $\boldsymbol{F}_3=(3,-4,-1)$作用在同一点上，求合力 $\boldsymbol{F}$ 的大小和方向.

解：$\boldsymbol{F}=\boldsymbol{F}_1+\boldsymbol{F}_2+\boldsymbol{F}_3=(2,1,-2)$，　且$|\boldsymbol{F}|=3$.

4. 设点 P_0，P_1 和 P_2 共线，且依次出现：

(1) 如果$|P_0P_2|=2|P_0P_1|$，且 P_0 和 P_1 分别为$(1,2,3)$和$(4,6,-9)$，求点 P_2 的坐标；

(2) 如果 $2|P_0P_1|=3|P_1P_2|$，且 P_0 和 P_1 分别为$(-2,7,4)$和$(7,-2,1)$，求点 P_2 的坐标.

解：

(1) 由 $|P_0P_2|=2|P_0P_1|$ 知 P_1 为线段 P_0P_2 的中点. 设 P_2 的坐标为(a,b,c)，则

$$P_1=\frac{1}{2}(\overrightarrow{OP_0}+\overrightarrow{OP_2})=\frac{1}{2}(a+1,b+2,c+3)=(4,6,-9),$$

故　$a=7$，　$b=10$，　$p=-21$，

从而　$P_2=(7,10,-21)$.

(2) 由 $2|P_0P_1|=3|P_1P_2|$ 知$\overrightarrow{P_0P_1}=\dfrac{3}{2}\overrightarrow{P_1P_2}$. 设 P_2 的坐标为(a,b,c)，则

$$P_1=\frac{1}{1+\frac{3}{2}}(\overrightarrow{OP_0}+\frac{3}{2}\overrightarrow{OP_2})=\frac{2}{5}\left(\frac{3}{2}a-2,\frac{3}{2}b+7,\frac{3}{2}c+4\right)=(7,-2,1),$$

故　$a=13$，　$b=-8$，　$p=-1$，

从而　$P_2=(13,-8,-1)$.

5. 证明任意三角形的三条中线对应的向量构成一个三角形.

证明：设三角形 ΔABC 的顶点分别为 $A(x_A,y_A,z_A)$，　$B(x_B,y_B,z_B)$，　$C(x_C,y_C,z_C)$，则：

BC 对应的中点

$$A_1=\frac{1}{2}(x_C+x_B,y_C+y_B,z_C+z_B,),$$

AC 对应的中点

$$B_1=\frac{1}{2}(x_C+x_A,y_C+y_A,z_C+z_A,),$$

AB 对应的中点

$$C_1=\frac{1}{2}(x_B+x_A,y_B+y_A,z_B+z_A,),$$

从而

$$\overrightarrow{AA_1}=(\frac{1}{2}x_C+\frac{1}{2}x_B-x_A,\frac{1}{2}y_C+\frac{1}{2}y_B-y_A,\frac{1}{2}z_C+\frac{1}{2}z_B-z_A),$$

$$\overrightarrow{BB_1}=(\frac{1}{2}x_C+\frac{1}{2}x_A-x_B,\frac{1}{2}y_C+\frac{1}{2}y_A-y_B,\frac{1}{2}z_C+\frac{1}{2}z_A-z_B),$$

$$\overrightarrow{CC_1}=(\frac{1}{2}x_B+\frac{1}{2}x_A-x_C,\frac{1}{2}y_B+\frac{1}{2}y_A-y_C,\frac{1}{2}z_B+\frac{1}{2}z_A-z_C),$$

故

$$\overrightarrow{AA_1}+\overrightarrow{BB_1}+\overrightarrow{CC_1}=\mathbf{0},$$

从而得证.

第二节　向量的乘积

一、知识要点

1. 向量的数量积的概念

设 $\boldsymbol{a}=a_1\boldsymbol{i}+a_2\boldsymbol{j}+a_3\boldsymbol{k}$，$\boldsymbol{b}=b_1\boldsymbol{i}+b_2\boldsymbol{j}+b_3\boldsymbol{k}$ 是两个向量，那么 $\boldsymbol{a}$ 和 $\boldsymbol{b}$ 的数量积或者点积，记作 $\boldsymbol{a}\cdot\boldsymbol{b}$，定义为

$$\boldsymbol{a}\cdot\boldsymbol{b}=a_1b_1+a_2b_2+a_3b_3.$$

$\boldsymbol{a}\cdot\boldsymbol{b}$ 的定义来源于下面事实：两个向量 $\boldsymbol{a}$ 和 $\boldsymbol{b}$ 的数量积是它们各自的长度乘以它们之间夹角 θ 的余弦值，即

$$\boldsymbol{a}\cdot\boldsymbol{b}=|\boldsymbol{a}||\boldsymbol{b}|\cos\theta.$$

2. 向量的数量积满足的运算律

对于任何向量 $\boldsymbol{a},\boldsymbol{b},\boldsymbol{c}$ 以及数量 m，我们有

(1) $\mathbf{0}\cdot\boldsymbol{a}=\boldsymbol{a}\cdot\mathbf{0}=0$；

(2) 当 $\boldsymbol{a}\neq\mathbf{0}$ 时，$\boldsymbol{a}\cdot\boldsymbol{a}>0$；

(3) $\boldsymbol{a}\cdot\boldsymbol{b}=\boldsymbol{b}\cdot\boldsymbol{a}$；

(4) $\boldsymbol{a}\cdot(\boldsymbol{b}+\boldsymbol{c})=\boldsymbol{a}\cdot\boldsymbol{b}+\boldsymbol{a}\cdot\boldsymbol{c}$;

(5) $(m\boldsymbol{a})\cdot\boldsymbol{b}=m(\boldsymbol{a}\cdot\boldsymbol{b})=\boldsymbol{a}\cdot(m\boldsymbol{b})$.

3. 向量的向量积的概念

设 $\boldsymbol{a}=a_1\boldsymbol{i}+a_2\boldsymbol{j}+a_3\boldsymbol{k},\boldsymbol{b}=b_1\boldsymbol{i}+b_2\boldsymbol{j}+b_3\boldsymbol{k}$ 是两个向量，它们的向量积或者叉积，记作 $\boldsymbol{a}\times\boldsymbol{b}$，定义为

$$\boldsymbol{a}\times\boldsymbol{b}=(a_2b_3-a_3b_2)\boldsymbol{i}+(a_3b_1-a_1b_3)\boldsymbol{j}+(a_1b_2-a_2b_1)\boldsymbol{k}.$$

事实上，两个向量 $\boldsymbol{a}$ 和 $\boldsymbol{b}$ 的向量积 $\boldsymbol{a}\times\boldsymbol{b}$ 是一为个向量，其长度为 $|\boldsymbol{a}||\boldsymbol{b}|\sin\theta$，且垂直于 $\boldsymbol{a}$ 和 $\boldsymbol{b}$ 所在的平面，使得 $\boldsymbol{a},\boldsymbol{b}$ 以及 $\boldsymbol{a}\times\boldsymbol{b}$ 符合右手规则，记作

$$\boldsymbol{a}\times\boldsymbol{b}=(|\boldsymbol{a}||\boldsymbol{b}|\sin\theta)\boldsymbol{e},$$

其中，$\boldsymbol{e}$ 是垂直于 $\boldsymbol{a}$ 和 $\boldsymbol{b}$ 所在平面的单位向量，且 $\boldsymbol{a},\boldsymbol{b}$ 以及 $\boldsymbol{e}$ 符合右手规则.

如果 $\boldsymbol{a}=a_1\boldsymbol{i}+a_2\boldsymbol{j}+a_3\boldsymbol{k},\boldsymbol{b}=b_1\boldsymbol{i}+b_2\boldsymbol{j}+b_3\boldsymbol{k}$，那么

$$\boldsymbol{a}\times\boldsymbol{b}=\begin{vmatrix}\boldsymbol{i} & \boldsymbol{j} & \boldsymbol{k}\\ a_1 & a_2 & a_3\\ b_1 & b_2 & b_3\end{vmatrix}$$

4. 向量的向量积满足的运算律

设 $\boldsymbol{a},\boldsymbol{b},\boldsymbol{c}$ 是三个向量，m 是一个数量，则

(1) $\boldsymbol{0}\times\boldsymbol{a}=\boldsymbol{a}\times\boldsymbol{0}=\boldsymbol{0}$;

(2) $m(\boldsymbol{a}\times\boldsymbol{b})=(m\boldsymbol{a})\times\boldsymbol{b}=\boldsymbol{a}\times(m\boldsymbol{b})$;

(3) $(\boldsymbol{a}+\boldsymbol{b})\times\boldsymbol{c}=\boldsymbol{a}\times\boldsymbol{c}+\boldsymbol{b}\times\boldsymbol{c}$;

(4) $\boldsymbol{a}\times(\boldsymbol{b}+\boldsymbol{c})=\boldsymbol{a}\times\boldsymbol{b}+\boldsymbol{a}\times\boldsymbol{c}$;

(5) $\boldsymbol{a}\times\boldsymbol{b}=-(\boldsymbol{b}\times\boldsymbol{a})$.

5. 向量的三元数量积

设 $\boldsymbol{a},\boldsymbol{b},\boldsymbol{c}$ 是三个向量，数量 $\boldsymbol{a}\cdot(\boldsymbol{b}\times\boldsymbol{c})$ 称为向量 $\boldsymbol{a},\boldsymbol{b},\boldsymbol{c}$ 的三元数量积.

6. 向量的三元数量积满足的运算律

设 $\boldsymbol{a},\boldsymbol{b},\boldsymbol{c}$ 是三个向量，则

$$\boldsymbol{a}\cdot(\boldsymbol{b}\times\boldsymbol{c})=\boldsymbol{b}\cdot(\boldsymbol{c}\times\boldsymbol{a})=\boldsymbol{c}\cdot(\boldsymbol{a}\times\boldsymbol{b}),$$

且

$$\boldsymbol{a}\cdot(\boldsymbol{b}\times\boldsymbol{c})=(\boldsymbol{a}\times\boldsymbol{b})\cdot\boldsymbol{c}.$$

二、习题解答

A

1. 求数量积 $\boldsymbol{a}\cdot\boldsymbol{b}$ 和这两个向量之间夹角的余弦值：

(1) $\boldsymbol{a}=8\boldsymbol{i}+8\boldsymbol{j}-4\boldsymbol{k},\boldsymbol{b}=\boldsymbol{i}-2\boldsymbol{j}-3\boldsymbol{k}$;

(2) $\boldsymbol{a}=\boldsymbol{i}-2\boldsymbol{j}+2\boldsymbol{k},\boldsymbol{b}=\boldsymbol{i}+\boldsymbol{j}+\boldsymbol{k}$;

(3) $\boldsymbol{a}=\boldsymbol{i}-\boldsymbol{j}-\boldsymbol{k},\boldsymbol{b}=4\boldsymbol{i}-8\boldsymbol{j}+\boldsymbol{k}$;

(4) $\boldsymbol{a}=2\boldsymbol{i}-2\boldsymbol{j}-\boldsymbol{k}, \boldsymbol{b}=16\boldsymbol{i}+8\boldsymbol{j}+2\boldsymbol{k}$.

解:

(1) $\boldsymbol{a}\cdot\boldsymbol{b}=8\times1+8\times(-2)+(-4)\times(-3)=4, \cos\theta=\dfrac{\sqrt{14}}{42}$;

(2) $\boldsymbol{a}\cdot\boldsymbol{b}=1\times1+(-2)\times1+2\times1=1, \cos\theta=\dfrac{\sqrt{3}}{9}$;

(3) $\boldsymbol{a}\cdot\boldsymbol{b}=1\times4+(-1)\times(-8)+(-1)\times1=11, \cos\theta=\dfrac{11}{27}\sqrt{3}$;

(4) $\boldsymbol{a}\cdot\boldsymbol{b}=2\times16+(-2)\times8+(-1)\times2=14, \cos\theta=\dfrac{7}{27}$.

2. 设向量 $\boldsymbol{b}$ 和 $\boldsymbol{a}=2\boldsymbol{i}-\boldsymbol{j}+2\boldsymbol{k}$ 共线,且 $\boldsymbol{a}\cdot\boldsymbol{b}=-18$,求向量 $\boldsymbol{b}$.

解:因为 $\boldsymbol{b}$ 和 $\boldsymbol{a}$ 共线,则 $\boldsymbol{b}=k\boldsymbol{a}=(2k, -k, 2k)$,从而

$$\boldsymbol{a}\cdot\boldsymbol{b}=2\cdot2k+(-1)\cdot(-k)+2\cdot2k=9k=-18,$$

则 $k=-2$,故 $\boldsymbol{b}=(-4,2,-4)$.

3. 求向量积 $\boldsymbol{a}\times\boldsymbol{b}$ 和垂直于给定向量的单位向量:

(1) $\boldsymbol{a}=3\boldsymbol{i}-4\boldsymbol{j}-2\boldsymbol{k}, \boldsymbol{b}=\boldsymbol{i}-2\boldsymbol{j}-2\boldsymbol{k}$;

(2) $\boldsymbol{a}=2\boldsymbol{i}-\boldsymbol{k}, \boldsymbol{b}=\boldsymbol{j}+2\boldsymbol{k}$;

(3) $\boldsymbol{a}=4\boldsymbol{i}-3\boldsymbol{j}, \boldsymbol{b}=3\boldsymbol{i}+4\boldsymbol{j}$.

解:

(1) $\boldsymbol{a}\times\boldsymbol{b}=\begin{vmatrix}\boldsymbol{i} & \boldsymbol{j} & \boldsymbol{k}\\ 3 & -4 & -2\\ 1 & -2 & -2\end{vmatrix}=4\boldsymbol{i}+4\boldsymbol{j}-2\boldsymbol{k}$,

垂直于给定向量的单位向量 $\boldsymbol{n}=\dfrac{|a\times b|}{|a\times b|}=\dfrac{2}{3}\boldsymbol{i}+\dfrac{2}{3}\boldsymbol{j}-\dfrac{1}{3}\boldsymbol{k}$.

(2) $\boldsymbol{a}\times\boldsymbol{b}=\begin{vmatrix}\boldsymbol{i} & \boldsymbol{j} & \boldsymbol{k}\\ 2 & 0 & -1\\ 0 & 1 & 2\end{vmatrix}=\boldsymbol{i}-4\boldsymbol{j}+2\boldsymbol{k}$,

垂直于给定向量的单位向量 $\boldsymbol{n}=\dfrac{a\times b}{|a\times b|}=\dfrac{1}{\sqrt{21}}\boldsymbol{i}-\dfrac{4}{\sqrt{21}}\boldsymbol{j}+\dfrac{2}{\sqrt{21}}\boldsymbol{k}$.

(3) $\boldsymbol{a}\times\boldsymbol{b}=\begin{vmatrix}\boldsymbol{i} & \boldsymbol{j} & \boldsymbol{k}\\ 4 & -3 & 0\\ 3 & 4 & 0\end{vmatrix}=25\boldsymbol{k}$,

垂直于给定向量的单位向量 $\boldsymbol{n}=\dfrac{a\times b}{|a\times b|}=\boldsymbol{k}$.

4. 求数量 z 使得向量 $\boldsymbol{i}+2\boldsymbol{j}+3\boldsymbol{k}$ 与 $4\boldsymbol{i}+5\boldsymbol{j}+z\boldsymbol{k}$ 垂直.

解:因为 $\boldsymbol{i}+2\boldsymbol{j}+3\boldsymbol{k}$ 与 $4\boldsymbol{i}+5\boldsymbol{j}+z\boldsymbol{k}$ 垂直,故两者点乘为 0,即

$$1\times4+2\times5+3\times z=0,$$

则 $z=-\frac{14}{3}$.

5. 求一个与 $\boldsymbol{i}+\boldsymbol{j}$ 与 $\boldsymbol{j}+\boldsymbol{k}$ 都垂直的单位向量.

解：
$$\boldsymbol{a}=(\boldsymbol{i}+\boldsymbol{j})\times(\boldsymbol{j}+\boldsymbol{k})=\begin{vmatrix}\boldsymbol{i}&\boldsymbol{j}&\boldsymbol{k}\\1&1&0\\0&1&1\end{vmatrix}=(1,-1,1),$$

则
$$(\boldsymbol{j}+\boldsymbol{k})\times(\boldsymbol{i}+\boldsymbol{j})=-(\boldsymbol{i}+\boldsymbol{j})\times(\boldsymbol{j}+\boldsymbol{k})=(-1,1,-1),$$

故所求向量为 $\frac{\boldsymbol{a}}{|\boldsymbol{a}|}=\left(\frac{1}{\sqrt{3}},-\frac{1}{\sqrt{3}},\frac{1}{\sqrt{3}}\right)$ 或者 $\left(-\frac{1}{\sqrt{3}},\frac{1}{\sqrt{3}}-\frac{1}{\sqrt{3}}\right)$.

6. 如果一个三角形的顶点是 $A(1,1,1)$, $B(-1,-1,1)$, $C(1,-1,-1)$，计算该三角形每个角的余弦值.

解：
$$\overrightarrow{AB}=(-2,-2,0),$$
$$\overrightarrow{AC}=(0,-2,-2),$$
$$\overrightarrow{AB}=(2,0,-2),$$
$$\cos\angle A=\frac{\overrightarrow{AB}\cdot\overrightarrow{AC}}{|\overrightarrow{AB}||\overrightarrow{AC}|}=\frac{4}{\sqrt{8}\sqrt{8}}=\frac{1}{2},$$
$$\cos\angle B=\frac{\overrightarrow{BA}\cdot\overrightarrow{BC}}{|\overrightarrow{BA}||\overrightarrow{BC}|}=\frac{4}{\sqrt{8}\sqrt{8}}=\frac{1}{2},$$
$$\cos\angle C=\frac{\overrightarrow{CA}\cdot\overrightarrow{CB}}{|\overrightarrow{CA}||\overrightarrow{CB}|}=\frac{4}{\sqrt{8}\sqrt{8}}=\frac{1}{2}.$$

7. 计算立方体的对角线与它的一个面上的对角线夹角的余弦值.

解：以立方体的一个顶点为原点建立空间直角坐标系，并使立方体位于第 1 卦限. 则立方体的对角线端点坐标分别为 $(0,0,a)$，$(a,a,0)$，上底面的对角线端点坐标分别为 $(0,0,a)$，(a,a,a)，从而立方体的对角线向量为 $\boldsymbol{p}=(a,a,-a)$，上底面的对角线向量为 $\boldsymbol{q}=(a,a,0)$，故 $\boldsymbol{p}$ 与 $\boldsymbol{q}$ 夹角的余弦值为
$$\cos\theta=\frac{\boldsymbol{p}\cdot\boldsymbol{q}}{|\boldsymbol{p}||\boldsymbol{q}|}=\frac{2a^2}{\sqrt{3}a\sqrt{2}a}=\frac{\sqrt{6}}{3}.$$

8. 设 $\boldsymbol{a}$ 和 $\boldsymbol{b}$ 是单位向量，证明 $\boldsymbol{a}+\boldsymbol{b}$ 平分 $\boldsymbol{a}$ 与 $\boldsymbol{b}$ 的夹角.

证明：设 $\boldsymbol{a}+\boldsymbol{b}$ 与 $\boldsymbol{a}$ 和 $\boldsymbol{b}$ 的夹角分别为 θ_1，θ_2，则
$$\cos\theta_1=\frac{\boldsymbol{a}\cdot(\boldsymbol{a}+\boldsymbol{b})}{|\boldsymbol{a}||\boldsymbol{a}+\boldsymbol{b}|}=\frac{1+\boldsymbol{a}\cdot\boldsymbol{b}}{|\boldsymbol{a}+\boldsymbol{b}|},$$
$$\cos\theta_2=\frac{\boldsymbol{b}\cdot(\boldsymbol{a}+\boldsymbol{b})}{|\boldsymbol{b}||\boldsymbol{a}+\boldsymbol{b}|}=\frac{1+\boldsymbol{b}\cdot\boldsymbol{a}}{|\boldsymbol{a}+\boldsymbol{b}|},$$

故
$$\cos\theta_1=\cos\theta_2,$$

从而

$$\theta_1=\theta_2.$$

9. 用习题8的结果求一个向量,使其平分 $3\boldsymbol{i}+2\boldsymbol{j}+6\boldsymbol{k}$ 与 $9\boldsymbol{i}+6\boldsymbol{j}+2\boldsymbol{k}$ 的夹角.

解:令 $\boldsymbol{a}=3\boldsymbol{i}+2\boldsymbol{j}+6\boldsymbol{k},\boldsymbol{b}=9\boldsymbol{i}+6\boldsymbol{j}+2\boldsymbol{k}$,则 $\boldsymbol{a}$ 与 $\boldsymbol{b}$ 同方向的单位向量分别为

$$\boldsymbol{a}^0=\frac{3}{7}\boldsymbol{i}+\frac{2}{7}\boldsymbol{j}+\frac{6}{7}\boldsymbol{k},\quad \boldsymbol{b}^0=\frac{9}{11}\boldsymbol{i}+\frac{6}{11}\boldsymbol{j}+\frac{2}{11}\boldsymbol{k},$$

从而

$$\boldsymbol{a}^0+\boldsymbol{b}^0=\left(\frac{96}{77},\frac{64}{77},\frac{80}{77}\right),$$

故所求向量为(6, 4, 5).

10. 判断下面哪些向量互相平行,哪些向量互相垂直:

(1) $\boldsymbol{a}=\boldsymbol{i}+3\boldsymbol{j}-5\boldsymbol{k},\boldsymbol{b}=4\boldsymbol{i}+2\boldsymbol{j}+2\boldsymbol{k}$;

(2) $\boldsymbol{a}=6\boldsymbol{i}+9\boldsymbol{j}-15\boldsymbol{k},\boldsymbol{b}=2\boldsymbol{i}+3\boldsymbol{j}-5\boldsymbol{k}$;

(3) $\boldsymbol{a}=3\boldsymbol{i}-2\boldsymbol{j}+7\boldsymbol{k},\boldsymbol{b}=\boldsymbol{i}-2\boldsymbol{j}-\boldsymbol{k}$.

解:

(1) $\boldsymbol{a}\cdot\boldsymbol{b}=1\times4+3\times2+(-5)\times2=0$,故两向量互相垂直;

(2) $\boldsymbol{a}=3\boldsymbol{b}$,故两向量互相平行;

(3) $\boldsymbol{a}\cdot\boldsymbol{b}=3\times1+(-2)\times(-2)+7\times(-1)=0$,故两向量互相垂直.

11. 如果 $\boldsymbol{a}+3\boldsymbol{b}$ 和 $7\boldsymbol{a}-5\boldsymbol{b}$ 垂直,$\boldsymbol{a}-4\boldsymbol{b}$ 和 $7\boldsymbol{a}-2\boldsymbol{b}$ 垂直,求 $\boldsymbol{a}$ 和 $\boldsymbol{b}$ 之间的夹角.

解:因为 $\boldsymbol{a}+3\boldsymbol{b}$ 和 $7\boldsymbol{a}-5\boldsymbol{b}$ 垂直,$\boldsymbol{a}-4\boldsymbol{b}$ 和 $7\boldsymbol{a}-2\boldsymbol{b}$ 垂直,故

$$(\boldsymbol{a}+3\boldsymbol{b})\cdot(7\boldsymbol{a}-5\boldsymbol{b})=0,$$
$$(\boldsymbol{a}-4\boldsymbol{b})\cdot(7\boldsymbol{a}-2\boldsymbol{b})=0,$$

则

$$7|\boldsymbol{a}|^2+16|\boldsymbol{a}||\boldsymbol{b}|\cos\theta-15|\boldsymbol{b}|^2=0,$$
$$7|\boldsymbol{a}|^2-30|\boldsymbol{a}||\boldsymbol{b}|\cos\theta+8|\boldsymbol{b}|^2=0,$$

得 $|\boldsymbol{a}|=|\boldsymbol{b}|$,且 $\cos\theta=\frac{1}{2}$,故 $\theta=\frac{\pi}{3}$.

12. 计算下列平行四边形的面积:

(1) $\boldsymbol{a}=3\boldsymbol{i}+2\boldsymbol{j}$ 和 $\boldsymbol{b}=\boldsymbol{i}-\boldsymbol{j}$ 是相邻边;

(2) $\boldsymbol{a}=4\boldsymbol{i}-\boldsymbol{j}+\boldsymbol{k}$ 和 $\boldsymbol{b}=3\boldsymbol{i}+\boldsymbol{j}+\boldsymbol{k}$ 是相邻边.

解:

(1) 平行四边形的面积为 $|\boldsymbol{a}\times\boldsymbol{b}|=|(0,0,-5)|=5$;

(2) 平行四边形的面积为 $|\boldsymbol{a}\times\boldsymbol{b}|=|(-2,-1,7)|=\sqrt{54}=3\sqrt{6}$.

13. 设 $|\boldsymbol{a}|=1,|\boldsymbol{b}|=2$,它们之间的夹角是 $\frac{\pi}{3}$,计算 $|2\boldsymbol{a}-3\boldsymbol{b}|$,并且求以 $\boldsymbol{a}$ 和 $\boldsymbol{b}$ 为相邻边的平行四边形的面积.

解：因为 $|2\boldsymbol{a}-3\boldsymbol{b}|=\sqrt{(2\boldsymbol{a}-3\boldsymbol{b})\cdot(2\boldsymbol{a}-3\boldsymbol{b})}$

$$=\sqrt{4|\boldsymbol{a}|^2-12\boldsymbol{a}\cdot\boldsymbol{b}+9|\boldsymbol{b}|^2}$$

$$=\sqrt{4\times1^2-12\times1\times2\cos\frac{\pi}{3}+9\times2^2}$$

$$=2\sqrt{7},$$

且以 $\boldsymbol{a}$ 和 $\boldsymbol{b}$ 为相邻边的平行四边形的面积为 $|\boldsymbol{a}\times\boldsymbol{b}|=|\boldsymbol{a}|\,|\boldsymbol{b}|\sin\frac{\pi}{3}=1\times2\times\frac{\sqrt{3}}{2}=\sqrt{3}$.

14. 计算以 $A(1,2,3)$，$B(3,4,5)$，$C(2,4,7)$ 为顶点的三角形的面积.

解：$\overrightarrow{AB}=(2,2,2)$，$\overrightarrow{AC}=(1,2,4)$，则 $\triangle ABC$ 的面积是以 $\overrightarrow{AB}$ 和 $\overrightarrow{AC}$ 为相邻边的平行四边形面积的一半，即

$$S_{\triangle ABC}=\frac{1}{2}|\overrightarrow{AB}\times\overrightarrow{AC}|=\left\|\begin{vmatrix}\boldsymbol{i}&\boldsymbol{j}&\boldsymbol{k}\\2&2&2\\1&2&4\end{vmatrix}\right\|=\sqrt{14}.$$

15. 计算以 $A(3,0,0)$，$B(0,3,0)$，$C(0,0,2)$，$D(4,5,6)$ 为顶点的平行六面体的体积.

解：

$$\overrightarrow{AB}=(-3,3,0),$$

$$\overrightarrow{AC}=(-3,0,2),$$

$$\overrightarrow{AD}=(1,5,6),$$

则

$$\overrightarrow{AC}\times\overrightarrow{AD}=\begin{vmatrix}\boldsymbol{i}&\boldsymbol{j}&\boldsymbol{k}\\-3&0&2\\1&5&6\end{vmatrix}=(-10,20,-15),$$

故平行六面体的体积

$$V=\overrightarrow{AB}\cdot(\overrightarrow{AB}\times\overrightarrow{AD})=90.$$

16. 计算下列平行六面体的体积，其中三条边分别是向量 $\boldsymbol{a},\boldsymbol{b},\boldsymbol{c}$：

(1) $\boldsymbol{A}=\boldsymbol{i}-\boldsymbol{j}-\boldsymbol{k},\boldsymbol{b}=\boldsymbol{i}+3\boldsymbol{j}+\boldsymbol{k},\boldsymbol{c}=2\boldsymbol{i}+3\boldsymbol{j}+5\boldsymbol{k}$；

(2) $\boldsymbol{a}=2\boldsymbol{i}-\boldsymbol{j}+\boldsymbol{k},\boldsymbol{b}=\boldsymbol{i}+2\boldsymbol{j}+3\boldsymbol{k},\boldsymbol{c}=\boldsymbol{i}+\boldsymbol{j}-2\boldsymbol{k}$.

解：

(1) 平行六面体的体积 $V=\boldsymbol{a}\cdot(\boldsymbol{b}\times\boldsymbol{c})=(1,-1,-1)\cdot(12,-3,-3)=18$；

(2) 平行六面体的体积 $V=|\boldsymbol{a}\cdot(\boldsymbol{b}\times\boldsymbol{c})|=|(2,-1,1)\cdot(-7,5,-1)|=20$.

17. 求点 $A(3,-1,2)$ 到过点 $B(1,1,3)$ 和 $C(1,3,5)$ 的直线的距离.

解：$\overrightarrow{BA}=(-2,2,1)$，$\overrightarrow{BC}=(0,2,2)$，则

$$d=\frac{|\overrightarrow{BA}\times\overrightarrow{BC}|}{|\overrightarrow{BC}|}=\frac{|(2,4,-4)|}{\sqrt{8}}=\frac{\sqrt{36}}{\sqrt{8}}=\frac{3}{2}\sqrt{2}.$$

18. 求点 $P(2,1,1)$ 到点 $A(1,-1,1)$，$B(-2,4,3)$，$C(0,1,2)$ 所在平面的距离.

解：$\overrightarrow{AB}=(-3,5,2)$，$\overrightarrow{AC}=(-1,2,1)$，$\overrightarrow{AP}=(1,2,0)$，则

$$\overrightarrow{AB}\times\overrightarrow{AC}=\begin{vmatrix} \boldsymbol{i} & \boldsymbol{j} & \boldsymbol{k} \\ -3 & 5 & 2 \\ -1 & 2 & 1 \end{vmatrix}=(1,1,-1),$$

从而

$$d=\frac{\overrightarrow{AP}\cdot(\overrightarrow{AB}\times\overrightarrow{AC})}{|\overrightarrow{AB}\times\overrightarrow{AC}|}=\frac{(1,2,0)\cdot(1,1,-1)}{\sqrt{3}}=\sqrt{3}.$$

B

1. 设 $\boldsymbol{a}$ 是空间中任意一个向量,证明 $\boldsymbol{a}=(\boldsymbol{a}\cdot\boldsymbol{i})\boldsymbol{i}+(\boldsymbol{a}\cdot\boldsymbol{j})\boldsymbol{j}+(\boldsymbol{a}\cdot\boldsymbol{k})\boldsymbol{k}$.

证明:设 $\boldsymbol{a}=(x,y,z)$,则

$$\boldsymbol{a}\cdot\boldsymbol{i}=(x,y,z)\cdot(1,0,0)=x,$$
$$\boldsymbol{a}\cdot\boldsymbol{j}=(x,y,z)\cdot(0,1,0)=y,$$
$$\boldsymbol{a}\cdot\boldsymbol{k}=(x,y,z)\cdot(0,0,1)=z,$$

从而

$$\boldsymbol{a}=(\boldsymbol{a}\cdot\boldsymbol{i})\boldsymbol{i}+(\boldsymbol{a}\cdot\boldsymbol{j})\boldsymbol{j}+(\boldsymbol{a}\cdot\boldsymbol{k})\boldsymbol{k}.$$

2. 设单位向量 $\boldsymbol{a},\boldsymbol{b}$ 和 $\boldsymbol{c}$ 满足 $\boldsymbol{a}+\boldsymbol{b}+\boldsymbol{c}=\boldsymbol{0}$,求 $\boldsymbol{a}\cdot\boldsymbol{b}+\boldsymbol{b}\cdot\boldsymbol{c}+\boldsymbol{c}\cdot\boldsymbol{a}$.

解:由 $\boldsymbol{a}+\boldsymbol{b}+\boldsymbol{c}=\boldsymbol{0}$ 知

$$\boldsymbol{a}\cdot(\boldsymbol{a}+\boldsymbol{b}+\boldsymbol{c})=0,$$
$$\boldsymbol{b}\cdot(\boldsymbol{a}+\boldsymbol{b}+\boldsymbol{c})=0,$$
$$\boldsymbol{c}\cdot(\boldsymbol{a}+\boldsymbol{b}+\boldsymbol{c})=0,$$

则

$$\boldsymbol{a}\cdot\boldsymbol{b}=\boldsymbol{a}\cdot\boldsymbol{c}=\boldsymbol{b}\cdot\boldsymbol{c}=-\frac{1}{2}.$$

因为 $\boldsymbol{c}=-\boldsymbol{a}-\boldsymbol{b}$, 故

$$\boldsymbol{a}\cdot\boldsymbol{b}+\boldsymbol{b}\cdot\boldsymbol{c}+\boldsymbol{c}\cdot\boldsymbol{a}=\boldsymbol{a}\cdot\boldsymbol{b}+\boldsymbol{b}\cdot(-\boldsymbol{a}-\boldsymbol{b})+(-\boldsymbol{a}-\boldsymbol{b})\cdot\boldsymbol{a}=-2-\boldsymbol{a}\cdot\boldsymbol{b}=-\frac{3}{2}.$$

3. (1) 如果 $\boldsymbol{a}\cdot\boldsymbol{b}=\boldsymbol{c}\cdot\boldsymbol{b},\boldsymbol{b}\neq\boldsymbol{0}$,那么 $\boldsymbol{a}=\boldsymbol{c}$ 成立吗? 如果 $\boldsymbol{a}\neq\boldsymbol{c}$,那么 $\boldsymbol{a},\boldsymbol{b},\boldsymbol{c}$ 之间的关系是什么?

(2) 如果 $\boldsymbol{a}\times\boldsymbol{b}=\boldsymbol{c}\times\boldsymbol{b},\boldsymbol{b}\neq\boldsymbol{0},\boldsymbol{a}\neq\boldsymbol{c}$,那么 $\boldsymbol{a},\boldsymbol{b},\boldsymbol{c}$ 之间的关系是什么?

解:

(1) 不成立. 例如:$\boldsymbol{a}=(1,1,0),\boldsymbol{b}=(1,0,1),\boldsymbol{c}=(0,1,1)$,则 $\boldsymbol{a}\cdot\boldsymbol{b}=1=\boldsymbol{c}\cdot\boldsymbol{b}$,但 $\boldsymbol{a}\neq\boldsymbol{c}$. 若 $\boldsymbol{a}\neq\boldsymbol{c}$,则 $\boldsymbol{a},\boldsymbol{b},\boldsymbol{c}$ 之间的关系是$(\boldsymbol{a}-\boldsymbol{c})\cdot\boldsymbol{b}=0$, 即$(\boldsymbol{a}-\boldsymbol{c})$与 $\boldsymbol{b}$ 垂直.

(2) 如果 $\boldsymbol{a}\times\boldsymbol{b}=\boldsymbol{c}\times\boldsymbol{b},\boldsymbol{b}\neq\boldsymbol{0},\boldsymbol{a}\neq\boldsymbol{c}$,那么 $\boldsymbol{a},\boldsymbol{b},\boldsymbol{c}$ 之间的关系是$(\boldsymbol{a}-\boldsymbol{c})\times\boldsymbol{b}=\boldsymbol{0}$, 即$(\boldsymbol{a}-\boldsymbol{c})$与 $\boldsymbol{b}$ 平行.

4. 设 $\boldsymbol{a}+\boldsymbol{b}+\boldsymbol{c}=\boldsymbol{0}$,证明 $\boldsymbol{a}\times\boldsymbol{b}=\boldsymbol{b}\times\boldsymbol{c}=\boldsymbol{c}\times\boldsymbol{a}$,并给出几何解释.

证明:因为 $\boldsymbol{a}+\boldsymbol{b}+\boldsymbol{c}=\boldsymbol{0}$,则

$$\boldsymbol{a}\times(\boldsymbol{a}+\boldsymbol{b}+\boldsymbol{c})=0,$$
$$\boldsymbol{b}\times(\boldsymbol{a}+\boldsymbol{b}+\boldsymbol{c})=0,$$
$$\boldsymbol{c}\times(\boldsymbol{a}+\boldsymbol{b}+\boldsymbol{c})=0,$$

从而

$$\boldsymbol{a}\times\boldsymbol{b}+\boldsymbol{a}\times\boldsymbol{c}=0,$$
$$\boldsymbol{b}\times\boldsymbol{a}+\boldsymbol{b}\times\boldsymbol{c}=0,$$
$$\boldsymbol{c}\times\boldsymbol{a}+\boldsymbol{c}\times\boldsymbol{b}=0,$$

故

$$\boldsymbol{a}\times\boldsymbol{b}=\boldsymbol{b}\times\boldsymbol{c}=\boldsymbol{c}\times\boldsymbol{a}.$$

因为 $\boldsymbol{a}+\boldsymbol{b}+\boldsymbol{c}=\boldsymbol{0}$,则三个向量 $\boldsymbol{a},\boldsymbol{b},\boldsymbol{c}$ 正好构成一个三角形,从而向量 $\boldsymbol{a}\times\boldsymbol{b}=\boldsymbol{b}\times\boldsymbol{c}=\boldsymbol{c}\times\boldsymbol{a}$,其大小都等于以 $\boldsymbol{a},\boldsymbol{b},\boldsymbol{c}$ 构成的三角形面积的 2 倍,而方向都垂直于这个三角形所在的平面,并朝向同一个方向.

5. 证明下列等式:

(1) $(\boldsymbol{a}\times\boldsymbol{b})\cdot(\boldsymbol{c}\times\boldsymbol{d})=(\boldsymbol{a}\cdot\boldsymbol{c})(\boldsymbol{b}\cdot\boldsymbol{d})-(\boldsymbol{a}\cdot\boldsymbol{d})(\boldsymbol{b}\cdot\boldsymbol{c})$;

(2) $\boldsymbol{a}\times(\boldsymbol{b}\times\boldsymbol{c})+\boldsymbol{b}\times(\boldsymbol{c}\times\boldsymbol{a})+\boldsymbol{c}\times(\boldsymbol{a}\times\boldsymbol{b})=\boldsymbol{0}$.

证明:

(1) 令 $\boldsymbol{p}=\boldsymbol{a}\times\boldsymbol{b}$, 则

$$\begin{aligned}(\boldsymbol{a}\times\boldsymbol{b})\cdot(\boldsymbol{c}\times\boldsymbol{d})&=\boldsymbol{p}\cdot(\boldsymbol{c}\times\boldsymbol{d})=(\boldsymbol{p}\times\boldsymbol{c})\cdot\boldsymbol{d}\\&=[(\boldsymbol{a}\times\boldsymbol{b})\times\boldsymbol{c}]\cdot\boldsymbol{d}\\&=[(\boldsymbol{a}\cdot\boldsymbol{c})\boldsymbol{b}-(\boldsymbol{b}\cdot\boldsymbol{c})\boldsymbol{a}]\cdot\boldsymbol{d}\\&=(\boldsymbol{a}\cdot\boldsymbol{c})(\boldsymbol{b}\cdot\boldsymbol{d})-(\boldsymbol{a}\cdot\boldsymbol{d})(\boldsymbol{b}\cdot\boldsymbol{c});\end{aligned}$$

(2) 由三元向量积的运算律知

$$\begin{aligned}&\boldsymbol{a}\times(\boldsymbol{b}\times\boldsymbol{c})+\boldsymbol{b}\times(\boldsymbol{c}\times\boldsymbol{a})+\boldsymbol{c}\times(\boldsymbol{a}\times\boldsymbol{b})\\=&(\boldsymbol{a}\cdot\boldsymbol{c})\boldsymbol{b}-(\boldsymbol{a}\cdot\boldsymbol{b})\boldsymbol{c}+(\boldsymbol{b}\cdot\boldsymbol{a})\boldsymbol{c}-(\boldsymbol{b}\cdot\boldsymbol{c})\boldsymbol{a}+(\boldsymbol{c}\cdot\boldsymbol{b})\boldsymbol{a}-(\boldsymbol{c}\cdot\boldsymbol{a})\boldsymbol{b}\\=&\boldsymbol{0}.\end{aligned}$$

6. 证明顶点为 $A(x_1,y_1,0),B(x_2,y_2,0),C(x_3,y_3,0)$ 的三角形的面积等于下面行列式的绝对值 $\frac{1}{2}\begin{vmatrix}x_1 & y_1 & 1\\x_2 & y_2 & 1\\x_3 & y_3 & 1\end{vmatrix}$.

证明:

考虑以 $D(0,0,-1),A(x_1,y_1,0),B(x_2,y_2,0)$ 和 $C(x_3,y_3,0)$ 为顶点的四面体.

$$\overrightarrow{DA}=(x_1,y_1,1),$$
$$\overrightarrow{DB}=(x_2,y_2,1),$$
$$\overrightarrow{DC}=(x_3,y_3,1),$$

则

$$V_{四面体}=\frac{1}{6}|\overrightarrow{DA}\cdot(\overrightarrow{DB}\times\overrightarrow{DC})|=\frac{1}{6}\left|\begin{vmatrix} x_1 & y_1 & 1 \\ x_2 & y_2 & 1 \\ x_3 & y_3 & 1 \end{vmatrix}\right|,$$

从而顶点为 $A(x_1,y_1,0)$,$B(x_2,y_2,0)$,$C(x_3,y_3,0)$的三角形面积等于$\frac{1}{2}\left|\begin{vmatrix} x_1 & y_1 & 1 \\ x_2 & y_2 & 1 \\ x_3 & y_3 & 1 \end{vmatrix}\right|$.

第三节 平面和空间直线

一、知识要点

1. 平面方程

空间直角坐标系下,每个平面都可以用线性方程表示.反过来,每个线性方程表示的图形都是平面.

过点 $P_1(x_1,y_1,z_1)$且与向量 $\boldsymbol{n}=(A, B, C)$垂直的平面方程为

$$A(x-x_1)+B(y-y_1)+C(z-z_1)=0,$$

此方程称为平面的点法式方程,其中与平面垂直的任何非零向量称为该平面的法线向量.令 $D=-Ax_1-By_1-Cz_1$,那么上述平面的点法式方程为

$$Ax+By+Cz+D=0,$$

称为平面的一般式方程.

如果平面与 x 轴,y 轴,z 轴的交点分别为$(a,0,0)$,$(0,b,0)$和$(0,0,c)$,这平面的方程可以写成

$$\frac{x}{a}+\frac{y}{b}+\frac{z}{c}=1,$$

称为平面的截距式方程.

2. 两平面的夹角

假定两个平面的方程分别为 $A_1x+B_1y+C_1z+D_1=0$ 和 $A_2x+B_2y+C_2z+D_2=0$.如果它们互相垂直,那么它们之间的夹角为$\frac{\pi}{2}$.如果它们不互相垂直,那么它们之间的夹角为它们法线向量的夹角,并且是锐角,故这个夹角可以由下面公式计算出来:

$$\cos\theta=\frac{|\boldsymbol{n}_1\cdot\boldsymbol{n}_2|}{|\boldsymbol{n}_1||\boldsymbol{n}_2|}=\frac{|A_1A_2+B_1B_2+C_1C_2|}{\sqrt{A_1^2+B_1^2+C_1^2}\sqrt{A_2^2+B_2^2+C_2^2}},$$

其中，$\boldsymbol{n}_1=(A_1,B_1,C_1)$和$\boldsymbol{n}_2=(A_2,B_2,C_2)$.

3. 点到平面的距离

设$Ax+By+Cz+D=0$是一个平面，$P_1(x_1,y_1,z_1)$是平面外的一个点，那么点P_1到该平面的距离为

$$d=\frac{|\boldsymbol{n}_1\cdot\boldsymbol{n}_2|}{|\boldsymbol{n}_1||\boldsymbol{n}_2|}=\frac{|Ax_1+By_1+Cz_1+D|}{\sqrt{A^2+B^2+C^2}}.$$

4. 空间直线的方程

过点$P_1(x_0,y_0,z_0)$且与向量$\boldsymbol{n}=(a,b,c)$平行的空间直线的方程为

$$\frac{x-x_0}{a}=\frac{y-y_0}{b}=\frac{z-z_0}{c},$$

此方程称为直线的对称式方程，其中与直线平行的任何非零向量称为该直线的方向向量.令

$$\frac{x-x_0}{a}=\frac{y-y_0}{b}=\frac{z-z_0}{c}=t,$$

那么有

$$\begin{cases}x=x_0+at,\\y=y_0+bt,\\z=z_0+ct,\end{cases}$$

称为直线的参数方程.

任何两个相交平面确定了一条空间直线，且只有交线上的点才能同时满足这两个平面方程，故线性方程组

$$\begin{cases}A_1x+B_1y+C_1z+D_1=0,\\A_2x+b_2y+C_2z+D_2=0,\end{cases}$$

表示两个平面的交线，称为直线的一般方程.

5. 两直线的夹角

假定两条直线的方程分别为

$$\frac{x-x_1}{a_1}=\frac{y-y_1}{b_1}=\frac{z-z_1}{c_1},$$

和

$$\frac{x-x_2}{a_2}=\frac{y-y_2}{b_2}=\frac{z-z_2}{c_2}.$$

如果它们互相垂直，那么它们之间的夹角为$\frac{\pi}{2}$.如果它们不互相垂直，那么它们之间的夹角为它们方向向量的夹角中的锐角，故这个夹角可以由下面公式计算出来：

$$\cos\theta=\frac{|\boldsymbol{l}_1\cdot\boldsymbol{l}_2|}{|\boldsymbol{l}_1|\cdot|\boldsymbol{l}_2|}=\frac{|a_1a_2+b_1b_2+c_1c_2|}{\sqrt{a_1^2+b_1^2+c_1^2}\sqrt{a_2^2+b_2^2+c_2^2}},$$

其中,$\boldsymbol{l}_1=(a_1,b_1,c_1)$和 $\boldsymbol{l}_2=(a_2,b_2,c_2)$.

6. 直线与平面的夹角

设$\frac{x-x_0}{a}=\frac{y-y_0}{b}=\frac{z-z_0}{c}$是一条直线,$Ax+By+Cz+D=0$ 是一个平面. 如果直线与平面互相垂直,那么它们之间的夹角为$\frac{\pi}{2}$.如果它们不互相垂直,那么它们之间的夹角为直线与它在平面上的投影之间的锐角,故这个夹角可以由下面公式计算出来:

$$\sin\theta=\frac{|Aa+Bb+Cc|}{\sqrt{A^2+B^2+C^2}\sqrt{a^2+b^2+c^2}}.$$

二、习题解答

A

1. 求过点(2,−3,5)且与平面 $3x+5y-7z=11$ 平行的平面方程.

解:所求平面平行平面 $3x+5y-7z=11$,故其法线向量为(3,5,−7),从而所求平面的方程为

$$3(x-2)+5(y-3)-7(z-5)=0,$$

即

$$3x+5y-7z+44=0.$$

2. 求三点(2,−4,3),(−3,5,1)和(4,0,6)所在的平面方程.

解:设 $A(2,-4,3)$,$B(-3,5,1)$,$C(4,0,6)$,则

$$\overrightarrow{AB}=(-5,9,-2),\ \overrightarrow{AC}=(2,4,3),$$

从而平面 ABC 的法线向量为$\overrightarrow{AB}\times\overrightarrow{AC}=(35,11,-38)$,故所求平面的方程为

$$35(x-2)+11(y+4)-38(z-3)=0,$$

即

$$35x+11y-38z+88=0.$$

3. 求过点(1,1,1)且与平面 $2x+2y+z=3$ 和 $3x-y-2z=5$ 都垂直的平面方程.

解:所求平面与平面 $2x+2y+z=3$ 和 $3x-y-2z=5$ 都垂直,故其法线向量为

$$\begin{vmatrix}\boldsymbol{i}&\boldsymbol{j}&\boldsymbol{k}\\2&2&1\\3&-1&-2\end{vmatrix}=(-3,7,-8),$$

从而所求平面的方程为

$$3(x-1)-7(y-1)+8(z-1)=0,$$

即

$$3x-7y+8z-4=0.$$

4. 求 C 使得平面 $2x-6y+Cz=5$ 和 $x-3y+2z=4$ 互相垂直.

解：平面 $2x-6y+Cz=5$ 和 $x-3y+2z=4$ 互相垂直，则它们的法线向量互相垂直，从而

$$(2,\ -6,\ C)\cdot(1,\ -3,\ 2)=0,$$

故 $C=-10$.

5. 求两个平面的夹角的余弦值：

(1) $2x+y+2z=0$ 和 $2x-3y+6z+5=0$；

(2) $3x-2y+z-9=0$ 和 $x-3y-9y+4=0$.

解：

(1) 所给平面的法线向量分别为

$$\boldsymbol{n}_1=(2,1,2),\boldsymbol{n}_2=(2,-3,6),$$

故两平面的夹角的余弦值为

$$\cos\theta=\frac{|\boldsymbol{n}_1\cdot\boldsymbol{n}_2|}{|\boldsymbol{n}_1||\boldsymbol{n}_2|}=\frac{2\times2+1\times(-3)+2\times6}{\sqrt{2^2+1^2+2^2}\sqrt{2^2+(-3)^2+6^2}}=\frac{13}{21}.$$

(2) 所给平面的法线向量分别为

$$\boldsymbol{n}_1=(3,-2,1),\boldsymbol{n}_2=(1,-3,-9),$$

故两平面的夹角的余弦值为

$$\cos\theta=\frac{|\boldsymbol{n}_1\cdot\boldsymbol{n}_2|}{|\boldsymbol{n}_1||\boldsymbol{n}_2|}=\frac{3\times1+(-2)\times(-3)+1\times(-9)}{\sqrt{3^2+(-2)^2+1^2}\sqrt{1^2+(-3)^2+(-9)^2}}=0.$$

6. 写出直线 $\begin{cases}x-y+z=1\\2x+y+z=4\end{cases}$ 的对称式方程和参数式方程.

解：令 $z=0$，则

$$\begin{cases}x-y=1,\\2x+y=4,\end{cases}$$

从而 $\begin{cases}x=\dfrac{5}{3},\\y=\dfrac{2}{3},\end{cases}$ 即 $\left(\dfrac{5}{3},\dfrac{2}{3},0\right)$ 位于所求直线上.

直线的方向向量为 $\boldsymbol{n}_1\times\boldsymbol{n}_2=\begin{vmatrix}\boldsymbol{i}&\boldsymbol{j}&\boldsymbol{k}\\1&-1&1\\2&1&2\end{vmatrix}=(-2,\ 1,\ 3)$，从而直线的对称式方程为

$$\frac{x-\dfrac{5}{3}}{-2}=\frac{y-\dfrac{2}{3}}{1}=\frac{z}{3},$$

从而直线的参数方程为

$$\begin{cases}x=\dfrac{5}{3}-2t,\\y=\dfrac{2}{3}+t,\\z=3t.\end{cases}$$

7. 求过点 $P(-9,4,3)$且垂直于平面 $2x+6y+9z=0$ 的直线的对称式方程,并且求这条直线与平面的交点 Q.

解:因为所求直线垂直于平面 $2x+6y+9z=0$,故所求直线的方向向量为$(2,6,9)$,从而其对称式方程为

$$\frac{x+9}{2}=\frac{y-4}{6}=\frac{z-3}{9},$$

联立方程组

$$\begin{cases}\dfrac{x+9}{2}=\dfrac{y-4}{6}=\dfrac{z-3}{9},\\ 2x+6y+9z=0,\end{cases}$$

得

$$\begin{cases}t=-\dfrac{3}{11},\\ x=-\dfrac{105}{11},\\ y=\dfrac{26}{11},\\ z=\dfrac{6}{11}.\end{cases}$$

故直线与平面的交点 $Q=\left(-\dfrac{105}{11},\dfrac{26}{11},\dfrac{6}{11}\right)$.

8. 求过点 $P(3,-1,6)$且与平面 $x-2y+z=2$ 和 $2x+y-3z=5$ 都平行的直线的对称式方程.

解:所求直线与平面 $x-2y+z=2$ 和 $2x+y-3z=5$ 都平行,则 $\boldsymbol{n}_1\times\boldsymbol{n}_2=(5,5,5)$,取直线的方向向量为$(1,1,1)$,故所求直线的对称式方程为 $x-3=y+1=z-6$.

9. 求过原点且和三个坐标轴的夹角都相同的直线的对称式方程.

解:设所求直线与三个坐标轴的夹角分别为 α,β,γ,则 $\alpha=\beta=\gamma$,从而其方向向量为$(\cos\alpha,\cos\beta,\cos\gamma)$,故

$$\cos\alpha=\cos\beta=\cos\gamma,$$

从而所求直线为 $x=y=z$,其对称式方程为

$$\begin{cases}x=t,\\ y=t,\\ z=t.\end{cases}$$

10. 求过点 $M(3,-2,1)$和 $N(-1,0,2)$的直线方程.

解:所求直线的方向向量为$\overrightarrow{MN}=(-4,2,1)$ 则所求直线为

$$\frac{x-3}{-4}=\frac{y+2}{2}=\frac{z-1}{1}.$$

11. 求过点(4，-1，3)且平行于直线$\frac{x-3}{2}=y=\frac{z-1}{5}$的直线方程.

解：所求直线平行于直线$\frac{x-3}{2}=y=\frac{z-1}{5}$，则其方向向量为(2,1,5)，从而所求直线的方程为$\frac{x-4}{2}=y+1=\frac{z-3}{5}$.

12. 证明直线$\begin{cases}x+2y-z=7\\-2x+y+z=7\end{cases}$平行于$\begin{cases}3x+6y-3z=8,\\2x-y-z=0.\end{cases}$

证明：直线$\begin{cases}x+2y-z=7\\-2x+y+z=7\end{cases}$的方向向量为

$$\begin{vmatrix}\boldsymbol{i} & \boldsymbol{j} & \boldsymbol{k}\\1 & 2 & -1\\-2 & 1 & 1\end{vmatrix}=(3,\ 1,\ 5),$$

直线$\begin{cases}3x+6y-3z=8\\2x-y-z=0\end{cases}$的方向向量为

$$\begin{vmatrix}\boldsymbol{i} & \boldsymbol{j} & \boldsymbol{k}\\3 & 6 & -3\\2 & -1 & -1\end{vmatrix}=(-9,\ -3,\ -15),$$

则$\frac{3}{-9}=\frac{1}{-3}=\frac{5}{-15}$，故两直线互相平行.

13. 求下面两条直线的夹角：$\begin{cases}5x-3y+3z=9\\3x-2y+z=1\end{cases}$和$\begin{cases}2x+2y-z=-23\\3x+8y+z=18\end{cases}$.

解：直线$\begin{cases}5x-3y+3z=9\\3x-2y+z=1\end{cases}$的方向向量为

$$\begin{vmatrix}\boldsymbol{i} & \boldsymbol{j} & \boldsymbol{k}\\5 & -3 & 3\\3 & -2 & 1\end{vmatrix}=(3,\ 4,\ -1),$$

直线$\begin{cases}2x+2y-z=-23\\3x+8y+z=18\end{cases}$的方向向量为

$$\begin{vmatrix}\boldsymbol{i} & \boldsymbol{j} & \boldsymbol{k}\\2 & 2 & -1\\3 & 8 & 1\end{vmatrix}=(10,\ -5,\ 10),$$

取方向向量为 (2，-1，2)，则两直线的夹角的余弦值为

$$\cos\theta=\frac{|\boldsymbol{l}_1\cdot\boldsymbol{l}_2|}{|\boldsymbol{l}_1|\,|\boldsymbol{l}_2|}=0,$$

从而夹角为$\frac{\pi}{2}$.

14. 求直线$\begin{cases}x+y+3z=0\\x-y-z=0\end{cases}$和平面 $x-y-z+1=0$ 之间的夹角.

解:直线$\begin{cases}x+y+3z=0\\x-y-z=0\end{cases}$的方向向量为

$$\begin{vmatrix}\boldsymbol{i} & \boldsymbol{j} & \boldsymbol{k}\\1 & 1 & 3\\1 & -1 & -1\end{vmatrix}=(2,4,-2),$$

取方向向量为 $(1,2,-1)$,平面 $x-y-z+1=0$ 的法线向量为$(1,-1,-1)$,则

$$\sin\theta=\frac{|\boldsymbol{n}_1\cdot\boldsymbol{n}_2|}{|\boldsymbol{n}_1||\boldsymbol{n}_2|}=\frac{1\times1+2\times(-1)+(-1)\times(-1)}{\sqrt{1^2+(-1)^2+(-1)^2}\sqrt{1^2+2^2+(-1)^2}}=0,$$

故直线和平面的夹角为 0.

15. 求过点$(2,0,-3)$且与直线$\begin{cases}x-2y+4z-7=0\\3x+5y-2z+1=0\end{cases}$垂直的平面方程.

解:直线$\begin{cases}x-2y+4z-7=0\\3x+5y-2z+1=0\end{cases}$的方向向量为

$$\boldsymbol{a}=\begin{vmatrix}\boldsymbol{i} & \boldsymbol{j} & \boldsymbol{k}\\1 & -2 & 4\\3 & 5 & -2\end{vmatrix}=(-16,14,11),$$

因为直线垂直于所求平面,故 $\boldsymbol{a}$ 为所求平面的法线向量,则所求平面的方程为

$$-16(x-2)+14y+11(z+3)=0,$$

即

$$16x-14y-11z-65=0.$$

16. 求过点$(3,1,-2)$和直线$\frac{x-4}{5}=\frac{y+3}{2}=z$的平面方程.

解:直线的一般式方程为$\begin{cases}2x-5y-23=0,\\y-2z+3=0,\end{cases}$ 设过该直线的平面束方程为

$$2x-5y-23+\lambda(y-2z+3)=0,$$

所求平面过点$(3,1,-2)$,将点的坐标代入平面得 $\lambda=\frac{11}{4}$,从而所求平面方程为

$$8x-9y-22z-59=0.$$

17. 求过点$(1,2,1)$且与直线$\begin{cases}x+2y-z+1=0\\x-y+z-1=0\end{cases}$和$\begin{cases}2x-y+z=0\\x-y+z=0\end{cases}$平行的平面方程.

解：给定直线的方向向量分别为

$$\boldsymbol{l}_1=\begin{vmatrix}\boldsymbol{i} & \boldsymbol{j} & \boldsymbol{k}\\ 1 & 2 & -1\\ 1 & -1 & 1\end{vmatrix}=(1,-2,-3),$$

$$\boldsymbol{l}_2=\begin{vmatrix}\boldsymbol{i} & \boldsymbol{j} & \boldsymbol{k}\\ 2 & -1 & 1\\ 1 & -1 & 1\end{vmatrix}=(0,-1,-1),$$

所求平面的法线向量取为 $\boldsymbol{l}_1\times\boldsymbol{l}_2=\begin{vmatrix}\boldsymbol{i} & \boldsymbol{j} & \boldsymbol{k}\\ 1 & -2 & -3\\ 0 & -1 & -1\end{vmatrix}=(-1,1,-1)$，故所求平面为

$$-1(x-1)+(y-2)-(z-1)=0,$$

即

$$x-y+z=0.$$

18. 求垂直于平面 $z=0$ 且过点 $(1,-1,1)$ 到直线 $\begin{cases}y-z+1=0\\ x=0\end{cases}$ 的垂线的平面方程.

解：作过点 $(1,-1,1)$ 且垂直于直线 l：$\begin{cases}y-z+1=0\\ x=0\end{cases}$ 的平面 π，因为 l 的参数式方程为 $\begin{cases}x=0,\\ y=t,\\ z=t+1,\end{cases}$ 故平面 π 的法线向量为 $(0,1,1)$，从而平面 π 的方程为

$$y+z=0.$$

将直线 l 和平面 π 的方程联立得其交点为 $\left(0,-\frac{1}{2},\frac{1}{2}\right)$，故过点 $(1,-1,1)$ 到直线 $\begin{cases}y-z+1=0\\ x=0\end{cases}$ 的垂线方程为

$$\frac{x-1}{0-1}=\frac{y+1}{-\frac{1}{2}+1}=\frac{z-1}{\frac{1}{2}-1},$$

即

$$\begin{cases}x+2y+1=0,\\ y+z=0.\end{cases}$$

设过该直线的平面束方程为

$$x+2y+1+\lambda(y+z)=0,$$

即

$$x+(2+\lambda)y+\lambda z+1=0.$$

因为所求平面与 $z=0$ 垂直,故 $\lambda=0$,从而所求平面为

$$x+2y+1=0.$$

19. 证明直线 $\frac{x-1}{9}=\frac{y-6}{-4}=\frac{z-3}{-6}$ 在平面 $2x-3y+5z=-1$ 上.

证明:令 $\frac{x-1}{9}=\frac{y-6}{-4}=\frac{z-3}{-6}=t$,则

$$\begin{cases}x=1+9t,\\ y=6-4t,\\ z=3-6t,\end{cases}$$

代入平面方程 $2x-3y+5z=-1$ 得

$$2(1+9t)-3(6-4t)+5(3-6t)=-1,$$

故得证.

20. 求下列过点 P 和 Q 的直线与平面的交点:

(1) $P(-1,5,1)$ 和 $Q(-2,8,-1)$,$2x-3y+z=10$;

(2) $P(-1,0,9)$ 和 $Q(-3,1,14)$,$3x+2y-z=6$.

解:

(1) $\overrightarrow{PQ}=(-1,3,-2)$,则过点 P 和 Q 的直线方程为

$$\frac{x+1}{-1}=\frac{y-5}{3}=\frac{z-1}{-2},$$

从而联立方程组得

$$\begin{cases}\frac{x+1}{-1}=\frac{y-5}{3}=\frac{z-1}{-2}=t,\\ 2x-3y+z=10,\end{cases}$$

得

$$\begin{cases}t=-2,\\ x=1,\\ y=-1,\\ z=5,\end{cases}$$

故交点为$(1,-1,5)$.

(2) $\overrightarrow{PQ}=(-2,1,5)$,则过点 P 和 Q 的直线方程为

$$\frac{x+1}{-2}=\frac{y}{1}=\frac{z-9}{5},$$

从而联立方程组得

$$\begin{cases}\frac{x+1}{-2}=\frac{y}{1}=\frac{z-9}{5}=t,\\ 3x+2y-z=6,\end{cases}$$

得

$$\begin{cases} t=-2, \\ x=3, \\ y=-2, \\ z=-1, \end{cases}$$

故交点为(3，−2，−1).

21. 求下列向量,使其垂直于过点 P_1,P_2,和 P_3 的平面:

(1) $P_1(1,3,5),P_2(2,-1,3),P_3(-3,2,-6)$;

(2) $P_1(2,4,6),P_2(-3,1,14),P_3(2,-6,1)$.

解:

(1) $\overrightarrow{P_1P_2}=(1,-4,-2),\overrightarrow{P_1P_3}=(-4,-1,-11)$,垂直于过点 P_1,P_2 和 P_3 的平面的向量为

$$\overrightarrow{P_1P_2}\times\overrightarrow{P_1P_3}=\begin{vmatrix} \boldsymbol{i} & \boldsymbol{j} & \boldsymbol{k} \\ 1 & -4 & -2 \\ -4 & -1 & -11 \end{vmatrix}=(42,\ 19,\ -17).$$

(2) $\overrightarrow{P_1P_2}=(-5,-3,-11),\overrightarrow{P_1P_3}=(0,-10,-5)$,垂直于过点 P_1,P_2 和 P_3 的平面的向量为

$$\overrightarrow{P_1P_2}\times\overrightarrow{P_1P_3}=\begin{vmatrix} \boldsymbol{i} & \boldsymbol{j} & \boldsymbol{k} \\ -5 & -3 & -11 \\ 0 & -10 & -5 \end{vmatrix}=(-95,\ -25,\ 50),$$

故(19，5，−10)即为所求.

22. 求下列点到平面的距离:

(1) $(2,-4,\ 3),6x+2y-3z+2=0$;

(2) $(-1,1,2),4x-2y+z-2=0$.

解:

(1) 由点到平面的距离公式知

$$d=\frac{|6\times2+2\times(-4)-3\times3+2|}{\sqrt{6^2+2^2+(-3)^2}}=\frac{3}{7}.$$

(2) 由点到平面的距离公式知

$$d=\frac{|4\times(-1)-2\times1+1\times2-2|}{\sqrt{4+(-2)^2+1^2}}=\frac{6}{\sqrt{21}}=\frac{2}{7}\sqrt{21}.$$

23. 设一条直线过点(3,2,1)且平行于向量 $2\boldsymbol{i}+\boldsymbol{j}-2\boldsymbol{k}$,求点(−3,−1,3)到这条直线的距离.

解：所求直线平行于向量 $2\boldsymbol{i}+\boldsymbol{j}-2\boldsymbol{k}$，故其方向向量为 $\boldsymbol{s}=(2,1,-2)$，则所求直线方程为

$$\frac{x-3}{2}=\frac{y-2}{1}=\frac{z-1}{-2}.$$

设 $M_0(-3,-1,3)$，$M(3,2,1)$，则 $\overrightarrow{MM_0}=(6,3,-2)$. 设 MM_0 与直线的夹角为 θ，则 M_0 到这条直线的距离为

$$\begin{aligned}d&=|\overrightarrow{MM_0}|\sin\theta\\&=|\overrightarrow{MM_0}|\times 1\times\sin\theta\\&=|\overrightarrow{MM_0}|\times\left|\frac{\boldsymbol{s}}{|\boldsymbol{s}|}\right|\times\sin\theta=|\overrightarrow{MM_0}|\times\frac{|\boldsymbol{s}|}{|\boldsymbol{s}|}\times\sin\theta\\&=\frac{|MM_0\times\boldsymbol{s}|}{|\boldsymbol{s}|}=\frac{|(-4,8,0)|}{3}=\frac{\sqrt{80}}{3}=\frac{4}{3}\sqrt{5}.\end{aligned}$$

24. 求点 $P_1(1,3,5)$ 到下列直线或者平面的距离：

(1) x 轴；

(2) 平面 $x=2$；

(3) 平面 $y=-3$ 和 $z=5$ 的交线.

解：

(1) $d=\sqrt{y_1^2+z_1^2}$；

(2) $d=|x_1-2|$；

(3) 交线方程为 $\begin{cases}y=-3,\\z=5,\end{cases}$ 故 $d=\sqrt{(y_1+3)^2+(z_1-5)^2}$.

B

1. 证明下列两个方程表示同一条直线：

$$\frac{x-1}{3}=\frac{y-2}{4}=\frac{z-3}{-12}\text{和}\frac{x+5}{-6}=\frac{y+6}{-8}=\frac{z-27}{24}.$$

证明：因为 $(-6,-8,24)=-2(3,4,-12)$，则两直线平行. 又因为这两条直线过同一个点 $(1,2,3)$，故它们表示同一条直线.

2. 求常数 k，使得下列三个平面过同一条直线，并且求这条直线的对称式方程：

$$\pi_1: 3x+2y+4z=1;$$
$$\pi_2: x-8y-2z=3;$$
$$\pi_3: kx-3y+z=2.$$

解：平面 π_1 和 π_2 的交线方程为 $\begin{cases}3x+2y+4z=1,\\x-8y-2z=3,\end{cases}$ 则交线的方向向量为

$$n_1\times n_2=\begin{vmatrix} i & j & k \\ 3 & 2 & 4 \\ 1 & -8 & -2 \end{vmatrix}=(28,\ 10,\ -26),$$

取交线的方向向量为$(14,\ 5,\ -13)$.

因为这条交线在平面 π_3 上,故其方向向量垂直于平面的法线向量,则

$$(14,\ 5,\ -13)\cdot(k,-3,1)=0,$$

即

$$14k-15-13=0,$$

故 $k=2$.

令 $x=1$,代入交线方程得 $y=-\frac{1}{7}$,$z=-\frac{3}{7}$,则交线过点$\left(1,-\frac{1}{7},-\frac{3}{7}\right)$,故交线的对称式方程为

$$\frac{x-1}{14}=\frac{y+\frac{1}{7}}{5}=\frac{z+\frac{3}{7}}{-13}.$$

3. 求下列两条直线间的距离:

$$\frac{x-1}{2}=\frac{y-2}{3}=\frac{z+1}{-1}\text{和}\frac{x+1}{3}=\frac{y-1}{2}=\frac{z-2}{1}.$$

解:直线 l_1:$\frac{x-1}{2}=\frac{y-2}{3}=\frac{z+1}{-1}$过点 $P(1,\ 2,\ -1)$,其方向向量为 $\boldsymbol{l}_1=(2,3,-1)$,直线 l_2:$\frac{x+1}{3}=\frac{y-1}{2}=\frac{z-2}{1}$过点 $Q(-1,\ 1,\ 2)$,其方向向量为 $\boldsymbol{l}_2=(3,2,1)$,则$\overrightarrow{PQ}=(-2,\ -1,\ 3)$. 因为三个向量$\overrightarrow{PQ}$,$\boldsymbol{l}_1$,$\boldsymbol{l}_2$ 的三元数量积$\overrightarrow{PQ}\cdot(\boldsymbol{l}_1\times\boldsymbol{l}_2)\neq0$,故这两条直线异面.

过点 Q 作直线 l_1 的平行线 l_1',则 l_1'与 l_2 构成的平面 π 的法线向量为

$$n=\begin{vmatrix} i & j & k \\ 2 & 3 & -1 \\ 3 & 2 & 1 \end{vmatrix}=(5,\ -5,\ -5),$$

取平面 π 的法线向量为$(1,\ -1,\ -1)$,从而平面 π 的方程为

$$(x+1)-(y-1)-(z-2)=0,$$

即

$$x-y-z+4=0,$$

则点 P 到平面 π 的距离即为所求,故

$$d=\frac{|1-2-(-1)+4|}{\sqrt{1^2+(-1)^2+(-1)^2}}=\frac{4}{\sqrt{3}}=\frac{4}{3}\sqrt{3}.$$

4. 求下列两个平面之间的距离:

$$2x-3y-6z=5 \text{ 和 } 4x-6y-12z=11.$$

解:因为$\frac{2}{4}=\frac{-3}{-6}=\frac{-6}{-12}$,故两平面平行. 令 $y=-2,z=1$,代入平面 $4x-6y-12z=-11$得 $x=-\frac{11}{4}$,即点 $P(-\frac{11}{4},-2,1)$ 在该平面上,则点 $P(-\frac{11}{4},-2,1)$ 到平面 $2x-3y-6z=5$ 的距离即为所求,故

$$d=\frac{|2\times(-\frac{11}{4})-3\times(-2)-6\times1-5|}{\sqrt{2^2+(-3)^2+(-6)^2}}=\frac{3}{2}.$$

第四节　曲面和空间曲线

一、知识要点

1. 柱面

平行于定直线并沿定曲线 C 移动的直线 L 形成的轨迹叫作柱面,定曲线 C 叫作柱面的准线,动直线 L 叫作柱面的母线.

2. 锥面

过固定点 M_0 的动直线 L 沿着固定曲线 C 移动形成的曲面 S 称为锥面, 其中直线 L 称为锥面的母线,曲线 C 称为锥面的准线,点 M_0 称为锥面的顶点.

3. 旋转曲面

设 C 是平面 π 上的一条曲线, 且 L 是 π 上的固定直线. 曲线 C 绕固定直线 L 旋转一周形成的曲面称为旋转曲面,其中曲线 C 称为旋转曲面的母线, 固定直线 L 称为旋转曲面的轴.

4. 二次曲面

变元为 x,y,z 的三元二次方程 $F(x,y,z)=0$ 所表示的曲面称为二次曲面.

5. 空间曲线

空间曲线可以看作两个相交曲面的交线. 设 $F(x,y,z)=0$ 和 $G(x,y,z)=0$ 是两个曲面的方程, 则方程组$\begin{cases}F(x,y,z)=0\\G(x,y,z)=0\end{cases}$称为空间曲线的一般方程.

设 $\boldsymbol{\Gamma}$ 是一条空间曲线,以 $\boldsymbol{\Gamma}$ 为准线,母线平行于 z 轴的柱面称为 $\boldsymbol{\Gamma}$ 在 xOy 平面上的投

影柱面. 投影柱面与 xOy 平面的交线称为 $\boldsymbol{\Gamma}$ 在 xOy 平面上的投影曲线.

6. 柱面坐标系

从柱面坐标到直角坐标的变换公式为

$$x=\rho\cos\varphi,\quad y=\rho\sin\varphi,\quad z=z.$$

7. 球面坐标系

从球面坐标到直角坐标的变换公式为

$$x=r\sin\theta\cos\varphi,\quad y=r\sin\theta\sin\varphi,\quad z=r\cos\theta.$$

二、习题解答

A

1. 指出下列曲面的图形. 如果曲面是旋转曲面,解释它是怎样得到的.

(1) $x^2-3y^2=4$;

(2) $4y^2+z^2=1$;

(3) $x^2=2y$;

(4) $2(x-1)^2+(y-2)^2=z^2$;

(5) $4(x-1)^2+9(y-2)^2+4z^2=36$;

(6) $\dfrac{x^2}{4}+\dfrac{y^2}{4}+\dfrac{z^2}{9}=1$;

(7) $4x^2-y^2-(z-1)^2=4$;

(8) $4x^2-y^2+z=0$;

(9) $x^2-\dfrac{y^2}{4}+z^2=1$;

(10) $x^2-4y^2-4z^2=1$.

解:

(1) 双曲柱面.

(2) 椭圆柱面.

(3) 抛物柱面.

(4) 椭圆锥面.

(5) 椭球面.

(6) 旋转椭球面. 由 xOz 平面上的椭圆 $\begin{cases}\dfrac{x^2}{4}+\dfrac{z^2}{9}=1\\ y=0\end{cases}$ 绕 z 轴旋转一周而得.

(7) 双叶双曲面.

(8) 双曲抛物面.

(9) 旋转单叶双曲面.由 xOy 平面上的双曲线$\begin{cases}x^2-\dfrac{y^2}{4}=1\\ z=0\end{cases}$绕 y 轴旋转一周而得.

(10) 旋转双叶双曲面.由 xOy 平面上的双曲线$\begin{cases}x^2-4y^2=1\\ z=0\end{cases}$绕 x 轴旋转一周而得.

2. 求以点 $P(2,-3,6)$为球心,半径为 7 的球面方程.

解:球面方程为$(x-2)^2+(y+3)^2+(z-6)^2=49$.

3. 求过原点且球心为 $P(1,3,-2)$的球面方程.

解:$|\overrightarrow{OP}|=\sqrt{1^2+3^2+(-2)^2}=\sqrt{14}$为球半径,故球面方程为

$$(x-1)^2+(y-3)^2+(z+2)^2=14,$$

即

$$x^2+y^2+z^2-2x-6y+4z=0.$$

4. 求到点(2,3,1)和点(4,5,6)距离相等的动点的轨迹方程.

解:设动点 $M(x,y,z)$,则

$$\sqrt{(x-2)^2+(y-3)^2+(z-1)^2}=\sqrt{(x-4)^2+(y-5)^2+(z-6)^2},$$

从而动点的轨迹方程为

$$4x+4y+10z-63=0,$$

故动点的轨迹为一个平面.

5. 已知三维空间中的动点 P 到点 $A(0,2,0)$的距离总是它到点 $B(0,5,0)$的距离的两倍.证明点 P 在球面上,并且求该球面的球心和半径.

解:设动点 $P(x,y,z)$,因为$|\overrightarrow{PA}|=2|\overrightarrow{PB}|$,则

$$\sqrt{x^2+(y-2)^2+z^2}=2\sqrt{x^2+(y-5)^2+z^2},$$

即

$$x^2+y^2+z^2-12y+32=0,$$

亦即

$$x^2+(y-6)^2+z^2=4,$$

这是球心在(0,6,0),半径为 2 的球面方程,故点 P 在球面上.

6. 求下列动点的轨迹方程:

(1) 动点到点(1,2,1)和(2,0,1)的距离分别为 3 和 2;

(2) 动点到点(5,0,0)和(−5,0,0)的距离之和为 20;

(3) 动点到 x 轴的距离是它到 yz 平面的距离的两倍.

解:

(1) $$\begin{cases}\sqrt{(x-1)^2+(y-2)^2+(z-1)^2}=3,\\ \sqrt{(x-2)^2+y^2+(z-1)^2}=2,\end{cases}$$

即

$$\begin{cases}(x-2)^2+y^2+(z-1)^2=4,\\ x-2y-2=0,\end{cases}$$

其轨迹为一个圆.

(2) $$\sqrt{(x-5)^2+y^2+z^2}+\sqrt{(x+5)^2+y^2+z^2}=20,$$

两次平方化简得

$$\frac{x^2}{100}+\frac{y^2}{75}+\frac{z^2}{75}=1,$$

其轨迹为一个旋转椭球面.

(3) $\sqrt{y^2+z^2}=2|x|$,则

$$y^2+z^2=4x^2,$$

其轨迹为一个圆锥面.

7. 求下列曲线 C 绕给定坐标轴旋转一周得到的旋转曲面的方程：

(1) $C:\begin{cases}x^2+\dfrac{y^2}{4}=1,\\ z=0,\end{cases}$ x 轴；

(2) $C:\begin{cases}z=\sqrt{y-1},\\ x=0,\end{cases}$ $1\leqslant y\leqslant 3$, y 轴；

(3) $C:\begin{cases}\dfrac{z^2}{4}-\dfrac{y^2}{9}=1,\\ x=0,\end{cases}$ z 轴.

解：

(1) 将 $x^2+\frac{y^2}{4}=1$ 中的 y 用 $\pm\sqrt{y^2+z^2}$ 代替得旋转曲面的方程为

$$x^2+\frac{y^2}{4}+\frac{z^2}{4}=1.$$

(2) 将 $z=\sqrt{y-1}$ 中的 z 用 $\pm\sqrt{x^2+z^2}$ 代替得旋转曲面的方程为

$$x^2+z^2=y-1,$$

即

$$y=x^2+z^2+1,\ 1\leqslant y\leqslant 3.$$

(3) 将 $\frac{z^2}{4}-\frac{y^2}{9}=1$ 中的 y 用 $\pm\sqrt{x^2+y^2}$ 代替得旋转曲面的方程为

$$\frac{x^2}{9}+\frac{y^2}{9}-\frac{z^2}{4}=-1.$$

8. 求下列曲线在每个坐标平面上的投影曲线的方程:

(1) $C:\begin{cases}z=2x^2+y^2,\\ z=2y.\end{cases}$

(2) $C:\begin{cases}x^2+y^2+z^2=a^2,\\ x^2+y^2+(z-a)^2=R^2,\end{cases}\quad 0<R<a.$

(3) $C:\begin{cases}x^2+y^2=ay,\\ z=\dfrac{h}{a}\sqrt{x^2+y^2},\end{cases}\quad a>0,h>0.$

解:

(1) 从曲线方程消去变量 z 得 $2x^2+y^2=2y$,故它在 xOy 平面上的投影曲线方程为

$$\begin{cases}2x^2+y^2=2y,\\ z=0.\end{cases}$$

因为 $2x^2+y^2=2y$,则 $2x^2+(y-1)^2=1$,从而 $|y-1|\leqslant 1$,即 $0\leqslant y\leqslant 2$. 曲线位于平面 $z=2y$ 上且此方程不含变量 x,故它在 yOz 平面上的投影曲线方程为

$$\begin{cases}z=2y,\\ x=0,\end{cases}\quad 0\leqslant y\leqslant 2.$$

从曲线方程消去变量 y 得 $8x^2+(z-2)^2=4$,故它在 xOz 平面上的投影曲线方程为

$$\begin{cases}8x^2+(z-2)^2=4,\\ y=0.\end{cases}$$

(2) 两个球面的交线位于 xOy 平面的上部分,则 $z\geqslant 0$,从而由 $x^2+y^2+z^2=a^2$ 知

$$z=\sqrt{a^2-x^2-y^2},$$

代入消去 z 得它在 xOy 平面上的投影曲线方程为

$$\begin{cases}x^2+y^2=\dfrac{R^2}{4a^2}(4a^2-R^2),\\ z=0.\end{cases}$$

因为 $x^2+y^2=\dfrac{R^2}{4a^2}(4a^2-R^2)$,则 $|x|\leqslant\dfrac{R}{2a}\sqrt{4a^2-R^2}$, $|y|\leqslant\dfrac{R}{2a}\sqrt{4a^2-R^2}$.

从曲线方程消去变量 y 得 $z=a-\dfrac{1}{2a}R^2$,故它在 xOz 平面上的投影曲线方程为

$$\begin{cases}z=a-\dfrac{1}{2a}R^2,\\ y=0,\end{cases}\quad |x|\leqslant\frac{R}{2a}\sqrt{4a^2-R^2}.$$

从曲线方程消去变量 x 得 $z=a-\frac{1}{2a}R^2$，故它在 yOz 平面上的投影曲线方程为

$$\begin{cases}z=a-\dfrac{1}{2a}R^2, \\ x=0,\end{cases}\quad |y|\leqslant\frac{R}{2a}\sqrt{4a^2-R^2}.$$

(3) 曲线位于曲面 $x^2+y^2=ay$ 上且此方程不含变量 z，故它在 xOy 平面上的投影曲线方程为

$$\begin{cases}x^2+y^2=ay, \\ z=0.\end{cases}$$

因为 $x^2+y^2=ay$，则 $y\geqslant 0$，从而 $y=\sqrt{\frac{a^2z^2}{h^2}-x^2}$，代入 $x^2+y^2=ay$ 得它在 xOz 平面上的投影曲线方程为

$$\begin{cases}z=\dfrac{h}{a}\sqrt{x^2+\dfrac{a^2z^4}{h^4}}, \\ y=0.\end{cases}$$

因为 $x^2+y^2=ay$，则 $x^2+(y-\frac{a}{2})^2=\frac{a^2}{4}$，从而 $|y-\frac{a}{2}|\leqslant\frac{a}{2}$，即 $0\leqslant y\leqslant a$. 代入 $x^2+y^2=ay$ 得它在 yOz 平面上的投影曲线方程为

$$\begin{cases}z=\dfrac{h}{a}\sqrt{ay}, \\ x=0,\end{cases}\quad 0\leqslant y\leqslant a.$$

9. 将下列给定方程转换成柱面坐标方程：

(1) $x^2+y^2+z^2=16$；

(2) $z=x^3-3xy^2$.

解：

(1) 将 $x=\rho\cos\varphi, y=\rho\sin\varphi, z=z$ 代入 $x^2+y^2+z^2=16$ 得

$$\rho^2+z^2=16.$$

(2) 将 $x=\rho\cos\varphi, y=\rho\sin\varphi, z=z$ 代入 $z=x^3-3xy^2$ 得

$$z=\rho^3(\cos^3\varphi-3\cos\varphi\sin^2\varphi)=\rho^3\cos 3\varphi.$$

10. 将下列给定方程转换成直角坐标方程：

(1) $\rho=4\cos\varphi$；

(2) $\rho^3=z^2\sin^3\varphi$.

解：

(1) 因为 $\rho=4\cos\varphi$，故

$$\rho^2=\rho\cdot\rho=\rho\cdot 4\cos\varphi=4\rho\cos\varphi,$$

则 $x^2+y^2=4x$.

(2) 因为 $\rho^3=z^2\sin^3\varphi$，故

$$\rho^6=\rho^3\cdot z^2\ \sin^3\varphi,$$

则$(x^2+y^2)^3=z^2y^3$.

11. 将下列给定方程转换成球面坐标方程，并指出曲面的形状：

(1) $x^2+y^2+z^2-8z=0$;

(2) $z=10-x^2-y^2$.

解：

(1) 将 $x=r\sin\theta\cos\varphi,y=r\sin\theta\ \sin\varphi,z=r\ \cos\theta$ 代入 $x^2+y^2+z^2-8z=0$ 得

$$r^2-8r\ \cos\theta=0,$$

即

$$r=8\ \cos\theta,$$

这表示一个球面.

(2) 将 $x=r\sin\theta\cos\varphi,y=r\sin\theta\ \sin\varphi,z=r\ \cos\theta$ 代入 $z=10-x^2-y^2$ 得

$$r^2\sin^2\varphi+r\cos\theta-10=0,$$

这表示一个旋转抛物面.

12. 将下列给定方程转换成直角坐标方程，并指出曲面的形状：

(1) $r\sin\theta=10$;

(2) $r=2\cos\theta+4\sin\theta\cos\varphi$.

解：

(1) 因为 $r\sin\theta=10$，故

$$r^2\sin^2\theta=100,$$

则 $x^2+y^2=100$，这表示一个圆柱面.

(2) 因为 $r=2\cos\theta+4\sin\theta\cos\varphi$，故

$$r^2=2r\ \cos\theta+4r\sin\theta\cos\varphi,$$

则

$$x^2+y^2+z^2=2z+4x,$$

即

$$(x-1)^2+y^2+(z-1)^2=5,$$

这表示一个球面.

B

1. 已知椭球体的主轴与坐标轴重合，且它过椭圆$\begin{cases}\dfrac{x^2}{9}+\dfrac{y^2}{16}=1\\ z=0\end{cases}$和点 $M(1,2,\sqrt{23})$，求该椭球体的方程.

解：因为椭球体的主轴与坐标轴重合，且它过椭圆$\begin{cases}\dfrac{x^2}{9}+\dfrac{y^2}{16}=1,\\ z=0,\end{cases}$则设其方程为

$$\frac{x^2}{9}+\frac{y^2}{16}+\frac{z^2}{c^2}=1.$$

又因为过点 $M(1,2,\sqrt{23})$，则

$$\frac{1}{9}+\frac{2^2}{16}+\frac{(\sqrt{23})^2}{c^2}=1,$$

故 $c^2=36$，从而其方程为

$$\frac{x^2}{9}+\frac{y^2}{16}+\frac{z^2}{36}=1.$$

2. 已知椭圆抛物面的顶点是原点，它关于 xOy 平面和 xOz 平面对称，且过点 $(1,2,0)$ 和 $\left(\frac{1}{3},-1,1\right)$，求该椭圆抛物面的方程.

解：因为椭圆抛物面的顶点是原点，且关于 xOy 平面和 xOz 平面对称，则设其方程为

$$\frac{z^2}{a^2}+\frac{y^2}{b^2}=\frac{x}{c}.$$

又因为过点 $(1,2,0)$ 和 $(\frac{1}{3},-1,1)$，则

$$\begin{cases}\frac{4}{b^2}=\frac{1}{c},\\ \frac{1}{a^2}+\frac{1}{b^2}=\frac{1}{3c},\end{cases}$$

故 $a^2=3b^2,c=\frac{1}{4}b^2$，从而其方程为

$$\frac{z^2}{3b^2}+\frac{y^2}{b^2}=\frac{4x}{b^2},$$

即

$$\frac{y^2}{4}+\frac{z^2}{12}=x.$$

3. 求以 $C:\begin{cases}y=x^2\\ z=0\end{cases}$ 为准线且母线平行于向量 $\boldsymbol{i}+2\boldsymbol{j}+\boldsymbol{k}$ 的柱面方程.

解：设动点 $P(x,y,z)$，取 C 上一点 $P_0(x_0,x_0^2,0)$，则 $\overrightarrow{PP_0}$ 平行于向量 $\boldsymbol{i}+2\boldsymbol{j}+\boldsymbol{k}$，从而

$$\frac{x-x_0}{1}=\frac{y-x_0^2}{2}=\frac{z}{1},$$

即

$$y-2z=(x-z)^2.$$

4. 证明平面 $2x+12y-z+16=0$ 和曲面 $x^2-4y^2=2z$ 的交线是直线，并且求该直线的方程.

解：联立平面与曲面的方程得

$$\begin{cases}2x+12y-z+16=0,\\x^2-4y^2=2z,\end{cases}$$

化简得

$$\begin{cases}2x+12y-z+16=0,\\(x-2)^2=4(y+3)^2,\end{cases}$$

故交线是直线.

5. 已知点 A 和 B 的直角坐标分别为(1,0,0)和(0,1,1),求由曲线段 AB 绕 z 轴旋转一周得到的旋转曲面 S 的方程. 用定积分求由曲面 S、平面 $z=0$ 和平面 $z=1$ 所围成的体积.

解:过点 A 和 B 的直线 l_{AB} 的方程为

$$\frac{x-1}{-1}=\frac{y}{1}=\frac{z}{1},$$

设 $M_1(x_1,y_1,z_1)$ 为直线 l_{AB} 上一点,则

$$y_1=z_1 \text{ 且 } x_1=1-z_1,$$

旋转后 M_1 到达点 $M(x,y,z)$,则竖坐标 z 不变,即 $z=z_1$.

又因为点 M 到 z 轴的距离等于点 M_1 到 z 轴的距离,则

$$\sqrt{x_1^2+y_1^2}=\sqrt{x^2+y^2},$$

将 $y_1=z_1=z$ 和 $x_1=1-z_1$ 代入得旋转曲面方程为

$$2x^2+2y^2-4(z-\frac{1}{2})^2=1.$$

曲面 S 和平面 $z=0$ 和 $z=1$ 所围成的体积为

$$V=\int_0^1\pi(x^2+y^2)\mathrm{d}z=\int_0^1\pi\cdot\frac{1}{2}\left[1+4(z-\frac{1}{2})^2\right]\mathrm{d}z=\frac{2}{3}\pi.$$

总习题八

1. 填空题:

(1) 线段 AB 被三等分,第一个分点为 $C(1,3,-1)$,第二个分点为 $D(-1,4,-2)$,则 B 点为________.

(2) 已知 $|\boldsymbol{a}|=5$, $|\boldsymbol{b}|=6$, $|\boldsymbol{a}+\boldsymbol{b}|=7$, 则 $|\boldsymbol{a}+\boldsymbol{b}|=$________.

(3) 已知向量 $\boldsymbol{a},\boldsymbol{b},\boldsymbol{c}$ 的三元数量积 $\boldsymbol{a}\cdot(\boldsymbol{b}\times\boldsymbol{c})=1$, 则 $[(\boldsymbol{a}+\boldsymbol{b})\times(\boldsymbol{b}+\boldsymbol{c})]\cdot(\boldsymbol{a}+\boldsymbol{c})=$________.

(4) xOz 平面上的曲线 $z^2=2x$ 绕 x 轴旋转一周得到的旋转曲面方程为________.

(5) 设 $|\boldsymbol{a}+\boldsymbol{b}|=|\boldsymbol{a}-\boldsymbol{b}|$,且 $\boldsymbol{a}=(3,-5,8)$,$\boldsymbol{b}=(-1,1,k)$,则 $k=$________.

(6) 如果两直线 $x-1=\frac{y+1}{2}=\frac{z-1}{k}$ 和 $x+1=y-1=z$ 相交,则 $k=$________.

(7) 已知 $|\boldsymbol{a}|=10$, $|\boldsymbol{b}|=2$, $\boldsymbol{a}\cdot\boldsymbol{b}=12$, 则 $|\boldsymbol{a}\times\boldsymbol{b}|=$________.

(8) 与 x 轴的距离为 3，与 y 轴的距离为 2 的一切点所确定的曲线在 xOy 平面上的投影曲线方程为__________.

(9) 点(2,3,1)在直线 $x-1=\frac{y+2}{2}=\frac{z+2}{3}$ 上的投影点为__________.

(10) 过直线 $\frac{x-1}{2}=\frac{y-2}{3}=\frac{z+1}{-1}$ 且垂直于平面 $3x+2y-z=5$ 的平面方程为__________.

2. 单项选择题：

(1) 设两直线分别为 $\begin{cases}x=2+t\\y=3-2t\\z=t\end{cases}$ 和 $\begin{cases}x-y=6,\\2y+z=3,\end{cases}$ 则两直线的夹角为(　　).

A. $\frac{\pi}{6}$　　B. $\frac{\pi}{4}$　　C. $\frac{\pi}{3}$　　D. $\frac{2}{3}\pi$

(2) 设直线 l：$\begin{cases}x+3y+2z+1=0,\\2x-y-10z+3=0,\end{cases}$ 平面 π：$4x-2y+z-2=0$，则直线与平面的位置关系为(　　).

A. l 平行于 π　　B. l 在 π 上　　C. l 垂直于 π　　D. l 与 π 斜交

(3)设两直线分别为 $\begin{cases}x=t\\y=1+2t\\z=2+t\end{cases}$ 和 $\frac{x-1}{2}=\frac{y-1}{2}=z$，则两直线(　　).

A. 平行　　B. 共面且斜交　　C. 异面且垂直　　D. 异面但不垂直

(4) 旋转曲面 $z=2(x^2+y^2)$ 的旋转轴为(　　).

A. 轴　　B. y 轴　　C. z 轴

(5) 球面 $x^2+y^2+z^2=R^2$ 与平面 $x+z=a$ 的交线在 xOy 平面上的投影曲线方程为(　　).

A. $(a-z)^2+y^2+z^2=R^2$　　B. $\begin{cases}(a-z)^2+y^2+z^2=R^2\\z=0\end{cases}$

C. $x^2+y^2+(a-x)^2=R^2$　　D. $\begin{cases}x^2+y^2+(a-x)^2=R^2\\z=0\end{cases}$

(6) 方程 $x^2-\frac{y^2}{4}+z^2=1$ 表示(　　).

A. 旋转单叶双曲面　　B. 锥面

C. 旋转双叶双曲面　　D. 双曲柱面

(7) 曲面 $x^2+y^2+z^2=a^2$ 与 $x^2+y^2=2ax(a>0)$ 的交线是(　　).

A. 抛物线　　B. 双曲线　　C. 圆　　D. 椭圆

(8) 母线平行于 x 轴且过曲线 $\begin{cases}2x^2+y^2+z^2=16\\x^2-y^2+z^2=0\end{cases}$ 的柱面方程为(　　).

A. $3x^2+2z^2=16$　　　　B. $3y^2-z^2=16$

C. $x^2+2y^2=16$　　　　D. $3y^2-z=16$

(9)下列哪种说法正确?(　　)

A. 向量 $\boldsymbol{i}+\boldsymbol{j}+\boldsymbol{k}$ 是单位向量

B. 设向量 $\boldsymbol{b}$ 与三个坐标轴正向夹角相等,则其方向角都是 $\frac{\pi}{3}$

C. $3\boldsymbol{i}>2\boldsymbol{j}$

D. 设向量 $\boldsymbol{a}$ 与坐标平面 xOy,xOz,yOz 的夹角分别为 α,β,γ,且 $\sin^2\alpha+\sin^2\beta+\sin^2\gamma=1$,则与 $\boldsymbol{a}$ 同方向的单位向量为 $\boldsymbol{a}^0=\sin\alpha\,\boldsymbol{i}+\sin\beta\,\boldsymbol{j}+\sin\gamma\,\boldsymbol{k}$

(10)设向量 $\boldsymbol{a}$ 与 $\boldsymbol{b}$ 为非零向量,则 $\boldsymbol{a}\times\boldsymbol{b}$ 是(　　).

A. $\boldsymbol{a}//\boldsymbol{b}$ 的充要条件　　　　B. $\boldsymbol{a}$ 与 $\boldsymbol{b}$ 垂直的充要条件

C. $\boldsymbol{a}=\boldsymbol{b}$ 的充要条件　　　　D. $\boldsymbol{a}//\boldsymbol{b}$ 的必要但不充分的条件

3. 设三角形的三个顶点分别为 $A(1,-1,2)$,$B(5,-6,2)$和 $C(1,3,-1)$,求 AC 边上的高.

4. 求垂直于平面 $5x-y+3z-2=0$,且与它的交线在 xOy 平面上的平面方程.

5. 设三个非零向量 $\boldsymbol{a},\boldsymbol{b},\boldsymbol{c}$ 满足关系式 $\boldsymbol{a}=\boldsymbol{b}\times\boldsymbol{c}$,$\boldsymbol{b}=\boldsymbol{c}\times\boldsymbol{a}$,$\boldsymbol{c}=\boldsymbol{a}\times\boldsymbol{b}$,求向量 $\boldsymbol{a},\boldsymbol{b},\boldsymbol{c}$ 的长度以及它们之间的夹角.

6. 求 a 和 b 的值,使得直线 $\frac{x}{a}=\frac{y-1}{-2}=\frac{z+a}{b}$ 在平面 $3x+by+z=2$ 上.

7. 求过两直线 $\frac{x-1}{2}=\frac{y-2}{3}=\frac{z+1}{-1}$ 和 $\frac{x+1}{3}=\frac{y-1}{2}=\frac{z-2}{1}$ 的公垂线且平行于向量 $\boldsymbol{i}-\boldsymbol{k}$ 的平面方程.

8. 求 k 的值,使得原点到平面 $2x-y+kz=6$ 的距离等于 2.

9. 已知点 $A(1,0,0)$和 $B(0,2,1)$,求 z 轴上的点 C 使得 ΔABC 的面积最小.

10. 求过点 $A(3,0,0)$和 $B(0,0,1)$且与 xOy 平面成 $\frac{\pi}{3}$ 角的平面方程.

11. 求两直线 $\frac{x-9}{4}=\frac{y+2}{-3}=z$ 和 $\frac{x}{-2}=\frac{y+7}{9}=\frac{z-7}{2}$ 的公垂线的方程.

12. 求极限 $\lim\limits_{x\to 0}\frac{|a+xb|-|a-xb|}{x}$,其中,$\boldsymbol{a},\boldsymbol{b}$ 是向量且 $|\boldsymbol{a}|\neq 0$.

13. 求过点$(-1,-2,-5)$且和三个坐标平面都相切的球面方程.

14. 求空间曲线 $\begin{cases}x=1+t\\ y=1-t\\ z=t^2\end{cases}$ 绕 z 轴旋转一周得到的旋转曲面方程.

15. 求过点$(-1,0,4)$且平行于平面 $3x-4y+z-10=0$,与直线 $x+1=y-3=\frac{z}{2}$ 相交的直线方程.

16. 设 $\boldsymbol{a}=(-1,3,2)$，$\boldsymbol{b}=(2,-3,-4)$，$\boldsymbol{c}=(-3,12,6)$，证明向量 $\boldsymbol{a},\boldsymbol{b},\boldsymbol{c}$ 共面，并用 $\boldsymbol{a}$ 和 $\boldsymbol{b}$ 表示 $\boldsymbol{c}$.

17. 求过点 $(1,1,1)$ 与直线 $\dfrac{x-1}{2}=y-2=3-z$ 垂直相交的直线方程.

18. 求过点 $(1,2,-3)$ 且与 x 轴垂直相交的直线方程.

19. 求曲线 $\begin{cases} x^2+y^2+z^2=4 \\ z=x^2+y^2 \end{cases}$ 在坐标平面 xOy 上的投影曲线方程.

20. 求直线 $x-1=y=1-z$ 在平面 $x-y+2z-1=0$ 上的投影直线方程.

21. 求直线 $\begin{cases} x-y+2z-1=0 \\ x-3y-2z+1=0 \end{cases}$ 绕 z 轴旋转一周得到的旋转曲面方程.

参考答案

1. 填空题：

(1) $(-4,13,-5)$；(2) $\sqrt{73}$；(3) 2；(4) $2x=y^2+z^2$；(5) 1；(6) $\dfrac{5}{4}$；

(7) 16；(8) $\begin{cases} y^2-x^2=5, \\ z=0; \end{cases}$ (9) $(-5,2,4)$；(10) $x-8y-13z+9=0$.

2. 选择题：

(1) C；(2) C；(3) D；(4) C；(5) D；(6) A；(7) D；(8) B；(9) D；(10) A.

3. 5.

4. $15x-3y-26z-6=0$.

5. $|\boldsymbol{a}|=|\boldsymbol{b}|=|\boldsymbol{c}|=1$，$\boldsymbol{a},\boldsymbol{b},\boldsymbol{c}$ 两两之间的夹角为 $\dfrac{\pi}{2}$.

6. $a=1,b=3$.

7. $x+2y+z-38=0$.

8. $k=\pm 2$.

9. $\left(0,0,\dfrac{1}{5}\right)$.

10. $x+\sqrt{26}y+3z-3=0$ 或 $x-\sqrt{26}y+3z-3=0$.

11. $\begin{cases} 16x+27y+17z-90=0, \\ 58x+6y+31z-175=0. \end{cases}$

12. $\dfrac{2a\cdot b}{|a|}$.

13. $(x+3)^2+(y+3)^2+(z+3)^2=9$ 或 $(x+5)^2+(y+5)^2+(z+5)^2=25$.

14. $x^2+y^2=2+2z$.

15. $\begin{cases}3x-4y+z-1=0,\\10x-4y-3z+22=0.\end{cases}$

16. 向量 $\boldsymbol{a},\boldsymbol{b},\boldsymbol{c}$ 的三元数量积 $\boldsymbol{a}\cdot(\boldsymbol{b}\times\boldsymbol{c})=0$，故 $\boldsymbol{a},\boldsymbol{b},\boldsymbol{c}$ 共面，且 $\boldsymbol{c}=5\boldsymbol{a}+\boldsymbol{b}$.

17. $\dfrac{x-1}{2}=\dfrac{y-1}{7}=\dfrac{z-1}{11}$.

18. $\begin{cases}x=1,\\3y+2z=0.\end{cases}$

19. $\begin{cases}x^2+y^2=\dfrac{\sqrt{17}-1}{2},\\z=0.\end{cases}$

20. $\begin{cases}x-y+2z-1=0,\\x-3y-2z+1=0.\end{cases}$

21. $x^2+y^2-20z^2+20z-5=0$.

第九章　多元函数微分法

第一节　多元函数的定义及其基本性质

一、知识要点

1. 二重极限

定义 1　设函数 $z = f(x,y)$ 在区域 D 上有定义，点 $P_0(x_0,y_0)$ 是 D 中的一个聚点. 若当动点 $P(x,y)$ 在 D 内无限趋向 $P_0(x_0,y_0)$ 时，$f(x,y)$ 总是无限的趋向于同一个常数 A，则称 A 为 $f(x,y)$ 当 $(x,y) \to (x_0,y_0)$ 时的极限，记作 $\lim\limits_{(x,y)\to(x_0,y_0)} f(x,y) = A$，或 $f(x,y) \to A[(x,y) \to (x_0,y_0)]$，或 $\lim\limits_{P\to P_0} f(P) = A$，或 $f(P) \to A(P \to P_0)$.

上面定义的极限叫二重极限. 二元函数还有一种极限叫二次极限，二者不同. 特别强调二元函数若当点 $P(x,y)$ 在 D 内以任意方式任意方向趋向 $P_0(x_0,y_0)$ 时，$f(x,y)$ 总是无限的趋向于同一个常数 A，则称 A 为 $f(x,y)$ 当 $(x,y) \to (x_0,y_0)$ 时的极限，记作

$$\lim_{(x,y)\to(x_0,y_0)} f(x,y) = A \text{ 或 } \lim_{P\to P_0} f(P) = A.$$

一元与二元函数极限的区别如下：

① 一元函数：当 $P \to P_0$ 时，$P = x$，$f(x)$ 有两个方向(左，右)；直线方式.

② 二元函数：当 $P \to P_0$ 时，$P = (x,y)$，$f(x,y)$ 有无穷个方向(四面八方)；任意方式(直线、折线、曲线等).

证明二元函数极限不存在的一些作法，如下.

证明 $\lim\limits_{P\to P_0} f(P)$ 不存在：一般寻找两条趋于 P_0 的不同的路径(首先考虑直线，其次是其他特殊的曲线)C_1，C_2.

若 $f \xrightarrow{\text{沿 } C_1} A$；$f \xrightarrow{\text{沿 } C_2} B$；而 $A \neq B$，或 A，B 中有一个不存在，则 $\lim\limits_{P\to P_0} f(P)$ 不存在，例如，考虑在原点 $O(0,0)$ 的极限时，选直线 $y = kx$，假如有 $\lim\limits_{(x,y)\to(0,0)} f(x,kx)$.

(1) 若 A 中含有 k,或 A 不存在,则$\lim\limits_{P\to O}f(P)$ 不存在.

(2) 若 A 中不含有 k,则$\lim\limits_{P\to O}f(P)$ 存在与否不能判断,此时需要选择其他曲线去考虑.

2. 二元连续函数

二元函数连续性的定义与一元函数类似.

定义 2 若 $z=f(x,y)$ 在区域 D 上有定义且 $P_0(x_0,y_0)\in D$,若有

$$\lim_{P\to P_0}f(P)=f(P_0)\quad 或\quad \lim_{(x,y)\to(x_0,y_0)}f(x,y)=f(x_0,y_0),$$

则称函数 $f(x,y)$ 在 P_0 处连续,或称点 P_0 是函数 $f(x,y)$ 的连续点;否则称点 P_0 为函数的间点.

若 $f(x,y)$ 在区域 D 上每一点都连续,则称 $f(x,y)$ 在 D 上连续,或称 $f(x,y)$ 为 D 上的连续函数.

二、习题解答

1. 下列集合是开集还是闭集?对每个集合给出它们的内部、边界和闭包.

(1) $A=\{(x,y)\in\mathbf{R}^2\mid x\geqslant 0,y\geqslant 0,x+y\leqslant 1\}$;

(2) $A=\{(x,y)\in\mathbf{R}^2\mid y<x^2\}$;

(3) $A=\{x\in\mathbf{R}^2\mid \|x\|=1\}$;

(4) $A=\{(x,y)\in\mathbf{R}^2\mid -1<x<1,y=0\}$.

解:(1) A 是闭集.

$$\operatorname{int}A=\{(x,y)\in\mathbf{R}^2\mid x>0,y>0,x+y<1\};$$

$$\partial A=\{(x,y)\mid x=0,0\leqslant y\leqslant 1\}\cup\{(x,y)\mid y=0,0\leqslant x\leqslant 1\}$$
$$\cup\{(x,y)\mid x+y=1,x\geqslant 0,y\geqslant 0\},$$
$$\overline{A}=A.$$

(2) A 是开集.

$$\operatorname{int}A=A,\quad \partial A=\{(x,y)\mid y=x^2\},\quad \overline{A}=\{(x,y)\mid y\leqslant x^2\}.$$

(3) A 是闭集.

$$\operatorname{int}A=\varnothing,\quad \partial A=A,\quad \overline{A}=A.$$

(4) A 既不是开集也不是闭集.

$$\operatorname{int}A=\varnothing,\quad \partial A=A=\{(x,y)\in\mathbf{R}^2\mid -1\leqslant x\leqslant 1,y=0\},\quad \overline{A}=\partial A.$$

2. 在习题 1 中的哪个集合是区域?是有界还是无界?试说明之.

解:(1) A 是有界闭区域.

(2) A 是无界开区域.

(3) A 不是区域,是有界集.

(4) A 不是区域,是有界集.

3. 绘制下列函数的草图并确定其定义域：

(1) $z = x + \sqrt{y}$；　　　　(2) $z = \arccos \dfrac{y}{x}$；

(3) $z = \sqrt{\dfrac{2x + x^2 + y^2}{x^2 + y^2 - x}}$；　　　　(4) $z = \arcsin \dfrac{x}{y^2} + \arcsin(1 - y)$；

(5) $u = \mathrm{e}^z + \ln(x^2 + y^2 - 1)$；　　　　(6) $u = \arcsin \dfrac{z}{\sqrt{x^2 + y^2}}$.

解：(1) 函数的定义域为 $D(f) = \{(x, y) \mid x \in \mathbf{R}, y \geqslant 0\}$，其图形如题 3(1) 图所示.

(2) 由 $\begin{cases} \left|\dfrac{y}{x}\right| \leqslant 1 \\ x \neq 0 \end{cases}$ 得函数的定义域为 $D(f) = \{(x, y) \mid -\mid x \mid \leqslant y \leqslant \mid x \mid，且 x \neq 0\}$，其图形如题 3(2) 图所示.

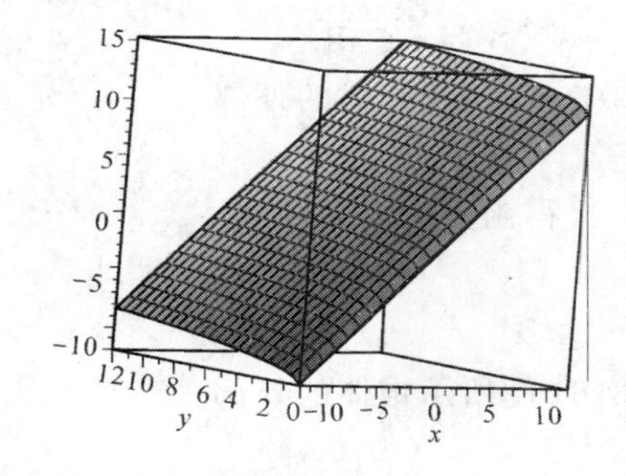

题 3(1) 图

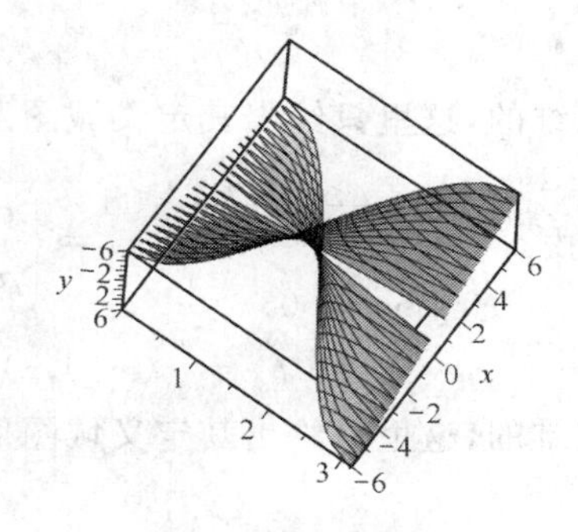

题 3(2) 图

(3) 由 $\dfrac{2x + x^2 + y^2}{x^2 + y^2 - x} \geqslant 0$ 得

$$\begin{cases} 2x + x^2 + y^2 \geqslant 0, \\ x^2 + y^2 - x > 0, \end{cases} \text{或} \begin{cases} 2x + x^2 + y^2 \leqslant 0, \\ x^2 + y^2 - x < 0, \end{cases}$$

即 $x < x^2 + y^2 \leqslant 2x$ 或 $2x < x^2 + y^2 \leqslant x$（该集为空集），所以函数的定义域为

$$D(f) = \{(x, y) \in \mathbf{R}^2 \mid x < x^2 + y^2 \leqslant 2x\},$$

其图形如题 3(3) 图所示.

(4) 由 $\begin{cases} -1 \leqslant \dfrac{x}{y^2} \leqslant 1 \\ y \neq 0 \\ -1 \leqslant 1 - y \leqslant 1 \end{cases} \Rightarrow \begin{cases} -y^2 \leqslant x \leqslant y^2 \\ 0 < y \leqslant 2 \end{cases}$ 得函数的定义域为

$$D(f) = \{(x, y) \in \mathbf{R}^2 \mid -y^2 \leqslant x \leqslant y^2, 0 < y \leqslant 2\},$$

其图形如题 3(4) 图所示.

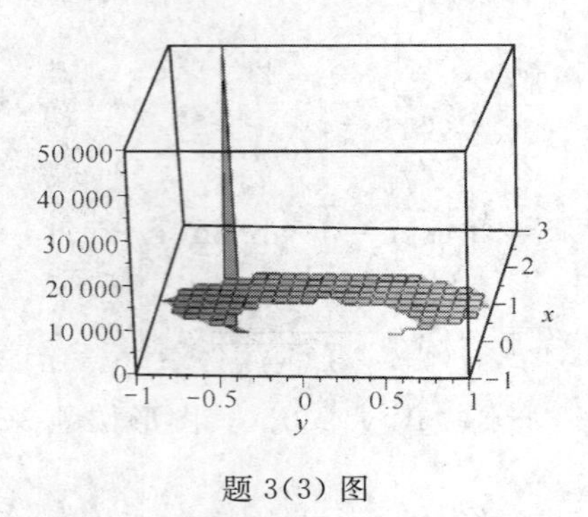

题 3(3) 图

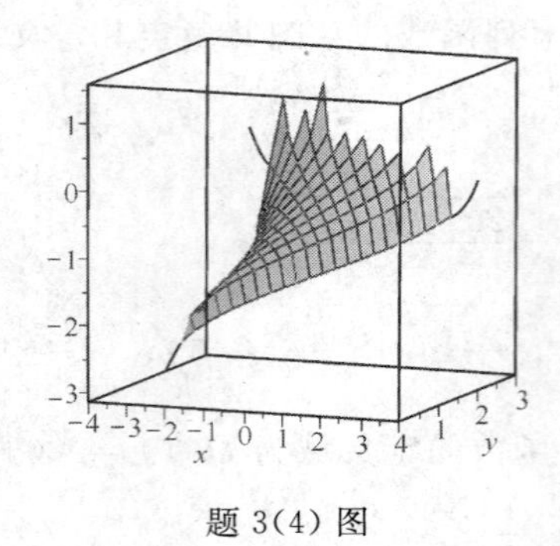

题 3(4) 图

(5) 由$\begin{cases} x^2+y^2-1>0 \\ z\in\mathbf{R} \end{cases}$得函数的定义域为

$$D(f)=\{(x,y,z)\mid x^2+y^2>1, z\in\mathbf{R}\},$$

其图是四维的,这里只给出其定义域图形,如题 3(5) 图所示柱体的外部.

(6) 由$\begin{cases} -1\leqslant\dfrac{z}{\sqrt{x^2+y^2}}\leqslant 1 \\ x^2+y^2\neq 0 \end{cases}\Rightarrow\begin{cases} x^2+y^2\geqslant z^2 \\ x^2+y^2\neq 0 \end{cases}$得函数的定义域为

$$D(f)=\{(x,y,z)\mid x^2+y^2\geqslant z^2, x^2+y^2\neq 0\},$$

其图是四维的,这里只给出其定义域图形,如题 3(6) 图所示锥体的外部.

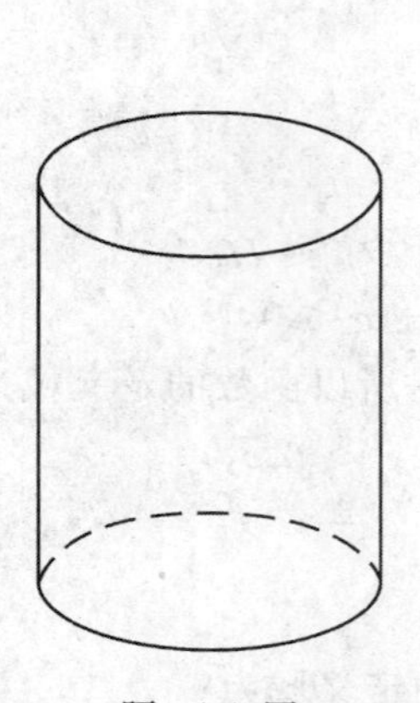
题 3(5) 图

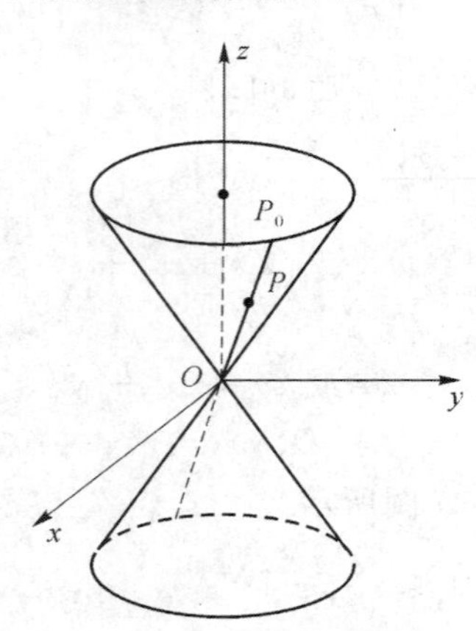

题 3(6) 图

4. 绘制下列函数的草图:

(1) $z=x+2y-1$; (2) $z=\sqrt{x^2+2y^2}$;

(3) $z=xy$; (4) $z=\mathrm{e}^{-(x^2+y^2)}$;

(5) $z=3-2x^2-y^2$; (6) $z=\sqrt{1-x^2-2y^2}$.

解：(1) 平面，如题 4(1) 图所示.

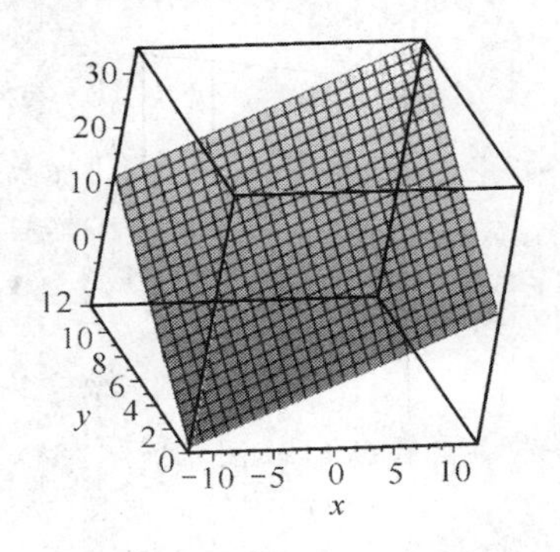

题 4(1) 图

(2) 上半椭圆锥面，如题 4(2) 图所示.

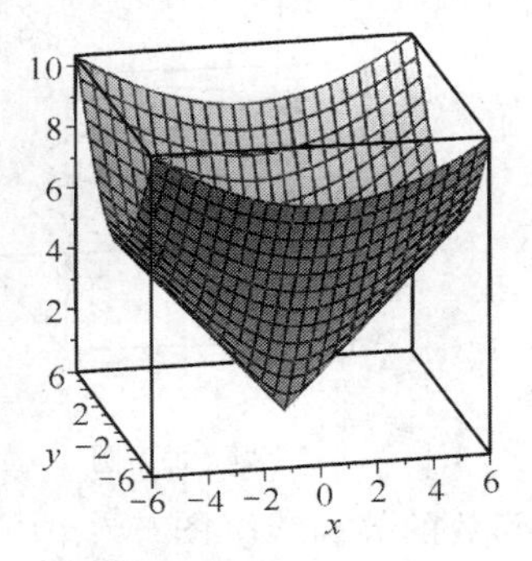

题 4(2) 图

(3) 双曲抛物面(马鞍面)，如题 4(3) 图所示.

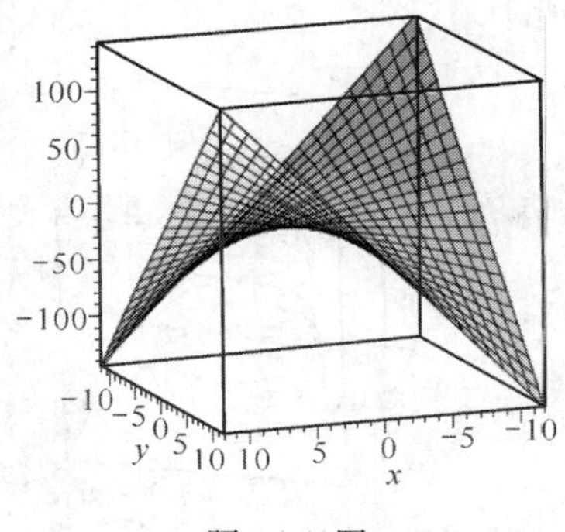

题 4(3) 图

(4) 旋转曲面，如题 4(4) 图所示.

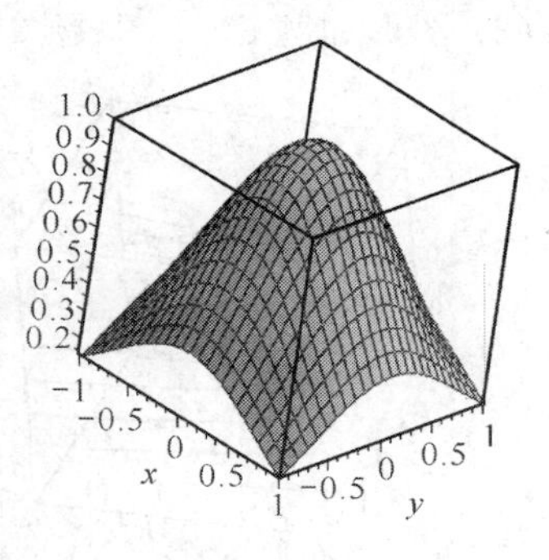

题 4(4) 图

(5) 开口向下的椭圆抛物面，如题 4(5) 图所示.

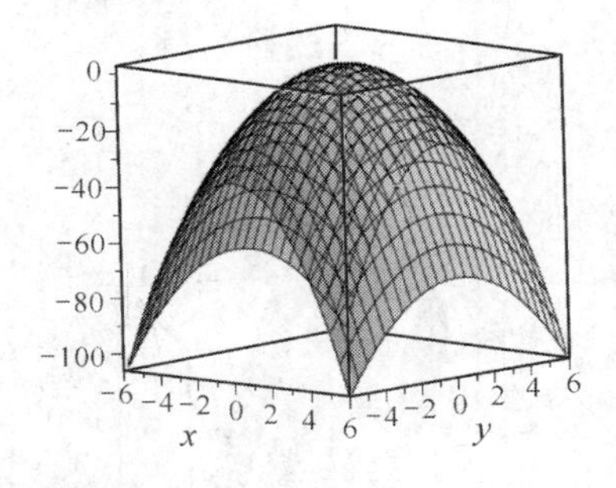

题 4(5) 图

(6) 上半椭球面，如题 4(6) 图所示.

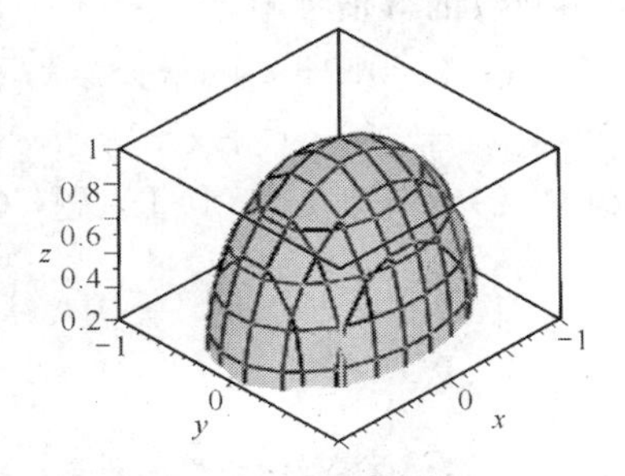

题 4(6) 图

5. 根据给定的常数，绘制函数等高线草图：

(1) $f(x,y)=\sqrt{9-x^2-y^2}$，其中，$C=0,1,2,3$；

(2) $f(x,y)=x+y^2$，其中，$C=0,1,2,3$.

解：(1)、(2) 图形如题 5(1) 图、题 5(2) 图所示.

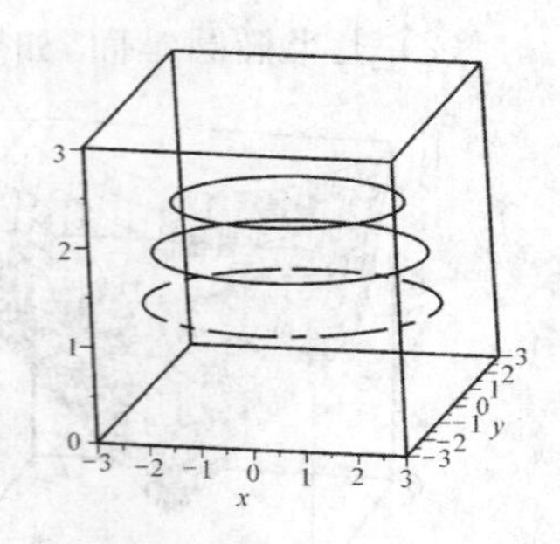

题 5(1) 图

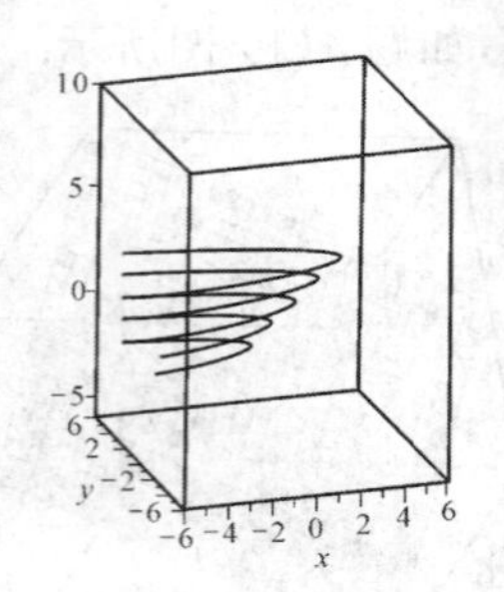

题 5(2) 图

6．绘制函数的等高线草图：

(1) $f(x,y)=x-y^2$；

(2) $f(x,y)=\mathrm{e}^{x^2+y^2}$．

解：(1)、(2) 图形如题 6(1) 图、题 6(2) 图所示．

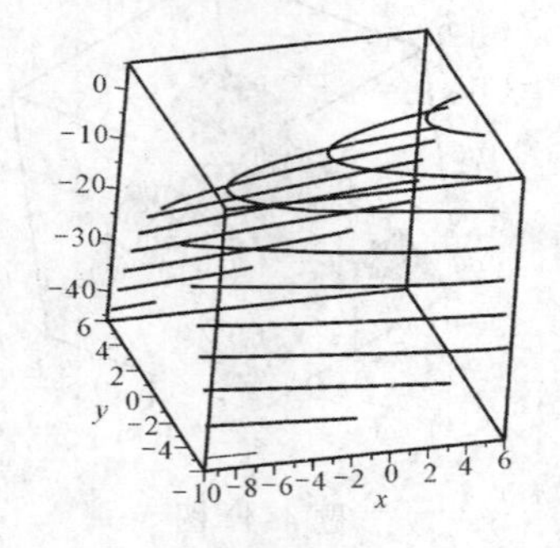

题 6(1) 图

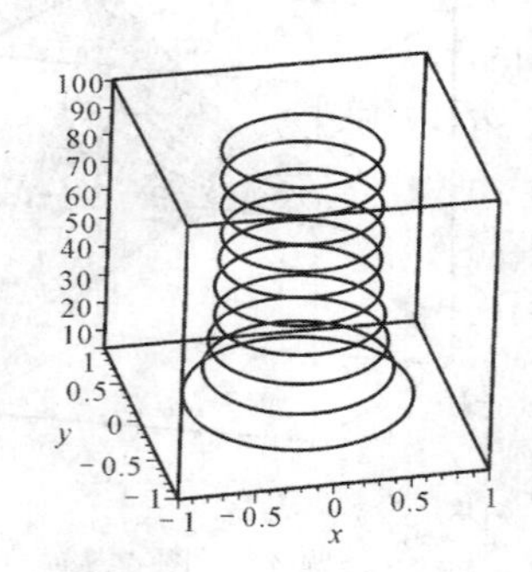

题 6(2) 图

7．绘制函数的等值面草图：

(1) $f(x,y,z)=x+2y+z$；

(2) $f(x,y)=x^2-y^2+z^2$．

解：(1)、(2) 图形如题 7(1) 图、题 7(2) 图所示．

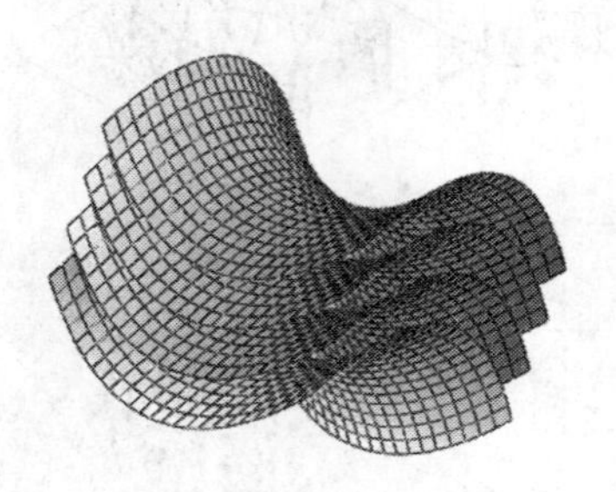

题 7(1) 图

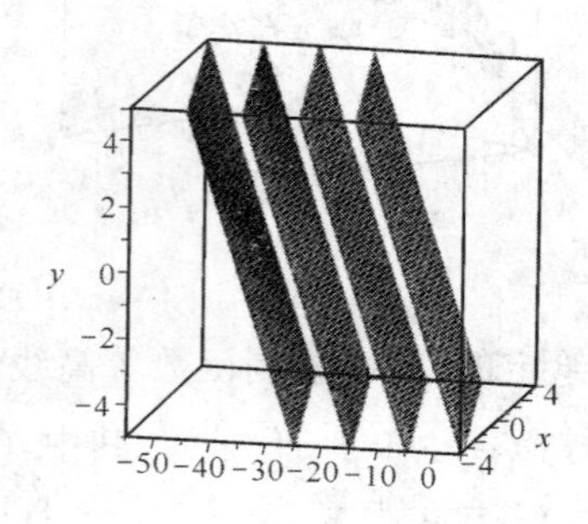

题 7(2) 图

8. 用二重极限的定义证明下列极限：

(1) $\lim\limits_{(x,y)\to(0,0)} xy\sin\dfrac{x}{x^2+y^2}=0$；

(2) $\lim\limits_{(x,y)\to(1,1)} x^2+y^2=2$；

(3) $\lim\limits_{(x,y)\to(3,2)} (3x-4y)=1$；

(4) $\lim\limits_{(x,y)\to(0,0)} \dfrac{\sqrt{xy+1}-1}{xy}=\dfrac{1}{2}$.

证明：(1) 函数 $f(x,y)=xy\sin\dfrac{x}{x^2+y^2}$ 的定义域为 $A=R^2\backslash\{(0,0)\}$，并且

$$|f(x,y)|=|xy||\sin\frac{x}{x^2+y^2}|\leqslant|xy|<\frac{1}{2}(x^2+y^2),$$

所以，对所给的 $\varepsilon>0$，只要取 $\delta=\sqrt{2\varepsilon}$，当 $0<\|(x,y)-(0,0)\|=\sqrt{x^2+y^2}<\delta$ 时〔即 $\forall(x,y)\in\mathring{U}((0,0),\delta)\cap A$〕，就有

$$|f(x,y)-0|<\varepsilon.$$

根据定义知 $\lim\limits_{(x,y)\to(0,0)} xy\sin\dfrac{x}{x^2+y^2}=0$.

(2) $\lim\limits_{(x,y)\to(1,1)} x^2+y^2=2$；函数 $f(x,y)=x^2+y^2$ 的定义域为 $A=\mathbf{R}^2$，并且

$$\begin{aligned}|f(x,y)-2|&=|x^2+y^2-2|\\&=|(x-1)(x+1)+(y-1)(y+1)|\\&\leqslant|(x-1)||(x+1)|+|(y-1)||(y+1)|,\end{aligned}$$

因为 $(x,y)\to(1,1)$，所以不妨假设 $\|(x,y)-(1,1)\|<1$，于是

$$|(x-1)|<1,\quad |(y-1)|<1,$$

因而

$$|(x+1)|<3,\quad |(y+1)|<3,$$

当 $\|(x,y)-(1,1)\|<1$ 时，

$$|f(x,y)-2|\leqslant 3(|(x-1)|+|(y-1)|),$$

所以，对所给的 $\varepsilon>0(\varepsilon<1)$，只要取 $\delta=\dfrac{\varepsilon}{6}$，当 $0<\|(x,y)-(1,1)\|=\sqrt{(x-1)^2+(y-1)^2}<\delta$ 时〔即 $\forall(x,y)\in\mathring{U}((1,1),\delta)\cap A$〕，就有

$$|f(x,y)-2|<\varepsilon.$$

根据定义知 $\lim\limits_{(x,y)\to(1,1)} x^2+y^2=2$.

(3) 函数 $f(x,y)=3x-4y$ 的定义域为 $A=\mathbf{R}^2$，并且

$$|f(x,y)-1|=|3(x-3)-4(y-2)|\leqslant 3|(x-3)|+4|(y-2)|,$$

所以，对所给的 $\varepsilon>0$，只要取 $\delta=\dfrac{\varepsilon}{12}$，当 $0<\|(x,y)-(3,2)\|=\sqrt{(x-3)^2+(y-2)^2}<\delta$ 时〔即 $\forall(x,y)\in\mathring{U}(3,2),\delta)\cap A$〕，就有

$$|f(x,y)-1|<3\frac{\varepsilon}{12}+4\frac{\varepsilon}{12}=\frac{7}{12}\varepsilon<\varepsilon.$$

根据定义知 $\lim\limits_{(x,y)\to(3,2)}(3x-4y)=1$.

(4) 函数 $f(x,y)=\dfrac{\sqrt{xy+1}-1}{xy}$ 的定义域为

$$A=\{(x,y)\mid xy\geqslant -1\}\backslash\{(x,y)\mid x\neq 0 \text{ 或 } y\neq 0\},$$

并且

$$\left|f(x,y)-\frac{1}{2}\right|=\left|\frac{\sqrt{xy+1}-1}{xy}-\frac{1}{2}\right|=\frac{1}{2}\frac{|xy|}{(\sqrt{xy+1}+1)^2}$$

$$\leqslant\frac{1}{2}|xy|\leqslant(x^2+y^2),$$

所以,对所给的 $\varepsilon>0$,只要取 $\delta=\sqrt{\varepsilon}$,当 $0<\|(x,y)-(0,0)\|=\sqrt{x^2+y^2}<\delta$ 时〔即 $\forall(x,y)\in\mathring{U}((0,0),\delta)\cap A$〕,就有

$$\left|f(x,y)-\frac{1}{2}\right|<\varepsilon.$$

根据定义知 $\lim\limits_{(x,y)\to(0,0)}\dfrac{\sqrt{xy+1}-1}{xy}=\dfrac{1}{2}$.

9. 证明下列极限不存在:

(1) $\lim\limits_{(x,y)\to(0,0)}\dfrac{x+y}{x-y}$;

(2) $\lim\limits_{(x,y)\to(0,0)}\dfrac{xy}{x+y}$.

证明:(1) 取路径 $y=kx$ 则 $\lim\limits_{\substack{(x,y)\to(0,0)\\y=kx}}\dfrac{x+y}{x-y}=\lim\limits_{x\to 0}\dfrac{x+kx}{x-kx}=\dfrac{1+k}{1-k}$ 随 k 变化而变化,所以 $\lim\limits_{(x,y)\to(0,0)}\dfrac{x+y}{x-y}$ 不存在.

(2) 取路径 $y=-xe^{kx}$ 则 $\lim\limits_{\substack{(x,y)\to(0,0)\\y=-xe^{kx}}}\dfrac{xy}{x+y}=\lim\limits_{\substack{(x,y)\to(0,0)\\y=-xe^{kx}}}\dfrac{-x\cdot xe^{kx}}{x-xe^{kx}}=\lim\limits_{x\to 0}\dfrac{xe^{kx}}{e^{kx}-1}\dfrac{1}{k}$ 随 k 变化而变化,所以 $\lim\limits_{(x,y)\to(0,0)}\dfrac{xy}{x+y}$ 不存在.

10. 求下列二重极限:

(1) $\lim\limits_{(x,y)\to(0,0)}\dfrac{e^x+e^y}{\cos x-\sin y}$;　　(2) $\lim\limits_{(x,y)\to(0,0)}\dfrac{x^2y^{\frac{3}{2}}}{x^4+y^2}$;

(3) $\lim\limits_{(x,y)\to(0,2)}\dfrac{\sin(xy)}{x}$;　　(4) $\lim\limits_{(x,y)\to(0,0)}x^2y^2\ln(x^2+y^2)$.

解:(1) $\lim\limits_{(x,y)\to(0,0)}\dfrac{e^x+e^y}{\cos x-\sin y}=\dfrac{e^0+e^0}{\cos 0-\sin 0}=2$.

(2) 因为 $0 \leqslant \left|\dfrac{x^2 y^{\frac{3}{2}}}{x^4+y^2}\right| \leqslant \left|\dfrac{x^2 y^{\frac{3}{2}}}{2x^2 y}\right| = \dfrac{1}{2}|y|$,又 $\lim\limits_{(x,y)\to(0,0)} \dfrac{1}{2}|y| = 0$,所以 $\lim\limits_{(x,y)\to(0,0)} \dfrac{x^2 y^{\frac{3}{2}}}{x^4+y^2} = 0$.

(3) $\lim\limits_{(x,y)\to(0,2)} \dfrac{\sin(xy)}{x} = \lim\limits_{(x,y)\to(0,2)} \dfrac{\sin(xy)}{xy} \cdot y = 2$.

(4) 令 $x = r\cos\theta, y = r\sin\theta$,由 $(x,y)\to(0,0)$,得 $r\to 0$,于是

$$\lim_{(x,y)\to(0,0)} x^2 y^2 \ln(x^2+y^2) = \lim_{r\to 0} r^4 \frac{1}{4}\sin^2 2\theta \cdot \ln r^2,$$

而 $\dfrac{1}{4}|\sin^2 2\theta| \leqslant \dfrac{1}{4}$,$\lim\limits_{r\to 0} r^4 \ln r^2 = 0$,所以 $\lim\limits_{(x,y)\to(0,0)} x^2 y^2 \ln(x^2+y^2) = 0$.

11. 讨论下列函数的连续性:

(1) $f(x,y) = \dfrac{x^2-y^2}{x^2+y^2}$;　　(2) $f(x,y) = \dfrac{x-y}{x+y}$;

(3) $f(x,y) = \begin{cases} \dfrac{xy}{\sqrt{x^2+y^2}}, & x^2+y^2 \neq 0, \\ 0, & x^2+y^2 = 0; \end{cases}$　　(4) $f(x,y) = \begin{cases} \dfrac{\sin(xy)}{x^2+y^2}, & x^2+y^2 \neq 0, \\ 0, & x^2+y^2 = 0. \end{cases}$

解:(1) 函数的定义域为 $A = \mathbf{R}^2 \setminus \{(0,0)\}$,并且 x^2-y^2 和 x^2+y^2 在 $\mathbf{R}^2$ 连续,所以函数 $f(x,y)$ 在 $\mathbf{R}^2\setminus\{(0,0)\}$ 必连续,而又 $\lim\limits_{(x,y)\to(0,0)} \dfrac{x^2-y^2}{x^2+y^2} = \dfrac{1-k^2}{k+k^2}$ 随 k 变化而变化,所以函数在 $(0,0)$ 不连续,从而得函数 $f(x,y)$ 在 $\mathbf{R}^2\setminus\{(0,0)\}$ 连续.

(2) 函数的定义域为 $A = \mathbf{R}^2\setminus\{(x,y) \mid x+y=0\}$,并且 $x-y$ 和 $x+y$ 在 $\mathbf{R}^2$ 连续,所以函数 $f(x,y)$ 在 $\mathbf{R}^2$ 上除直线 $x+y=0$ 上的点都连续.

(3) 当 $x^2+y^2 \neq 0$ 时,函数 $f(x,y)$ 是连续函数,又由

$$0 \leqslant \left|\frac{xy}{x^2+y^2}\right| \leqslant \frac{1}{2}\sqrt{x^2+y^2}$$

且

$$\lim_{(x,y)\to(0,0)} \sqrt{x^2+y^2} = 0,$$

知

$$\lim_{(x,y)\to(0,0)} f(0,0) = 0 = f(0,0).$$

即函数 $f(x,y)$ 在点 $(0,0)$ 处连续,所以函数 $f(x,y)$ 在 $\mathbf{R}^2$ 上都连续.

(4) 当 $x^2+y^2 \neq 0$ 时,函数 $f(x,y)$ 是连续函数,又由

$$\lim_{\substack{(x,y)\to(0,0) \\ y=kx}} \frac{\sin(xy)}{x^2+y^2} = \frac{\sin k}{1+k^2}$$

随 k 的变化而变化,从而知函数在 $(0,0)$ 不连续,所以函数 $f(x,y)$ 在 $\mathbf{R}^2$ 上除 $(0,0)$ 外都连续.

12. 设函数 $f: A \subseteq \mathbf{R}^2 \to \mathbf{R}$ 在 (x_0,y_0) 连续,并且 $f(x_0,y_0) > 0$. 证明:存在 (x_0,y_0) 的一个邻域 $U(x_0,y_0)$,对于任意 $(x,y) \in U(x_0,y_0) \cap A$ 都有 $f(x,y) \geqslant q > 0$,其中,$q > 0$ 为正常数.

证明:因为 $f(x,y)$ 在点 $(x_0,y_0) \in A$ 连续,且 $f(x_0,y_0) > 0$. 所以,对 $\forall \varepsilon > 0$,$\exists \delta > 0$

使得 $\forall (x,y) \in U(x_0,y_0) \cap A$,恒有

$$|f(x,y)-f(x_0,y_0)|<\varepsilon,$$

即 $f(x_0,y_0)-\varepsilon<f(x,y)<f(x_0,y_0)+\varepsilon$,取 $0<\varepsilon<\dfrac{f(x_0,y_0)}{2}$,则

$$f(x,y)>f(x_0,y_0)-\varepsilon>f(x_0,y_0)-\frac{f(x_0,y_0)}{2}=\frac{f(x_0,y_0)}{2}\overset{\Delta}{=}q>0.$$

证毕.

13. 设函数 $f(x,y)=\begin{cases}\dfrac{x^2y}{x^4+y^2}, & x^2+y^2\neq 0,\\ 0, & x^2+y^2=0.\end{cases}$ 证明:当 (x,y) 沿过点 $(0,0)$ 的每一条射线 $x=t\cos\alpha, y=t\sin\alpha (0<t<\infty)$ 趋向于点 $(0,0)$ 时,$f(x,y)$ 的极限等于 $f(0,0)$,即 $\lim\limits_{t\to 0}f(t\cos\alpha,t\sin\alpha)=f(0,0)$,但 $f(x,y)$ 在点 $(0,0)$ 处不连续.

证明: $$f(t\cos\alpha,t\sin\alpha)=\frac{t^3\cos^2\alpha\sin\alpha}{t^4\cos^4\alpha+t^2\sin^2\alpha}=\frac{t\cos^2\alpha\sin\alpha}{t^2\cos^4\alpha+\sin^2\alpha}.$$

当 $\sin\alpha=0$ 时,由 $\cos^2\alpha+\sin^2\alpha=1$ 知 $\cos^4\alpha\neq 0$,于是 $f(t\cos\alpha,t\sin\alpha)=0$,此时,

$$\lim_{t\to 0}f(t\cos\alpha,t\sin\alpha)=0,$$

当 $\sin\alpha\neq 0$ 时,且 $t^2\cos^4\alpha+\sin^2\alpha>0$ 时,有

$$\lim_{t\to 0}f(t\cos\alpha,t\sin\alpha)=\lim_{t\to 0}\frac{t\cos^2\alpha\sin\alpha}{t^2\cos^4\alpha+\sin^2\alpha}=0.$$

所以 $\lim\limits_{t\to 0}f(t\cos\alpha,t\sin\alpha)=0=f(0,0)$,又 $\lim\limits_{\substack{(x,y)\to(0,0)\\ y=kx^2}}f(x,y)=\lim\limits_{\substack{(x,y)\to(0,0)\\ y=k^2x}}\dfrac{kx^4}{x^4+k^2x^4}=\dfrac{k}{1+k^2}$,随 k 的变化而变化,所以 $\lim\limits_{(x,y)\to(0,0)}f(x,y)$ 不存在,因而函数 $f(x,y)$ 在 $(0,0)$ 不连续.

B

1. 设 $f:D\subseteq\mathbf{R}^2\to\mathbf{R}$,若 $f(x,y)$ 在区域 D 内对变量 x 连续,对变量 y 满足莱布尼兹条件,即对 D 内任意两点 $(x,y_1),(x,y_2)$ 有

$$|f(x,y_1)-f(x,y_2)|\leqslant L|y_1-y_2|,$$

其中,L 为常数,证明 $f(x,y)$ 在内 D 连续.

证明:对任意 $(x_0,y_0)\in D$. 因为 $f(x,y)$ 在区域 D 内对变量 x 连续,即对 $\forall\varepsilon>0$,$\exists\delta_1>0$ 使得 $\forall (x,y)\in U((x_0,y),\delta_1)\cap D$,于是恒有

$$|f(x,y)-f(x_0,y)|<\frac{\varepsilon}{2},$$

又 $\forall (x,y_1),(x,y_2)|\in D$,有 $|f(x,y_1)-f(x,y_2)|\leqslant L|y_1-y_2|$,于是

$$\begin{aligned}|f(x,y)-f(x_0,y_0)|&=|f(x,y)-f(x_0,y)+f(x_0,y)-f(x_0,y_0)|\\&\leqslant|f(x,y)-f(x_0,y)|+|f(x_0,y)-f(x_0,y_0)|\\&<\frac{\varepsilon}{2}+L|y-y_0|.\end{aligned}$$

令
$$\frac{\varepsilon}{2}+L|y-y_0|<\varepsilon,$$
得
$$|y-y_0|<\frac{\varepsilon}{2L}.$$
取
$$\delta=\min\{\delta_1,\frac{\varepsilon}{2L}\}>0,$$
则 $\forall(x,y)\in U((x_0,y_0),\delta)\cap D$ 恒有
$$|f(x,y)-f(x_0,y_0)|<\varepsilon,$$
即 $f(x,y)$ 在点 (x_0,y_0) 处连续，由点 (x_0,y_0) 的任意性知，$f(x,y)$ 在内 D 连续.

第二节　多元函数的偏导数及全微分

一、知识要点

1. 偏导数

定义 1　设函数 $z=f(x,y)$ 在点 (x_0,y_0) 的某邻域内有定义，当 y 固定在 y_0，考虑一元函数 $z=f(x,y_0)$，若它在 $x=x_0$ 处的导数存在，即 $\lim\limits_{\Delta x\to 0}\dfrac{f(x_0+\Delta x,y_0)-f(x_0,y_0)}{\Delta x}$ 存在，则称此极限值为函数 $z=f(x,y)$ 在点 (x_0,y_0) 处对 x 的偏导数，记作
$$\left.\frac{\partial z}{\partial x}\right|_{\substack{x=x_0\\y=y_0}},\quad \left.z'_x\right|_{\substack{x=x_0\\y=y_0}} \text{ 或 } f'_x(x_0,y_0).$$

类似地，如果极限 $\lim\limits_{\Delta y\to 0}\dfrac{f(x_0,y_0+\Delta y)-f(x_0,y_0)}{\Delta y}$ 存在，则称此极限值为函数 $z=f(x,y)$ 在点 (x_0,y_0) 处对 y 的偏导数，记作 $\left.\dfrac{\partial z}{\partial y}\right|_{\substack{x=x_0\\y=y_0}}$，$\left.z'_y\right|_{\substack{x=x_0\\y=y_0}}$ 或 $f'_y(x_0,y_0)$.

注 1：$\left.\dfrac{\partial z}{\partial x}\right|_{\substack{x=x_0\\y=y_0}}=\dfrac{\mathrm{d}}{\mathrm{d}x}f(x,y_0)\big|_{x=x_0}$. 或写为 $f'_x(x_0,y_0)=[f(x,y_0)]'\big|_{x=x_0}$.

注 2：$f'_x(x_0,y_0)=\left.f'_x(x,y)\right|_{\substack{x=x_0\\y=y_0}}\neq[f(x_0,y_0)]'_x$.

注 3：. 二元函数在某点的连续性与偏导数存在之间没有因果关系.

如果函数 $z=f(x,y)$ 在区域 D 内每一点 (x,y) 处对自变量 x 或 y 的偏导数 $f'_x(x,y)$、$f'_y(x,y)$ 都存在，则这两个偏导数仍是 x、y 的函数，称它们为函数 $f(x,y)$ 对自变量 x 或 y 的偏导函数，简称偏导数，分别记作 $z'_x,f'_x(x,y),\dfrac{\partial z}{\partial x},\dfrac{\partial f}{\partial x}$ 或 $z'_y,f'_y(x,y),\dfrac{\partial z}{\partial y},\dfrac{\partial f}{\partial y}$.

几何意义：$f'_x(x_0,y_0)$ 就是曲线 C_x：$\begin{cases}z=f(x,y)\\y=y_0\end{cases}$ 在点 $M_0(x_0,y_0,f(x_0,y_0))$ 处切线

M_0T_x 对 x 轴的斜率,即 $f'_x(x_0,y_0)=\tan\alpha$. 同理,偏导数 $f'_y(x_0,y_0)$ 的几何意义是曲面 S 与平面 $x=x_0$ 的交线 C_y 在点 M_0 处的切线 M_0T_y 对 y 轴的斜率,即 $f'_y(x_0,y_0)=\tan\beta$.

2. 全微分

定义 2 设函数 $z=f(x,y)$ 在点 P_0 的某邻域 $U(P_0)$ 内有定义,若函数 $f(x,y)$ 在点 $P_0(x_0,y_0)$ 处的全增量 $\Delta z=f(x_0+\Delta x,y_0+\Delta y)-f(x_0,y_0)$ 可表示为

$$\Delta z=A\Delta x+B\Delta y+o(\rho),$$

其中,A,B 是仅与点 P_0 有关,而与 $\Delta x,\Delta y$ 无关的常数,$\rho=\sqrt{(\Delta x)^2+(\Delta y)^2}$,则称函数 $z=f(x,y)$ 在点 P_0 处可微分;并称线性函数 $A\Delta x+B\Delta y$ 为函数 $z=f(x,y)$ 在点 P_0 处的全微分,记作 $\mathrm{d}z\,|_{(x_0,y_0)}$,即

$$\mathrm{d}z\,|_{(x_0,y_0)}=\mathrm{d}f\Big|_{\substack{x=x_0\\y=y_0}}=A\Delta x+B\Delta y.$$

对于二元函数,规定自变量的增量为自变量的微分:$\Delta x=\mathrm{d}x,\Delta y=\mathrm{d}y$. 于是

$$\mathrm{d}z\,|_{(x_0,y_0)}=A\mathrm{d}x+B\mathrm{d}y.$$

注: 微分 $\mathrm{d}z$ 是自变量增量 $\Delta x,\Delta y$ 的线性函数,容易计算;当 $|\Delta x|,|\Delta y|$ 很小时,有 $\Delta z\approx\mathrm{d}z$ 的误差较小,故 $\mathrm{d}z$ 是函数增量 Δz 的容易计算又精确的近似值.

定义 3 若 $z=f(x,y)$ 在区域 D 内每一点都可微,则称 $z=f(x,y)$ 在 D 内可微或称此函数是区域 D 内的可微函数. 此时全微分记作 $\mathrm{d}z$. 即 $\mathrm{d}z=f'_x(x,y)\mathrm{d}x+f'_y(x,y)\mathrm{d}y$.

一般的,$\mathrm{d}z=\mathrm{d}f(x,y)=f'_x(x,y)\mathrm{d}x+f'_y(x,y)\mathrm{d}y$.

3. 可微与连续、偏导数存在之间的关系

定理 1(可微的必要条件) 若函数 $z=f(x,y)$ 在点 (x_0,y_0) 可微,则

(1) 函数 $f(x,y)$ 在点 (x_0,y_0) 处连续;

(2) 函数 $f(x,y)$ 在点 (x_0,y_0) 处的偏导数 $f'_x(x_0,y_0),f'_y(x_0,y_0)$ 都存在,且有

$$\mathrm{d}z\,|_{(x_0,y_0)}=f'_x(x_0,y_0)\Delta x+f'_y(x_0,y_0)\Delta y.$$

定理 2(可微的充分条件) 若函数 $z=f(x,y)$ 在点 $P_0(x_0,y_0)$ 的某邻域 $U(P_0)$ 内偏导数都存在,且 $f'_x(x,y),f'_y(x,y)$ 在点 $P_0(x_0,y_0)$ 处连续,则函数 $f(x,y)$ 在点 $P_0(x_0,y_0)$ 处可微.

这两个定理的逆命题都不成立.

定理 3 若 $z=f(x,y)$ 在点 $P_0(x_0,y_0)$ 处的两个偏导数 f'_x,f'_y 都存在,在点 P_0 处满足

$$\lim_{\rho\to0}\frac{\Delta z-[f'_x(P_0)\Delta x+f'_y(P_0)\Delta y]}{\rho}=0,$$

则 $z=f(x,y)$ 在 $P_0(x_0,y_0)$ 处可微. 且 $\mathrm{d}z\,|_{(x_0,y_0)}=f'_x(x_0,y_0)\Delta x+f'_y(x_0,y_0)\Delta y$.

可微的充分条件可以弱化为:两个偏导数之一连续,函数就可微.

定理 4(可微的充分条件) 若函数 $z=f(x,y)$ 在点 $P_0(x_0,y_0)$ 的某邻域 $U(P_0)$ 内偏导数都存在,且 $f'_x(x,y)$ 与 $f'_y(x,y)$ 二者中至少有一个在点 $P_0(x_0,y_0)$ 处连续,则函数 $f(x,y)$

在点 $P_0(x_0, y_0)$ 处可微.

下面常见的函数可以成为表述上述关系的重要的例子.

例 1　函数 $f(x,y)=\begin{cases}(x^2+y^2)\sin\dfrac{1}{x^2+y^2}, & (x,y)=(0,0)\\ 0, & (x,y)=(0,0)\end{cases}$ 在 $O(0,0)$ 处可微，但偏导数在 $O(0,0)$ 处不连续.

例 2　函数 $f(x,y)=\begin{cases}\dfrac{xy}{\sqrt{x^2+y^2}}, & (x,y)\neq(0,0)\\ 0, & (x,y)=(0,0)\end{cases}$ 在原点$(0,0)$连续,可偏;但不可微.

例 3　函数 $f(x,y)=\begin{cases}\dfrac{xy}{x^2+y^2}, & (x,y)\neq(0,0)\\ 0, & (x,y)=(0,0)\end{cases}$ 在点 $O(0,0)$ 存在偏导数;但却不连续.

例 4　函数 $f(x,y)=\sqrt{x^2+y^2}$ 在点$(0,0)$处连续但偏导数不存在.

注:全微分在近似计算中的应用

由全微分的定义可知,若函数 $z=f(x,y)$ 在点(x_0,y_0)处可微分,且 $f'_x(x_0,y_0)$, $f'_y(x_0,y_0)$ 不全为零,当 $|\Delta x|$, $|\Delta y|$ 都很小时,有近似公式

$$\Delta z\approx f'_x(x_0,y_0)\Delta x+f'_y(x_0,y_0)\Delta y,$$

或写为

$$f(x_0+\Delta x,y_0+\Delta y)\approx f(x_0,y_0)+f'_x(x_0,y_0)\Delta x+f'_y(x_0,y_0)\Delta y.$$

这表示在点(x_0,y_0)邻域内,可以把 $f(x,y)$ 近似地线性化. 右侧就是一次线性逼近,这种逼近可以用来解决复杂近似计算.

4. 高阶偏导数

定义 4　如果 $z=f(x,y)$ 在区域 D 内的偏导数 $f'_x(x,y)$ 与 $f'_y(x,y)$ 仍可求偏导,则称它们的偏导数为函数 $f(x,y)$ 的二阶偏导数,按照对变量求偏导次序的不同,二阶偏导数共有以下四个:

$$\frac{\partial}{\partial x}\left(\frac{\partial z}{\partial x}\right)=\frac{\partial^2 z}{\partial x^2}=z''_{xx}=f''_{xx}(x,y),\quad \frac{\partial}{\partial y}\left(\frac{\partial z}{\partial x}\right)=\frac{\partial^2 z}{\partial y\partial x}=z''_{xy}=f''_{xy}(x,y),$$

$$\frac{\partial}{\partial x}\left(\frac{\partial z}{\partial y}\right)=\frac{\partial^2 z}{\partial x\partial y}=z''_{yx}=f''_{yx}(x,y),\quad \frac{\partial}{\partial y}\left(\frac{\partial z}{\partial y}\right)=\frac{\partial^2 z}{\partial y^2}=z''_{yy}=f''_{yy}(x,y),$$

其中,偏导数 z''_{xy}, z''_{yx} 通常称为二阶混合偏导数.

定理 5(求高阶偏导数与次序无关定理)　若函数 $z=f(x,y)$ 的二阶混合偏导数 z''_{xy} 和 z''_{yx} 在区域 D 内连续,则在该区域 D 内必有 $z''_{xy}=z''_{yx}$. 即连续的二阶混合偏导数与其求导次序无关.

5. 方向导数与梯度

(1) 方向导数的定义

定义 5　设 $z=f(x,y)$ 在点 $P_0(x_0,y_0)$ 的某邻域 $U(P_0)$ 内有定义, $\boldsymbol{l}$ 为一个向量,其单位

向量为 $\boldsymbol{l}^0=\{\cos\alpha,\cos\beta\}$. 在以 P_0 为始点沿着 $\boldsymbol{l}$ 方向的射线上任取一点 $P(x_0+h\cos\alpha,y_0+h\cos\beta)$($h$ 足够小,使 $P\in U(P_0)$),若极限

$$\lim_{h\to 0}\frac{f(P)-f(P_0)}{|P_0P|}=\lim_{h\to 0^+}\frac{f(x_0+h\cos\alpha,y_0+h\cos\beta)-f(x_0,y_0)}{h}$$

存在,则称此极限为函数 $f(x,y)$ 在点 P_0 处沿着方向 $\boldsymbol{l}$ 的方向导数,记作$\frac{\partial f}{\partial \boldsymbol{l}}|_{P_0}$ 或 $\mathrm{D}_l f(P_0)$,即

$$\frac{\partial f}{\partial \boldsymbol{l}}|_{P_0}=\mathrm{D}_l f(P_0)=\lim_{h\to 0^+}\frac{f(x_0+h\cos\alpha,y_0+h\cos\beta)-f(x_0,y_0)}{h}.$$

定义 6 设 $z=f(x,y)$ 在点 $P_0(x_0,y_0)$ 的某邻域 $U(P_0)$ 内有定义,$\boldsymbol{l}$ 为一个向量,其单位向量为 $\boldsymbol{l}^0=\{\cos\alpha,\cos\beta\}$. 过 P_0 作与 $\boldsymbol{l}$ 平行的直线(有向直线)l,在 l 上任取一点

$$P(x_0+h\cos\alpha,y_0+h\cos\beta)(h\in\mathbf{R}^+)\text{ 且 }P\in U(P_0).$$

若极限

$$\lim_{h\to 0}\frac{f(x_0+h\cos\alpha,y_0+h\cos\beta)-f(x_0,y_0)}{h}$$

存在,则称此极限为函数 $f(x,y)$ 在点 P_0 处沿着方向 $\boldsymbol{l}$ 的方向导数,记作$\frac{\partial f}{\partial \boldsymbol{l}}|_{P_0}$ 或 $\mathrm{D}_l f(P_0)$,即

$$\frac{\partial f}{\partial \boldsymbol{l}}|_{P_0}=\mathrm{D}_l f(P_0)=\lim_{h\to 0}\frac{f(x_0+h\cos\alpha,y_0+h\cos\beta)-f(x_0,y_0)}{h}.$$

(2) 方向导数与偏导数的关系

按定义 5,函数在某点沿指定方向的方向导数本质是函数在该点沿着指定方向的单侧变化率,而偏导数是函数沿着平行于坐标轴正向的变化率,即双侧变化率. 故在某点 M 沿平行于坐标轴的方向导数都存在也不能推断出偏导数存在;但反之,偏导数存在时,在点 M 沿坐标轴正负向的方向导数都存在,且满足$\frac{\partial f}{\partial(-\boldsymbol{l})}=-\frac{\partial f}{\partial \boldsymbol{l}}=-\frac{\partial f}{\partial \boldsymbol{l}}(M)$,其中 $\boldsymbol{l}$ 表示坐标轴正向,即 $\boldsymbol{l}$ 是 x 或 y.

总之,按定义 5,函数在点 M 处偏导数存在,则在点 M 沿坐标轴正向的方向导数存在,且二者相等,反之不真. 只有在$\frac{\partial f}{\partial(-\boldsymbol{l})}=-\frac{\partial f}{\partial \boldsymbol{l}}$时,偏导数才存在.

按定义 6,函数在点 M 处偏导数存在等价于在点 M 沿坐标轴正向的方向导数存在,且二者相等. 这时可以认为偏导数是方向导数的特殊情况,或者方向导数是偏导数的推广. 这时总有

$$\left.\frac{\partial f}{\partial(-\boldsymbol{l})}\right|_{P_0}=-\left.\frac{\partial f}{\partial \boldsymbol{l}}\right|_{P_0}.$$

(3) 方向导数的计算

定理 6 若函数 $z=f(x,y)$ 在点 $P_0(x_0,y_0)$ 处可微分,则函数 $f(x,y)$ 在该点沿着任一

方向 $\boldsymbol{l}$ 的方向导数都存在，且有

$$\frac{\partial f}{\partial \boldsymbol{l}}\Big|_{P_0} = f'_x(P_0)\cos\alpha + f'_y(P_0)\cos\beta$$

其中，$\boldsymbol{l}^0 = \{\cos\alpha, \cos\beta\}$ 是方向 $\boldsymbol{l}$ 的单位向量.

注： 三元函数 $u = f(x,y,z)$ 的方向导数可类似定义和计算. 如类似于定义 5，$u = f(x,y,z)$ 在空间一点 $P_0(x_0,y_0,z_0)$ 处沿着方向 $\boldsymbol{l}^0 = \{\cos\alpha, \cos\beta, \cos\gamma\}$ 的方向导数为

$$\frac{\partial f}{\partial \boldsymbol{l}}\Big|_{P_0} = \lim_{h\to 0^+}\frac{f(x_0 + h\cos\alpha, y_0 + h\cos\beta, z_0 + h\cos\gamma) - f(x_0,y_0,z_0)}{h}.$$

(4) 梯度的定义

定义 7 若函数 $z = f(x,y)$ 在点 $P_0(x_0,y_0)$ 处可微分，则称向量$\{f'_x(P_0), f'_y(P_0)\}$ 为 $f(x,y)$ 在点 P_0 处的梯度向量，简称为梯度，记作 $\mathbf{grad}f(P_0)$ 或 $\nabla f(P_0)$，即

$$\mathbf{grad}f(P_0) = \nabla f(P_0) = \{f'_x(P_0), f'_y(P_0)\}.$$

(5) 梯度的简单几何应用 —— 梯度与等值线(面)的关系

函数 $f(x,y)$ 在点(x_0,y_0) 的梯度 ∇f 与过点(x_0,y_0) 的等值线(的切线) 垂直. 且 ∇f 的方向是从函数值较小的等值线指向较大的等值线.

函数 $f(x,y,z)$ 在点(x_0,y_0,z_0) 的梯度 ∇f 与过点(x_0,y_0,z_0) 的等值面(的切平面) 垂直. 且 ∇f 的方向是从函数值较小的等值面指向较大的等值面.

(6) 梯度概念要注意的几点

① 梯度 $\mathbf{grad}f(P_0)$ 是一个向量，而且是定义域中的向量，其方向指向函数 f 在 P_0 处增长最快(或方向导数取最大) 的那个方向；其模 $|\mathbf{grad}f(P_0)|$ 为 f 在 P_0 处沿此方向的方向导数(方向导数的最大值).

② $\mathbf{grad}f(P_0)$ 是 f 在 P_0 处减少最快的方向，在这个方向的方向导数为 $-|\mathbf{grad}f(P_0)|$.

③ 与梯度 $\mathbf{grad}f(P_0)$ 正交的方向 $\boldsymbol{e}_l$ 是函数变化率为 0 的方向.

④ 梯度 ∇f 与过点 P_0 的等值线(切线) 或等值面(切平面) 垂直. 且 ∇f 的方向是从函数值较小的等值线(面) 指向较大的等值线(面). 即等值面 $f(x,y,z) = c$ 与梯度 ∇f 的关系：曲面 $f(x,y,z) = c$ 上点 P_0 的法向量 $\boldsymbol{n} = \pm\nabla f$，若取“+”，$\boldsymbol{n}$ 表示 f 增大方向，若取“-”，$\boldsymbol{n}$ 表示 f 减少方向.

二、习题解答

A

1. 求下列函数的偏导数：

(1) $z = xy + \dfrac{x}{y}$；　　(2) $z = \arcsin\dfrac{x}{\sqrt{x^2 + y^2}}$；

(3) $z = \arctan(x - y^2)$；　　(4) $z = (1 + xy)^x$；

(5) $z=x^{y}y^{x}$；　　(6) $u=(\frac{x}{y})^{z}$；

(7) $u=x^{\frac{y}{z}}$；　　(8) $u=\ln\sqrt{x^{2}+y^{2}+z^{2}}$；

(9) $u=xz\mathrm{e}^{\sin(yz)}$；　　(10) $u=\frac{y}{x}+\frac{x}{y}-\frac{x}{z}$.

解：(1) $\frac{\partial z}{\partial x}=y+\frac{1}{y}$；$\frac{\partial z}{\partial y}=x-\frac{x}{y^{2}}$.

(2) $$\frac{\partial z}{\partial x}=\frac{1}{\sqrt{1-\left(\frac{x}{\sqrt{x^{2}+y^{2}}}\right)^{2}}}\cdot\frac{\sqrt{x^{2}+y^{2}}-x\frac{2x}{2\sqrt{x^{2}+y^{2}}}}{(\sqrt{x^{2}+y^{2}})^{2}}$$

$$=\frac{1}{|y|}\cdot\frac{y^{2}}{x^{2}+y^{2}}=\frac{|y|}{x^{2}+y^{2}},$$

$$\frac{\partial z}{\partial y}=\frac{1}{\sqrt{1-\left(\frac{x}{\sqrt{x^{2}+y^{2}}}\right)^{2}}}\cdot\frac{-x\frac{2x}{\sqrt{x^{2}+y^{2}}}}{(\sqrt{x^{2}+y^{2}})^{2}}=-\frac{1}{|y|}\cdot\frac{xy}{x^{2}+y^{2}}.$$

(3) $\frac{\partial z}{\partial x}=\frac{1}{1+(x-y^{2})^{2}}\cdot1=\frac{1}{1+(x-y^{2})^{2}}$，　$\frac{\partial z}{\partial y}=\frac{1}{1+(x-y^{2})^{2}}\cdot(-2y)=\frac{-2y}{1+(x-y^{2})^{2}}$.

(4) 由 $z=(1+xy)^{x}=\mathrm{e}^{x\ln(1+xy)}$ 可得

$$\frac{\partial z}{\partial x}=\mathrm{e}^{x\ln(1+xy)}\cdot\left[\ln(1+xy)+\frac{xy}{1+xy}\right]=(1+xy)^{x}\left[\ln(1+xy)+\frac{xy}{1+xy}\right],$$

$$\frac{\partial z}{\partial y}=\mathrm{e}^{x\ln(1+xy)}\cdot\left(\frac{x^{2}}{1+xy}\right)=(1+xy)^{x}\frac{x^{2}}{1+xy}=x^{2}(1+xy)^{x-1}.$$

(5) 由 $z=x^{y}y^{x}$ 取对数得 $\ln z=y\ln x+x\ln y$,两边同时关于 x 求偏导,得 $\frac{1}{z}\frac{\partial z}{\partial x}=\frac{y}{x}+\ln y$,
所以 $\frac{\partial z}{\partial x}=z(\frac{y}{x}+\ln y)=x^{y}y^{x}(\frac{y}{x}+\ln y)$. 由对称性得

$$\frac{\partial z}{\partial y}=z\left(\frac{x}{y}+\ln x\right)=x^{y}y^{x}\left(\frac{x}{y}+\ln x\right).$$

(6) $\frac{\partial u}{\partial x}=z\left(\frac{x}{y}\right)^{z-1}\frac{1}{y}=\left(\frac{x}{y}\right)^{z-1}\frac{z}{y}$，　$\frac{\partial u}{\partial y}=z\left(\frac{x}{y}\right)^{z-1}\left(-\frac{x}{y^{2}}\right)=-\left(\frac{x}{y}\right)^{z}\frac{z}{y}$，　$\frac{\partial u}{\partial z}=\left(\frac{x}{y}\right)^{z}\ln\frac{x}{y}$.

(7) $\frac{\partial u}{\partial x}=\frac{y}{z}x^{\frac{y}{z}-1}$，$\frac{\partial u}{\partial y}=\frac{1}{z}x^{\frac{y}{z}}\ln x$，　$\frac{\partial u}{\partial z}=x^{\frac{y}{z}}\ln x\cdot\left(-\frac{y}{z^{2}}\right)=-x^{\frac{y}{z}}\frac{y\ln x}{z^{2}}$.

(8) $$u'_{x}=\frac{1}{\sqrt{x^{2}+y^{2}+z^{2}}}\cdot\frac{1}{2}\frac{2x}{\sqrt{x^{2}+y^{2}+z^{2}}}=\frac{x}{x^{2}+y^{2}+z^{2}},$$

$$u'_{y}=\frac{y}{x^{2}+y^{2}+z^{2}},\qquad u'_{z}=\frac{z}{x^{2}+y^{2}+z^{2}}.$$

(9) 由 $u=xz\mathrm{e}^{\sin(yz)}$ 得

$$\frac{\partial u}{\partial x}=z\mathrm{e}^{\sin(yz)},\quad \frac{\partial u}{\partial y}=xz^2\mathrm{e}^{\sin(yz)}\cos(yz),$$

$$\frac{\partial u}{\partial z}=x\mathrm{e}^{\sin(yz)}+zxy\mathrm{e}^{\sin(yz)}\cos(yz)=x\mathrm{e}^{\sin(yz)}[1+yz\cos(yz)].$$

(10) $u'_x=-\frac{y}{x^2}-\frac{1}{z},\quad u'_y=\frac{1}{x}-\frac{z}{y^2},\quad u'_z=\frac{1}{y}+\frac{x}{z^2}.$

2. 求下列函数的偏导数：

(1) 设 $f(x,y)=x+(y-1)\arcsin\sqrt{\frac{x}{y}}$，求 $f'_x(x,1)$；

(2) 设 $f(x,y)=\frac{\cos(x-2y)}{\cos(x+y)}$，求 $f'_y(\pi,\frac{\pi}{4})$.

解：(1) $f'_x(x,1)=\lim\limits_{\Delta x\to 0}\frac{f(x+\Delta x,1)-f(x,1)}{\Delta x}=\lim\limits_{\Delta x\to 0}\frac{\Delta x}{\Delta x}=1.$

(2) $$f'_y\left(\pi,\frac{\pi}{4}\right)=\lim_{\Delta y\to 0}\frac{f\left(\pi,\frac{\pi}{4}+\Delta y\right)-f\left(\pi,\frac{\pi}{4}\right)}{\Delta y}$$

$$=\lim_{\Delta y\to 0}\frac{\frac{\cos\left[\pi-2\left(\frac{\pi}{4}+\Delta y\right)\right]}{\cos\left(\pi+\frac{\pi}{4}+\Delta y\right)}-\frac{\cos\left(\pi-2\cdot\frac{\pi}{4}\right)}{\cos\left(\pi+\frac{\pi}{4}\right)}}{\Delta y}$$

$$=\lim_{\Delta y\to 0}\frac{-\sin 2\cdot\Delta y}{\Delta y}\cdot\frac{1}{\cos\left(\frac{\pi}{4}+\Delta y\right)}=-2\sqrt{2}.$$

3. 求曲线 $\begin{cases}z=\frac{1}{4}(x^2+y^2),\\ y=4,\end{cases}$ 在点(2,4,5)处的切线与 x 轴的正向所成的倾角.

解：设曲线在点(2,4,5)处的切线与 x 轴的正向所成的倾角为 α，则由偏导数的几何意义得

$$\tan\alpha=\left.\frac{\partial z}{\partial x}\right|_{(2,4,5)}=\left.\frac{1}{2}x\right|_{(2,4,5)}=1,$$

所以

$$\alpha=\frac{\pi}{4}.$$

4. 设函数 $f(x,y)=\begin{cases}x\sin\frac{1}{x^2+y^2}, & x^2+y^2\neq 0,\\ 0, & x^2+y^2=0,\end{cases}$ 判断偏导数 $f'_x(0,0)$ 及 $f'_y(0,0)$ 是否存在.

解：因为

$$\lim_{\Delta x\to 0}\frac{f(\Delta x,0)-f(0,0)}{\Delta x}=\lim_{\Delta x\to 0}\frac{\Delta x\sin\frac{1}{(\Delta x)^2}}{\Delta x}=\lim_{\Delta x\to 0}\sin\frac{1}{(\Delta x)^2}$$

不存在,所以 $f'_x(0,0)$ 不存在,而

$$\lim_{\Delta y\to 0}\frac{f(0,\Delta y)-f(0,0)}{\Delta y}=\lim_{\Delta y\to 0}\frac{0}{\Delta y}=0,$$

所以 $f'_y(0,0)$ 存在,且 $f'_y(0,0)=0$.

5. 讨论函数 $f(x,y)=\sqrt{x^2+y^2}$ 在点(0,0)处的连续性与偏导数的存在性.

解:因为

$$\lim_{(x,y)\to(0,0)}f(x,y)=\lim_{(x,y)\to(0,0)}\sqrt{x^2+y^2}=0=f(0,0),$$

故 $f(x,y)$ 在点(0,0)处连续.但是,由于

$$\lim_{\Delta x\to 0}\frac{f(0+\Delta x,0)-f(0,0)}{\Delta x}=\lim_{\Delta x\to 0}\frac{|\Delta x|}{\Delta x},$$

即 $f'_x(0,0)$ 也不存在,同理 $f'_y(0,0)$ 也不存在.

6. 求可微函数 $z=\ln(1+x^2+y^2)$ 在点(1,2)处的全微分.

解:因为 $\frac{\partial z}{\partial x}=\frac{2x}{1+x^2+y^2},\frac{\partial z}{\partial y}=\frac{2y}{1+x^2+y^2}$,所以

$$\mathrm{d}z\big|_{(1,2)}=\frac{\partial z}{\partial x}\bigg|_{(1,2)}\mathrm{d}x+\frac{\partial z}{\partial y}\bigg|_{(1,2)}\mathrm{d}y=\frac{1}{3}\mathrm{d}x+\frac{2}{3}\mathrm{d}y.$$

7. 求函数 $z=\frac{y}{x}$ 当 $x=2,y=1,\Delta x=0.1,\Delta y=-0.2$ 时的全增量和全微分.

解:函数 $z=\frac{y}{x}$ 当 $x=2,y=1,\Delta x=0.1,\Delta y=-0.2$ 时的全增量

$$\Delta z=\frac{y+\Delta y}{x+\Delta x}-\frac{y}{x}=\frac{1-0.2}{2+0.1}-\frac{1}{2}\approx-0.119\,05;$$

全微分

$$\mathrm{d}z\,|_{(2,1)}=\frac{\partial z}{\partial x}\,|_{(2,1)}\Delta x+\frac{\partial z}{\partial y}\,|_{(2,1)}\Delta y=-\frac{y}{x^2}\,|_{(2,1)}\Delta x+\frac{1}{x}\,|_{(2,1)}\Delta y$$

$$=-\frac{1}{4}\Delta x+\frac{1}{2}\Delta y=-\frac{1}{4}\times 0.1+\frac{1}{2}\times(-0.2)=-0.125.$$

8. 若 $\mathrm{d}u(x,y)=2x\mathrm{d}x-3y\mathrm{d}y$,试求函数 $u(x,y)$.

解:因 $\mathrm{d}u(x,y)=2x\mathrm{d}x-3y\mathrm{d}y$,可知

$$\frac{\partial u}{\partial x}=2x,\quad \frac{\partial u}{\partial y}=-3y.$$

对 $\frac{\partial u}{\partial x}=2x$ 两边关于 x 积分可得

$$u(x,y)=\int 2x\mathrm{d}x=x^2+C(y),$$

从而
$$u'_y(x,y)=\frac{\partial}{\partial y}[x^2+C(y)]=C'(y).$$

又因$\dfrac{\partial u}{\partial y}=-3y$，于是 $C'(y)=-3y$，两边对 y 积分后有 $C(y)=-\dfrac{3}{2}y^2+C$.

故
$$f(x,y)=x^2-\frac{3}{2}y^2+C.$$

9. 讨论函数 $f(x,y)$ 在区域 D 内具有一阶连续偏导数，且恒有 $f'_x=0$ 及 $f'_y=0$，证明：$f(x,y)$ 在 D 内为常数.

证明：因为 $f(x,y)$ 在区域 D 内具有一阶连续偏导数，且恒有 $f'_x=0$. 及 $f'_y=0$，所以 $f(x,y)$ 在区域 D 内任一点 (x,y) 可微，且
$$\mathrm{d}f=f'_x\mathrm{d}x+f'_y\mathrm{d}y=0,$$
故 $f(x,y)$ 在 D 内为常数.

10. 验证下列定函数满足指定的方程：

(1) $z=\dfrac{xy}{x+y}$ 满足 $x\dfrac{\partial z}{\partial x}+y\dfrac{\partial z}{\partial y}=z$；

(2) $z=\dfrac{y}{x}\arcsin\dfrac{x}{y}$ 满足 $x\dfrac{\partial z}{\partial x}+y\dfrac{\partial z}{\partial y}=0$；

(3) $u=\dfrac{1}{\sqrt{(x-a)^2+(y-a)^2+(z-a)^2}}$ 满足 $u''_{xx}+u''_{yy}+u''_{zz}=0$；

(4) $T=\dfrac{1}{2a\sqrt{\pi t}}\mathrm{e}^{-\frac{(x-a)^2}{4a^2t}}$ 满足$\dfrac{\partial T}{\partial t}=a^2\dfrac{\partial^2 T}{\partial x^2}$.

解：(1) 因为
$$\frac{\partial z}{\partial x}=\frac{y(x+y)-xy}{(x+y)^2}=\frac{y^2}{(x+y)^2},$$
同理
$$\frac{\partial z}{\partial y}=\frac{x^2}{(x+y)^2},$$
所以
$$x\frac{\partial z}{\partial x}+y\frac{\partial z}{\partial y}=\frac{xy^2}{(x+y)^2}+\frac{x^2y}{(x+y)^2}=\frac{xy}{x+y}=z.$$

(2) 因为
$$\frac{\partial z}{\partial x}=-\frac{y}{x^2}\arcsin\frac{x}{y}+\frac{y}{x}\cdot\frac{1}{\sqrt{1-\left(\frac{x}{y}\right)^2}}\cdot\frac{1}{y}=-\frac{y}{x^2}\arcsin\frac{x}{y}+\frac{|y|}{x\sqrt{y^2-x^2}},$$
$$\frac{\partial z}{\partial y}=\frac{1}{x}\arcsin\frac{x}{y}+\frac{y}{x}\cdot\frac{1}{\sqrt{1-\left(\frac{x}{y}\right)^2}}\cdot\left(-\frac{x}{y^2}\right)=\frac{1}{x}\arcsin\frac{x}{y}-\frac{|y|}{y\sqrt{y^2-x^2}}.$$

所以
$$x\frac{\partial z}{\partial x}+y\frac{\partial z}{\partial y}=x\left(-\frac{y}{x^2}\arcsin\frac{x}{y}+\frac{|y|}{x\sqrt{y^2-x^2}}\right)+y\left(\frac{1}{x}\arcsin\frac{x}{y}-\frac{|y|}{y\sqrt{y^2-x^2}}\right)=0.$$

(3) $u'_x=-\frac{1}{2}[(x-a)^2+(y-b)^2+(z-c)^2]^{-\frac{3}{2}}\cdot 2(x-a)$

$$=-(x-a)[(x-a)^2+(y-b)^2+(z-c)^2]^{-\frac{3}{2}},$$

$$u''_{xx}=-[(x-a)^2+(y-b)^2+(z-c)^2]^{-\frac{3}{2}}-$$

$$(x-a)\cdot(-\frac{3}{2})[(x-a)^2+(y-b)^2+(z-c)^2]^{-\frac{5}{2}}\cdot 2(x-a)$$

$$=-[(x-a)^2+(y-b)^2+(z-c)^2]^{-\frac{3}{2}}+3(x-a)^2[(x-a)^2+(y-b)^2+(z-c)^2]^{-\frac{5}{2}},$$

同理,

$$u''_{yy}=-[(x-a)^2+(y-b)^2+(z-c)^2]^{-\frac{3}{2}}+3(y-a)^2[(x-a)^2+(y-b)^2+(z-c)^2]^{-\frac{5}{2}},$$

$$u''_{zz}=-[(x-a)^2+(y-b)^2+(z-c)^2]^{-\frac{3}{2}}+3(z-a)^2[(x-a)^2+(y-b)^2+(z-c)^2]^{-\frac{5}{2}},$$

所以

$$u''_{xx}+u''_{yy}+u''_{zz}=-3[(x-a)^2+(y-b)^2+(z-c)^2]^{-\frac{3}{2}}+$$

$$3[(x-a)^2+(y-b)^2+(z-c)^2][(x-a)^2+(y-b)^2+(z-c)^2]^{-\frac{5}{2}}$$

$$=-3[(x-a)^2+(y-b)^2+(z-c)^2]^{-\frac{3}{2}}+3[(x-a)^2+(y-b)^2+(z-c)^2]^{-\frac{3}{2}}$$

$$=0.$$

(4)

$$\frac{\partial T}{\partial t}=\frac{-\frac{1}{2}}{2at\sqrt{\pi t}}e^{-\frac{(x-a)^2}{4a^2t}}+\frac{1}{2a\sqrt{\pi t}}e^{-\frac{(x-a)^2}{4a^2t}}\left[-\frac{-(x-a)^2}{4a^2t^2}\right]$$

$$=\frac{1}{2at\sqrt{\pi t}}e^{-\frac{(x-a)^2}{4a^2t}}\left[-\frac{1}{2}+\frac{-(x-a)^2}{4a^2t}\right],$$

又

$$\frac{\partial T}{\partial x}=\frac{1}{2a\sqrt{\pi t}}e^{-\frac{(x-a)^2}{4a^2t}}\left(-\frac{x-a}{2a^2t}\right),$$

于是

$$\frac{\partial^2 T}{\partial x^2}=\frac{1}{2a\sqrt{\pi t}}e^{-\frac{(x-a)^2}{4a^2t}}\cdot\frac{(x-a)^2}{4a^4t^2}-\frac{1}{2a\sqrt{\pi t}}e^{-\frac{(x-a)^2}{4a^2t}}\cdot\frac{1}{2a^2t}$$

$$=\frac{1}{2a^3t\sqrt{\pi t}}e^{-\frac{(x-a)^2}{4a^2t}}\left[-\frac{1}{2}+\frac{(x-a)^2}{4a^2t}\right].$$

所以

$$\frac{\partial T}{\partial t}=a^2\frac{\partial^2 T}{\partial x^2}.$$

11. 求下列函数的高阶导数:

(1) $z=e^x(\cos y+x\sin y)$,所有二阶偏导;

(2) $z=x\ln(xy)$,$\frac{\partial^3 z}{\partial x^2\partial y}$,$\frac{\partial^3 z}{\partial x\partial y^2}$.

解：(1) $\dfrac{\partial z}{\partial x}=e^x(\cos y+x\sin y)+e^x y=e^x[\cos y+(x+1)\sin y]$，

$$\frac{\partial z}{\partial y}=e^x(-\sin y+x\cos y),$$

$$\frac{\partial^2 z}{\partial x^2}=e^x[\cos y+(x+1)\sin y]+e^x y=e^x[\cos y+(x+2)\sin y],$$

$$\frac{\partial^2 z}{\partial x\partial y}=e^x[-\sin y+(x+1)\cos y]=\frac{\partial^2 z}{\partial y\partial x},$$

$$\frac{\partial^2 z}{\partial y^2}=e^x(-\cos y-x\sin y)=-e^x(\cos y+x\sin y).$$

(2) 因为 $z=x\ln(xy)=x(\ln x+\ln y)$，所以

$$\frac{\partial z}{\partial y}=\frac{x}{y},\quad \frac{\partial^2 z}{\partial x\partial y}=\frac{1}{y},\quad \frac{\partial^2 z}{\partial y^2}=-\frac{x}{y^2},$$

因而

$$\frac{\partial^3 z}{\partial x^2\partial y}=0,\quad \frac{\partial^3 z}{\partial x\partial y^2}=-\frac{1}{y^2}.$$

12. 设 $f(x,y)=(xy)^{\frac{1}{3}}$，证明：

(1) $f(x,y)$ 在点 $(0,0)$ 只有沿两个坐标轴的正、负方向上存在方向导数；

(2) $f(x,y)$ 在点 $(0,0)$ 处连续.

证明：(1)

$$\lim_{t\to 0}\frac{f[(0,0)+t(\cos\alpha,\sin\alpha)]-f(0,0)}{t}$$

$$=\lim_{t\to 0}\frac{t^{\frac{2}{3}}\cos^{\frac{1}{3}}\alpha\sin^{\frac{1}{3}}\alpha}{t}=\lim_{t\to 0}\frac{\cos^{\frac{1}{3}}\alpha\sin^{\frac{1}{3}}\alpha}{t^{\frac{1}{3}}},$$

其中，α 表示向量 $\boldsymbol{l}$ 与 x 轴的正向上的夹角.

当 $\alpha=0$ 或 $\alpha=\pi$ 时，$\sin^{\frac{1}{3}}\alpha=0$；当 $\alpha=-\dfrac{\pi}{2}$ 或 $\alpha=\dfrac{\pi}{2}$ 时，$\cos^{\frac{1}{3}}\alpha=0$，于是

$$\lim_{t\to 0}\frac{f[(0,0)+t(\cos\alpha,\sin\alpha)]-f(0,0)}{t}=0,$$

即沿两个坐标轴的正、负方向上存在方向导数为 0，而当 $\alpha\neq 0,\pi,\pm\dfrac{\pi}{2}$ 时，$\displaystyle\lim_{t\to 0}\frac{f[(0,0)+t(\cos\alpha,\sin\alpha)]-f(0,0)}{t}$ 不存在，故 $f(x,y)$ 在点 $(0,0)$ 只有沿两个坐标轴的正、负方向上存在方向导数.

(2) 因为

$$|f(x,y)-f(0,0)|=(xy)^{\frac{1}{3}}\leqslant\left(\frac{x^2+y^2}{2}\right)^{\frac{1}{3}}=2^{-\frac{1}{3}}(x^2+y^2)^{\frac{1}{3}},$$

所以 $\forall\varepsilon>0$，只要取 $\delta=\varepsilon^2>0$ 时，使得 $\forall(x,y)\in U[(0,0),\delta]$，恒有 $|f(x,y)-f(0,0)|<$

ε,即 $f(x,y)$ 在点$(0,0)$处连续.

13. 给出函数 $z=f(x,y)$ 在点 $P(x_0,y_0)$ 概念之间的关系:f 的连续性、偏导数存在、沿任意方向的方向导数存在、可微性、一阶偏导数存在性其连续性.

(1) 偏导连续与可微的关系

有连续偏导数一定可微,但可微不一定有连续偏导数.

反例 1 函数 $f(x,y)=\begin{cases} xy\sin\dfrac{1}{\sqrt{x^2+y^2}}, & (x,y)\neq(0,0) \\ 0, & (x,y)=(0,0) \end{cases}$ 在$(0,0)$点连续且偏导数存在,但偏导数在点$(0,0)$不连续,而 $f(x,y)$ 在$(0,0)$点可微.

证明:令 $x=\rho\cos\theta, y=\rho\sin\theta$,则有

$$\lim_{(x,y)\to(0,0)} xy\sin\frac{1}{\sqrt{x^2+y^2}}=\lim_{\rho\to0}\rho^2\cos\theta\sin\theta\sin\frac{1}{\rho}=0=f(0,0).$$

故,$f(x,y)$ 在$(0,0)$点连续.

$$f'_x(0,0)=\lim_{\Delta x\to0}\frac{f(\Delta x,0)-f(0,0)}{\Delta x}=\lim_{\Delta x\to0}\frac{0-0}{\Delta x}=0,\text{同理},f'_y(0,0)=0.$$

当$(x,y)\neq(0,0)$时,

$$f'_x(x,y)=y\sin\frac{1}{\sqrt{x^2+y^2}}-\frac{x^2y}{\sqrt{(x^2+y^2)^3}}\cos\frac{1}{\sqrt{x^2+y^2}}.$$

当 $P(x,y)$ 沿直线 $y=x$ 趋于$(0,0)$时,

$$\lim_{(x,y)\to(0,0)} f'_x(x,y)=\lim_{x\to0}x\sin\frac{1}{2\,|\,x\,|}-\frac{x^3}{2\sqrt{2}\,|\,x\,|^3}\cos\frac{1}{2\,|\,x\,|}$$

不存在.

所以,$f'_x(x,y)$ 在点$(0,0)$不连续. 同理,$f'_y(x,y)$ 在点$(0,0)$不连续.

$$\Delta f=f(\Delta x,\Delta y)-f(0,0)=\Delta x\cdot\Delta y\cdot\sin\frac{1}{\sqrt{(\Delta x)^2+(\Delta y)^2}}=o(\sqrt{(\Delta x)^2+(\Delta y)^2}),$$

故,$f(x,y)$ 在$(0,0)$点可微,且 $\mathrm{d}f\,|_{(0,0)}=0$.

(2) 可微与偏导数存在的关系

可微则偏导数一定存在,但偏导数存在不一定可微.

反例 2 函数 $f(x,y)=\begin{cases} \dfrac{xy}{\sqrt{x^2+y^2}}, & (x,y)\neq(0,0) \\ 0, & (x,y)=(0,0) \end{cases}$ 在$(0,0)$点偏导数存在,但在$(0,0)$点不可微.

证明:$f'_x(0,0)=\lim\limits_{\Delta x\to0}\dfrac{f(\Delta x,0)-f(0,0)}{\Delta x}=\lim\limits_{\Delta x\to0}\dfrac{0-0}{\Delta x}=0$,同理,$f'_y(0,0)=0$.

当 $P(x,y)$ 沿直线 $y=kx$ 趋于$(0,0)$时,

$$\frac{\Delta f-[f'_x(0,0)\Delta x+f'y(0,0)\Delta y]}{\rho}=\frac{\Delta x\cdot\Delta y}{(\Delta x)^2+(\Delta y)^2}=\frac{(\Delta x)^2}{2(\Delta x)^2}=\frac{1}{2}.$$

说明：$\Delta f-[f'x(0,0)\Delta x+f'y(0,0)\Delta y]$ 不是 ρ 的高阶无穷小，所以，$f(x,y)$ 在 $(0,0)$ 点不可微.

(3) 可微与连续的关系

可微一定连续，连续不一定可微.

反例 3　函数 $z=f(x,y)=\sqrt{x^2+y^2}$，在原点 $(0,0)$ 处连续，但两个偏导数都不存在，当然在 $(0,0)$ 处不可微.

证明：由于 $f(x,y)=\sqrt{x^2+y^2}$ 是初等函数，$(0,0)$ 在其定义域中，所以 $f(x,y)$ 在原点 $(0,0)$ 处连续. 由于 $\frac{\partial f}{\partial x}(0,0)=\lim\limits_{\Delta x\to 0}\frac{f(\Delta x,0)-f(0,0)}{\Delta x}=\lim\limits_{\Delta x\to 0}\frac{|\Delta x|}{\Delta x}$ 不存在，同理可得 $\frac{\partial f}{\partial y}(0,0)$ 也不存在. 所以在 $f(x,y)(0,0)$ 处不可微.

(4) 偏导数存在与连续的关系

连续函数偏导数不一定存在. 反例见反例 3. 偏导数存在也不一定连续.

反例 4　函数 $f(x,y)=\begin{cases}\dfrac{xy}{x^2+y^2}, & (x,y)\neq(0,0)\\ 0, & (x,y)=(0,0)\end{cases}$ 在 $(0,0)$ 点偏导数存在，但在 $(0,0)$ 点不连续.

证明：$f'_x(0,0)=\lim\limits_{\Delta x\to 0}\frac{f(\Delta x,0)-f(0,0)}{\Delta x}=\lim\limits_{\Delta x\to 0}\frac{0-0}{\Delta x}=0$，同理 $f'_y(0,0)=0$.

当 $P(x,y)$ 沿直线 $y=kx$ 趋于 $(0,0)$ 时，

$$\lim_{\substack{x\to 0\\ y=kx}}f(x,y)=\lim_{x\to 0}\frac{kx^2}{(1+k^2)x^2}=\frac{k}{(1+k^2)},$$

它与 k 有关. 所以，$\lim\limits_{(x,y)\to(0,0)}f(x,y)$ 不存在，在 $(0,0)$ 点不连续.

(5) 方向导数存在与可微的关系

可微函数则方向导数必存在，方向导数存在不一定可微.

反例 5　函数 $z=f(x,y)=\sqrt{x^2+y^2}$ 在 $(0,0)$ 处沿任意方向 $\boldsymbol{l}$ 上的方向导数都为 1，但在 $(0,0)$ 处两个偏导数都不存在，当然也不可微.

证明：$\frac{\partial f}{\partial \boldsymbol{l}}(0,0)=\lim\limits_{\rho\to 0}\frac{f(\Delta x,\Delta y)-f(0,0)}{\rho}=\lim\limits_{\rho\to 0}\frac{\sqrt{(\Delta x)^2+(\Delta y)^2}}{\sqrt{(\Delta x)^2+(\Delta y)^2}}=1$，

但是，由反例 3 知，$f(x,y)$ 在 $(0,0)$ 处两个偏导数 $f'_x(0,0)$，$f'_y(0,0)$ 都不存在，当然也不可微.

(6) 方向导数存在与偏导数存在的关系

方向导数存在 $\Rightarrow$?偏导数存在. 由反例 5 可知.

偏导数存在 $\Rightarrow$?方向导数存在.

反例 6 函数 $f(x,y)=\begin{cases}\dfrac{xy}{x^2+y^2}\sin\dfrac{1}{\sqrt{x^2+y^2}}, & (x,y)\neq(0,0)\\ 0, & (x,y)=(0,0)\end{cases}$ 在(0,0)点偏导数存在,但在(0,0)点方向导数不存在.

证明:$f'_x(0,0)=\lim\limits_{\Delta x\to 0}\dfrac{f(\Delta x,0)-f(0,0)}{\Delta x}=\lim\limits_{\Delta x\to 0}\dfrac{0-0}{\Delta x}=0$,同理,$f'_y(0,0)=0$.在(0,0)点沿方向 $\boldsymbol{l}=\{\cos\alpha,\sin\alpha\}$ 的方向导数,

$$\frac{\partial f}{\partial \boldsymbol{l}}(0,0)=\lim_{\rho\to 0}\frac{f(\Delta x,\Delta y)-f(0,0)}{\rho}=\lim_{\rho\to 0}\frac{1}{\rho}\sin\frac{1}{\rho}\cos\alpha\sin\alpha$$

不存在,其中 $\alpha\neq\dfrac{k\pi}{2}$.

(7) 方向导数存在与连续性的关系

连续 ⇒?方向导数存在.

方向导数存在 ⇒?连续.

反例 7 函数 $f(x,y)=\sqrt[3]{x^2+y^2}$ 在(0,0)处连续,但沿任何方向的方向导数都不存在.

证明:$f(x,y)$ 在(0,0)处连续是显然的.但沿方向 $\boldsymbol{l}=\{\cos\alpha,\sin\alpha\}$ 的方向导数,$\dfrac{\partial f}{\partial \boldsymbol{l}}(0,0)=\lim\limits_{\rho\to 0}\dfrac{f(\Delta x,\Delta y)-f(0,0)}{\rho}=\lim\limits_{\rho\to 0}\dfrac{1}{\sqrt[6]{\rho}}$ 不存在.

反例 8 函数 $f(x,y)=\begin{cases}\dfrac{x^2y}{x^4+y^2}, & (x,y)\neq(0,0)\\ 0, & (x,y)=(0,0)\end{cases}$ 在(0,0)处沿任何方向 $\boldsymbol{l}=\{\cos\alpha,\sin\alpha\}$ 的方向导数都存在连续,但函数不连续.

证明:令 $\Delta x=\rho\cos\alpha,\Delta y=\rho\sin\alpha$.

当 $\sin\alpha=0$ 时,$\dfrac{\partial f}{\partial \boldsymbol{l}}(0,0)=\lim\limits_{\rho\to 0}\dfrac{f(\Delta x,\Delta y)-f(0,0)}{\rho}=\lim\limits_{\rho\to 0}\dfrac{0}{\rho}=0$.

当 $\sin\alpha\neq 0$ 时,$\dfrac{\partial f}{\partial \boldsymbol{l}}(0,0)=\lim\limits_{\rho\to 0}\dfrac{f(\Delta x,\Delta y)-f(0,0)}{\rho}=\lim\limits_{\rho\to 0}\dfrac{\cos^2\alpha\sin\alpha}{\rho^2\cos^4\alpha+\sin^2\alpha}=\dfrac{\cos^2\alpha}{\sin\alpha}$,

但不连续.因为当 $P(x,y)$ 沿直线 $y=x^2$ 趋于(0,0)时,$\lim\limits_{\substack{x\to 0\\ y=x^2}}f(x,y)=\lim\limits_{x\to 0}\dfrac{x^4}{2x^4}=\dfrac{1}{2}\neq f(0,0)$.

综上所述,偏导数连续、可微、偏导数存在、连续和方向导数存在的关系总结如题 13(7)图所示.

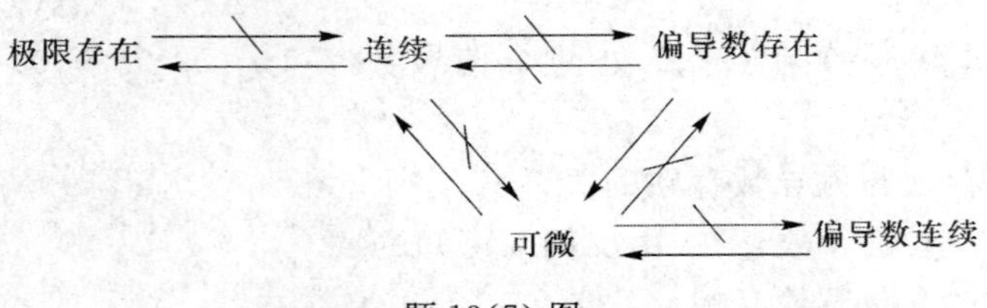

题 13(7) 图

14. 证明梯度的下列运算法则(其中,u,v 为可微函数,C_1,C_2 为任意常数.):

(1) $\nabla(C_1u+C_2v)=C_1\ \nabla u+C_2\ \nabla v$;

(2) $\nabla(uv)=u\nabla v+v\nabla u$;

(3) $\nabla\left(\dfrac{u}{v}\right)=\dfrac{1}{v^2}(v\nabla u-u\nabla v),v\neq 0.$

证明:设 $u=u(x_1,x_2,\cdots,x_n)$,$v=v(x_1,x_2,\cdots,x_n)$,则

$$\nabla u=(u'_{x_1},u'_{x_2},\cdots,u'_{x_n})$$

于是由求导法则,有

(1) $\nabla(C_1u+C_2v)$

$$\begin{aligned}&=[(C_1\ \nabla u+C_2\ \nabla v)'_{x_1},(C_1\ \nabla u+C_2\ \nabla v)'_{x_2},\cdots,(C_1\ \nabla u+C_2\ \nabla v)'_{x_n}]\\&=(C_1\ \nabla u'_{x_1}+C_2\ \nabla v'_{x_1},C_1\ \nabla u'_{x_2}+C_2\ \nabla v'_{x_2},\cdots,C_1\ \nabla u'_{x_n}+C_2\ \nabla v'_{x_n})\\&=C_1(u'_{x_1},u'_{x_2},\cdots,u'_{x_n})+C_2(v'_{x_1},v'_{x_2},\cdots,v'_{x_n})\\&=C_1\ \nabla u+C_2\ \nabla v,\end{aligned}$$

(2)
$$\begin{aligned}\nabla(uv)&=[(uv)'_{x_1},(uv)'_{x_2},\cdots,(uv)'_{x_n}]\\&=[(uv'_{x_1}+u'_{x_1}v),(uv'_{x_2}+u'_{x_2}v),\cdots,(uv'_{x_n}+u'_{x_n}v)]\\&=u(v'_{x_1},v'_{x_2},\cdots,v'_{x_n})+v(u'_{x_1},u'_{x_2},\cdots,u'_{x_n})\\&=u\nabla v+v\nabla u,\end{aligned}$$

(3)
$$\begin{aligned}\nabla\left(\frac{u}{v}\right)&=\left[\left(\frac{u}{v}\right)'_{x_1},\left(\frac{u}{v}\right)'_{x_2},\cdots,\left(\frac{u}{v}\right)'_{x_n}\right]\\&=\left(\frac{u'_{x_1}v-uv'_{x_1}}{v^2},\frac{u'_{x_2}v-uv'_{x_2}}{v^2},\cdots,\frac{u'_{x_n}v-uv'_{x_n}}{v^2}\right)\\&=\frac{1}{v^2}(u'_{x_1}v-uv'_{x_1},u'_{x_2}v-uv'_{x_2},\cdots,u'_{x_n}v-uv'_{x_n})\\&=\frac{1}{v^2}[v(u'_{x_1},u'_{x_2},\cdots,u'_{x_n})-u(v'_{x_1},v'_{x_2},\cdots,v'_{x_n})]\\&=\frac{1}{v^2}(v\nabla u-u\nabla v),\quad v\neq 0.\end{aligned}$$

15. 求 $u=\ln(x+\sqrt{y^2+z^2})$ 在点 $A(1,0,1)$ 处沿点 A 指向点 $B(3,-2,2)$ 的方向导数.

解:函数 $u=\ln(x+\sqrt{y^2+z^2})$ 在点$(1,0,1)$ 处可微.且

$$\frac{\partial u}{\partial x}\Big|_{(1,0,1)}=\frac{1}{x+\sqrt{y^2+z^2}}\Big|_{(1,0,1)}=\frac{1}{2},$$

$$\frac{\partial u}{\partial y}\Big|_{(1,0,1)}=\frac{\dfrac{y}{\sqrt{y^2+z^2}}}{x+\sqrt{y^2+z^2}}\Big|_{(1,0,1)}=0,$$

$$\frac{\partial u}{\partial z}\Big|_{(1,0,1)}=\frac{\dfrac{z}{\sqrt{y^2+z^2}}}{x+\sqrt{y^2+z^2}}\Big|_{(1,0,1)}=\frac{1}{2},$$

于是沿方向$\overrightarrow{AB}=(2,-2,1)$的方向导数为

$$\frac{\partial u}{\partial t}\Big|_{(1,0,1)}=\frac{\partial u}{\partial x}\cdot\frac{2}{3}+\frac{\partial u}{\partial y}\cdot(-\frac{2}{3})+\frac{\partial u}{\partial z}\cdot\frac{1}{3}=\frac{1}{2}.$$

16. 求函数$u=xy^2+z^3-xyz$在点$(1,1,2)$处沿l方向(其方向角分别为$60°,45°,60°$)的方向导数.

解:函数$u=xy^2+z^3-xyz$在点$(1,1,2)$处可微.且

$$\frac{\partial u}{\partial x}\Big|_{(1,1,2)}=-1,\quad \frac{\partial u}{\partial y}\Big|_{(1,1,2)}=0,\quad \frac{\partial u}{\partial z}\Big|_{(1,1,2)}=11,$$

于是沿方向的方向导数为

$$\frac{\partial u}{\partial t}\Big|_{(1,1,2)}=\frac{\partial u}{\partial x}\cos 60°+\frac{\partial u}{\partial y}\cos 45°+\frac{\partial u}{\partial z}\cos 60°=5.$$

17. 设函数$u=\ln\frac{1}{r}$,其中,$r=\sqrt{(x-a)^2+(y-b)^2+(z-c)^2}$,求$u$的梯度;并指出在空间的哪些点上等式$|\mathbf{grad}\,u|=1$成立.

解:$u=\ln\frac{1}{r}=-\ln r,\quad \frac{\partial u}{\partial x}=-\frac{1}{r}\cdot\frac{\partial r}{\partial x}=-\frac{x-a}{r^2},$

$$\frac{\partial u}{\partial y}=-\frac{1}{r}\cdot\frac{\partial r}{\partial y}=-\frac{y-b}{r^2},\quad \frac{\partial u}{\partial z}=-\frac{1}{r}\cdot\frac{\partial r}{\partial z}=-\frac{z-c}{r^2},$$

故
$$\mathbf{grad}\,u=\frac{\partial u}{\partial x}\boldsymbol{i}+\frac{\partial u}{\partial y}\boldsymbol{j}+\frac{\partial u}{\partial z}\boldsymbol{k}=-\frac{1}{r^2}[(x-a)\boldsymbol{i}+(y-b)\boldsymbol{j}+(z-c)\boldsymbol{k}],$$

而$|\mathbf{grad}\,u|=\frac{1}{r^2}$,所以在空间满足$\boldsymbol{r}^2=1$的点,即球面

$$(x-a)^2+(y-b)^2+(z-c)^2=1$$

的任意点处均有$|\mathbf{grad}\,u|=1$.

18. 设$u=\frac{z^2}{c^2}-\frac{x^2}{a^2}-\frac{y^2}{b^2}$,求$u$在点$(a,b,c)$处沿哪个方向增大最快?沿哪个方向减小最快?沿哪个方向变化率为零?

解:因为

$$\frac{\partial u}{\partial x}\Big|_{(a,b,c)}=-\frac{2}{a},\quad \frac{\partial u}{\partial y}\Big|_{(a,b,c)}=-\frac{2}{b},\quad \frac{\partial u}{\partial z}\Big|_{(a,b,c)}=\frac{2}{c},$$

所以
$$\nabla u\big|_{(a,b,c)}=(\frac{\partial u}{\partial x},\frac{\partial u}{\partial y},\frac{\partial u}{\partial z})\Big|_{(a,b,c)}=(-\frac{2}{a},-\frac{2}{b},\frac{2}{c}).$$

设$\boldsymbol{e}_l=(\cos\alpha,\cos\beta,\cos\gamma)$为点$(a,b,c)$处的任一方向,则

$$\frac{\partial u}{\partial l}\Big|_{(a,b,c)}=<\nabla u,\boldsymbol{e}_l>\big|_{(a,b,c)}=\|\nabla u\|\Big|_{(a,b,c)}\cos(\nabla u,\boldsymbol{e}_l).$$

于是,当$\cos(\nabla u,\boldsymbol{e}_l)=1$,即$\boldsymbol{l}=\nabla u\big|_{(a,b,c)}$时,$\frac{\partial u}{\partial \boldsymbol{l}}\Big|_{(a,b,c)}$最大;当$\cos(\nabla u,\boldsymbol{e}_l)=-1$,即$\boldsymbol{l}=-\nabla u\big|_{(a,b,c)}$

时，$\left.\frac{\partial u}{\partial \boldsymbol{l}}\right|_{(a,b,c)}$ 最小；当 $\cos(\nabla u,\boldsymbol{e}_l)=0$，即 $\boldsymbol{l}\perp\nabla u\big|_{(a,b,c)}$ 时，$\left.\frac{\partial u}{\partial \boldsymbol{l}}\right|_{(a,b,c)}=0$. 故沿 $\boldsymbol{l}=(-\frac{1}{a},-\frac{1}{b},\frac{1}{c})$ 方向增大最快，沿 $\boldsymbol{l}$ 方向减小最快，沿与 $\boldsymbol{l}$ 垂直的方向变化率为零.

19. 设 $r=\sqrt{x^2+y^2+z^2}$，求 ∇r 及 $\nabla\frac{1}{r}(r\neq 0)$.

解：因为 $\frac{\partial r}{\partial x}=\frac{x}{r}$，$\frac{\partial r}{\partial y}=\frac{y}{r}$，$\frac{\partial r}{\partial z}=\frac{z}{r}$，所以

$$\nabla r=(\frac{\partial r}{\partial x},\frac{\partial r}{\partial y},\frac{\partial r}{\partial z})=\frac{1}{r}(x,y,z),$$

令 $u=\frac{1}{r}$，则

$$\frac{\partial u}{\partial x}=\frac{\partial u}{\partial r}\frac{\partial r}{\partial x}=-\frac{1}{r^2}\frac{x}{r}=-\frac{x}{r^3}.$$

同理可得 $\frac{\partial u}{\partial y}=-\frac{y}{r^3}$，$\frac{\partial u}{\partial z}=-\frac{z}{r^3}$，因此

$$\nabla\frac{1}{r}=(\frac{\partial u}{\partial x},\frac{\partial u}{\partial y},\frac{\partial u}{\partial z})=-\frac{1}{r^3}(x,y,z)=-\frac{1}{r^2}\nabla r.$$

20. 求常数 a,b 和 c，使得函数 $f(x,y,z)=axy^2+byz+cx^3z^2$ 在点 $(1,2,-1)$ 处的方向导数是函数在该点处所有方向导数中最大的，并且这个最大的方向导数等于 64.

解：设 $\boldsymbol{l}=\{0,0,1\}$，只有函数 f 的梯度向量 $\nabla f=\{\frac{\partial f}{\partial x},\frac{\partial f}{\partial y},\frac{\partial f}{\partial z}\}$ 与向量 $\boldsymbol{l}=\{0,0,1\}$ 方向相同时，函数 f 该点处的方向导数最大. 易知

$$\left.\frac{\partial f}{\partial x}\right|_{(1,2,-1)}=ay^2+3cx^2z^2\big|_{(1,2,-1)}=4a+3c,$$

$$\left.\frac{\partial f}{\partial y}\right|_{(1,2,-1)}=2axy+bz\big|_{(1,2,-1)}=4a-b,$$

$$\left.\frac{\partial f}{\partial z}\right|_{(1,2,-1)}=by+2cx^3z\big|_{(1,2,-1)}=2b-2c,$$

从而得 $\{4a+3c,4a-b,2b-2c\}$ 与 $\{0,0,1\}$ 方向相同，即得

$$\begin{cases}4a+3c=0,\\4a-b=0,\end{cases}\tag{1}$$

又知最大方向导数为 64，从而得

$$\left.\frac{\partial f}{\partial \boldsymbol{l}}\right|_{(1,2,-1)}=(4a+3c)\cdot 0+(4a-b)\cdot 0+(2b-2c)\cdot 1=64,\tag{2}$$

联立方程(1) 和(2) 得

$$\begin{cases}4a+3c=0,\\4a-b=0,\\2b-2c=64,\end{cases}$$

解方程组得 $a=6, b=24, c=-8$.

21. 设 x,y 绝对值都很小,利用全微分概念推出下列各式的近似计算公式:

(1) $(1+x)^m(1+y)^n$, (2) $\arctan\dfrac{x+y}{1+xy}$.

解:(1) 令 $f(x,y)=(1+x)^m(1+y)^n$,则

$$f'_x(x,0)=m(1+x)^{m-1},\quad f'_x(0,0)=m,$$
$$f'_y(0,y)=n(1+y)^{n-1},\quad f'_y(0,0)=n.$$

利用微分表示 $f(x,y)$,有

$$f(x,y)\approx f(0,0)+f'_x(0,0)\mathrm{d}x+f'_y(0,0)\mathrm{d}y=1+mx+ny,$$

所以近似公式为

$$(1+x)^m(1+y)^n\approx 1+mx+ny.$$

(2) 令 $f(x,y)=\arctan\dfrac{x+y}{1+xy}$,则

$$f'_x(x,0)=\frac{1}{1+x^2},\quad f'_x(0,0)=1,$$
$$f'_y(0,y)=\frac{1}{1+y^2},\quad f'_y(0,0)=1.$$

利用微分表示 $f(x,y)$,有

$$f(x,y)\approx f(0,0)+f'_x(0,0)\mathrm{d}x+f'_y(0,0)\mathrm{d}y=x+y,$$

所以近似公式为

$$\arctan\frac{x+y}{1+xy}\approx x+y.$$

22. 计算近似值:

(1) $0.97^{1.05}$; (2) $\sin29^\circ\tan46^\circ$.

解:(1) 令 $f(x,y)=x^y$,则 $\mathrm{d}f=x^y\left(\dfrac{y}{x}\mathrm{d}x+\ln x\mathrm{d}y\right)$.

由 $f(x_0+\Delta x,y_0+\Delta y)\approx f(x_0,y_0)+\mathrm{d}f|_{(x_0,y_0)}$ 取 $x_0=1, y_0=1, \Delta x=-0.03, \Delta y=0.05$,代入,得 $0.97^{1.05}=f(0.97,1.05)\approx f(1,1)+1\times(-0.03)+0\times0.05=0.97=2.039$.

(2) 选取函数 $f(x,y)=\sin x\tan y, P_0(x_0,y_0)=(\frac{\pi}{6},\frac{\pi}{4}), \Delta x=-\dfrac{\pi}{180}, \Delta y=\dfrac{\pi}{180}$. 则

$f\left(\dfrac{\pi}{6},\dfrac{\pi}{4}\right)=\sin\dfrac{\pi}{6}\tan\dfrac{\pi}{4}=0.5, f'_x\left(\dfrac{\pi}{6},\dfrac{\pi}{4}\right)=\cos\dfrac{\pi}{6}\tan\dfrac{\pi}{4}=\dfrac{\sqrt3}{2}, f'_y\left(\dfrac{\pi}{6},\dfrac{\pi}{4}\right)=\sin\dfrac{\pi}{6}\sec^2\dfrac{\pi}{4}=$ 1,所以

$$f\left(\frac{29\pi}{180},\frac{46\pi}{180}\right)=\sin29^\circ\tan46^\circ\approx f\left(\frac{\pi}{6},\frac{\pi}{4}\right)+f'_x\left(\frac{\pi}{6},\frac{\pi}{4}\right)\Delta x+f'_y\left(\frac{\pi}{6},\frac{\pi}{4}\right)\Delta y$$
$$=0.5+\frac{\pi}{180}(-\frac{\sqrt3}{2}+1)=0.502\,3.$$

23. 有一圆柱体,受压后发生变化,它的半径由 20 cm 增加到 20.05 cm,高由 100 cm 减少到 99 cm,求此圆柱体体积变化的近似值.

解:设圆柱体的半径、高和体积依次为 R,H 和 V,则有 $V=\pi R^2 H$,记 R,H 和 V 增量依次记为 $\Delta R,\Delta H$ 和 ΔV,则 $\mathrm{d}V=\pi R(2H\Delta R+R\Delta H)$. 将 $R=20,H=100,\Delta R=0.05$, $\Delta H=-1$ 代入,得体积变化的近似值为

$$\Delta V\approx \mathrm{d}V=\pi\times 20(2\times 100\times 0.05+20\times(-1))=-200\pi\ \mathrm{cm}^3.$$

即圆柱体体积受压后体积减少了 $200\pi\ \mathrm{cm}^3$.

24. 在物理学中,用公式 $T=2\pi\sqrt{\dfrac{l}{g}}$ 计算单摆周期. 求证周期 T 的相对误差约为 g 和 l 的相对误差算术平均和.

解:设自变量 g 和 l 的绝对误差分别为 δ_g,δ_l,即 $|\Delta g|\leqslant\delta_g$, $|\Delta l|\leqslant\delta_l$,则 g 和 l 的绝对误差分别为 $\dfrac{\delta_g}{g},\dfrac{\delta_l}{l}$,则 T 的误差为

$$\begin{aligned}|\Delta T|\approx|\mathrm{d}T|&=\left|\frac{\partial T}{\partial l}\Delta l+\frac{\partial T}{\partial g}\Delta g\right|\leqslant\left|\frac{\partial T}{\partial l}\right||\Delta l|+\left|\frac{\partial T}{\partial g}\right||\Delta g|\\&\leqslant\left|\frac{\partial T}{\partial l}\right|\delta_l+\left|\frac{\partial T}{\partial g}\right|\delta_g,\end{aligned}$$

从而得 T 的绝对误差约为

$$\delta_T=\left|\frac{\partial T}{\partial l}\right|\delta_l+\left|\frac{\partial T}{\partial g}\right|\delta_g,$$

T 的相对误差约为

$$\frac{\delta_T}{T}=\frac{1}{T}\left|\frac{\partial T}{\partial l}\right|\delta_l+\frac{1}{T}\left|\frac{\partial T}{\partial g}\right|\delta_g,$$

$$\frac{1}{T}\left|\frac{\partial T}{\partial l}\right|=\frac{1}{2\pi\sqrt{\frac{l}{g}}}\cdot 2\pi\frac{\frac{1}{g}}{2\sqrt{\frac{l}{g}}}=\frac{1}{2l},\quad \frac{1}{T}\left|\frac{\partial T}{\partial g}\right|=\left|\frac{1}{2\pi\sqrt{\frac{l}{g}}}\cdot 2\pi\frac{-\frac{l}{g^2}}{2\sqrt{\frac{l}{g}}}\right|=\frac{1}{2g},$$

从而得 T 的相对误差约为

$$\frac{\delta_T}{T}=\frac{1}{2}\left(\frac{\delta_l}{l}+\frac{\delta_g}{g}\right).$$

即 T 的相对误差约为 g 和 l 的相对误差算术平均和.

B

1. 设在 $f(x,y)$ 在点 P_0 处可微,$\boldsymbol{l}_1=\left(\dfrac{1}{\sqrt{2}},\dfrac{1}{\sqrt{2}}\right)$,$\boldsymbol{l}_2=\left(-\dfrac{1}{\sqrt{2}},\dfrac{1}{\sqrt{2}}\right)$,$\dfrac{\partial f(P_0)}{\partial \boldsymbol{l}_1}=1$,$\dfrac{\partial f(P_0)}{\partial \boldsymbol{l}_2}=0$,确定 $\boldsymbol{l}$ 使得 $\dfrac{\partial f(P_0)}{\partial \boldsymbol{l}}=\dfrac{7}{5\sqrt{2}}$.

解：设 $\boldsymbol{e}_l=(\cos\theta,\sin\theta)$，则由已知条件得

$$\frac{\partial f(P_0)}{\partial \boldsymbol{e}_1}=\frac{\partial f(P_0)}{\partial x}\cdot\frac{1}{\sqrt{2}}+\frac{\partial f(P_0)}{\partial y}\cdot\frac{1}{\sqrt{2}}=1,$$

$$\frac{\partial f(P_0)}{\partial \boldsymbol{e}_2}=\frac{\partial f(P_0)}{\partial x}\cdot\left(-\frac{1}{\sqrt{2}}\right)+\frac{\partial f(P_0)}{\partial y}\cdot\frac{1}{\sqrt{2}}=0,$$

所以$\dfrac{\partial f(P_0)}{\partial x}=\dfrac{\partial f(P_0)}{\partial y}=\dfrac{1}{\sqrt{2}}$. 于是

$$\begin{aligned}\frac{\partial f(P_0)}{\partial \boldsymbol{e}}&=\frac{\partial f(P_0)}{\partial x}\cos\theta+\frac{\partial f(P_0)}{\partial y}\sin\theta\\&=\frac{1}{\sqrt{2}}(\cos\theta+\sin\theta)=\frac{7}{5\sqrt{2}},\end{aligned}$$

即$(\cos\theta+\sin\theta)=\dfrac{7}{5}$，因而 $\cos\theta\sin\theta=\dfrac{12}{25}$，于是构成方程

$$x^2-\frac{7}{5}x+\frac{12}{25}=0,$$

其根为 $x_1=\dfrac{3}{5}$，$x_2=\dfrac{4}{5}$，即 $\cos\theta=\dfrac{3}{5}$ 或 $\cos\theta=\dfrac{4}{5}$，$\sin\theta=\dfrac{4}{5}$ 或 $\sin\theta=\dfrac{3}{5}$，故所求方向 $\boldsymbol{l}=\left(\dfrac{3}{5},\dfrac{4}{5}\right)$或 $\boldsymbol{l}=\left(\dfrac{4}{5},\dfrac{3}{5}\right)$.

2. 一个小孩的玩具船从一条平直的河流的一岸放入水中. 水流带着小船以 5 英尺每秒的速度运动，水面上的风将其以 4 英尺每秒的速度吹响对岸，若小孩沿着河岸以 3 英尺每秒的速度跟着他的小船，则 3 秒钟后小船离开他的速度是多少?

解：建立直角坐标系，以河岸为 X 轴，垂直于河岸指向对岸的方向为 Y 轴，玩具船的起点为坐标原点，则水流带动小船的速度为 $\boldsymbol{v}_1=(5,0)$，水流带动小船的速度为 $\boldsymbol{v}_2=(0,4)$，小船的实际速度是 $\boldsymbol{v}=\boldsymbol{v}_1+\boldsymbol{v}_2=\{5,4\}$，而小孩的速度为 $\boldsymbol{u}=(3,0)$，则 3 秒钟后小船离开他的速度大小是 $|\boldsymbol{v}-\boldsymbol{u}|=|\{5,4\}-\{3,0\}|=\sqrt{2^2+4^2}=\sqrt{20}$.

3. 设 $f(x,y)$ 在点 $P_0(2,0)$ 处沿 $\boldsymbol{l}_1=(2,-2)$ 的方向导数是 1，沿 $\boldsymbol{l}_2=(-2,0)$ 的方向导数是 -3，求 $f(x,y)$ 在点 P_0 处沿$(3,2)$ 的方向导数.

解：
$$\boldsymbol{e}_{l_1}=\left(\frac{1}{\sqrt{2}},-\frac{1}{\sqrt{2}}\right),\quad \boldsymbol{e}_{l_2}=(-1,0),\quad \boldsymbol{e}_l=\left(\frac{3}{\sqrt{13}},\frac{2}{\sqrt{13}}\right),$$

由已知及方向导数的计算公式得

$$\frac{\partial f(P_0)}{\partial \boldsymbol{l}_1}=\frac{\partial f(P_0)}{\partial x}\cdot\frac{1}{\sqrt{2}}+\frac{\partial f(P_0)}{\partial y}\cdot\frac{1}{\sqrt{2}}=0,$$

$$\frac{\partial f(P_0)}{\partial \boldsymbol{l}_2}=\frac{\partial f(P_0)}{\partial x}\cdot(-1)+\frac{\partial f(P_0)}{\partial y}\cdot 0=-3,$$

所以

$$\frac{\partial f(P_0)}{\partial x}=3,\quad \frac{\partial f(P_0)}{\partial y}=3-\sqrt{2},$$

于是

$$\frac{\partial f(P_0)}{\partial \boldsymbol{l}}=\frac{\partial f(P_0)}{\partial x}\cdot\frac{3}{\sqrt{13}}+\frac{\partial f(P_0)}{\partial y}\cdot\frac{2}{\sqrt{13}}=\frac{15-2\sqrt{2}}{\sqrt{13}}.$$

4. 设函数 $f(x,y)$ 的偏导数 $f'_x(x,y),f'_y(x,y)$ 在 P_0 的邻域 $U(P_0)$ 上有界，证明函数 $f(x,y)$ 在邻域 $U(P_0)$ 上连续.

证明：任取 $(x_0,y_0)\in U(P_0)$，由 $f'_x(x,y)$ 存在可知 $f(x,y)$ 对 x 连续，从而 $\forall\varepsilon>0,\exists\delta>0$，当 $|x-x_0|<\delta$ 时，有

$$|f(x,y_0)-f(x_0,y_0)|<\frac{\varepsilon}{2}.$$

又由拉格朗日中值定理知

$$|f(x,y)-f(x_0,y_0)|=|f'_y(x,\xi)(y-y_0)|<M|(y-y_0)|,$$

而 ξ 位于 y 与 y_0 之间，$|f'_y(x,\xi)|<M$(常数) 取 $\delta'=\min\left\{\delta,\frac{\varepsilon}{2(M+1)}\right\}$，则当

$$|x-x_0|<\delta',\quad |y-y_0|<\delta',$$

时，有

$$\begin{aligned}&|f(x,y)-f(x_0,y_0)|\\&\leqslant|f(x,y)-f(x,y_0)|+|f(x,y_0)-f(x_0,y_0)|\\&<M|(y-y_0)|+\frac{\varepsilon}{2},\end{aligned}$$

故 $f(x,y)$ 在 (x_0,y_0) 内连续，由 (x_0,y_0) 的任意性知，$f(x,y)$ 在 $U(P_0)$ 内连续.

第三节　多元复合函数及隐函数的微分

一、知识要点

1. 多元复合函数的微分法

定理 1　设 $z=f(u,v),u=\varphi(x,y),v=\psi(x,y)$ 可以构成复合函数 $z=f(\varphi(x,y),\psi(x,y))$. 若 $u=\varphi(x,y)$ 及 $v=\psi(x,y)$ 都在点 (x,y) 处可微，函数 $z=f(u,v)$ 在对应点 (u,v) 处可微，则复合函数 $z=f(\varphi(x,y),\psi(x,y))$ 在点 (x,y) 处可微，且有

$$\frac{\partial z}{\partial x}=\frac{\partial f}{\partial u}\frac{\partial u}{\partial x}+\frac{\partial f}{\partial v}\frac{\partial v}{\partial x},$$

$$\frac{\partial z}{\partial y}=\frac{\partial f}{\partial u}\frac{\partial u}{\partial y}+\frac{\partial f}{\partial v}\frac{\partial v}{\partial y}.$$

注 1:定理中的条件并非必要条件.

注 2:特别地,当 $z=f(u,v)$,而 $u=\varphi(x)$,$v=\psi(x)$ 时,上述两个定理就是一样的,由于复合函数 $z=f(\varphi(x),\psi(x))$ 为 x 的一元函数,这时 z 对 x 的导数称为全导数,应写为

$$\frac{\mathrm{d}z}{\mathrm{d}x}=\frac{\partial f}{\partial u}\cdot\frac{\mathrm{d}u}{\mathrm{d}x}+\frac{\partial f}{\partial v}\cdot\frac{\mathrm{d}v}{\mathrm{d}x}.$$

链式法则对多层复合的函数依然成立,对多元函数也依然成立. 以三个中间变量为例,定理 1 是:

若 $u=\varphi(x,y)$,$v=\psi(x,y)$ 及 $w=\omega(x,y)$ 都在(x,y)具有对 x 及对 y 的偏导数,函数 $z=f(u,v,w)$ 在对应点(u,v,w)处可微,则 $z=f(\varphi(x,y),\psi(x,y),\omega(x,y))$ 在点(x,y)处的偏导数都存在,且有

$$\frac{\partial z}{\partial x}=\frac{\partial f}{\partial u}\frac{\partial u}{\partial x}+\frac{\partial f}{\partial v}\frac{\partial v}{\partial x}+\frac{\partial f}{\partial w}\frac{\partial w}{\partial x},$$

$$\frac{\partial z}{\partial y}=\frac{\partial f}{\partial u}\frac{\partial u}{\partial y}+\frac{\partial f}{\partial v}\frac{\partial v}{\partial y}+\frac{\partial f}{\partial w}\frac{\partial w}{\partial y}.$$

性质 1(一阶全微分形式的不变性) 若 $z=f(u,v)$ 可微,$u=\varphi(x,y)$,$v=\psi(x,y)$ 也可微,则函数 $z=f(u,v)$ 与复合函数 $z=f(\varphi(x,y),\psi(x,y))$ 的微分相等,即不论 u,v 作为 $z=f(u,v)$ 的自变量;还是作为复合函数 $z=f(\varphi(x,y),\psi(x,y))$ 的中间变量,均有

$$\mathrm{d}z=\frac{\partial z}{\partial u}\mathrm{d}u+\frac{\partial z}{\partial v}\mathrm{d}v.$$

这一性质称为一阶全微分形式的不变性.

利用一阶全微分形式不变性,可以证明不论 u,v 是自变量,还是中间变量下列全微分的四则运算法则都成立.

定理 2 设 u,v 可微分,则 $u\pm v$,uv,$\frac{u}{v}(v\neq 0)$ 亦可微分,且有

(1) $\mathrm{d}(u\pm v)=\mathrm{d}u\pm\mathrm{d}v$;

(2) $\mathrm{d}(uv)=v\mathrm{d}u+u\mathrm{d}v$;特别有 $\mathrm{d}(cu)=c\mathrm{d}u$,$c\in R$;

(3) $\mathrm{d}\left(\frac{u}{v}\right)=\frac{v\mathrm{d}u-u\mathrm{d}v}{v^2}$.

2. 隐函数微分法

(1) 由方程 $F(x,y)=0$ 所确定的一元隐函数的存在性、可微性

定理 3(隐函数存在定理) 设函数 $F(x,y)$ 在点 $P_0(x_0,y_0)$ 的某一邻域 $U(P_0)$ 内有连续的偏导数,且 $F(x_0,y_0)=0$,$F'_y(x_0,y_0)\neq 0$,则存在点 x_0 某一邻域 $U(x_0)$ 和唯一一个定义在 $U(x_0)$ 上的、有连续导数的函数 $y=f(x)$,它满足 $y_0=f(x_0)$ 及在 $U(x_0)$ 的恒等式 $F(x,f(x))\equiv 0$,且有

$$\frac{\mathrm{d}y}{\mathrm{d}x}=-\frac{F'_x}{F'_y}.$$

常称函数 $y=f(x)$ 为由方程 $F(x_0,y_0)=0$ 确定的隐函数.

(2) 由方程 $F(x,y,z)=0$ 所确定的二元隐函数的存在性、可微性

定理4 若函数 $F(x,y,z)$ 在点 $P_0(x_0,y_0,z_0)$ 的某一邻域 $U(P_0)$ 内具有连续偏导数,且 $F(P_0)=0,F'_z(P_0)\neq 0$,则存在点 x_0 某一邻域 $U(x_0)$ 和唯一一个定义在 $U(x_0)$ 上的、有连续偏导数的二元隐函数 $z=f(x,y)$,它满足 $z_0=f(x_0,y_0)$ 及在 $U(x_0)$ 的恒等式,$F(x,y,f(x,y))\equiv 0$ 且有

$$\frac{\partial z}{\partial x}=-\frac{F'_x}{F'_z},\quad \frac{\partial z}{\partial y}=-\frac{F'_y}{F'_z}.$$

常称函数 $z=f(x,y)$ 为由方程 $F(x,y,z)=0$ 确定的隐函数.

(3) **定理5** 设 $F(x,y,u,v),G(x,y,u,v)$ 均在点 $P_0(x_0,y_0,u_0,v_0)$ 的某一邻域 $U(P_0)$ 内对各个变量具有连续偏导数,且 $F(P_0)=0,G(P_0)=0$;且偏导数构成的行列式 $J=\left|\frac{\partial(F,G)}{\partial(u,v)}\right|_{P_0}=\begin{vmatrix}F'_u & F'_v\\ G'_u & G'_v\end{vmatrix}_{P_0}\neq 0$,则方程组

$$\begin{cases}F(x,y,u,v)=0\\ G(x,y,u,v)=0\end{cases}$$

在点 P_0 的某一邻域 $U(P_0)$ 内能唯一确定一组具有连续偏导数的函数 $u=u(x,y),v=v(x,y)$,它们满足 $u_0=u(x_0,y_0),v_0=v(x_0,y_0)$ 及恒等式 $F(x,y,u(x,y),v(x,y))\equiv 0,G(x,y,u(x,y),v(x,y))\equiv 0$ 且有

$$\frac{\partial u}{\partial x}=-\frac{1}{J}\frac{\partial(F,G)}{\partial(x,v)},\quad \frac{\partial u}{\partial y}=-\frac{1}{J}\frac{\partial(F,G)}{\partial(y,v)},$$

$$\frac{\partial v}{\partial x}=-\frac{1}{J}\frac{\partial(F,G)}{\partial(u,x)},\quad \frac{\partial v}{\partial y}=-\frac{1}{J}\frac{\partial(F,G)}{\partial(x,y)}.$$

二、习题解答

A

1. 求下列函数的所有二阶偏导数(假设函数 f 具有连续二阶偏导数):

(1) $z=f(xy^2,x^2y)$;

(2) $z=f(x^2+y^2+z^2)$.

解:(1) 令 $u=xy^2,v=x^2y$,则 $z=f(u,v)$,于是

$$\frac{\partial z}{\partial x}=\frac{\partial z}{\partial u}\frac{\partial u}{\partial x}+\frac{\partial z}{\partial v}\frac{\partial v}{\partial x}=y^2f_1+2xyf_2,$$

$$\frac{\partial z}{\partial y}=\frac{\partial z}{\partial u}\frac{\partial u}{\partial y}+\frac{\partial z}{\partial v}\frac{\partial v}{\partial y}=2xyf_1+x^2f_2,$$

所以

$$\begin{aligned}\frac{\partial^2 z}{\partial x^2} &= y^2 \frac{\partial}{\partial x}(f_1) + 2yf_2 + 2xy \frac{\partial}{\partial x}(f_2) \\ &= y^2\left(f_{11} \frac{\partial u}{\partial x} + f_{12} \frac{\partial v}{\partial x}\right) + 2yf_2 + 2xy\left(f_{21} \frac{\partial u}{\partial x} + f_{22} \frac{\partial v}{\partial x}\right) \\ &= y^2(f_{11} y^2 + f_{12} 2xy) + 2yf_2 + 2xy(f_{21} y^2 + f_{22} 2xy) \\ &= y^4 f_{11} + 4xy^3 f_{12} + 4x^2 y^2 f_{22} + 2yf_2 (\text{因为 } f_{12} = f_{21}),\end{aligned}$$

$$\begin{aligned}\frac{\partial^2 z}{\partial x \partial y} &= 2yf_1 + y^2 \frac{\partial}{\partial y}(f_1) + 2xf_2 + 2xy \frac{\partial}{\partial y}(f_2) \\ &= 2yf_1 + y^2\left(f_{11} \frac{\partial u}{\partial y} + f_{12} \frac{\partial v}{\partial y}\right) + 2xf_2 + 2xy\left(f_{21} \frac{\partial u}{\partial y} + f_{22} \frac{\partial v}{\partial y}\right) \\ &= 2xy^3 f_{11} + 5x^2 y^2 f_{12} + 2x^3 y f_{22} + 2yf_1 + 2xf_2 = \frac{\partial^2 z}{\partial y \partial x},\end{aligned}$$

$$\begin{aligned}\frac{\partial^2 z}{\partial y^2} &= 2xf_1 + 2xy \frac{\partial}{\partial y}(f_1) + x^2 \frac{\partial}{\partial y}(f_2) \\ &= 2xf_1 + 2xy\left(f_{11} \frac{\partial u}{\partial y} + f_{12} \frac{\partial v}{\partial y}\right) + x^2\left(f_{21} \frac{\partial u}{\partial y} + f_{22} \frac{\partial v}{\partial y}\right) \\ &= 4x^2 y^2 f_{11} + 4x^3 y f_{12} + x^4 f_{22} + 2xf_1.\end{aligned}$$

(2) 因为$\frac{\mathrm{d}u}{\mathrm{d}x} = 2xf'(x^2 + y^2 + z^2)$,$\frac{\mathrm{d}u}{\mathrm{d}y} = 2yf'(x^2 + y^2 + z^2)$,$\frac{\mathrm{d}u}{\mathrm{d}z} = 2zf'(x^2 + y^2 + z^2)$,所以

$$\frac{\partial^2 u}{\partial x^2} = 2f'(x^2 + y^2 + z^2) + 4x^2 f''(x^2 + y^2 + z^2),$$

$$\frac{\partial^2 u}{\partial y^2} = 2f'(x^2 + y^2 + z^2) + 4y^2 f''(x^2 + y^2 + z^2),$$

$$\frac{\partial^2 u}{\partial z^2} = 2f'(x^2 + y^2 + z^2) + 4z^2 f''(x^2 + y^2 + z^2),$$

$$\frac{\partial^2 u}{\partial x \partial y} = 4xyf''(x^2 + y^2 + z^2) = \frac{\partial^2 u}{\partial y \partial x},$$

$$\frac{\partial^2 u}{\partial z \partial x} = 4xzf''(x^2 + y^2 + z^2) = \frac{\partial^2 u}{\partial x \partial z},$$

$$\frac{\partial^2 u}{\partial z \partial y} = 4zyf''(x^2 + y^2 + z^2) = \frac{\partial^2 u}{\partial y \partial z}.$$

2. 已知方程$\frac{\partial^2 u}{\partial x^2} + \frac{\partial^2 u}{\partial y^2} = 0$有形如$u = \varphi\left(\frac{y}{x}\right)$的解,试求出这个解来.

解:令$t = \frac{y}{x}$,于是

$$\frac{\partial u}{\partial x}=\frac{\mathrm{d}u}{\mathrm{d}t}\frac{\partial t}{\partial x}=-\frac{y}{x^2}\varphi'(t),$$

$$\frac{\partial u}{\partial y}=\frac{\mathrm{d}u}{\mathrm{d}t}\frac{\partial t}{\partial y}=\frac{1}{x}\varphi'(t),$$

所以

$$\frac{\partial^2 u}{\partial x^2}=\frac{2y}{x^3}\varphi'(t)+\frac{y^2}{x^4}\varphi''(t)=\frac{1}{y^2}[2t^3\varphi'(t)+t^4\varphi''(t)],$$

$$\frac{\partial^2 u}{\partial y^2}=\frac{1}{x^2}\varphi''(t)=\frac{t^2}{y^2}\varphi''(t),$$

由已知条件得

$$\frac{\partial^2 u}{\partial x^2}+\frac{\partial^2 u}{\partial y^2}=\frac{1}{y^2}[2t^3\varphi'(t)+(t^4+t^2)\varphi''(t)]$$

$$=\frac{t^2}{y^2}[2t\varphi'(t)+(t^2+1)\varphi''(t)]=0,$$

所以
$$2t\varphi'(t)+(t^2+1)\varphi''(t)=0,$$

即
$$\varphi''(t)+\frac{2t}{t^2+1}\varphi'(t)=0,$$

于是
$$\varphi'(t)=C_1\mathrm{e}^{-\int\frac{2t}{t^2+1}\mathrm{d}t}=\frac{C_1}{t^2+1},$$

$$\varphi(t)=C_1\int\frac{1}{t^2+1}\mathrm{d}t+C_2=C_1\arctan t+C_2.$$

故所求解为
$$u=\varphi\left(\frac{y}{x}\right)=C_1\arctan\frac{y}{x}+C_2,$$

其中，C_1，C_2 为任意常数.

3. 设线性变换

$$u=x-2y,\quad v=x+ay,$$

现在要把 $6\frac{\partial^2 z}{\partial x^2}+\frac{\partial^2 z}{\partial x\partial y}-\frac{\partial^2 z}{\partial y^2}=0$ 变换成 $\frac{\partial^2 z}{\partial u\partial v}=0$，求常数 a.

解：由方程知 z 是 x，y 的函数，因而可以把 z 视为以 u，v 为中间变量的关于 x，y 的复合函数，于是

$$\frac{\partial z}{\partial x}=\frac{\partial z}{\partial u}\frac{\partial u}{\partial x}+\frac{\partial z}{\partial v}\frac{\partial v}{\partial x}=\frac{\partial z}{\partial u}+\frac{\partial z}{\partial v},\quad \frac{\partial z}{\partial y}=\frac{\partial z}{\partial u}\frac{\partial u}{\partial y}+\frac{\partial z}{\partial v}\frac{\partial v}{\partial y}=-2\frac{\partial z}{\partial u}+a\frac{\partial z}{\partial v},$$

$$\frac{\partial^2 z}{\partial x^2}=\frac{\partial^2 z}{\partial u^2}+2\frac{\partial^2 z}{\partial u\partial v}+\frac{\partial^2 z}{\partial v^2},\quad \frac{\partial^2 z}{\partial y^2}=4\frac{\partial^2 z}{\partial u^2}-4a\frac{\partial^2 z}{\partial u\partial v}+a^2\frac{\partial^2 z}{\partial v^2},$$

$$\frac{\partial^2 z}{\partial u\partial v}=-2\frac{\partial^2 z}{\partial u^2}+(a-2)\frac{\partial^2 z}{\partial u\partial v}+a\frac{\partial^2 z}{\partial v^2},$$

因而

$$6\frac{\partial^2 z}{\partial x^2}+\frac{\partial^2 z}{\partial x\partial y}-\frac{\partial^2 z}{\partial y^2}=(10+5a)\frac{\partial^2 z}{\partial u\partial v}+(6-a^2+a)\frac{\partial^2 z}{\partial v^2}=0,$$

要使 $6\dfrac{\partial^2 z}{\partial x^2}+\dfrac{\partial^2 z}{\partial x\partial y}-\dfrac{\partial^2 z}{\partial y^2}=0$ 变换为$\dfrac{\partial^2 z}{\partial u\partial v}=0$ 必须有

$$\begin{cases}10+5a\neq 0,\\6-a^2+a=0,\end{cases}$$

从而解得 $a=3$.

4. 设 $z=f\left(xy,\dfrac{x}{y}\right)+g\left(\dfrac{y}{x}\right)$,其中 f 有连续二阶偏导数,g 有二阶导数,求$\dfrac{\partial^2 z}{\partial x\partial y}$.

解:根据复合函数偏导数公式$\dfrac{\partial z}{\partial x}=f'_1\cdot y+f'_2\cdot\dfrac{1}{y}+g'\cdot\left(-\dfrac{y}{x^2}\right)$,

$$\begin{aligned}\frac{\partial^2 z}{\partial x\partial y}&=\frac{\partial}{\partial y}\left(\frac{\partial z}{\partial x}\right)=\frac{\partial}{\partial y}\left[f'_1\cdot y+f'_2\cdot\frac{1}{y}+g'\cdot\left(-\frac{y}{x^2}\right)\right]\\&=f'_1+y\left[f''_{11}x+f''_{12}\cdot\left(-\frac{x}{y^2}\right)\right]-\frac{1}{y^2}f'_2+\frac{1}{y}\left[f''_{21}x+f''_{22}\cdot\left(-\frac{x}{y^2}\right)\right]-g''\cdot\frac{y}{x^3}-g'\cdot\frac{1}{x^2}\\&=f'_1+xyf''_{11}-\frac{1}{y^2}f'_2-\frac{x}{y^3}f''_{22}-\frac{y}{x^3}g''-\frac{1}{x^2}g'.\end{aligned}$$

5. 利用一阶全微分形式不变性和微分运算法则,求下列函数的全微分和偏导数(设 φ 和 f 均可微)

(1) $z=\varphi(xy)+\varphi(\dfrac{x}{y})$;　　(2) $z=e^{xy}\sin(x+y)$;

(3) $u=\sqrt{x^2+y^2+z^2}$;　　(4) $u=f(x^2-y^2,e^{xy},z)$.

解:(1) $\mathrm{d}z=\varphi'(xy)\mathrm{d}(xy)+\varphi'(\dfrac{x}{y})\mathrm{d}(\dfrac{x}{y})$

$$=\varphi'(xy)(y\mathrm{d}x+x\mathrm{d}y)+\varphi'(\frac{x}{y})\frac{y\mathrm{d}x-x\mathrm{d}y}{y^2}$$

$$=[y\varphi'(xy)+\frac{1}{y}\varphi'(\frac{x}{y})]\mathrm{d}x+[x\varphi'(xy)-\frac{x}{y^2}\varphi'(\frac{x}{y})]\mathrm{d}y,$$

所以　$\dfrac{\partial z}{\partial x}=y\varphi'(xy)+\dfrac{1}{y}\varphi'(\dfrac{x}{y}),\dfrac{\partial z}{\partial y}=x\varphi'(xy)-\dfrac{x}{y^2}\varphi'(\dfrac{x}{y})$.

(2) $$\begin{aligned}\mathrm{d}z&=e^{xy}\sin(x+y)\mathrm{d}(xy)+e^{xy}\cos(x+y)\mathrm{d}(x+y)\\&=e^{xy}\sin(x+y)(y\mathrm{d}x+x\mathrm{d}y)+e^{xy}\cos(x+y)(\mathrm{d}x+\mathrm{d}y)\\&=e^{xy}[y\sin(x+y)+\cos(x+y)]\mathrm{d}x+e^{xy}[x\sin(x+y)+\cos(x+y)]\mathrm{d}y,\end{aligned}$$

所以

$$\frac{\partial z}{\partial x}=e^{xy}[y\sin(x+y)+\cos(x+y)],\frac{\partial z}{\partial y}=e^{xy}[x\sin(x+y)+\cos(x+y)].$$

(3) $\mathrm{d}u=\dfrac{1}{2(x^2+y^2+z^2)}\mathrm{d}(x^2+y^2+z^2)=\dfrac{x\mathrm{d}x+y\mathrm{d}y+z\mathrm{d}z}{x^2+y^2+z^2}$,

所以

$$\frac{\partial u}{\partial x}=\frac{x}{x^2+y^2+z^2},\quad \frac{\partial u}{\partial y}=\frac{y}{x^2+y^2+z^2},\quad \frac{\partial u}{\partial z}=\frac{z}{x^2+y^2+z^2}.$$

(4) $\mathrm{d}u = f_1\mathrm{d}(x^2-y^2)+f_2\mathrm{d}(\mathrm{e}^{xy})+f_3\mathrm{d}z$

$$=(2xf_1+y\mathrm{e}^{xy}f_2)\mathrm{d}x+(x\mathrm{e}^{xy}f_2-2yf_1)\mathrm{d}y+f_3\mathrm{d}z,$$

所以

$$\frac{\partial u}{\partial x}=2xf_1+y\mathrm{e}^{xy}f_2,\quad \frac{\partial u}{\partial y}=x\mathrm{e}^{xy}f_2-2yf_1,\quad \frac{\partial u}{\partial z}=f_3.$$

6. 求下列方程所确定的隐函数 y 的一阶导数与二阶导数：

(1) $\ln\sqrt{x^2+y^2}=\arctan\dfrac{y}{x}$；

(2) $2=\arctan\dfrac{y}{x}$.

解：(1) 方程变形为$\dfrac{1}{2}\ln(x^2+y^2)=\arctan\dfrac{y}{x}$，方程两端同时关于 x 求偏导（注意 y 是 x 的函数），得

$$\frac{1}{2}\frac{1}{x^2+y^2}\left(2x+2y\frac{\mathrm{d}y}{\mathrm{d}x}\right)=\frac{1}{1+\left(\frac{y}{x}\right)^2}\cdot\frac{x\frac{\mathrm{d}y}{\mathrm{d}x}-y}{x^2},$$

即

$$x+y\frac{\mathrm{d}y}{\mathrm{d}x}=x\frac{\mathrm{d}y}{\mathrm{d}x}-y,$$

所以

$$\frac{\mathrm{d}y}{\mathrm{d}x}=\frac{x+y}{x-y},$$

$$\begin{aligned}\frac{\mathrm{d}^2y}{\mathrm{d}x^2}&=\frac{\mathrm{d}}{\mathrm{d}x}\left(\frac{x+y}{x-y}\right)\\&=\frac{\left(1+\frac{\mathrm{d}y}{\mathrm{d}x}\right)(x-y)-(x+y)\left(1-\frac{\mathrm{d}y}{\mathrm{d}x}\right)}{(x-y)^2}\\&=\frac{-2y+2x\frac{\mathrm{d}y}{\mathrm{d}x}}{(x-y)^2}=\frac{-2y+2x\frac{x+y}{x-y}}{(x-y)^2}=\frac{2(x^2+y^2)}{(x-y)^3}.\end{aligned}$$

(2) 方程两端同时关于 x 求偏导（注意 y 是 x 的函数），得

$$\frac{1}{1+\left(\frac{y}{x}\right)^2}\left(\frac{x\frac{\mathrm{d}y}{\mathrm{d}x}-y}{x^2}\right)=\left(\frac{x\frac{\mathrm{d}y}{\mathrm{d}x}-y}{x^2+y^2}\right)=0,$$

于是有$\dfrac{\mathrm{d}y}{\mathrm{d}x}=\dfrac{y}{x}$，从而

$$\frac{\mathrm{d}^2y}{\mathrm{d}x^2}=\frac{\mathrm{d}}{\mathrm{d}x}\left(\frac{y}{x}\right)=\frac{\frac{\mathrm{d}y}{\mathrm{d}x}x-y}{x^2}=\frac{\frac{y}{x}x-y}{x^2}=0.$$

7. 求下列方程所确定的隐函数 z 的一阶偏导数与二阶偏导数：

(1) $\dfrac{x}{z}=\ln\dfrac{z}{y}$；

(2) $x^2-2y^2+z^2-4x+2z-5=0$.

解：(1) 方程两端同时关于 x 求偏导(注意 z 是 x,y 的函数)，得

$$\frac{z-x\dfrac{\partial z}{\partial x}}{z^2}=\frac{y}{z}\cdot\frac{1}{y}\cdot\frac{\partial z}{\partial x},$$

所以
$$\frac{\partial z}{\partial x}=\frac{z}{x+z},$$

同理，方程两端同时关于 y 求偏导，得$\dfrac{\partial z}{\partial y}=\dfrac{z^2}{y(x+z)}$，于是

$$\frac{\partial^2 z}{\partial x^2}=\frac{(x+z)\dfrac{\partial z}{\partial x}-z\left(1+\dfrac{\partial z}{\partial x}\right)}{(x+z)^2}=\frac{x\dfrac{\partial z}{\partial x}-z}{(x+z)^2}=\frac{x\dfrac{z}{x+z}-z}{(x+z)^2}=\frac{-z^2}{(x+z)^2},$$

$$\frac{\partial^2 z}{\partial y\partial x}=\frac{(x+y)\dfrac{\partial z}{\partial y}-z\dfrac{\partial z}{\partial y}}{(x+z)^2}=\frac{x\dfrac{z^2}{(x+z)y}}{(x+z)^2}=\frac{xz^2}{(x+z)^3y},$$

同理可得

$$\frac{\partial^2 z}{\partial x\partial y}=\frac{xz^2}{(x+z)^3y},$$

$$\frac{\partial^2 z}{\partial y^2}=\frac{2zy(x+z)\dfrac{\partial z}{\partial y}-z^2\left[(x+z)+y\dfrac{\partial z}{\partial y}\right]}{y^2(x+z)^2}=-\frac{2x^2z^2}{y^2(x+z)^2}.$$

(2) 方程两端同时关于 x 求偏导(注意 z 是 x,y 的函数)，得

$$2x+2z\frac{\partial z}{\partial x}-4+2\frac{\partial z}{\partial x}=0.$$

即
$$\frac{\partial z}{\partial x}=\frac{2-x}{1+z},$$

同理，方程两端同时关于 y 求偏导，得$\dfrac{\partial z}{\partial y}=\dfrac{2y}{1+z}$，于是

$$\frac{\partial^2 z}{\partial x^2}=\frac{-(1+z)-(2-x)\left(1+\dfrac{\partial z}{\partial x}\right)}{(1+z)^2}=\frac{-(1+z)-(2-x)\left(1+\dfrac{2-x}{1+z}\right)}{(1+z)^2}=\frac{-3-z+x}{(1+z)^2}-\frac{(2-x)^2}{(1+z)^3},$$

$$\frac{\partial^2 z}{\partial y\partial x}=\frac{-2y\dfrac{\partial z}{\partial x}}{(1+z)^2}=\frac{-2y\dfrac{2-x}{1+z}}{(1+z)^2}=\frac{-4y+2xy}{(1+z)^3}=\frac{\partial^2 z}{\partial x\partial y},$$

$$\frac{\partial^2 z}{\partial y^2}=\frac{2(1+z)-2y\dfrac{\partial z}{\partial y}}{(1+z)^2}=\frac{2(1+z)-2y\dfrac{2y}{1+z}}{(1+z)^2}=\frac{2}{(1+z)}-\frac{-4y^2}{(1+z)^3}.$$

8. 设 $f(x,y,z)=xy^2z^3$，而 x,y,z 又同时满足方程

$$x^2+y^2+z^2-3xyz=0,$$

(1) 设 z 是由上式所确定的隐函数，求 $f'_x(1,1,1)$；

(2) 设 y 是由上式所确定的隐函数，求 $f'_y(1,1,1)$.

解：(1) 因为 z 是由上式所确定的隐函数，所以上方程两端同时关于 x 求偏导，得

$$2x+2z\frac{\partial z}{\partial x}-3yz-3xy\frac{\partial z}{\partial x}=0,$$

于是
$$\frac{\partial z}{\partial x}=\frac{2x-3yz}{3xy-2z}\bigg|_{(1,1,1)}=-1,$$

而
$$f'_x(x,y,z)=y^2z^3+3xy^2z^2\frac{\partial z}{\partial x},$$

故
$$f'_x(1,1,1)=(y^2z^3+3xy^2z^2\frac{\partial z}{\partial x})\bigg|_{(1,1,1)}=-2.$$

(2) 因为 y 是由上式所确定的隐函数，所以上方程两端同时关于 x 求偏导，得

$$2x+2y\frac{\partial y}{\partial x}-3yz-3xz\frac{\partial y}{\partial x}=0,$$

于是
$$\frac{\partial y}{\partial x}=\frac{2x-3yz}{3xz-2y}\bigg|_{(1,1,1)}=-1,$$

而
$$f'_x(x,y,z)=y^2z^3+2xyz^3\frac{\partial y}{\partial x},$$

故
$$f'_y(1,1,1)=(y^2z^3+2xyz^3\frac{\partial z}{\partial x})\bigg|_{(1,1,1)}=-1.$$

9. 求由下列方程确定的隐函数 z 的全微分：

(1) $F(x-az,y-bz)=0$，　　(2) $x^2+y^2+z^2=yf\left(\frac{z}{y}\right)$.

其中，F 具有连续一阶偏导数，f 连续可导，且 a,b 均为常数.

解：(1) 方程两边同时求全微分，得

$$F'_1\mathrm{d}(x-az)+F'_2\mathrm{d}(y-bz)=0,$$

即
$$F'_1\mathrm{d}x+F'_2\mathrm{d}y-(F'_1a+bF'_2)\mathrm{d}z=0,$$

所以
$$\mathrm{d}z=\frac{F'_1}{aF'_1+bF'_2}\mathrm{d}x+\frac{F'_2}{aF'_1+bF'_2}\mathrm{d}y.$$

(2) 方程两边同时求全微分，得

$$2x\mathrm{d}x+2y\mathrm{d}y+2z\mathrm{d}z=f\left(\frac{z}{y}\right)\mathrm{d}y+yf'\left(\frac{z}{y}\right)\cdot\frac{y\mathrm{d}z-z\mathrm{d}y}{y^2},$$

整理得

$$\mathrm{d}z=\frac{2xy}{2yz-yf'\left(\frac{z}{y}\right)}\mathrm{d}x+\frac{yf\left(\frac{z}{y}\right)-zf'\left(\frac{z}{y}\right)-2y^2}{2yz-yf'\left(\frac{z}{y}\right)}\mathrm{d}y.$$

10. 设 $y=f(x,t)$ 是由方程 $F(x,y,t)=0$ 所确定的 x,y 函数,其中 f,F 都具有连续一阶偏导数,证明:

$$\frac{\mathrm{d}y}{\mathrm{d}x}=-\frac{\dfrac{\partial f}{\partial x}\dfrac{\partial F}{\partial t}-\dfrac{\partial f}{\partial t}\dfrac{\partial F}{\partial x}}{\dfrac{\partial f}{\partial x}\dfrac{\partial F}{\partial y}+\dfrac{\partial F}{\partial t}}.$$

证明:方程 $f(x,t)$ 两边同时求全微分,

得
$$\mathrm{d}y=\frac{\partial f}{\partial x}\mathrm{d}x+\frac{\partial f}{\partial t}\mathrm{d}t,$$

于是
$$\mathrm{d}t=\frac{\mathrm{d}y-\dfrac{\partial f}{\partial x}\mathrm{d}x}{\dfrac{\partial f}{\partial t}},$$

方程 $F(x,y,t)=0$ 两边同时求全微分,得 $\dfrac{\partial F}{\partial x}\mathrm{d}x+\dfrac{\partial F}{\partial y}\mathrm{d}y+\dfrac{\partial F}{\partial t}\mathrm{d}t=0$,

于是
$$\mathrm{d}t=-\frac{\dfrac{\partial F}{\partial x}\mathrm{d}x+\dfrac{\partial F}{\partial y}\mathrm{d}y}{\dfrac{\partial F}{\partial t}},$$

所以
$$\frac{\mathrm{d}y-\dfrac{\partial f}{\partial x}\mathrm{d}x}{\dfrac{\partial f}{\partial t}}=-\frac{\dfrac{\partial F}{\partial x}\mathrm{d}x+\dfrac{\partial F}{\partial y}\mathrm{d}y}{\dfrac{\partial F}{\partial t}},$$

即
$$\left(\frac{\partial f}{\partial t}\frac{\partial F}{\partial y}+\frac{\partial F}{\partial t}\right)\mathrm{d}y=\left(\frac{\partial f}{\partial t}\frac{\partial F}{\partial x}-\frac{\partial f}{\partial x}\frac{\partial F}{\partial t}\right)\mathrm{d}x.$$

故
$$\frac{\mathrm{d}y}{\mathrm{d}x}=-\frac{\dfrac{\partial f}{\partial x}\dfrac{\partial F}{\partial t}-\dfrac{\partial f}{\partial t}\dfrac{\partial F}{\partial x}}{\dfrac{\partial f}{\partial t}\dfrac{\partial F}{\partial y}+\dfrac{\partial F}{\partial t}}.$$

11. 求下列方程组所确定的隐函数的导数:

(1) $\begin{cases}xu+yv=0,\\ yu+xv=1,\end{cases}$ 求 $\dfrac{\partial u}{\partial x},\dfrac{\partial v}{\partial y}$;　　(2) $\begin{cases}u+v+w=x,\\ uv+vw+uw=y,\\ uvw=z,\end{cases}$ 求 $\dfrac{\partial u}{\partial x},\dfrac{\partial u}{\partial y},\dfrac{\partial u}{\partial z}$.

解:(1) 方程组中的每个方程关于求 x 偏导,得

$$\begin{cases}u+x\dfrac{\partial u}{\partial x}+y\dfrac{\partial v}{\partial x}=0,\\ y\dfrac{\partial u}{\partial x}+v+x\dfrac{\partial v}{\partial x}=1,\end{cases}$$

解得 $\dfrac{\partial u}{\partial x}=\dfrac{yv-xu}{x^2-y^2}$. 同理,每个方程关于 y 求偏导,得 $\dfrac{\partial v}{\partial y}=\dfrac{yv-xu}{x^2-y^2}$.

(2) 每个方程关于求 x 偏导,得

$$\begin{cases}\dfrac{\partial u}{\partial x}+\dfrac{\partial v}{\partial x}+\dfrac{\partial w}{\partial x}=1,\\ v\dfrac{\partial u}{\partial x}+u\dfrac{\partial v}{\partial x}+v\dfrac{\partial w}{\partial x}+w\dfrac{\partial v}{\partial x}+u\dfrac{\partial w}{\partial x}+w\dfrac{\partial v}{\partial x}=0,\\ vw\dfrac{\partial u}{\partial x}+\dfrac{\partial v}{\partial x}uw+uv\dfrac{\partial w}{\partial x}=0,\end{cases}$$

解得

$$\frac{\partial u}{\partial x}=\frac{\begin{vmatrix}1&1&1\\0&u+w&v+u\\0&uw&uv\end{vmatrix}}{\begin{vmatrix}1&1&1\\v+w&u+w&v+u\\vw&uw&uv\end{vmatrix}}=\frac{u^2}{(u-v)(u-w)},$$

同理,可得

$$\frac{\partial u}{\partial y}=\frac{u}{(u-v)(u-w)},\quad \frac{\partial u}{\partial z}=\frac{-1}{(u-v)(u-w)}.$$

12. 设 $u=f(x,y,z)$,$g(x^2,\mathrm{e}^y,z)=0$,$y=\sin x$,其中,f,g 具有一阶连续的偏导数,且 $g'_z\neq 0$,求$\dfrac{\mathrm{d}u}{\mathrm{d}x}$.

解:因为方程组有四个变量:u,x,y,z,但方程有三个,故只有一个自变量 x. 即 u,y,z 均是变量 x 的函数. $u=f(x,y,z)$ 两边同时对 x 求导,有

$$\frac{\mathrm{d}u}{\mathrm{d}x}=f'_x+f'_y\frac{\mathrm{d}y}{\mathrm{d}x}+f'_z\frac{\mathrm{d}z}{\mathrm{d}x};$$

$g(x^2,\mathrm{e}^y,z)=0$ 两边同时对 x 求导,有

$$g_1 2x+g_2\mathrm{e}^y\frac{\mathrm{d}y}{\mathrm{d}x}+g_3\frac{\mathrm{d}z}{\mathrm{d}x}=0;$$

$y=\sin x$ 两边同时对 x 求导,有

$$\frac{\mathrm{d}y}{\mathrm{d}x}=\cos x.$$

联立可解得

$$\frac{\mathrm{d}u}{\mathrm{d}x}=f'_x+f'_y\cos x-\frac{f'_z}{g_3}(2x\cdot g_1+g_2\cdot \mathrm{e}^{\sin x}\cos x).$$

13. 设函数 $y=y(x)$ 和 $z=z(x)$ 为下列方程组确定的隐函数$\begin{cases}z=xf(x+y),\\F(x,y,z)=0,\end{cases}$其中 f 和 F 分别有连续一阶导数和偏导数,求$\dfrac{\mathrm{d}z}{\mathrm{d}x}$.

解:方程组$\begin{cases}z=xf(x+y)\\F(x,y,z)=0\end{cases}$两边同时对 x 求导,得

$$\begin{cases}\dfrac{\mathrm{d}z}{\mathrm{d}x}=f+xf'+xf'\dfrac{\mathrm{d}y}{\mathrm{d}x},\\ F'_x+F'_y\dfrac{\mathrm{d}y}{\mathrm{d}x}+F'_z\dfrac{\mathrm{d}z}{\mathrm{d}x}=0,\end{cases}$$

即

$$\begin{cases}\dfrac{\mathrm{d}z}{\mathrm{d}x}-xf'\dfrac{\mathrm{d}y}{\mathrm{d}x}=f+xf',\\ F'_z\dfrac{\mathrm{d}z}{\mathrm{d}x}+F'_y\dfrac{\mathrm{d}y}{\mathrm{d}x}=-F'_x.\end{cases}$$

从而得

$$\frac{\mathrm{d}z}{\mathrm{d}x}=\frac{\begin{vmatrix}f+xf' & -xf'\\ -F'_x & F'_y\end{vmatrix}}{\begin{vmatrix}1 & -xf'\\ F'_z & F'_y\end{vmatrix}}=\frac{(f+xf')F'_y-xf'F'_x}{F'_y+xf'F'_z}.$$

B

1. 设 $z=f(x,y)$ 在点(1,1)可微,且 $f(1,1)=1,f'_x(1,1)=2,f'_y(1,1)=3,\varphi(x)=f(x,f(x,x))$,求$\dfrac{\mathrm{d}}{\mathrm{d}x}\varphi^3(x)\Big|_{x=1}$.

解:此题复合关系容易搞错,为了克服这点可以使用微分形式不变性.

$$\begin{aligned}\mathrm{d}\varphi^3(x)&=3\varphi^2(x)\mathrm{d}\varphi(x)=3f^2(x,f(x,x))\mathrm{d}f(x,f(x,x))\\&=3f^2(x,f(x,x))\cdot[f'_x(x,f(x,x))\mathrm{d}x+f'_y(x,f(x,x))\mathrm{d}f(x,y)],\end{aligned}$$

令 $x=1$,有

$$\begin{aligned}\mathrm{d}\varphi^3(x)\Big|_{x=1}&=3f^2(1,f(1,1))\{f'_x(1,f(1,1))\mathrm{d}x+f'_y(1,f(1,1))\cdot[f'_x(1,1)\mathrm{d}x+f'_y(1,1)\mathrm{d}x]\}\\&=3f^2(1,1)\{f'_x(1,1)\mathrm{d}x+f'_y(1,1)\cdot[f'_x(1,1)\mathrm{d}x+f'_y(1,1)\mathrm{d}x]\}\\&=3[2\mathrm{d}x+3\cdot(2\mathrm{d}x+3\mathrm{d}x)]=51\mathrm{d}x,\end{aligned}$$

故$\dfrac{\mathrm{d}}{\mathrm{d}x}\varphi^3(x)\Big|_{x=1}=51$.

2. 设函数 $u=u(x,y)$ 是由函数 $u=f(x,y,z,t),g(y,z,t)=0$ 和 $h(x,z,t)=0$ 确定的隐含数,其中,f,g,h 均有一阶偏导数,并且 $J=\dfrac{\partial(g,h)}{\partial(z,t)}\neq 0$,求$\dfrac{\partial u}{\partial y}$.

解:由微分形式不变性,有

$$\mathrm{d}u=f'_x\mathrm{d}x+f'_y\mathrm{d}y+f'_z\mathrm{d}z+f'_t\mathrm{d}t,\tag{1}$$

$$g'_y\mathrm{d}y+g'_z\mathrm{d}z+g'_t\mathrm{d}t=0,\tag{2}$$

$$h'_x\mathrm{d}x+h'_z\mathrm{d}z+h'_t\mathrm{d}t=0,\tag{3}$$

对于(2)、(3),由线性方程组求解的克莱姆法则,得

$$\mathrm{d}z = \frac{g_t h'_x}{g'_z h'_t - g'_t h'_z}\mathrm{d}x - \frac{g'_y h'_t}{g'_z h'_t - g'_t h'_z}\mathrm{d}y,$$

$$\mathrm{d}t = -\frac{h'_x g'_z}{g'_z h'_t - g'_t h'_z}\mathrm{d}x + \frac{h'_z g'_y}{g'_z h'_t - g'_t h'_z}\mathrm{d}y,$$

代回式(1),得

$$\mathrm{d}u = (f'_x + \frac{f'_z h'_x g'_t - f'_t h'_x g'_z}{g'_z h'_t - g'_t h'_z}\mathrm{d}x)\mathrm{d}x + (f'_y - \frac{f'_z h'_t g'_y + f'_t h'_z g'_y}{g'_z h'_t - g'_t h'_z})\mathrm{d}y,$$

所以有

$$\frac{\partial u}{\partial y} = f'_y + \frac{-f'_z h'_t g'_y + f'_t h'_z g'_y}{g'_z h'_t - g'_t h'_z} = f'_y + \frac{1}{J}g'_y(-f'_z h'_t + f'_t h'_z).$$

本章学习要求

1. 理解多元函数的概念,理解二元函数的几何意义.

2. 了解二元函数的极限与连续性的概念,以及有界闭区域上连续函数的性质.

3. 理解多元函数偏导数和全微分的概念,会求全微分,了解全微分存在的必要条件和充分条件,了解全微分形式的不变性.

4. 掌握多元复合函数一阶、二阶偏导数的求法.会求多元隐函数的偏导数.

5. 理解多元函数极值和条件极值的概念,掌握多元函数极值存在的必要条件,了解二元函数极值存在的充分条件,会求二元函数的极值,会用拉格朗日乘数法求条件极值,会求简单多元函数的最大值和最小值,并会解决一些简单的应用问题.

总习题九

1. 填空题:

(1) 二元函数 $z = \sqrt{\ln\frac{4}{x^2+y^2}} + \arcsin\frac{1}{x^2+y^2}$ 的定义域是____________.

(2) 极限 $\lim\limits_{\substack{x\to 0\\ y\to 0}}\frac{2-\sqrt{xy+4}}{xy} =$ ____________.

(3) 设函数 $u = xy^2z^3$, $\boldsymbol{l} = \{-\frac{\sqrt{2}}{2}, 0, \frac{\sqrt{2}}{2}\}$,则方向导数 $\left.\frac{\partial u}{\partial l}\right|_{(1,1,1)} =$ ____________.

(4) 设函数 $z = f(xy, x^2-y^2)$ 可微,则 $\frac{\partial z}{\partial y} =$ ____________.

(5) 设 $z = e^{x^2+2xy}$,则全微分 $dz =$ ______.

(6) 设 $z = \frac{1}{2}\ln(x^2 + y^2)$,则$\frac{\partial^2 z}{\partial x \partial y} =$ ______.

(7) 曲线$\begin{cases} z = \sqrt{1 + x^2 + y^2} \\ x = 1 \end{cases}$在点 $(1,1, \sqrt{3})$ 处的切线与 Y 轴的正向夹角是______.

(8) 设 $r = \ln(x^2 + y^2 + z^2)$,则 $\mathbf{grad}\, r =$ ______.

(9) 函数 $z = \frac{x+y}{x^3+y^3}$ 的间断点是______.

(10) 设函数 $F(x,y) = \int_0^{xy} \frac{\sin t}{1+t^2}dt$,则$\left.\frac{\partial^2 F}{\partial x^2}\right|_{\substack{x=0\\y=2}} =$ ______.

(11) $z = \frac{1}{x}f(xy) + y\varphi(x+y)$,$f$、$\varphi$ 具有二阶偏导数,则$\frac{\partial^2 z}{\partial x \partial y} =$ ______.

(12) 设 $f(x,y,z) = xy^2z^3$,其中,$z = z(x,y)$ 是由方程 $x^2 + y^2 + z^2 - 3xyz = 0$ 所确定的隐函数,则 $f'_x(1,1,1) =$ ______.

(13) 若函数 $z = f(x,y)$ 可微,且 $f(x,x^2) = 1$,$f'_x(x,x^2) = x$,则当 $x \neq 0$ 时,$f'_y(x,x^2) =$ ______.

(14) 若 $z = f(x,y)$在区域D 上的两个混合偏导数$\frac{\partial^2 z}{\partial x \partial y}$,$\frac{\partial^2 z}{\partial y \partial x}$ ______,则在 D 上$\frac{\partial^2 z}{\partial x \partial y} = \frac{\partial^2 z}{\partial y \partial x}$.

(15) 设函数 $z = z(x,y)$ 由方程 $F(\frac{y}{x}, \frac{z}{x}) = 0$ 确定,其中 F 为可微函数,且 $F'_2 \neq 0$,则 $x\frac{\partial z}{\partial x} + y\frac{\partial z}{\partial y} =$ ______.

2. 选择题:

(1) 函数 $f(x,y) = \begin{cases} 0, & xy = 0, \\ x\sin\frac{1}{y} + y\sin\frac{1}{x}, & xy \neq 0, \end{cases}$ 则极限$\lim\limits_{\substack{x\to 0\\y\to 0}} f(x,y)$(　　).

A. 等于1　　B. 等于2　　C. 等于0　　D. 不存在

(2) $z = f(x,y)$ 若在点 $P_0(x_0,y_0)$ 处的两个一阶偏导数存在,则(　　).

A. $f(x,y)$ 在点 P_0 连续　　B. $z = f(x,y_0)$ 在点 x_0 连续

C. $dz = \frac{\partial z}{\partial x}|_{P_0} \cdot dx + \frac{\partial z}{\partial y}|_{P_0} \cdot dy$　　D. A,B,C 都不对

(3) 二元函数 $f(x,y)$在点(x_0,y_0)处的两个偏导数 $f'_x(x_0,y_0)$,$f'_y(x_0,y_0)$存在是函数 f 在该点可微的(　　).

A. 充分而非必要条件　　B. 必要而非充分条件

C. 充分必要条件　　D. 既非充分也非必要条件

(4) $f(x,y)$ 在点 (x,y) 处的偏导数 $f'_x(x,y)$ 和 $f'_y(x,y)$ 连续是 $f(x,y)$ 可微的(　　).

A. 充分必要条件　　B. 充分非必要条件

C. 必要非充分条件　　D. 非充分又非必要条件

(5) 设 $z=uv, x=u+v, y=u-v$,若把 z 看作 x,y 的函数,则 $\frac{\partial z}{\partial x}=$(　　).

A. $\frac{1}{2}x$　　B. $\frac{1}{2}(x-y)$　　C. $2x$　　D. x

(6) 若函数 $f(x,y)$ 在点 (x_0,y_0) 处不连续,则(　　).

A. $\lim\limits_{\substack{x\to x_0\\y\to y_0}} f(x,y)$ 必不存在　　B. $f(x_0,y_0)$ 必不存在

C. $f(x,y)$ 在点 (x_0,y_0) 必不可微　　D. $f_x(x_0,y_0)$、$f_y(x_0,y_0)$ 必不存在

(7) 考虑二元函数 $f(x,y)$ 的下面 4 条性质:

① 函数 $f(x,y)$ 在点 (x_0,y_0) 处连续;

② 函数 $f(x,y)$ 在点 (x_0,y_0) 处两个偏导数连续;

③ 函数 $f(x,y)$ 在点 (x_0,y_0) 处可微;

④ 函数 $f(x,y)$ 在点 (x_0,y_0) 处两个偏导数存在.

则下面结论正确的是(　　).

A. ②⇒③⇒①　　B. ③⇒②⇒①　　C. ③⇒④⇒①　　D. ③⇒①⇒④

(8) 设函数 $f(x,y)=\begin{cases}\frac{x^2y}{x^4+y^2}, & x^2+y^2\neq 0,\\ 0, & x^2+y^2=0,\end{cases}$ 则在 $(0,0)$ 点处(　　).

A. 连续,偏导数存在　　B. 连续,偏导数不存在

C. 不连续,偏导数存在　　D. 不连续,偏导数不存在

(9) 已知 $(axy^3-y^2\cos x)\mathrm{d}x+(1+by\sin x+3x^2y^2)\mathrm{d}y$ 为某一函数 $f(x,y)$ 的全微分,则 a 和 b 的值分别为(　　).

A. -2 和 2　　B. 2 和 -2　　C. 2 和 2　　D. -2 和 -2

(10) 设 $u=f(r)$,而 $r=\sqrt{x^2+y^2+z^2}$,$f(r)$ 具有二阶连续导数,则 $\frac{\partial^2 u}{\partial x^2}+\frac{\partial^2 u}{\partial y^2}+\frac{\partial^2 u}{\partial z^2}=$(　　).

A. $f''(r)+\frac{1}{r}f'(r)$　　B. $f''(r)+\frac{2}{r}f'(r)$

C. $\frac{1}{r^2}f''(r)+\frac{1}{r}f'(r)$　　D. $\frac{1}{r^2}f''(r)+\frac{2}{r}f'(r)$

3. 综合题:

(1) 求 u 关于 x,y,z 的一阶偏导数:$u=x^{y^z}$.

(2) 设 $z=f(x+y,xy)$ 的二阶偏导数连续,求$\dfrac{\partial^2 z}{\partial x\partial y}$.

(3) 设 $z=xf(xy,\mathrm{e}^y)$,求$\dfrac{\partial^2 z}{\partial x\partial y}$.

(4) 设 $f(x,y)=\begin{cases}\dfrac{xy^3}{x^2+y^2}, & (x,y)\neq(0,0),\\ 0, & (x,y)=(0,0),\end{cases}$ 求 $f''_{xy}(0,0)$;$f''_{yx}(0,0)$.

(5) 求下列极限:

① $\lim\limits_{(x,y)\to(0,0)}(x^2+y^2)^{x^2y^2}$; ② $\lim\limits_{\substack{x\to 0\\ y\to 0}}\dfrac{1-\sqrt{x^2y+1}}{x^3y^2}\sin(xy)$;

③ $\lim\limits_{\substack{x\to 0\\ y\to 0}}\dfrac{1-\cos(x^2+y^2)}{(x^2+y^2)x^2y^2}$.

(6) 求函数 $u=\dfrac{x}{\sqrt{x^2+y^2+z^2}}$ 在点 $M(1,2,-2)$ 沿曲线$\begin{cases}x=t,\\ y=2t^2,\\ z=-2t^4,\end{cases}$ 在此点的切线方向上的方向导数.

(7) 设函数 $z=z(x,y)$ 由方程 $x^2+y^2+z^2=xf\left(\dfrac{y}{x}\right)$ 确定,求$\dfrac{\partial z}{\partial x}$.

(8) 求函数 $u=xy^2z^3$ 在点 $M_0(1,1,1)$ 处方向导数的最大值和最小值.

(9) 设 $z=xF\left(\dfrac{y}{x}\right)+xy$,其中,$F(u)$可微,证明:$x\dfrac{\partial z}{\partial x}+y\dfrac{\partial z}{\partial y}=xy+z$.

(10) 设 $z=x\ln(xy)$,求$\dfrac{\partial^3 z}{\partial x^2\partial y}$、$\dfrac{\partial^3 z}{\partial x\partial y^2}$.

(11) 求下列函数的全微分:

① $z=x^2y^3$; ② $z=\dfrac{xy}{x-y}$;

③ $z=\mathrm{e}^{\frac{y}{x}}$; ④ $z=\ln(3x-2y)$;

⑤ $z=\sin(x+y)$; ⑥ $z=\arcsin\dfrac{y}{x}$;

⑦ $u=\sqrt{x^2+y^2+z^2}$; ⑧ $u=x^{yz}$.

(12) 设 $u=f(x-y,y-z,z-x)$,验证$\dfrac{\partial u}{\partial x}+\dfrac{\partial u}{\partial y}+\dfrac{\partial u}{\partial z}=0$.

(13) 设 $y=\varphi(x+at)+\psi(x-at)$,验证$\dfrac{\partial^2 y}{\partial t^2}=a^2\dfrac{\partial^2 y}{\partial x^2}$.

(14) 设 $u=f(x,y)$，而 $x=r\cos\theta, y=r\sin\theta$，验证

$$\frac{\partial^2 u}{\partial x^2}+\frac{\partial^2 u}{\partial y^2}=\frac{\partial^2 u}{\partial r^2}+\frac{1}{r^2}\frac{\partial^2 u}{\partial \theta^2}+\frac{1}{r}\frac{\partial u}{\partial r}.$$

(15) 设 $f(x,y)=|x-y|\varphi(x,y)$，其中，$\varphi(x,y)$ 在点 $(0,0)$ 邻域内连续，问：

①$\varphi(x,y)$ 在什么条件下，偏导数 $f'_x(0,0), f'_y(0,0)$ 存在？

②$\varphi(x,y)$ 在什么条件下，$f(x,y)$ 在点 $(0,0)$ 处可微？

(16) 设 $z=z(x,y)$ 由 $z+\ln z-\int_y^x e^{-t^2}dt=0$ 确定，求 $\frac{\partial^2 t}{\partial x\partial y}$.

(17) 设 $z=f(x+y,x-y,xy)$，其中 f 具有二阶连续偏导数，求 $dz, \frac{\partial^2 z}{\partial x\partial y}$.

(18) 讨论函数 $f(x,y)=\begin{cases}(x^2+y^2)\sin\frac{1}{x^2+y^2}, & x^2+y^2\neq 0,\\ 0, & x^2+y^2=0,\end{cases}$ 在点 $(0,0)$ 的可微性.

(19) 设函数 $z=f(x,y)$ 满足方程 $y\frac{\partial z}{\partial x}-x\frac{\partial z}{\partial y}=0$，令 $\xi=x, \eta=x^2+y^2\ (y\neq 0)$，求证：$\frac{\partial z}{\partial \xi}=0$.

(20) 设 $z=f(u)$，函数 $u=u(x,y)$ 由方程 $u=\varphi(u)+\int_y^x P(t)dt$ 确定，若 φ, f 都可微，P 为连续函数，证明：$P(y)\frac{\partial z}{\partial x}+P(x)\frac{\partial z}{\partial y}=0$.

参考答案

1. 填空题：

(1) $1\leqslant x^2+y^2\leqslant 4$； (2) $-\frac{1}{4}$； (3) $\sqrt{2}$； (4) xf_1-2yf_2；

(5) $2e^{x^2+2xy}\cdot[(x+y)dx+xdy]$； (6) $-\frac{2xy}{(x^2+y^2)^2}$；

(7) $\frac{\pi}{3}$； (8) $\frac{2x}{x^2+y^2+z^2}\boldsymbol{i}+\frac{2y}{x^2+y^2+z^2}\boldsymbol{j}+\frac{2z}{x^2+y^2+z^2}\boldsymbol{k}$； (9) $x+y=0$；

(10) 4； (11) $yf''(xy)+\varphi'(x+y)+y\varphi''(x+y)$； (12) -2；

(13) $-\frac{1}{2}$； (14) 连续； (15) z.

2. 选择题：

(1) C；(2) B；(3) B；(4) B；(5) A；(6) C；(7) A；(8) C；(9) C；(10) B.

3. 综合题:

(1) $\dfrac{\partial u}{\partial x}=y^z x^{y^z-1}$, $\dfrac{\partial u}{\partial y}=zy^{z-1}x^{y^z}\ln x$, $\dfrac{\partial u}{\partial z}=x^{y^z}y^z\ln x\ln y$.

(2) $\dfrac{\partial z}{\partial x}=f'_1+f'_2\cdot y$, $\dfrac{\partial^2 z}{\partial x\partial y}=f''_{11}+f''_{12}(x+y)+xyf''_{22}+f'_2$.

(3) $\dfrac{\partial z}{\partial x}=f+f'_1\cdot xy$, $\dfrac{\partial^2 z}{\partial x\partial y}=2xf'_1+\mathrm{e}^y f'_2+x^2yf''_{11}+xy\mathrm{e}^y f''_{12}$.

(4) 当$(x,y)\neq(0,0)$时,$f'_x(x,y)=\dfrac{y^3(y^2-x^2)}{(x^2+y^2)^2}$,$f'_y(x,y)=\dfrac{xy^2(3x^2-y^2)}{(x^2+y^2)^2}$;

当$(x,y)=(0,0)$时,$f'_x(0,0)=0$,$f'_y(0,0)=0$.

$$f''_{xy}(0,0)=\lim_{y\to0}\frac{y-0}{y-0}=1,\quad f''_{yx}(0,0)=\lim_{y\to0}\frac{0-0}{y-0}=0.$$

(5) ① $\lim\limits_{(x,y)\to(0,0)}(x^2+y^2)^{x^2y^2}=\lim\limits_{(x,y)\to(0,0)}\mathrm{e}^{x^2y^2\ln(x^2+y^2)}$

$\lim\limits_{(x,y)\to(0,0)}\dfrac{1}{4}(x^2+y^2)^2\ln(x^2+y^2)=0$,故原式$=\mathrm{e}^0=1$.

② 原式$=\lim\limits_{\substack{x\to0\\y\to0}}\dfrac{1-\sqrt{x^2y+1}}{x^2y}\dfrac{\sin(xy)}{xy}=-\dfrac{1}{2}$.

③ 原式$=\lim\limits_{\substack{x\to0\\y\to0}}\left(\dfrac{2\sin^2\dfrac{x^2+y^2}{2}}{\left(\dfrac{x^2+y^2}{2}\right)^2}\cdot\dfrac{x^2+y^2}{4x^2y^2}\right)=\dfrac{1}{2}\lim\limits_{\substack{x\to0\\y\to0}}\left(\dfrac{1}{x^2}+\dfrac{1}{y^2}\right)=+\infty$.

(6) $\left.\dfrac{\partial u}{\partial l}\right|_M=-\dfrac{16}{243}$.

(7) 令$F(x,y,z)=x^2+y^2+z^2-xf\left(\dfrac{y}{x}\right)$.则$\dfrac{\partial z}{\partial x}=-\dfrac{F'_x}{F'_z}=\dfrac{f\left(\dfrac{y}{x}\right)-\dfrac{y}{x}f'\left(\dfrac{y}{x}\right)-2x}{2z}$.

(8) 当$\boldsymbol{l}^0=\dfrac{1}{\sqrt{14}}\{1,2,3\}$时,$\left.\dfrac{\partial u}{\partial \boldsymbol{l}}\right|_{M_0}$取最大值,当$\boldsymbol{l}^0=\dfrac{-1}{\sqrt{14}}\{1,2,3\}$时,$\left.\dfrac{\partial u}{\partial \boldsymbol{l}}\right|_{M_0}$取最小值$|\boldsymbol{g}|=-\sqrt{14}$.

(9) $\dfrac{\partial z}{\partial x}=F\left(\dfrac{y}{x}\right)-\dfrac{y}{x}F'\left(\dfrac{y}{x}\right)+y$,

$\dfrac{\partial z}{\partial x}=F'\left(\dfrac{y}{x}\right)+x$,

$x\dfrac{\partial z}{\partial x}+y\dfrac{\partial z}{\partial y}=x\left(F\left(\dfrac{y}{x}\right)-\dfrac{y}{x}F'\left(\dfrac{y}{x}\right)+y\right)+y\left(F'\left(\dfrac{y}{x}\right)+x\right)=xy+z$.

(10) $\dfrac{\partial^3 z}{\partial x^2\partial y}=0$;$\dfrac{\partial^3 z}{\partial x\partial y^2}=-\dfrac{1}{y^2}$.

(11) ① $dz = 2xy^3dx + 3x^2y^2dy$; ② $dz = \frac{1}{(x-y)^2}(-y^2dx + x^2dy)$;

③ $dz = d(e^{\frac{y}{x}}) = e^{\frac{y}{x}} \cdot \frac{xdy - ydx}{x^2}$; ④ $dz = \frac{1}{3x-2y}(3dx - 2dy)$;

⑤ $dz = \cos(x+y) \cdot (dx + dy)$; ⑥ $dz = \frac{xdy - ydx}{x\sqrt{x^2 - y^2}}$;

⑦ $dz = \frac{1}{u}(xdx + ydy + zdz)$; ⑧ $du == x^{yz}\left(\frac{yz}{x}dx + z\ln xdy + y\ln xdz\right)$.

(12) 提示:令 $v = x - y, s = y - z, t = z - x$,则有 $u = f(v,s,t)$ 利用复合函数求导即得.

(13) 提示:令 $u = x + at, v = x - at$,则 $y = \varphi(u) + \psi(v)$,

$$\frac{\partial^2 y}{\partial t^2} = a^2\varphi''(u) + a^2\psi''(v) = a^2[\varphi''(u) + \psi''(v)],$$

$$\frac{\partial^2 y}{\partial x^2} = \varphi''(u) + \psi''(v),$$

即得.

(14) 提示:$\frac{\partial u}{\partial r} = \frac{\partial u}{\partial x} \cdot \cos\theta + \frac{\partial u}{\partial y} \cdot \sin\theta$,

$$\frac{\partial u}{\partial \theta} = \frac{\partial u}{\partial x} \cdot (-r\sin\theta) + \frac{\partial u}{\partial y} \cdot r\cos\theta,$$

$$\frac{\partial^2 u}{\partial r^2} = \frac{\partial^2 u}{\partial x^2} \cdot \cos^2\theta + \frac{\partial^2 u}{\partial y^2} \cdot \sin^2\theta,$$

$$\frac{\partial^2 u}{\partial \theta^2} = \frac{\partial^2 u}{\partial x^2} \cdot (-r\sin\theta)^2 - \frac{\partial u}{\partial x}r\cos\theta + \frac{\partial^2 u}{\partial y^2} \cdot (r\cos\theta)^2 + \frac{\partial u}{\partial y} \cdot (-r\sin\theta),$$

直接代入即得证.

(15) ① 若 $\varphi(0,0) = 0$,则偏导数 $f'_x(0,0), f'_y(0,0)$ 存在,且 $f'_x(0,0) = f'_y(0,0) = 0$.

② 当 $\varphi(0,0) = 0$ 时,$f(x,y)$ 在 $(0,0)$ 处可微,且 $df = 0$.

(16) 提示:利用隐函数求导,$z + \ln z - \int_y^x e^{-t^2}dt = 0$ 两边先后对 x、y 求导,得

$$\frac{\partial^2 z}{\partial x \partial y} = \frac{\frac{\partial z}{\partial y}e^{-x^2}(z+1) - ze^{-x^2}\frac{\partial z}{\partial y}}{(z+1)^2} = \frac{e^{-x^2}}{(z+1)^2}\frac{\partial z}{\partial y} = \frac{-ze^{-(x^2+y^2)}}{(1+z)^3}.$$

(17) $dz = \frac{\partial z}{\partial x}dx + \frac{\partial z}{\partial y}dy = (f'_1 + f'_2 + yf'_3)dx + (f'_1 - f'_2 + xf'_3)dy$.

$$\frac{\partial^2 z}{\partial x \partial y} = f''_{11} + (x+y)f''_{13} - f''_{22} + (x-y)f''_{23} + xyf''_{33} + f'_3.$$

(18) 提示:$f'_x(0,0) = 0, f'_y(0,0) = 0$,

$$\lim_{\substack{\Delta x\to 0\\ \Delta y\to 0}}\frac{\Delta z-[f'_x(0,0)\Delta x+f'_y(0,0)\Delta y]}{\sqrt{(\Delta x)^2+(\Delta y)^2}}=\lim_{\substack{\Delta x\to 0\\ \Delta y\to 0}}\frac{[(\Delta x)^2+(\Delta y)^2]\sin\frac{1}{(\Delta x)^2+(\Delta y)^2}}{\sqrt{(\Delta x)^2+(\Delta y)^2}}$$

$$=\lim_{\substack{\Delta x\to 0\\ \Delta y\to 0}}[(\Delta x)^2+(\Delta y)^2]^{\frac{1}{2}}\sin\frac{1}{(\Delta x)^2+(\Delta y)^2}=0,$$

故函数在点(0,0)可微.

(19) 提示:(视 ξ,η 为中间变量,x,y 为最终变量)

由$\frac{\partial z}{\partial x}=\frac{\partial z}{\partial \xi}+2x\frac{\partial z}{\partial \eta},\frac{\partial z}{\partial y}=2y\frac{\partial z}{\partial \eta}$,故 $y\frac{\partial z}{\partial x}-x\frac{\partial z}{\partial y}=y(\frac{\partial z}{\partial \xi}+2x\frac{\partial z}{\partial \eta})-x(2y\frac{\partial z}{\partial \eta})=y\frac{\partial z}{\partial \xi}$,又 $y\frac{\partial z}{\partial x}-x\frac{\partial z}{\partial y}=0,y\neq 0$,得$\frac{\partial z}{\partial \xi}=0$.

(20) 提示:方程 $u=\varphi(u)+\int_y^x P(t)\mathrm{d}t$ 两边分别关于 x,y 求偏导,得

$$\frac{\partial u}{\partial x}=\frac{P(x)}{1-\varphi'(u)}\ \frac{\partial u}{\partial y}=\frac{P(y)}{\varphi'(u)-1},$$

故

$$P(y)\frac{\partial z}{\partial x}+P(x)\frac{\partial z}{\partial y}=P(y)(f'(u)\frac{\partial u}{\partial x})+P(x)(f'(u)\frac{\partial u}{\partial y})$$

$$=P(y)(f'(u)\frac{P(x)}{1-\varphi'(u)})+P(x)(f'(u)\frac{P(y)}{\varphi'(u)-1})=0.$$

第十章　多元函数的应用

第一节　利用全微分近似计算函数值

一、知识要点

设函数 $f(x,y)$ 在点 (x_0,y_0) 处可微,则

$$\Delta f = f(x_0+\Delta x, y_0+\Delta y) - f(x_0,y_0) = \mathrm{d}f(x_0,y_0) + o(\rho).$$

如果 $\rho = \sqrt{(\Delta x)^2+(\Delta y)^2} \ll 1$,上式中的高阶无穷小项可以忽略不计,于是

$$f(x_0+\Delta x, y_0+\Delta y) = f(x_0,y_0) + \frac{\partial f(x_0,y_0)}{\partial x}\Delta x + \frac{\partial f(x_0,y_0)}{\partial y}\Delta y.$$

二、习题解答

1. 设 $|x|$ 和 $|y|$ 的取值很小,求下列函数的全微分的近似取值:

(1) $(1+x)^m(1+y)^n$;

(2) $\arctan\dfrac{x+y}{1+xy}$.

解:

(1) 令 $f(x)=(1+x)^m(1+y)^n$,则

$$f'_x(x,0)=m(1+x)^{m-1},\quad f'_x(0,0)=m;$$
$$f'_y(0,y)=n(1+y)^{n-1},\quad f'_y(0,0)=n.$$

利用微分表示 $f(x,y)$,有表示式

$$f(x,y)\approx f(0,0)+f'_x(0,0)x+f'_y(0,0)y=1+mx+ny,$$

所以,近似公式为

$$(1+x)^m(1+y)^n\approx 1+mx+ny.$$

(2) 令 $z = f(x,y) = \arctan \frac{x+y}{1+xy}$,则

$$f'_x(x,0) = \frac{1}{1+x^2}, \quad f'_x(0,0) = 1;$$

$$f'_y(0,y) = \frac{1}{1+y^2}, \quad f'_y(0,0) = 1.$$

于是,$f(x,y)$ 可利用微分表示为

$$f(x,y) \approx f(0,0) + f'_x(0,0)x + f'_y(0,0)y = x + y,$$

所以,近似公式为

$$\arctan \frac{xy}{1+xy} \approx x + y.$$

2. 近似计算下列值:

(1) $\sin 29^\circ \tan 46^\circ$;

(2) $(0.97)^{1.05}$.

解:

(1) 作辅助函数 $z = \sin x \cdot \tan y$,并取

$$x_0 = 30^\circ = \frac{\pi}{6}, \quad y_0 = 45^\circ = \frac{\pi}{4}, \quad \Delta x = -1^\circ = -\frac{\pi}{180}, \quad \Delta y = 1^\circ = \frac{\pi}{180},$$

则

$$\left.\frac{\partial z}{\partial x}\right|_{(x_0,y_0)} = \left.(\cos x \cdot \tan y)\right|_{(x_0,y_0)} = \frac{\sqrt{3}}{2},$$

$$\left.\frac{\partial z}{\partial y}\right|_{(x_0,y_0)} = \left.(\sin x \cdot \sec^2 y)\right|_{(x_0,y_0)} = 1.$$

于是

$$\begin{aligned}\sin 29^\circ \tan 46^\circ &= f(x_0 + \Delta x, y_0 + \Delta y) \\ &\approx f(x_0,y_0) + \left.\frac{\partial z}{\partial x}\right|_{(x_0,y_0)} \cdot \Delta x + \left.\frac{\partial z}{\partial y}\right|_{(x_0,y_0)} \cdot \Delta y \\ &= \frac{1}{2} + \frac{\sqrt{3}}{2} \cdot \left(-\frac{\pi}{180}\right) + 1 \cdot \frac{\pi}{180} \approx 0.502\,3.\end{aligned}$$

(2) 作辅助函数 $z = x^y$,并取 $x_0 = 1, y_0 = 1, \Delta x = -0.03, \Delta y = 0.05$,则

$$\left.\frac{\partial z}{\partial x}\right|_{(x_0,y_0)} = \left.yx^{y-1}\right|_{(1,1)} = 1,$$

$$\left.\frac{\partial z}{\partial y}\right|_{(x_0,y_0)} = \left.x^y \ln x\right|_{(1,1)} = 0,$$

于是

$$\begin{aligned}(0.97)^{1.05} &= f(x_0+\Delta x, y_0+\Delta y)\\ &\approx f(x_0,y_0)+\frac{\partial z}{\partial x}\bigg|_{(x_0,y_0)}\cdot\Delta x+\frac{\partial z}{\partial y}\bigg|_{(x_0,y_0)}\cdot\Delta y\\ &= 1+1\times(-0.03)+0\times 0.05=0.97.\end{aligned}$$

3. 若一个圆柱体，受压后发生变形，其底面半径从20 cm增加到20.05 cm，其高度从100 cm减少到99 cm，求其体积改变量的近似值.

解：设半径为 r，高为 100 h 的圆柱体的体积为 V，则

$$V=100\pi r^2 h.$$

取 $r_0=20, h_0=1, \Delta r=0.05, h=-0.01$，则

$$\frac{\partial V}{\partial r}\Big|_{(r_0,h_0)}=200\pi rh\Big|_{(r_0,h_0)}=4\,000\pi,$$

$$\frac{\partial V}{\partial h}\Big|_{(r_0,h_0)}=100\pi r^2\Big|_{(r_0,h_0)}=40\,000\pi,$$

于是所求近似值为

$$\begin{aligned}\Delta V\approx \mathrm{d}V\Big|_{(r_0,h_0)} &= \frac{\partial V}{\partial r}\Big|_{(r_0,h_0)}\Delta r+\frac{\partial V}{\partial h}\Big|_{(r_0,h_0)}\Delta h\\ &= 4\,000\pi\times 0.05+40\,000\pi\times(-0.01)=-200\pi\\ &\approx -628\ \mathrm{cm}^3.\end{aligned}$$

4. 单摆的周期可按照公式 $T=2\pi\sqrt{\frac{l}{g}}$ 计算，其中 l 为单摆的长度，g 为重力加速度. 证明 T 的相对误差近似等于 l 和 g 相对误差的算术平均值.

解：因为

$$\frac{\partial T}{\partial l}=\frac{\pi}{\sqrt{lg}},\quad \frac{\partial T}{\partial g}=2\pi\left(-\frac{1}{2}\right)\frac{1}{g}\sqrt{\frac{l}{g}}=-\frac{\pi}{g}\sqrt{\frac{l}{g}},$$

所以

$$\Delta T\approx \mathrm{d}T=\frac{\pi}{\sqrt{lg}}\Delta l-\frac{\pi}{g}\sqrt{\frac{l}{g}}\cdot\Delta g.$$

于是

$$\left|\frac{\Delta T}{T}\right|\approx\left|\frac{\frac{\pi}{\sqrt{lg}}\Delta l-\frac{\pi}{g}\sqrt{\frac{l}{g}}\cdot\Delta g}{2\pi\sqrt{\frac{l}{g}}}\right|\leqslant\frac{1}{2}\left|\frac{\Delta l}{l}\right|+\frac{1}{2}\left|\frac{\Delta g}{g}\right|,$$

其中，$\left|\frac{\Delta T}{T}\right|$，$\left|\frac{\Delta l}{l}\right|$，$\left|\frac{\Delta g}{g}\right|$ 分别表示 T, l, g 的相对误差. 故命题成立.

5. 将一个质量为0.100(±0.000 5)kg的物体置于水中. 水作用在物体上的浮力0.12(±0.008)N. 试求该物体密度的近似值，并估计这个近似值的绝对误差和相对误差(取重力加速度近似为 $g=10\ \mathrm{m/s^2}$).

解：设物体的密度为 γ，该物体的体积为 V，则其质量 $m=\gamma V$，所以 $\gamma=\frac{m}{V}$，该物体在水中受到的浮力为 $F=\gamma_{水}\, gV=10V$，于是

$$\gamma=\frac{10m}{F}.$$

由已知得

$$m=0.100\ \mathrm{kg},\quad \delta_m=0.000\,5\ \mathrm{kg},$$
$$F=0.12\ \mathrm{N},\quad \delta_F=0.008\ \mathrm{N},$$

所以该物体密度的近似值为

$$\gamma=\frac{10\times 0.100}{0.12}\approx 8.33\ \mathrm{kg/m^3},$$

且有

$$\begin{aligned}\Delta\gamma\approx \mathrm{d}\gamma&=\frac{\partial\gamma}{\partial m}\cdot\Delta m+\frac{\partial\gamma}{\partial F}\cdot\Delta F\\&=\frac{10}{F}\left(\Delta m-\frac{m}{F}\Delta F\right).\end{aligned}$$

因而密度的绝对误差为

$$\begin{aligned}\delta_\gamma&=\left|\frac{10}{F}\right|\left(|\Delta m|+\left|\frac{m}{F}\right|\cdot|\Delta F|\right)=\left|\frac{10}{F}\right|\left(\delta_m+\left|\frac{m}{F}\right|\cdot\delta_F\right)\\&=\frac{10}{0.12}\times\left(0.000\,5+\frac{0.1}{0.12}\times 0.008\right)\approx 0.6\ \mathrm{kg/m^3},\end{aligned}$$

相对误差为

$$\frac{\delta_\gamma}{\left|\frac{10m}{F}\right|\Big|_{(0.1,0.12)}}\approx\frac{0.6}{8.33}\approx 0.07.$$

第二节　多元函数的极值

一、知识要点

1. 无约束极值的定义

设函数 $f:U(x_0,y_0)\to R$，若存在 $\delta>0$ 使得

$$f(x,y)\leqslant f(x_0,y_0)\,(\text{或者 } f(x,y)\geqslant f(x_0,y_0)),\ \forall\,(x,y)\in U((x_0,y_0),\delta),$$

则称函数 f 在点 (x_0,y_0) 处取得无约束局部极大值(或无约束局部极小值)，简称极大值(或极小值)．(x_0,y_0) 点称为 f 的极大值点(或极小值点)，极大值与极小值统称为极值，极大值

点和极小值点统称为极值点.

2. 极值的判别条件

定理 1（极值的必要条件）

设函数 $f(x,y)$ 在点 (x_0,y_0) 的偏导数存在，且 (x_0,y_0) 为 $f(x,y)$ 的极值点，则必有 $\mathbf{grad}\, f(x,y)\big|_{(x_0,y_0)} = \nabla f\big|_{(x_0,y_0)} = (f'_x, f'_y)\big|_{(x_0,y_0)} = 0$.

定理 2（极值的充分条件）

设函数 $z = f(x,y)$ 在点 $P_0(x_0,y_0)$ 的邻域内具有二阶连续偏导数，且 $P_0(x_0,y_0)$ 是函数 $z = f(x,y)$ 的一个驻点. 令

$$A = f''_{xx}(P_0),\quad B = f''_{xy}(P_0),\quad C = f''_{yy}(P_0).$$

则：

（1）$AC - B^2 > 0$ 且 $A > 0$，$f(P_0)$ 为极小值；

（2）$AC - B^2 > 0$ 且 $A < 0$，$f(P_0)$ 为极大值；

（3）$AC - B^2 < 0$，$f(P_0)$ 不是极值.

3. 条件极值的拉格朗日乘数法

目标函数 $z = f(x,y)$ 满足约束条件 $g(x,y) = 0$ 的极值问题的拉格朗日函数为

$$L(x,y,\lambda) = f(x,y) + \lambda g(x,y),$$

其中，λ 称为拉格朗日乘数.

条件极值的必要条件为 $\begin{cases} L'_x = 0, \\ L'_y = 0, \\ L'_\lambda = g(x,y) = 0, \end{cases}$ 满足上述方程组的点即为目标函数的条件极值点.

二、习题解答

A

1. 求下列函数的极值：

（1）$z = x^2(y-1)^2$；　　（2）$z = (x^2 + y^2 - 1)^2$；

（3）$z = xy(a - x - y)$；　　（4）$z = \mathrm{e}^{2x}(x + 2y + y^2)$；

（5）$z = x^2 + xy + y^2 - 3ax - 3by$.

解：

（1）函数的定义域为 $\mathbf{R}^2$. 由

$$\begin{cases} z'_x = 2x(y-1)^2 = 0 \\ z'_y = 2x^2(y-1) = 0 \end{cases}$$

求出函数的驻点有：$M_i = (0,i)$，$M_j(j,1)$，其中，$i,j \in \mathbf{R}$.

再求函数的二阶偏导数,得

$$z''_{xx}=2(y-1)^2,\quad z''_{xy}=4x(y-1),\quad z''_{yy}=2x^2,$$

$$H_z(M_i)=\begin{pmatrix}0 & 0\\ 0 & 2i^2\end{pmatrix},\quad H_z(M_j)=\begin{pmatrix}2(j-1)^2 & 0\\ 0 & 0\end{pmatrix}$$

都是半正定矩阵,且 $z(M_i)=z(M_j)=0$. 而 $z=x^2(y-1)^2\geqslant 0$,所以函数的极小值为 $z=0$.

(2) 函数的定义域为 $\mathbf{R}^2$. 由

$$\begin{cases}z'_x=4x(x^2+y^2-1)=0\\ z'_y=4y(x^2+y^2-1)=0\end{cases}$$

求出函数的驻点有:$M_1(0,0)$,$M_2(0,1)$,$M_3(0,-1)$,$M_4(1,0)$,$M_5(-1,0)$ 及 $M_k^*(\pm k,\pm\sqrt{1-k^2})(|k|\leqslant 1)$. 再求函数的二阶偏导数,得

$$z''_{xx}=4(x^2+y^2-1)+8x^2=4(3x^2+y^2-1),$$

$$z''_{xy}=8xy,\quad z''_{yy}=4(x^2+3y^2-1),$$

$$H_z(M_1)=\begin{pmatrix}-1 & 0\\ 0 & -1\end{pmatrix},\quad H_z(M_2)=\begin{pmatrix}0 & 0\\ 0 & 8\end{pmatrix}=H_z(M_3),$$

$$H_z(M_4)=\begin{pmatrix}8 & 0\\ 0 & 0\end{pmatrix}=H_z(M_5),$$

$$H_z(M_k^*)=\begin{pmatrix}8k^2 & \pm 8k\sqrt{rk^2}\\ \pm 8k\sqrt{1-k^2} & 8(1-k^2)\end{pmatrix}.$$

显然,$H_z(M_1)$ 是负定矩阵,其他的都是半正定矩阵,故 $M_1(0,0)$ 是函数的极大值点,函数的极大值为 $z(0,0)=1$.

又 $z=(x^2+y^2-1)^2\geqslant 0$,且

$$z(M_2)=z(M_3)=z(M_4)=z(M_5)=z(M_k^*)=0,$$

所以,函数的极小值为 $z=0$.

(3) 函数的定义域为 $\mathbf{R}^2$. 由

$$\begin{cases}z'_x=y(a-x-y)-xy=y(a-2x-y)=0\\ z'_y=x(a-x-y)-xy=x(a-x-2y)=0\end{cases}$$

求出函数的驻点有:$M_1(0,0)$,$M_2(0,a)$,$M_3(a,0)$,$M_4(\frac{a}{3},\frac{a}{3})$,再求函数的二阶偏导数,得

$$z''_{xx}=-2y,\quad z''_{xy}=a-2x-2y,\quad z''_{yy}=-2x,$$

$$H_z(M_1)=\begin{pmatrix}0 & a\\ a & 0\end{pmatrix},\quad H_z(M_2)=\begin{pmatrix}-2a & -a\\ -a & 0\end{pmatrix},$$

$$H_z(M_3)=\begin{pmatrix}0 & -a\\ -a & -2a\end{pmatrix},\quad H_z(M_4)=\begin{pmatrix}-\frac{2a}{3} & -\frac{a}{3}\\ -\frac{a}{3} & -\frac{2a}{3}\end{pmatrix}.$$

显然，$H_z(M_1)$，$H_z(M_2)$，$H_z(M_3)$ 都是不定矩阵，因而 M_1，M_2，M_3 都不是极值点.

$H_z(M_4)$：当 $a>0$ 时，负定；当 $a<0$ 时，正定；当 $a=0$ 时，不定. 所以，当 $a>0$ 时，M_4 是极大值点，极大值为 $z\left(\frac{a}{3},\frac{a}{3}\right)=\frac{a^3}{27}$；当 $a<0$ 时，M_4 是极小值点，极小值为 $z\left(\frac{a}{3},\frac{a}{3}\right)=\frac{a^3}{27}$；当 $a=0$ 时，M_4 不是极值点.

(4) 函数的定义域为 $\mathbf{R}^2$. 由

$$\begin{cases} z'_x=\mathrm{e}^{2x}(2x+4y+2y^2+1)=0 \\ z'_y=\mathrm{e}^{2x}(2+2y)=0 \end{cases}$$

求出函数的驻点 $M\left(\frac{1}{2},-1\right)$.

再求函数的二阶偏导数，得

$$z''_{xx}=4\mathrm{e}^{2x}(x+2y+y^2+1),\quad z''_{xy}=4\mathrm{e}^{2x}(y+1),\quad z''_{yy}=2\mathrm{e}^{2x},$$

$$H_z(M)=\begin{pmatrix} \frac{\mathrm{e}}{2} & 0 \\ 0 & 2\mathrm{e} \end{pmatrix},$$

显然，$H_z(M)$ 是正定矩阵，所以，点 M 是函数的极小值点，函数的极小值为 $z\left(\frac{1}{2},-1\right)=-\frac{\mathrm{e}}{2}$.

(5) 函数的定义域为 $\mathbf{R}^2$. 由

$$\begin{cases} z'_x=2x+y-3a=0 \\ z'_y=x+2y-3b=0 \end{cases}$$

求出函数的驻点 $M(2a-b,2b-a)$.

再求函数的二阶偏导数，得

$$z''_{xx}=2,\quad z''_{xy}=1,\quad z''_{yy}=2,$$

$$H_z(M)=\begin{pmatrix} 2 & 1 \\ 1 & 2 \end{pmatrix},$$

显然，$H_z(M)$ 是正定矩阵，故点 M 是函数的极小值点，函数的极小值为

$$z(2a-b,2b-a)=-3a^2+3ab-3b^2.$$

2. 求下列函数在给定区域上最大值和最小值：

(1) $z=x^2y(4-x-y)$，$D=\{(x,y)\mid 0\leqslant x\leqslant 4,0\leqslant y\leqslant 4-x\}$；

(2) $z=x^3+y^3-3xy$，$D=\{(x,y)\mid |x|\leqslant 2,|y|\leqslant 2\}$.

解：

(1) 由

$$\begin{cases} z'_x=2xy(4-x-y)-x^2y=xy(8-3x-2y)=0 \\ z'_y=x^2(4-x-y)-x^2y=x^2(4-x-2y)=0 \end{cases}$$

可求出函数在 D 内的驻点：

$$M_t(0,t)(t\in\mathbf{R}),\quad M_1=(0,4),\quad M_2=(0,2),\quad M_3=(4,0),\quad M_4=(2,1),$$

且有

$$z(M_t)=z(M_1)=z(M_2)=z(M_3)=0, z(M_4)=4;$$

在边界 $x=0$ 及边界 $y=0$ 上,函数 $z=0$.

在边界 $x+y=4$ 上,函数 z 成为变量 y 的一元函数：

$$\bar{z}=x^2(4-x)[4-x-(4-x)]=0.$$

把函数 z 在 D 内驻点处的函数值与它在 D 的边界上的最大值、最小值进行比较,即得

$$\min_{(x,y)\in D} z=0,\quad \max_{(x,y)\in D} z=4.$$

(2) 由 $\begin{cases} z'_x=3x^2-3y=0 \\ z'_y=3y^2-3x=0 \end{cases}$ 可求出函数在 D 内的驻点 $M_1(0,0)$, $M_2(1,1)$,且有 $z(M_1)=0$, $z(M_2)=-1$.

在边界 $x=2$ 上,函数 z 成为变量 y 的一元函数：$\bar{z}=y^3-6y+8$, $-2\leqslant y\leqslant 2$.

由 $\dfrac{\mathrm{d}\bar{z}}{\mathrm{d}y}=3y^2-6=0$,得 $y=\pm\sqrt{2}$.

比较 $\bar{z}(-\sqrt{2})=4\sqrt{2}+8$, $\bar{z}(\sqrt{2})=8-4\sqrt{2}$, $\bar{z}(-2)=12$, $\bar{z}(2)=4$,可知, $\bar{z}$ 在 D 的边界 $x=2$ 上的最小值为 $8-4\sqrt{2}$,最大值为 $4\sqrt{2}+8$.

同理可求出：

在边界 $x=-2$ 上的最小值为 -28,最大值为 12.

在边界 $y=2$ 上的最小值为 $8-4\sqrt{2}$,最大值为 $8+4\sqrt{2}$.

在边界 $y=-2$ 上的最小值为 -28,最大值为 12.

把函数 z 在 D 内驻点处函数值与它在 D 的边界上的最大值、最小值进行比较,即得

$$\min_{(x,y)\in D} z=-28,\quad \max_{(x,y)\in D} z=8+4\sqrt{2}.$$

3. 将一个给定的正数 a 分解为三个正的因子,使它们的倒数之和最小.

解:设三个正的因子为 x,y,z,则问题就是求目标函数

$$f(x,y,z)=\frac{1}{x}+\frac{1}{y}+\frac{1}{z},\qquad x,y,z\in(0,a).$$

在约束条件 $xyz=a$ 下的最小值. 应用拉格朗日乘数法,令

$$L(x,y,z,\lambda)=\frac{1}{x}+\frac{1}{y}+\frac{1}{z}+\lambda(xyz-a),$$

求 L 对各个变量的偏导数,并令它们都等于零,得

$$\begin{cases} L'_x = -\dfrac{1}{x^2} + \lambda = 0, \\ L'_y = -\dfrac{1}{y^2} + \lambda = 0, \\ L'_z = -\dfrac{1}{z^2} + \lambda = 0, \\ L'_\lambda = xyz - a = 0, \end{cases}$$

解以上方程组,得唯一解

$$x = y = z = \sqrt[3]{a}, \quad \lambda = a^{-2/3}.$$

于是拉格朗日函数 L 有唯一驻点,因此,$(\sqrt[3]{a},\sqrt[3]{a},\sqrt[3]{a})$ 就是问题的解.故所求的最小值为

$$f(\sqrt[3]{a},\sqrt[3]{a},\sqrt[3]{a}) = 3a^{1/3}.$$

4. 对一个没有顶、截面为半圆、表面积为 S 的正圆柱形容器,求出这个容器的各个尺寸,使得其体积最大.

解:设容器的横截面半径为 x,高为 y,则问题就是求目标函数

$$f(x,y) = \frac{1}{2}\pi x^2 y$$

在约束条件

$$2xy + \pi x \cdot y + \frac{1}{2}\pi x^2 = S$$

下的最小值.应用拉格朗日乘数法,令

$$L(x,y,\lambda) = \frac{1}{2}\pi x^2 y + \lambda\left[(2+\pi)xy + \frac{1}{2}\pi x^2 - S\right],$$

求 L 对各个变量的偏导函数,并令它们都等于 0,得

$$\begin{cases} L'_x = \pi xy + \lambda[(2+\pi)y + \pi x] = 0, \\ L'_y = \dfrac{1}{2}\pi x^2 + \lambda[(2+\pi)x] = 0, \\ L'_\lambda = (2+\pi)xy + \dfrac{1}{2}\pi x^2 - S = 0, \end{cases}$$

解以上方程组,得唯一解

$$x = \sqrt{\frac{2S}{3\pi}}, \quad y = \frac{\sqrt{6\pi S}}{3(2+\pi)}, \quad \lambda = -\frac{1}{3(2+\pi)}\sqrt{\frac{3\pi}{2S}},$$

于是拉格朗日函数 L 有唯一驻点,因此,$\left(\sqrt{\dfrac{2S}{3\pi}},\dfrac{\sqrt{6\pi S}}{3(2+\pi)}\right)$就是问题的解,即当容器的横截面半径为$\sqrt{\dfrac{2S}{3\pi}}$,高为$\dfrac{\sqrt{6\pi S}}{3(2+\pi)}$时,容器的容积最大,最大容积为

$$f\left(\sqrt{\frac{2S}{3\pi}},\frac{\sqrt{6\pi S}}{3(2+\pi)}\right)=\frac{S\sqrt{6\pi S}}{9(2+\pi)}.$$

5. 求平面 xOy 上的一个点,使得它到三条直线 $x=0,y=0$ 和 $x+2y-16=0$ 距离的平方和最小.

解:设 $M(x,y)$ 是 xOy 平面上的任一点,则它到 $x=0,y=0$ 及 $x+2y-16=0$ 的距离平方和为

$$L(x,y)=x^2+y^2+\frac{(x+2y-16)^2}{5}$$

$$=\frac{1}{5}(6x^2+9y^2+4xy-32x-64y+256).$$

于是,由 $\begin{cases}\dfrac{\partial L}{\partial x}=\dfrac{1}{5}(12x+4y-32)=0\\ \dfrac{\partial L}{\partial y}=\dfrac{1}{5}(18x+4y-64)=0\end{cases}$

求解得唯一的驻点 $M(\frac{8}{5},\frac{16}{5})$.

又由实际问题知,此问题一定有解,于是问题的解就在驻点处取得,即 xOy 面的点 $M(\frac{8}{5},\frac{16}{5})$ 到所给的三条直线的距离平方和最小.

6. 求平面 xOy 上的一个点,使得它与给定的点 $(x_1,y_1),(x_2,y_2),\cdots,(x_n,y_n)$ 距离的平方和最小.

解:设 $M(x,y)$ 是 xOy 平面上的任意点,则它到所给的 n 个点的距离平方和为

$$L(x,y)=\sum_{i=1}^{n}[(x-x_i)^2+(y-y_i)^2].$$

于是,由

$$\begin{cases}\dfrac{\partial L}{\partial x}=2\sum\limits_{i=1}^{n}(x-x_i)=0\\ \dfrac{\partial L}{\partial y}=2\sum\limits_{i=1}^{n}(y-y_i)=0\end{cases}$$

求解得唯一驻点:$M\left(\frac{1}{n}\sum\limits_{i=1}^{n}x_i,\frac{1}{n}\sum\limits_{i=1}^{n}y_i\right)$.

又由实际问题知,问题有解,于是问题的解就在驻点处取得,即 xOy 平面上的点 $M\left(\frac{1}{n}\sum\limits_{i=1}^{n}x_i,\frac{1}{n}\sum\limits_{i=1}^{n}y_i\right)$ 到所给的 n 个点的距离平方和为最小.

7. 求从原点到曲线 $\begin{cases}x^2+y^2=z\\ x+y+z=1\end{cases}$ 的最长和最短距离.

解：设 $M(x,y,z)$ 是曲线上的任意一点，则问题转化为求目标函数

$$d(x,y,z)=\sqrt{x^2+y^2+z^2}$$

在约束条件

$$x^2+y^2=z \text{ 及 } x+y+z=1$$

下的最大值和最小值.应用拉格朗日乘数法，令

$$L(x,y,z,\lambda,\mu)=x^2+y^2+z^2+\lambda(x^2+y^2-z)+\mu(x+y+z-1).$$

求 L 对各个变量的偏导数，并令它们都等于 0，得

$$\begin{cases}L'_x=2x+2\lambda x+\mu=0,\\ L'_y=2y+2\lambda y+\mu=0,\\ L'_z=2z-\lambda+\mu=0,\\ L'_\lambda=x^2+y^2-z=0,\\ L'_\mu=x+y+z-1=0,\end{cases}$$

求解上方程组得

$$M_1\left(\frac{-1-\sqrt{3}}{2},\frac{-1-\sqrt{3}}{2},2+\sqrt{3},-3-\frac{5\sqrt{3}}{3},-7-\frac{11\sqrt{3}}{3}\right),$$

$$M_2\left(\frac{-1+\sqrt{3}}{2},\frac{-1+\sqrt{3}}{2},2-\sqrt{3},-3+\frac{5\sqrt{3}}{3},-7+\frac{11\sqrt{3}}{3}\right),$$

即拉格朗日函数只有两个驻点，而实际问题有解，所以目标函数在驻点处的最大值、最小值即为所求.

又 $d(M_1)=\sqrt{9+5\sqrt{3}}$，$d(M_2)=\sqrt{9-5\sqrt{3}}$，故原点到所给曲线的最长距离为 $\sqrt{9+5\sqrt{3}}$，最短距离为 $\sqrt{9-5\sqrt{3}}$.

8.一个体积为 K 的帐篷，由一个下部为圆柱体，顶部为圆锥体的结构构成.证明帐篷成本最小的各个尺寸满足 $R=\sqrt{5}H$，$h=2H$，其中 R 和 H 分别为底部的半径和圆柱的高度，h 是圆锥的高度.

解：设圆柱形的底半径为 R，高为 H，圆锥形的高为 h，则所用布料的面积为

$$S=2\pi RH+\frac{1}{2}\cdot 2\pi R\cdot\sqrt{h^2+R^2},$$

且

$$\pi R^2H+\frac{1}{3}\pi R^2\cdot h=K.$$

作其拉格朗日函数

$$L(R,H,h,\lambda)=2\pi RH+\pi R\cdot\sqrt{h^2+R^2}+\lambda\left(\pi R^2H+\frac{1}{3}\pi R^2\cdot h-K\right),$$

于是，由

$$\begin{cases}L'_R=2\pi H+\pi\sqrt{h^2+R^2}+\dfrac{\pi R^2}{\sqrt{h^2+R^2}}+\lambda\left(2\pi RH+\dfrac{2}{3}\pi Rh\right)=0,\\ L'_H=2\pi R+\pi R^2\lambda=0,\\ L'_h=\dfrac{\pi Rh}{\sqrt{h^2+R^2}}+\dfrac{1}{3}\pi R^2\lambda=0,\\ L'_\lambda=\pi R^2H+\dfrac{1}{3}\pi R^2\cdot h-K=0,\end{cases}$$

求解得

$$H=\sqrt[3]{\frac{3K}{25\pi}},\quad h=2\sqrt[3]{\frac{3K}{25\pi}},$$

$$R=\sqrt{5}\sqrt[3]{\frac{3K}{25\pi}},\quad \lambda=-\frac{2\sqrt{5}}{5}\sqrt[3]{\frac{3K}{25\pi}}.$$

因而拉格朗日函数 L 的驻点唯一. 又实际问题有解,所以问题的解在驻点处取得. 故帐篷所用布料最少,帐篷尺寸间有关系式

$$R=\sqrt{5}H,\quad h=2H.$$

即命题成立.

9. 一个长方体地下储藏室体积为一个常数 V,其顶面和侧面的单位面积成本分别为底面成本的 3 倍和 2 倍. 则使用何种尺寸才能使得该储藏室的建造成本最小?

解: 为使问题求解方便,不妨设地面每单位面积造价为 1 个单位. 设长方体的长、宽、高分别为 x,y,z,则问题转化为求目标函数

$$f(x,y,z)=xy+2(2xy+2yz)+3xy,\qquad x,y,z\geqslant 0,$$

即

$$f(x,y,z)=4(xy+xz+yz)$$

在约束条件

$$xyz=V$$

下的最小值. 应用拉格朗日乘数法,令

$$L(x,y,z,\lambda)=4(xy+xz+yz)+\lambda(xyz-V),$$

求 L 对各个变量的偏导数,并令它们都等于 0,得

$$\begin{cases}L'_x=4(y+z)+\lambda yz=0,\\ L'_y=4(x+z)+\lambda xz=0,\\ L'_z=4(x+y)+\lambda xy=0,\\ L'_\lambda=xyz-V=0,\end{cases}$$

求解上方程组,得 $x=y=z=\sqrt[3]{V}$, $\lambda=-8V^{-1/3}$. 于是,拉格朗日函数 L 的驻点唯一. 而实际问题有解,所以问题的解在驻点处取得,即仓库的长、宽、高都为 $\sqrt[3]{V}$ 时,造价最小.

10. 求椭球 $\dfrac{x^2}{a^2}+\dfrac{y^2}{b^2}+\dfrac{z^2}{c^2}=1$ 的内接立方体(各个面分别平行于坐标面的立方体),使得

其体积最大.

解：由对称性，建立坐标系，以椭球中心为原点，且 xOy 平面与立方体的一表面平行，不妨设立方体在第一卦限的顶点坐标为 $M(x,y,z)$，则问题转化为求目标函数

$$f(x,y,z)=8xyz,\qquad x>0,y>0,z>0,$$

在约束条件

$$\frac{x^2}{a^2}+\frac{y^2}{b^2}+\frac{z^2}{c^2}=1$$

下的最大值. 应用拉格朗日乘数法，令

$$L(x,y,z,\lambda)=8xyz+\lambda\left(\frac{x^2}{a^2}+\frac{y^2}{b^2}+\frac{z^2}{c^2}-1\right),$$

求 L 对各个变量的偏导数，并令它们都等于零，得

$$\begin{cases}L'_x=8yz+\dfrac{2\lambda x}{a^2}=0,\\[2mm] L'_y=8xz+\dfrac{2\lambda y}{b^2}=0,\\[2mm] L'_z=8xy+\dfrac{2\lambda z}{c^2}=0,\\[2mm] L'_\lambda=\dfrac{x^2}{a^2}+\dfrac{y^2}{b^2}+\dfrac{z^2}{c^2}-1=0,\end{cases}$$

求解以上方程组，得 $x=\dfrac{\sqrt{3}a}{3},y=\dfrac{\sqrt{3}b}{3},z=\dfrac{\sqrt{3}c}{3},\lambda=4\sqrt{3}abc/3$. 于是，拉格朗日函数 L 的驻点唯一. 而实际问题有解，所以问题的解在驻点处取得，且立方体的最大体积为 $8\sqrt{3}abc/9$.

11. 令 $y=x_1x_2\cdots x_n$

(1) 在条件 $x_1+x_2+\cdots+x_n=1,x_i>0$ 下，求 y 的最大值；

(2) 使用(1) 的结论导出下面著名的不等式：

$$\sqrt[n]{x_1x_2\cdots x_n}\leqslant\frac{x_1+x_2+\cdots+x_n}{n}.$$

解：

(1) 建立拉格朗日函数

$$L=x_1x_2\cdots x_n+\lambda(x_1+x_2+\cdots+x_n-1),$$

得

$$\begin{cases}L'_{x_1}=x_2\cdots x_n+\lambda=0,\\ L'_{x_2}=x_1x_3\cdots x_n+\lambda=0,\\ \qquad\vdots\\ L'_{x_n}=x_1x_2\cdots x_{n-1}+\lambda=0,\\ L'_\lambda=x_1+x_2+\cdots+x_n-1=0,\end{cases}$$

解以上方程组，得 $x_1=x_2=\cdots=x_n=\dfrac{1}{n}$，由驻点唯一和实际问题有解，所以 y 在驻点

处取得最大值,最大值为

$$y_{\max}=\frac{1}{n^n}.$$

(2) 因为$\frac{x_1}{x_1+\cdots+x_n}+\frac{x_2}{x_1+\cdots+x_n}+\cdots+\frac{x_n}{x_1+\cdots+x_n}=1$,且$\frac{x_i}{x_1+\cdots+x_n}>0$,$i=1,2,\cdots,n$, 故由(1) 的结论得

$$\frac{x_1}{x_1+\cdots+x_n}\cdot\frac{x_2}{x_1+\cdots+x_n}\cdot\cdots\cdot\frac{x_n}{x_1+\cdots+x_n}\leqslant\frac{1}{n^n},$$

整理化简即得

$$\sqrt[n]{x_1x_2\cdots x_n}\leqslant\frac{x_1+x_2+\cdots+x_n}{n}.$$

B

1. 证明 $abc^3\leqslant 27\left(\frac{a+b+c}{5}\right)^5$ 对所有正数 a,b,c 都成立.

证明:我们在球面 $x^2+y^2+z^2=5r^2$ 上来求函数 $f(x,y,z)=\ln x+\ln y+3\ln z,x>0,y>0,z>0$ 的最大值,作拉格朗日函数

$$L=\ln x+\ln y+3\ln z+\lambda(x^2+y^2+z^2-5r^2),$$

则有

$$\begin{cases}L'_x=\frac{1}{x}+2\lambda x=0,\\ L'_y=\frac{1}{y}+2\lambda y=0,\\ L'_z=\frac{3}{z}+2\lambda z=0,\\ L'_\lambda=x^2+y^2+z^2-5r^2=0,\end{cases}$$

解得 $x=r,y=r,z=\sqrt{3}r,\lambda=-\frac{1}{2r^2}$.

由于在球面第一卦限($x>0,y>0,z>0$) 的边界线上,$f(x,y,z)\to-\infty$,故函数 $f(x,y,z)$ 的最大值必在第一卦限内球面上取得. 而极值又唯一,故最大值必为

$$f(r,r,\sqrt{3}r)=\ln(3\sqrt{3}r^5).$$

由上式可推知,对任意正实数 a,b,c 有

$$f(\sqrt{a},\sqrt{b},\sqrt{c})\leqslant\ln(3\sqrt{3}r^5),$$

取 $r=\sqrt{\frac{a+b+c}{5}}$,则有

$$\frac{1}{2}\ln abc^3\leqslant\frac{1}{2}\ln(3\sqrt{3}r^5)^2=\frac{1}{2}\ln 27r^{10},$$

即

$$abc^3 \leqslant 27\left(\frac{a+b+c}{5}\right)^5.$$

2. 设函数 $u(x,y)$ 定义在一个有界域 $D\subseteq \mathbf{R}^2$ 上，且 $u''_{xx}+u''_{yy}+cu=0$ 在 D 内部对某些常数 $c<0$ 成立，证明：

(1) 函数 $u(x,y)$ 正的最大值和负的最小值不可能在 D 的内部取得；

(2) 若 $u(x,y)$ 在 D 上连续，且在 ∂D 上 $u=0$ 成立，则 $u\equiv 0$ 在 D 上成立.

证明：

(1) 用反证法. 设 u 在 D 内取得正最大值，则 u 必为极大值. 由极值的充分条件，有

$$u''_{xx}<0,\quad u''_{yy}<0,$$

因而 $u''_{xx}+u''_{yy}+cu=0$ 不能实现，得出矛盾，故 u 在 D 上的正最大值不能在 D 内部取得.

(2) 若在 D 内点 $P(x,y)$，有 $u(x,y)>0$，则 u 在 D 内的正最大值大于 0，这与(1) 的结论矛盾. 所以在 D 内，$u\leqslant 0$.

若在 D 内点 $Q(x,y)$，有 $u(x,y)<0$，则 u 在 D 内的负最小值小于 0，这与(1) 的结论也矛盾. 所以在 D 内，$u\geqslant 0$.

综上所述，知在 D 上 $u\equiv 0$.

第三节　多元函数微分学在几何上的应用

一、知识要点

1. 空间曲线的切线和法平面

情形 1. 设空间曲线 G 的参数方程为 $\boldsymbol{r}=\boldsymbol{r}(t)=(x(t),y(t),z(t))$，$\alpha\leqslant t\leqslant\beta$，则曲线在点 $P_0(x(t_0),y(t_0),z(t_0))$处的切线方程为

$$\frac{x-x(t_0)}{x'(t_0)}=\frac{y-y(t_0)}{y'(t_0)}=\frac{z-z(t_0)}{z'(t_0)}.$$

曲线在 P_0 处的法平面方程为

$$x'(t_0)(x-x(t_0))+y'(t_0)(y-y(t_0))+z'(t_0)(z-z(t_0))=0.$$

情形 2. 设空间曲线的方程表示为 $y=y(x)$，$z=z(x)$，$a\leqslant x\leqslant b$，则曲线在点 $P_0(x_0,y_0,z_0)$处的切线方程为

$$\frac{x-x_0}{1}=\frac{y-y_0}{\dot{y}(x_0)}=\frac{z-z_0}{\dot{z}(x_0)}.$$

曲线在 P_0 处的法平面方程为

$$(x-x_0)+\dot{y}(x_0)(y-y_0)+\dot{z}(x_0)(z-z_0)=0.$$

情形 3. 曲线方程由一般式方程给出，即曲线的方程为$\begin{cases}F(x,y,z)=0,\\G(x,y,z)=0,\end{cases}$则曲线在点$P_0(x_0,y_0,z_0)$处的切线方程为

$$\frac{x-x_0}{1}=\frac{y-y_0}{\dfrac{\begin{vmatrix}F'_z & F'_x\\G'_z & G'_x\end{vmatrix}_{P_0}}{\begin{vmatrix}F'_y & F'_z\\G'_y & G'_z\end{vmatrix}_{P_0}}}=\frac{z-z_0}{\dfrac{\begin{vmatrix}F'_x & F'_y\\G'_x & G'_y\end{vmatrix}_{P_0}}{\begin{vmatrix}F'_y & F'_z\\G'_y & G'_z\end{vmatrix}_{P_0}}}.$$

曲线在 P_0 处的法平面方程为

$$x-x_0+(y-y_0)\frac{\begin{vmatrix}F'_z & F'_x\\G'_z & G'_x\end{vmatrix}_{P_0}}{\begin{vmatrix}F'_y & F'_z\\G'_y & G'_z\end{vmatrix}_{P_0}}+(z-z_0)\frac{\begin{vmatrix}F'_x & F'_y\\G'_x & G'_y\end{vmatrix}_{P_0}}{\begin{vmatrix}F'_y & F'_z\\G'_y & G'_z\end{vmatrix}_{P_0}}=0.$$

2. 空间曲面的切平面和法线

情形 1. 设空间曲面 S 的参数方程为

$$\boldsymbol{r}=\boldsymbol{r}(u,v)=(x(u,v),y(u,v),z(u,v)),(u,v)\in D\subseteq\mathbf{R}^2,$$

则曲面在点 $P_0(x(u_0,v_0),y(u_0,v_0),z(u_0,v_0))$处的切平面方程为

$$A(x-x_0)+B(y-y_0)+C(z-z_0)=0,$$

曲面在 P_0 处的法线方程为

$$\frac{x-x_0}{A}=\frac{y-y_0}{B}=\frac{z-z_0}{C},$$

其中，

$$(A,B,C)=\left(\frac{\partial(y,z)}{\partial(u,v)},\frac{\partial(z,x)}{\partial(u,v)},\frac{\partial(x,y)}{\partial(u,v)}\right)_{(u_0,v_0)}.$$

情形 2. 设空间曲面的方程表示为 $F(x,y,z)=0$，则曲面在点 $P_0(x_0,y_0,z_0)$处的切平面方程为

$$F'_x(P_0)(x-x_0)+F'_y(P_0)(y-y_0)+F'_z(P_0)(z-z_0)=0.$$

曲面在 P_0 处的法线方程为

$$\frac{x-x_0}{F'_x(P_0)}=\frac{y-y_0}{F'_y(P_0)}=\frac{z-z_0}{F'_z(P_0)}.$$

情形 3. 设空间曲面的方程表示为 $z=f(x,y)$，则曲面在点 $P_0(x_0,y_0,z_0)$处的切平面方程为

$$z-z_0=f'_x(x_0,y_0)(x-x_0)+f'_y(x_0,y_0)(y-y_0).$$

曲面在 P_0 处的法线方程为

$$\frac{x-x_0}{f'_x(x_0,y_0)}=\frac{y-y_0}{f'_y(x_0,y_0)}=\frac{z-z_0}{-1}.$$

二、习题解答

A

1. 求下列曲线在指定点处的切线方程和法平面方程：

(1) $\boldsymbol{r}=(t,2t^2,t^2)$ 在 $t=1$；

(2) $\boldsymbol{r}=(3\cos\theta,3\sin\theta,4\theta)$ 在点$(\frac{3}{\sqrt{2}},\frac{3}{\sqrt{2}},\pi)$；

(3) $\begin{cases}x^2+y^2=1\\ y^2+z^2=1\end{cases}$在点$(1,0,1)$.

解：

(1) 为$\boldsymbol{r}'(t)\big|_{t=1}=(1,4t,2t)\big|_{t=1}=(1,4,2)$，所以，所求的切线方程为$\dfrac{x-1}{1}=\dfrac{y-2}{4}=\dfrac{z-1}{2}$，法平面方程为$(x-1)+4(y-2)+2(z-1)=0$，即 $x+4y+2z-11=0$.

(2) 点$\left(\dfrac{3}{\sqrt{2}},\dfrac{3}{\sqrt{2}},\pi\right)$对应于$\theta=\dfrac{\pi}{4}$，因为$\boldsymbol{r}'\Big|_{\theta=\frac{\pi}{4}}=(-3\sin\theta,3\cos\theta,4)\Big|_{\theta=\frac{\pi}{4}}=\left(\dfrac{3}{\sqrt{2}},\dfrac{3}{\sqrt{2}},\pi\right)$，所以，所求的切线方程为

$$\frac{x-\frac{3}{\sqrt{2}}}{-3}=\frac{y-\frac{3}{\sqrt{2}}}{-3}=\frac{z-\pi}{4\sqrt{2}},$$

法平面方程为

$$-3\left(x-\frac{3}{\sqrt{2}}\right)+3\left(y-\frac{3}{\sqrt{2}}\right)+4\sqrt{2}(z-\pi)=0,$$

即

$$3x-3y-4\sqrt{2}z+4\sqrt{2}\pi=0.$$

(3) 方程同时关于 y 求导数，得

$$\begin{cases}2x\dfrac{\mathrm{d}x}{\mathrm{d}y}+2y=0,\\ 2y+2z\dfrac{\mathrm{d}z}{\mathrm{d}y}=0,\end{cases}$$

解上方程组，得

$$\begin{cases}\dfrac{\mathrm{d}x}{\mathrm{d}y}=-\dfrac{y}{x},\\ \dfrac{\mathrm{d}z}{\mathrm{d}y}=-\dfrac{y}{z}.\end{cases}$$

所以曲线在点$(1,0,1)$ 处的切向量为

$$S=\left(\frac{\mathrm{d}x}{\mathrm{d}y},1,\frac{\mathrm{d}z}{\mathrm{d}y}\right)\bigg|_{(1,0,1)}=(0,1,0).$$

故所求的切线方程为

$$\frac{x-1}{0}=\frac{y}{1}=\frac{z-1}{0},$$

即$\begin{cases}x=1\\y=1\end{cases}$.

法平面方程为 $0\cdot(x-1)+1\cdot(y-0)+0\cdot(z-1)=0$,即 $y=0$.

2. 求曲线 $\boldsymbol{r}=(t,-t^2,t^3)$ 平行于平面 $x+2y+z=4$ 的切线方程.

解:曲线的切线向量为 $\boldsymbol{r}'(t)=(1,-2t,3t^2)$,所给平面的法向量为 $\boldsymbol{n}=(1,2,1)$,于是由已知条件,得 $\boldsymbol{n}\cdot\boldsymbol{r}'(t)=0$,即 $1-4t+3t^2=0$,所以 $t_1=\frac{1}{3}$,$t_2=1$,于是,切向量为

$$\boldsymbol{r}'\left(\frac{1}{3}\right)=\left(1,-\frac{2}{3},\frac{1}{3}\right)=\frac{1}{3}(3,-2,1)\text{ 或 }\boldsymbol{r}'(1)=(1,-2,3);$$

相应的点为$\left(\frac{1}{3},-\frac{1}{9},\frac{1}{27}\right)$或$(1,-1,1)$,故所求的切线方程为

$$\frac{x-\frac{1}{3}}{3}=\frac{y+\frac{1}{9}}{-2}=z-\frac{1}{27}\text{ 或 }x-1=\frac{y+1}{-2}=\frac{z-1}{3}.$$

3. 证明在螺线 $\boldsymbol{r}=(a\cos\theta,a\sin\theta,k\theta)$ 上任何一点处的切线与 z 轴的夹角为常数.

解:螺线 $\boldsymbol{r}$ 在任一点处的切线向量为 $\boldsymbol{r}'(\theta)=(-a\sin\theta,a\cos\theta,k)$,于是该切向量与 Oz 轴所成的角的方向角 γ 的余弦为 $\cos\gamma=\frac{<\boldsymbol{r}'(\theta),k>}{\|k\|\cdot\|\boldsymbol{r}'(\theta)\|}=\frac{k}{\sqrt{a^2+k^2}}$.这是一定值,故由任意性知:螺线 $\boldsymbol{r}=(a\cos\theta,a\sin\theta,k\theta)$ 上任一点的切线与 Oz 轴交成定角.

4. 求下列曲线弧的长度:

(1) 曲线 $y=\frac{1}{2p}x^2$ 上弧长从顶点到点$(\sqrt{2}p,p)$;

(2) $x=\frac{1}{4}y^2-\frac{1}{2}\ln y,1\leqslant y\leqslant \mathrm{e}$;

(3) $x^{2/3}+y^{2/3}=a^{2/3},a>0$;

(4) $\boldsymbol{r}=(\mathrm{e}^t\sin t,\mathrm{e}^t\cos t),0\leqslant t\leqslant\frac{\pi}{2}$;

(5) $\boldsymbol{r}=(a(\cos t+t\sin t),a(\sin t-t\cos t)),a>0,0\leqslant t\leqslant 2\pi$;

(6) $\rho=a(1+\cos\theta)$(全部弧长);

(7) $\rho=a\sin^3\frac{\theta}{3},a>0$(全部弧长);

(8) $y(x)=\int_{-\sqrt{3}}^{x}\sqrt{3-t^2}\,dt$(全部弧长);

(9) $y(x)=\ln\cos x, 0\leqslant x\leqslant a, a<\frac{\pi}{2}$.

解:

(1) 因为$\sqrt{1+\left(\frac{dy}{dx}\right)^2}=\sqrt{1+\frac{x^2}{p^2}}=\frac{\sqrt{p^2+x^2}}{|p|}$,所以所求的弧长为

$$s=\int_0^{\sqrt{2}|p|}\sqrt{1+\left(\frac{dy}{dx}\right)^2}dx=\frac{1}{|p|}\int_0^{\sqrt{2}|p|}\sqrt{p^2+x^2}dx$$

$$=\frac{1}{|p|}\left(\frac{1}{2}x\sqrt{p^2+x^2}+\frac{1}{2}p^2\ln\left|x+\sqrt{p^2+x^2}\right|\right)\Big|_0^{\sqrt{2}|p|}$$

$$=\frac{1}{2}|p|\left[\ln(\sqrt{2}+\sqrt{3})+\sqrt{6}\right].$$

(2) 因为$\sqrt{1+\left(\frac{dx}{dy}\right)^2}=\sqrt{1+\left(\frac{1}{2}y-\frac{1}{2y}\right)^2}=\frac{1}{2}y+\frac{1}{2y}$,所以所求的弧长为

$$s=\int_0^e\sqrt{1+\left(\frac{dx}{dy}\right)^2}dy=\int_0^e\left(\frac{1}{2}y+\frac{1}{2y}\right)dy=\left(\frac{1}{4}y^2+\frac{1}{2}\ln y\right)\Big|_0^e=\frac{1}{4}(e^2+1).$$

(3) $x^{2/3}+y^{2/3}=a^{2/3}$ 的参数方程为

$$\begin{cases}x=a\cos^3\theta,\\y=a\sin^3\theta,\end{cases}\quad 0\leqslant\theta\leqslant 2\pi.$$

因为

$$\sqrt{[x'(\theta)]^2+[y'(\theta)]^2}=\sqrt{a^2(9\cos^4\theta\cdot\sin^2\theta+9\sin^4\theta\cdot\cos^2\theta)}$$

$$=3a|\sin\theta\cos\theta|=\frac{3}{2}a|\sin 2\theta|,$$

所以所求的弧长为

$$s=\int_0^{2\pi}\sqrt{[x'(\theta)]^2+[y'(\theta)]^2}d\theta=\int_0^{2\pi}\frac{3}{2}a|\sin 2\theta|d\theta$$

$$=4\int_0^{\frac{\pi}{2}}\frac{3}{2}a|\sin 2\theta|d\theta=-6a\cdot\frac{1}{2}\cos 2\theta\Big|_0^{\frac{\pi}{2}}=6a.$$

(4) 因为$\boldsymbol{r}'(t)=\{e^t(\sin t+\cos t),e^t(\cos t-\sin t)\}$,所以所求的弧长为

$$s=\int_0^{\frac{\pi}{2}}\|r'(t)\|dt=\int_0^{\frac{\pi}{2}}\sqrt{2}e^t dt=\sqrt{2}e^t\Big|_0^{\frac{\pi}{2}}=\sqrt{2}(e^{\frac{\pi}{2}}-1).$$

(5) 因为$\boldsymbol{r}'(t)=(at\cos t,at\sin t)$,所以,所求的弧长为$s=\int_0^{2\pi}\|\boldsymbol{r}'(t)\|dt=\int_0^{2\pi}at\,dt=2\pi^2a$.

(6) 因为$\sqrt{\rho^2+\rho'^2}=\sqrt{a^2(1+\cos\theta)^2+a^2\sin^2\theta}=2a\left|\cos\frac{\theta}{2}\right|$,所以所求的弧长为

$$s=\int_0^{2\pi}\sqrt{\rho^2+\rho'^2}\,\mathrm{d}\theta=2a\int_0^{2\pi}\left|\cos\frac{\theta}{2}\right|\mathrm{d}\theta\xlongequal{\alpha=\frac{\theta}{2}}4a\int_0^{\pi}|\cos\alpha|\,\mathrm{d}\alpha$$

$$=4a\left(\sin\alpha\Big|_0^{\frac{\pi}{2}}-\sin\alpha\Big|_{\frac{\pi}{2}}^{2\pi}\right)=8a.$$

(7) 由 $\rho=a\sin^3\dfrac{\theta}{3}\geqslant 0$ 得 $6k\pi\leqslant\theta\leqslant 6k\pi+3\pi, k=0,\pm1,\pm2,\cdots$ 又因为

$\sqrt{\rho^2+\rho'^2}=\sqrt{a^2\left(\sin^6\dfrac{\theta}{3}+\sin^4\dfrac{\theta}{3}\cdot\cos^2\dfrac{\theta}{3}\right)}=a\sin^2\dfrac{\theta}{3}$,所以所求的弧长为

$$s=\int_0^{3\pi}\sqrt{\rho^2+\rho'^2}\,\mathrm{d}\theta=\int_0^{3\pi}a\sin^2\frac{\theta}{3}\mathrm{d}\theta=\frac{1}{2}a\int_0^{3\pi}\left(1-\cos\frac{2\theta}{3}\right)\mathrm{d}\theta$$

$$=\frac{1}{2}a\left(\theta-\frac{3}{2}\cos\frac{2\theta}{3}\right)\Big|_0^{3\pi}=\frac{3}{2}\pi a.$$

(8) 由 $\sqrt{3-x^2}\geqslant0$ 得 $-\sqrt{3}\leqslant x\leqslant\sqrt{3}$,又因为 $\sqrt{1+y'^2}=\sqrt{1+(\sqrt{3-x^2})^2}=\sqrt{4-x^2}$,所以所求曲线的弧长为

$$s=\int_{-\sqrt{3}}^{\sqrt{3}}\sqrt{1+y'^2}\,\mathrm{d}x=\int_{-\sqrt{3}}^{\sqrt{3}}\sqrt{4-x^2}\,\mathrm{d}x=2\int_0^{\sqrt{3}}\sqrt{4-x^2}\,\mathrm{d}x$$

$$=2\left(\frac{1}{2}x\sqrt{4-x^2}+2\arcsin\frac{x}{2}\right)\Big|_0^{\sqrt{3}}=\sqrt{3}+\frac{4}{3}\pi.$$

(9) 因为 $\sqrt{1+y'^2}=\sqrt{1+(\dfrac{-\sin x}{\cos x})^2}=|\sec x|$,所以,所求的弧长为

$$s=\int_0^{\alpha}\sqrt{1+y'^2}\,\mathrm{d}x=\int_0^{\alpha}|\sec x|\,\mathrm{d}x=\int_0^{\alpha}\sec x\mathrm{d}x=\ln|\sec x+\tan x|\Big|_0^{\alpha}=\ln(\sec\alpha+\tan\alpha),$$

其中,$0<\alpha<\dfrac{\pi}{2}$.

5. 求下列空间曲线的弧长:

(1) 曲线 $\boldsymbol{r}=(\mathrm{e}^t\sin t,\mathrm{e}^t\cos t,\mathrm{e}^t)$ 上两点 $(1,0,1)$ 和 $(0,\mathrm{e}^{\pi/2},\mathrm{e}^{\pi/2})$ 之间的弧长;

(2) $\boldsymbol{r}=(2t,t^2-2,1-t^2), 0\leqslant t\leqslant 2$;

(3) 曲线 $\begin{cases}x^2=3y\\2xy=9z\end{cases}$ 上两点 $(0,0,0)$ 和 $(3,3,2)$ 之间的弧长.

解:

(1) 点 $(1,0,1)$ 及点 $(0,\mathrm{e}^{\frac{\pi}{2}},\mathrm{e}^{\frac{\pi}{2}})$ 分别对应于 $t=0$ 及 $t=\dfrac{\pi}{2}$. 又因为

$$\boldsymbol{r}'(t)=(\mathrm{e}^t(\cos t-\sin t),\mathrm{e}^t(\sin t+\cos t),\mathrm{e}^t),$$

故所求的弧长为

$$s=\int_0^{\frac{\pi}{2}}\|\boldsymbol{r}'(t)\|\,\mathrm{d}t=\int_0^{\frac{\pi}{2}}\sqrt{3}\,\mathrm{e}^t\mathrm{d}t=\sqrt{3}(\mathrm{e}^{\frac{\pi}{2}}-1).$$

(2) 因为 $\boldsymbol{r}'(t)=(2,2t,-2t)$,所以所求的弧长为

$$s=\int_0^2\|\boldsymbol{r}'(t)\|\,\mathrm{d}t=\int_0^2 2\sqrt{1+2t^2}\,\mathrm{d}t=\sqrt{2}\left(\frac{\sqrt{2}t}{2}\sqrt{1+2t^2}+\frac{1}{2}\ln\left|\sqrt{2}t+\sqrt{1+2t^2}\right|\right)\Bigg|_0^2$$

$$=\sqrt{2}\left[3\sqrt{2}+\frac{1}{2}\ln(3+2\sqrt{2})\right]=6+\frac{\sqrt{2}}{2}\ln(3+2\sqrt{2}).$$

(3) 由 $\begin{cases}x^2=3y\\2xy=9z\end{cases}$ 得曲线的参数方程为 $\begin{cases}x=t,\\y=\dfrac{1}{3}t^2,\\z=\dfrac{2}{27}t^3,\end{cases}$ 其中,$0\leqslant t\leqslant 3$.

又 $\sqrt{x'^2+y'^2+z'^2}=\sqrt{1+\dfrac{4}{9}t^2+\dfrac{4}{81}t^4}=\dfrac{2}{9}t^2+1$,故所求的弧长为

$$s=\int_0^3\sqrt{x'^2(t)+y'^2(t)+z'^2(t)}\,\mathrm{d}t=\int_0^3\left(\frac{2}{9}t^2+1\right)\mathrm{d}t=5.$$

6. 证明曲线 $r=(a\mathrm{e}^t\cos t,a\mathrm{e}^t\sin t,a\mathrm{e}^t)$ 和圆锥面 $x^2+y^2=z^2$ 的每一生成曲线的夹角相同(两个曲线的夹角指的是在它们的公共交点处切线的夹角).

解:

设曲线与圆锥面的交点为 $P(a\mathrm{e}^{t_0}\cos t_0,a\mathrm{e}^{t_0}\sin t_0,a\mathrm{e}^{t_0})\quad(t_0\in R)$,则圆锥面 $x^2+y^2=z^2$ 过 P 点的母线为 $\dfrac{x}{\cos t_0}=\dfrac{y}{\sin t_0}=\dfrac{z}{1}$.

曲线在 P 点处的切向量为 $\boldsymbol{S}=((\cos t_0-\sin t_0),(\cos t_0+\sin t_0),1)$,则

$$\boldsymbol{S}\cdot(\cos t_0,\sin t_0,1)=(\cos t_0-\sin t_0)\cos t_0+(\cos t_0+\sin t_0)\sin t_0+1$$
$$=\cos^2 t_0-\cos t_0\sin t_0+\cos t_0\sin t_0+\sin^2 t_0+1=2.$$

于是

$$\cos\theta=\frac{S\cdot(\cos t_0,\sin t_0,1)}{\|S\|\cdot\|(\cos t_0,\sin t_0,1)\|}=\frac{2}{\sqrt{2}\cdot\sqrt{3}}=\sqrt{\frac{2}{3}},$$

所以 $\theta=\arccos\sqrt{\dfrac{2}{3}}$ 与 t_0 无关,即命题得证.

7. 写出下列曲面的一种参数方程,其中 a,b,c 均为正常数:

(1) $\dfrac{x^2}{a^2}+\dfrac{y^2}{b^2}+\dfrac{z^2}{c^2}=1$;

(2) $\dfrac{x^2}{a^2}-\dfrac{y^2}{b^2}-\dfrac{z^2}{c^2}=1$;

(3) $\dfrac{x^2}{a^2}-\dfrac{y^2}{b^2}=2z$;

(4) $\dfrac{x^2}{a^2}+\dfrac{y^2}{b^2}=\dfrac{z^2}{c^2}$.

解:

(1) 因为在 $z=z$ 平面上,曲线 $\begin{cases}\dfrac{x^2}{a^2}+\dfrac{y^2}{b^2}=1-\dfrac{z^2}{c^2}\\ z=z\end{cases}$ 的参数方程为

$$\begin{cases}x=a\cdot\sqrt{1-\dfrac{z^2}{c^2}}\cos\theta,\\ y=b\cdot\sqrt{1-\dfrac{z^2}{c^2}}\sin\theta,\\ z=z,\end{cases}$$

其中,$0\leqslant\theta\leqslant 2\pi$,$-c\leqslant z\leqslant c$.

又 $-c\leqslant z\leqslant c$,所以可取 $z=c\cos\varphi$,$0\leqslant\varphi\leqslant\pi$,于是曲面的参数方程为

$$\begin{cases}x=a\sin\varphi\cos\theta,\\ y=b\sin\varphi\sin\theta,\\ z=c\cos\varphi,\end{cases}$$

其中,$0\leqslant\theta\leqslant 2\pi$,$0\leqslant\varphi\leqslant\pi$.

(2) 在 $x=x$ 的平面上,曲线 $\begin{cases}\dfrac{z^2}{c^2}+\dfrac{y^2}{b^2}=\dfrac{x^2}{a^2}-1,\\ x=x,\end{cases}$ $|x|\geqslant a$ 的参数方程为

$$\begin{cases}y=b\cdot\sqrt{\dfrac{x^2}{a^2}-1}\cos\theta,\\ z=c\cdot\sqrt{\dfrac{x^2}{a^2}-1}\sin\theta,\\ x=x,\end{cases}$$

其中,$0\leqslant\theta\leqslant 2\pi$,$|x|\geqslant a$,于是曲面的参数方程为

$$\begin{cases}x=u,\\ y=\dfrac{b}{a}\sqrt{u^2-a^2}\cos\theta,\\ z=\dfrac{c}{a}\sqrt{u^2-a^2}\sin\theta,\end{cases}$$

其中,$a\leqslant|u|<+\infty$,$0\leqslant\theta\leqslant 2\pi$.

(3) 因为 $2z=\left(\dfrac{x}{a}+\dfrac{y}{b}\right)\left(\dfrac{x}{a}-\dfrac{y}{b}\right)$,所以,令 $\begin{cases}2u=\dfrac{x}{a}+\dfrac{y}{b},\\ 2v=\dfrac{x}{a}-\dfrac{y}{b},\end{cases}$ 得 $x=a(u+v)$,$y=b(u-v)$,于是曲面的参数方程为

$$\begin{cases} x = a(u+v), \\ y = b(u-v), \\ z = 2uv, \end{cases}$$

其中，$u, v \in \mathbf{R}^2$.

(4) 曲线$\begin{cases} \dfrac{x^2}{a^2} + \dfrac{y^2}{b^2} = \dfrac{z^2}{c^2} \\ z = z \end{cases}$的参数方程为$\begin{cases} x = a\dfrac{|z|}{c}\cos\theta, \\ y = b\dfrac{|z|}{c}\sin\theta, \\ z = z, \end{cases}$故曲面的参数方程为

$$\begin{cases} x = au\cos\theta, \\ y = bu\sin\theta, \\ z = cu, \end{cases}$$

其中，$0 \leqslant \theta \leqslant 2\pi, u \in \mathbf{R}$.

8. 求 xOz 坐标面内的曲线$\begin{cases} x = f(v), \\ z = g(v), \end{cases}$ $a \leqslant v \leqslant b$ 绕 z 轴旋转一周所得的旋转曲面的参数方程，其中，$f(v) > 0$.

解：旋转曲面的方程为 $x^2 + y^2 = f^2(v)$，且 $z = g(v)$，于是旋转曲面的参数方程为

$$\begin{cases} x = f(v)\cos\theta, \\ y = f(v)\sin\theta, \\ z = g(v), \end{cases}$$

其中，$0 \leqslant \theta \leqslant 2\pi, a \leqslant v \leqslant b$.

9. 写出曲面 $\boldsymbol{r} = \boldsymbol{r}(u,v)$ 上点 $\boldsymbol{r}(u_0,v_0)$ 处的切平面与法线的参数方程.

解：曲面 $\boldsymbol{r} = \boldsymbol{r}(u,v)$ 在点 $\boldsymbol{r} = \boldsymbol{r}(u_0,v_0)$ 处的法向量为 $\boldsymbol{n} = \boldsymbol{r}'_u(u_0,v_0) \times \boldsymbol{r}'_v(u_0,v_0)$. 由于 $\boldsymbol{r}'_u(u_0,v_0)$ 与 $\boldsymbol{r}'_u(u_0,v_0)$ 是曲面 $\boldsymbol{r}$ 上 u 曲线与 v 曲线的切向量，由 $\boldsymbol{r}'_u(u_0,v_0)$ 与 $\boldsymbol{r}'_v(u_0,v_0)$ 确定的平面 π，即为曲面 $\boldsymbol{r}$ 在点 $\boldsymbol{r}(u_0,v_0)$ 的切平面，是二维切空间. 二维切空间是一个线性空间，而 $\boldsymbol{r}'_u(u_0,v_0)$ 与 $\boldsymbol{r}'_v(u_0,v_0)$ 是此切空间的一组基. 因此平面 π 可用这组基表示为参数方程

$$\rho(\lambda,\mu) = \boldsymbol{r}(u_0,v_0) + \lambda\boldsymbol{r}'_u(u_0,v_0) + \mu\boldsymbol{r}'_v(u_0,v_0).$$

显然当 $\lambda = 0, \mu = 0$ 时，点即为 $\boldsymbol{r}(u_0,v_0)$，其中 ρ 为动点上的图形的向径.

法线的参数方程为

$$\rho(t) = r(u_0,v_0) + t[r'_u(u_0,v_0) \times r'_v(u_0,v_0)].$$

10. 求下列曲面在指定点处的切平面和法线方程：

(1) $\boldsymbol{r} = (a\cos\theta\cos\varphi, a\cos\theta\sin\varphi, a\sin\theta)$ 在 (θ_0,φ_0) 处；

(2) $z = \dfrac{x^2}{4^2} + \dfrac{y^2}{9^2}$ 在点 $(6,12,5)$ 处；

(3) $x^3 + y^3 + z^3 + xyz - 6 = 0$ 在点 $(1,2,-1)$ 处；

(4) $e^{x/z}+e^{y/z}=4$ 在点$(\ln 2,\ln 2,1)$处.

解:

(1) 因为 $\boldsymbol{r}'_\theta(\theta_0,\varphi_0)=(-a\sin\theta_0\cos\varphi_0,-a\sin\theta_0\sin\varphi_0,a\cos\theta_0)$,

$$\boldsymbol{r}'_\varphi(\theta_0,\varphi_0)=(-a\cos\theta_0\sin\varphi_0,a\cos\theta_0\cos\varphi_0,0),$$

于是切平面的法向量为

$$\boldsymbol{n}=\frac{-1}{a^2}\boldsymbol{r}'_\theta(\theta_0,\varphi_0)\times\boldsymbol{r}'_\varphi(\theta_0,\varphi_0)=\frac{-1}{a}\begin{vmatrix}\boldsymbol{i} & \boldsymbol{j} & \boldsymbol{k}\\ -a\sin\theta_0\cos\varphi_0 & -a\sin\theta_0\sin\varphi_0 & a\cos\theta_0\\ -a\cos\theta_0\sin\varphi_0 & a\cos\theta_0\cos\varphi_0 & 0\end{vmatrix}$$

$$=\cos^2\theta_0\cos\varphi_0\boldsymbol{i}+\cos^2\theta_0\sin\varphi_0\boldsymbol{j}+\cos\theta_0\sin\theta_0\boldsymbol{k}$$

$$=\cos\theta_0(\cos\theta_0\cos\varphi_0\boldsymbol{i}+\cos\theta_0\sin\varphi_0\boldsymbol{j}+\sin\theta_0\boldsymbol{k}).$$

故所求的切平面方程为

$$\cos\theta_0\cos\varphi_0(x-a\cos\theta_0\cos\varphi_0)+\cos\theta_0\sin\varphi_0(y-a\cos\theta_0\sin\varphi_0)+\sin\theta_0(z-a\sin\theta_0)=0,$$

即
$$\cos\theta_0\cos\varphi_0x+\cos\theta_0\sin\varphi_0y+\sin\theta_0z=a.$$

法线方程为

$$\frac{x-a\cos\theta_0\cos\varphi_0}{\cos\theta_0\cos\varphi_0}=\frac{y-a\cos\theta_0\sin\varphi_0}{\cos\theta_0\sin\varphi_0}=\frac{z-a\sin\theta_0}{\sin\theta_0},$$

即
$$\frac{x}{\cos\theta_0\cos\varphi_0}=\frac{y}{\cos\theta_0\sin\varphi_0}=\frac{z}{\sin\theta_0}.$$

(2) 令
$$F(x,y,z)=\frac{x^2}{4^2}+\frac{y^2}{9^2}-z^2,$$

则
$$F'_x(6,12,5)=\frac{1}{2}x\,\Big|_{(6,12,5)}=3,$$
$$F'_y(6,12,5)=\frac{2}{9}y\,\Big|_{(6,12,5)}=\frac{8}{3},$$
$$F'_z(6,12,5)=-2z\,\Big|_{(6,12,5)}=-10.$$

故所求的切平面方程为

$$3(x-6)+\frac{8}{3}(y-12)-10(z-5)=0,$$

即
$$9x+8y-30z=0,$$

法线的方程为

$$\frac{x-6}{9}=\frac{y-12}{8}=\frac{z-15}{30}.$$

(3) 令 $F(x,y,z)=x^3+y^3+z^3+xyz-6$,则

$$F'_x(1,2,-1)=(3x^2+yz)\,\Big|_{(1,2,-1)}=1,$$
$$F'_y(1,2,-1)=(3y^2+xz)\,\Big|_{(1,2,-1)}=11,$$
$$F'_z(1,2,-1)=(3z^2+xy)\,\Big|_{(1,2,-1)}=5,$$

故所求的切平面方程为

$$(x-1)+11(y-2)-5(z+11)=0,$$

即
$$x+11y+5z=18,$$

法线的方程为

$$\frac{x-1}{1}=\frac{y-2}{11}=\frac{z+1}{5}.$$

(4) 令 $F(x,y,z)=e^{\frac{x}{z}}+e^{\frac{y}{z}}-4$,则

$$F'_x(\ln 2,\ln 2,1)=\frac{1}{z}e^{\frac{y}{z}}\Big|_{(\ln 2,\ln 2,1)}=2,$$

$$F'_y(\ln 2,\ln 2,1)=\frac{1}{z}e^{\frac{x}{z}}\Big|_{(\ln 2,\ln 2,1)}=2,$$

$$F'_z(\ln 2,\ln 2,1)=\frac{1}{z^2}(xe^{\frac{x}{z}}+ye^{\frac{y}{z}})\Big|_{(\ln 2,\ln 2,1)}=-4\ln 2,$$

故所求的切平面方程为

$$2(x-\ln 2)+2(y-\ln 2)-4\ln 2(z-1)=0,$$

即

$$x+y-(\ln 4)z=0,$$

法线的方程为

$$\frac{x-\ln 2}{1}=\frac{y-\ln 2}{1}=\frac{z-1}{-\ln 4}.$$

11. 试求一平面,使它通过曲线$\begin{cases}y^2=x\\z=3(y-1)\end{cases}$在 $y=1$ 处的切线,且与曲面 $x^2+y^2=4z$ 相切.

解:曲线$\begin{cases}y^2=x\\z=3(y-1)\end{cases}$的参数方程为$\begin{cases}x=t^2,\\y=t,\\z=3(t-1),\end{cases}$ $y=1$ 对应于曲线上的点 $P(1,1,0)$,于是该曲线在 P 处的切向量为 $\boldsymbol{r}(1)=(2t,1,3)|_{t=1}=(2,1,3)$,从而曲线在 P 处的切线方程为

$$\frac{x-1}{2}=\frac{y-1}{1}=\frac{z}{3},\text{即}\begin{cases}x-2y+1=0,\\3x-2z-3=0,\end{cases}$$

过该切线的平面的方程为

$$\lambda(x-2y+1)+\mu(3x-2z-3)=0,$$

即
$$(3\mu+\lambda)x-2\lambda y-2\mu z+\lambda-3\mu=0.$$

曲面 $x^2+y^2=4z$ 在点 $P_0(x_0,y_0,\frac{1}{4}(x_0^2+y_0^2))$ 处的法向量为 $\boldsymbol{n}=(x_0,y_0,-2)$. 所以由题设得

$$\begin{cases}\dfrac{x_0}{3\mu+\lambda}=\dfrac{y_0}{-2\lambda}=\dfrac{-2}{-2\mu},\\(3\mu+\lambda)x_0-2\lambda y_0-2\mu z_0+\lambda-3\mu=0,\\x_0^2+y_0^2=4z_0,\end{cases}$$

解以上方程组得 $\lambda=-\dfrac{3}{5}\mu,\lambda=-\mu$,故所求的平面方程为 $6x+3y-5z=9$ 或 $x+y-z=2$.

12. 求曲面 $x^2+y^2+z^2=x$ 的切平面,使它垂直于平面 $x-y-\dfrac{1}{2}z=2$ 和平面 $x-y-z=2$.

解:由题设条件知:所求切平面的法向量可取为 $\begin{vmatrix}\boldsymbol{i}&\boldsymbol{j}&\boldsymbol{k}\\1&-1&-\dfrac{1}{2}\\1&-1&-1\end{vmatrix}=\dfrac{1}{2}\boldsymbol{i}+\dfrac{1}{2}\boldsymbol{j}=\dfrac{1}{2}(\boldsymbol{i}+\boldsymbol{j})$.

令 $F(x,y,z)=x^2+y^2+z^2-x$,则曲面在 (x_0,y_0,z_0) 处的切平面的法向量取为 $n^*=(2x_0-1,2y_0,2z_0)$,由题意有

$$\begin{cases}\dfrac{2x_0-1}{1}=\dfrac{2y_0}{1}=\dfrac{2z_0}{0},\\x_0^2+y_0^2+z_0^2=x_0,\end{cases}$$

解以上方程组,得

$$\begin{cases}x_0=\dfrac{2+\sqrt{2}}{4},\\y_0=\dfrac{\sqrt{2}}{4},\\z_0=0,\end{cases}\text{或}\begin{cases}x_0=\dfrac{2-\sqrt{2}}{4},\\y_0=-\dfrac{\sqrt{2}}{4},\\z_0=0,\end{cases}$$

于是满足条件的切平面方程为

$$\left(x-\frac{2+\sqrt{2}}{4}\right)+\left(y-\frac{\sqrt{2}}{4}\right)=0\ \text{或}\ \left(x-\frac{2-\sqrt{2}}{4}\right)+\left(y+\frac{\sqrt{2}}{4}\right)=0,$$

即

$$x+y=\frac{1}{2}(1+\sqrt{2})\ \text{或}\ x-y=\frac{1}{2}(1-\sqrt{2}).$$

13. 求曲面 $z=xy$ 的法线,使它与平面 $x+3y+z+9=0$ 垂直.

解:令 $F(x,y,z)=xy-z$,则曲面 $z=xy$ 在点 $P(x_0,y_0,z_0)$ 处的法线方程为

$$\frac{x-x_0}{y_0}=\frac{y-y_0}{x_0}=\frac{z_0-x_0y_0}{-1}.$$

于是由题设得 $\dfrac{y_0}{1}=\dfrac{x_0}{3}=\dfrac{-1}{1}$,所以 $x_0=-3,y_0=-1$,故所求的法线方程为 $x+3=$

$\dfrac{y+1}{3}=z-3$.

14. 求曲面 $x^2+2y^2+z^2=22$ 的法线,使它与直线 $\begin{cases}x+3y+z=3\\x+y=0\end{cases}$ 平行.

解:直线的方向向量为

$$\begin{vmatrix}\boldsymbol{i} & \boldsymbol{j} & \boldsymbol{k}\\1 & 3 & 1\\1 & 1 & 0\end{vmatrix}=-\boldsymbol{i}+\boldsymbol{j}-2\boldsymbol{k},$$

令 $F(x,y,z)=x^2+2y^2+z^2-22$,则曲面 $x^2+2y^2+z^2=22$ 在 $P(x_0,y_0,z_0)$ 处的法向量为 $\boldsymbol{n}=(x_0,2y_0,z_0)$,其中 $x_0^2+2y_0^2+z_0^2=22$,由已知条件得 $\dfrac{x_0}{-1}=\dfrac{2y_0}{1}=\dfrac{z_0}{-2}\triangleq t$,于是 $x_0=-t$, $y_0=\dfrac{1}{2}t, z_0=-2t$,所以 $(-t)^2+2\left(\dfrac{1}{2}t\right)^2+(-2t)^2=22$,解之得 $t=\pm 2$. 因而点 $P(x_0,y_0,z_0)$ 为 $(2,-1,4)$ 或 $(-2,1,-4)$,故所求的法线方程为

$$x-2=\frac{y+1}{-1}=\frac{z-4}{2}\text{ 或 }x+2=\frac{y-1}{-1}=\frac{z+4}{2}.$$

15. 求曲线 $\begin{cases}3x^2+2y^2=12\\z=0\end{cases}$ 绕 y 轴旋转一周所得旋转面在点 $(0,\sqrt{3},\sqrt{2})$ 处由内部指向外部的单位法向量.

解:旋转曲面的方程为 $3(x^2+z^2)+2y^2=12$. 令 $F(x,y,z)=3(x^2+z^2)+2y^2-12$,则旋转曲面在 $(0,\sqrt{3},\sqrt{2})$ 处的法向量为

$$\boldsymbol{n}=(6x,4y,6z)\big|_{(0,\sqrt{3},\sqrt{2})}=2(0,2\sqrt{3},3\sqrt{2})=2\sqrt{6}(0,\sqrt{2},\sqrt{3}),$$

于是所求的单位法向量为 $\left(0,\dfrac{\sqrt{10}}{5},\dfrac{\sqrt{15}}{5}\right)$.

16. 设 $\boldsymbol{n}$ 是曲面 $2x^2+3y^2+z^2=6$ 在点 $P_0(1,1,1)$ 处由内部指向外部的法向量,求函数 $u=\dfrac{1}{z}\sqrt{6x^2+8y^2}$ 在 P_0 处沿方向 $\boldsymbol{n}$ 的方向导数.

解:令 $F(x,y,z)=2x^2+3y^2+z^2-6$,则曲面在 $P_0(1,1,1)$ 处由内部指向外部的法向量为 $\boldsymbol{n}=(4x,6y,2z)\big|_{(1,1,1)}=2(2,3,1)$,于是与 $\boldsymbol{n}$ 方向一致的单位向量为

$$\boldsymbol{e}_n=\left(\frac{2}{\sqrt{14}},\frac{3}{\sqrt{14}},\frac{1}{\sqrt{14}}\right),$$

又 $\nabla u(P_0)=\left[\dfrac{6x}{z\sqrt{6x^2+8y^2}},\dfrac{8y}{z\sqrt{6x^2+8y^2}},-\dfrac{\sqrt{6x^2+8y^2}}{z^2}\right]\Bigg|_{(1,1,1)}=\left(\dfrac{6}{\sqrt{14}},\dfrac{8}{\sqrt{14}},-\sqrt{14}\right)$,

所以所求的方向导数为

$$\left.\frac{\partial u}{\partial n}\right|_{P_0}=\langle\nabla u(P_0),\boldsymbol{e}_n\rangle=\frac{6}{\sqrt{14}}\times\frac{2}{\sqrt{14}}+\frac{8}{\sqrt{14}}\times\frac{3}{\sqrt{14}}-\sqrt{14}\times\frac{1}{\sqrt{14}}=\frac{11}{7}.$$

17. 求锥面$\frac{x^2}{a^2}+\frac{y^2}{b^2}=\frac{z^2}{c^2}$在其上一点$P_0(x_0,y_0,z_0)$处的切平面方程,并证明切平面通过锥面在$P_0$处的母线.

解:令$F(x,y,z)=\frac{x^2}{a^2}+\frac{y^2}{b^2}-\frac{z^2}{c^2}$,则锥面在$P_0(x_0,y_0,z_0)$处的法向量为$\boldsymbol{n}=(\frac{2x_0}{a^2},\frac{2y_0}{b^2},-\frac{2z_0}{c^2})$,于是锥面在$P_0(x_0,y_0,z_0)$处的切平面方程为

$$\frac{2x_0}{a^2}(x-x_0)+\frac{2y_0}{b^2}(y-y_0)-\frac{2z_0}{c^2}(z-z_0)=0,$$

即
$$\frac{xx_0}{a^2}+\frac{yy_0}{b^2}-\frac{zz_0}{c^2}=0.$$

又锥面在P_0处的母线为

$$\frac{x}{x_0}=\frac{y}{y_0}=\frac{z}{z_0}\overset{\wedge}{=}t,$$

即
$$x=x_0t,\quad y=y_0t,\quad z=z_0t,$$

于是,
$$\frac{xx_0}{a^2}+\frac{yy_0}{b^2}-\frac{zz_0}{c^2}=(\frac{x_0^2}{a^2}+\frac{y_0^2}{b^2}-\frac{z_0^2}{c^2})t\equiv 0.$$

即锥面在P_0处的母线在锥面P_0处的切平面上,也即锥面在P_0处的切平面通过锥面在P_0处的母线.

18. **证明**:曲面$xyz=a^3(a>0)$上任意一点处的切平面与三个坐标面所围四面体的体积是一常数.

解:令$F(x,y,z)=xyz-a^3$,$P_0(x_0,y_0,z_0)$是曲面上的任一点,即$x_0y_0z_0=a^3$.于是曲面在P_0处的切平面方程为

$$y_0z_0(x-x_0)+x_0z_0(y-y_0)+x_0y_0(z-z_0)=0,$$

即

$$\frac{x}{3x_0}+\frac{y}{3y_0}+\frac{z}{3z_0}=1.$$

于是,P_0处的切平面与三个坐标面所围四面体的体积为

$$V=\frac{1}{6}\mid 3x_0\mid\mid 3y_0\mid\mid 3z_0\mid=\frac{9}{2}\mid x_0y_0z_0\mid=\frac{9}{2}a^3.$$

该值与x_0,y_0,z_0无关,即为一个常数.由$P_0(x_0,y_0,z_0)$的任意性命题得证.

19. 设 a,b 和 c 为常数,函数 $F(u,v)$ 有连续的一阶偏导数,证明:曲面$F\left(\frac{x-a}{z-c},\frac{y-b}{z-c}\right)=0$上任意一点处的切平面均通过某定点.

解:令$\psi(x,y,z)=F\left(\frac{x-a}{z-c},\frac{y-b}{z-c}\right)$,则

$$\psi'_x(x,y,z)=F_1\cdot\frac{1}{z-c},\quad \psi'_y(x,y,z)=F_2\cdot\frac{1}{z-c},$$

$$\psi'_z(x,y,z)=\frac{1}{(z-c)^2}[(x-a)F_1+(y-b)F_2].$$

设 $P(x_0,y_0,z_0)$ 为曲面的任意一点，则曲面在 P 处的法向量为

$$\boldsymbol{n}=\left\{\frac{1}{z_0-c}F_1,\frac{1}{z_0-c}F_2,-\frac{1}{(z_0-c)^2}[(x_0-a)F_1+(y_0-b)F_2]\right\}$$

$$=\frac{1}{(z_0-c)^2}\{(z_0-c)F_1,(z_0-c)F_2,-[(x_0-a)F_1+(y_0-b)F_2]\},$$

于是曲面在处的切平面方程为

$$(z_0-c)F_1(x-x_0)+(z_0-c)F_2(y-y_0)-[(x_0-a)F_1+(y_0-b)F_2](z-z_0)=0,$$

即 $F_1[(x-x_0)(z_0-c)-(x_0-a)(z-z_0)]+F_2[(z_0-c)(y-y_0)-(y_0-b)(z-z_0)]=0.$

令 $\begin{cases}(x-x_0)(z_0-c)-(x_0-a)(z-z_0)=0,\\(z_0-c)(y-y_0)-(y_0-b)(z-z_0)=0,\end{cases}$ 显然 $x=a,y=b,z=c$ 满足方程组.

从而点 (a,b,c) 为切平面上的点，即 (x_0,y_0,z_0) 处的切平面通过定点 (a,b,c)，由 (x_0,y_0,z_0) 的任意性命题得证.

20. 设 a 和 b 为常数，证明：曲面 $F(x-az,y-bz)=0$ 上任意一点处的切平面与某定直线平行.

解：设 $P(x_0,y_0,z_0)$ 为曲面上的任意一点，则曲面在 P 处的切平面方程为

$$F_1(P)(x-x_0)+F_2(P)(y-y_0)-[aF_1(P)+bF_2(P)](z-z_0)=0,$$

其法向量为

$$\boldsymbol{n}=\{F_1(P),F_2(P),-[aF_1(P)+bF_2(P)]\}.$$

要证明 P 处的切平面与定直线平行，只需证明 $\boldsymbol{n}$ 与某定向量正交即可，而

$$\boldsymbol{n}(a,b,1)=aF_1(P)+bF_2(P)-aF_1(P)-bF_2(P)=0,$$

即 $\boldsymbol{n}$ 与 $(a,b,1)$ 正交，而 $(a,b,1)$ 是一定向量，故命题得证.

21. 两个曲面在交线上某点的交角，是指两曲面在该点的法线的交角，证明：球面 $x^2+y^2+z^2=R^2$ 与锥面 $x^2+y^2=k^2z^2$ 正交(即交角为 $\frac{\pi}{2}$).

解：设 $P(x_0,y_0,z_0)$ 是球面与锥面的某一交点，即 $x_0^2+y_0^2+z_0^2=R^2$，$x_0^2+y_0^2=k^2z_0^2$，则锥面在 P 处的法线向量为 $\boldsymbol{n}_1=(x_0,y_0,-k^2z_0)$. 球面在 P 处的法线向量为 $\boldsymbol{n}_2=2(x_0,y_0,z_0)$. 于是 $\langle\boldsymbol{n}_1,\boldsymbol{n}_2\rangle=4(x_0^2+y_0^2-k^2z_0^2)=0$，所以 $\boldsymbol{n}_1\perp\boldsymbol{n}_2$，即球面与锥面在 P 处的法线正交(即交角为 $\frac{\pi}{2}$)，由 P 的任意性知命题成立.

B

1. 证明旋转面 $z=f(\sqrt{x^2+y^2})$ 上任一点的法线与旋转轴相交，其中 $f'(u)$ 连续且不

等于零.

证明:由所给旋转面的方程法知旋转轴为 Oz 轴.

设 $P(x_0,y_0,z_0)$ 为旋转面上的任一点,则旋转面在 P 处的法线向量为

$$\boldsymbol{n}=\left(f'(u_0)\frac{x_0}{\sqrt{x_0^2+y_0^2}},\ f'(u_0)\frac{y_0}{\sqrt{x_0^2+y_0^2}},-1\right),$$

$$u_0=\sqrt{x_0^2+y_0^2},$$

又,

$$\begin{vmatrix} f'(u_0)\dfrac{x_0}{\sqrt{x_0^2+y_0^2}} & f'(u_0)\dfrac{y_0}{\sqrt{x_0^2+y_0^2}} & -1 \\ x_0 & y_0 & z_0 \\ 0 & 0 & 1 \end{vmatrix}=f'(u_0)\frac{x_0y_0}{\sqrt{x_0^2+y_0^2}}-f'(u_0)\frac{x_0y_0}{\sqrt{x_0^2+y_0^2}}=0,$$

即 $\boldsymbol{n},\overrightarrow{OP}$ 及 z 轴共面,因而 P 处的法线与 Oz 轴相交. 由 P 的任意性知:旋转面 $z=f(\sqrt{x_0^2+y_0^2})$ 上任一点的法线与旋转轴相交.

2. 设 $\boldsymbol{F}(u,v)$ 是一个连续可微的非零向量值函数,$\boldsymbol{F}:\mathbf{R}^2\to\mathbf{R}^3$. 证明:函数 $\boldsymbol{F}(u,v)$ 的长度是常数的充要条件是 $\dfrac{\partial\boldsymbol{F}}{\partial u}\cdot\boldsymbol{F}\equiv 0$ 及 $\dfrac{\partial\boldsymbol{F}}{\partial v}\cdot\boldsymbol{F}\equiv 0$.

证明:$\|\boldsymbol{F}(u,v)\|=C$($C$ 为常数)$\Leftrightarrow \mathrm{d}(\|\boldsymbol{F}(u,v)\|)\equiv 0$,令 $\boldsymbol{F}=(f_1,f_2,f_3)$,则

$$\|\boldsymbol{F}(u,v)\|=\sqrt{f_1^2+f_2^2+f_3^2}.$$

所以由 $\mathrm{d}(\|\boldsymbol{F}(u,v)\|)=\dfrac{\mathrm{d}(f_1^2+f_2^2+f_3^2)}{\sqrt{f_1^2+f_2^2+f_3^2}}=0$ 有 $\mathrm{d}(f_1^2+f_2^2+f_3^2)=0$,

即
$$2f_1\cdot(f_{1u}\mathrm{d}u+f_{1v}\mathrm{d}v)+2f_2\cdot(f_{2u}\mathrm{d}u+f_{2v}\mathrm{d}v)+2f_3\cdot(f_{3u}\mathrm{d}u+f_{3v}\mathrm{d}v)$$

$$=2(f_1,f_2,f_3)\begin{pmatrix} f_{1u} & f_{1v} \\ f_{2u} & f_{2v} \\ f_{3u} & f_{3v}\end{pmatrix}\begin{pmatrix}\mathrm{d}u\\ \mathrm{d}v\end{pmatrix}=2\boldsymbol{F}(u,v)\begin{pmatrix}\dfrac{\partial F}{\partial u} & \dfrac{\partial F}{\partial v}\end{pmatrix}\begin{pmatrix}\mathrm{d}u\\ \mathrm{d}v\end{pmatrix}.$$

由导数与微分的关系得,$\boldsymbol{F}(u,v)\begin{pmatrix}\dfrac{\partial\boldsymbol{F}}{\partial u} & \dfrac{\partial\boldsymbol{F}}{\partial v}\end{pmatrix}=0$. 故 $\|\boldsymbol{F}(u,v)\|=C$($C$ 为常数)的充要条件是 $\dfrac{\partial\boldsymbol{F}}{\partial u}\cdot\boldsymbol{F}\equiv 0$ 及 $\dfrac{\partial\boldsymbol{F}}{\partial v}\cdot\boldsymbol{F}\equiv 0$.

3. 证明:曲面 Σ 是一个球面的充要条件为 Σ 的所有法线通过一个定点.

证明:设 Σ 的参数方程为 $\boldsymbol{r}=\boldsymbol{r}(u,v)$,则 Σ 上的任意一点 $\boldsymbol{r}=\boldsymbol{r}(u,v)$ 处的法向量为 $\boldsymbol{n}=\boldsymbol{r}_u(u,v)\times\boldsymbol{r}_v(u,v)$,若 Σ 的所有法线通过一个定点 X_0,则 $X_0-\boldsymbol{r}(u,v)$ 亦是 Σ 在 $\boldsymbol{r}(u,v)$ 处的法向量,所以 $X_0-\boldsymbol{r}(u,v)//\boldsymbol{n}$,于是存在数量值函数 $f(u,v)$ 使得 $X_0-\boldsymbol{r}(u,v)=f(u,v)\boldsymbol{n}$.

曲面 Σ 是一个球面 $\Leftrightarrow \Sigma$ 上的任一点 $\boldsymbol{r}(u,v)$ 到某定点 Y_0 的距离即 $\|Y_0-\boldsymbol{r}(u,v)\|$ 为一个常数，令 $\boldsymbol{F}(u,v)=Y_0-\boldsymbol{r}(u,v)$，则 $\|\boldsymbol{F}(u,v)\|$ 为一常数 $\Leftrightarrow \dfrac{\partial \boldsymbol{F}}{\partial u}\cdot\boldsymbol{F}\equiv 0$ 及 $\dfrac{\partial \boldsymbol{F}}{\partial v}\cdot\boldsymbol{F}\equiv 0 \Leftrightarrow$ $-\boldsymbol{r}_u(u,v)\cdot[Y_0-\boldsymbol{r}(u,v)]\equiv 0$ 及 $-\boldsymbol{r}_v(u,v)\cdot[Y_0-\boldsymbol{r}(u,v)]\equiv 0$，即

$[\boldsymbol{r}_u(u,v)\times\boldsymbol{r}_v(u,v)]\times[Y_0-\boldsymbol{r}(u,v)]=0 \Leftrightarrow Y_0-\boldsymbol{r}(u,v)=f(u,v)[\boldsymbol{r}_u(u,v)\times\boldsymbol{r}_v(u,v)]$.

故曲面 Σ 是一个球面的充要条件为 Σ 的所有法线通过一个定点.

4. 设函数 $u=F(x,y,z)$ 在条件 $\varphi(x,y,z)=0$ 和 $\psi(x,y,z)=0$ 之下在点 $P_0(x_0,y_0,z_0)$ 处取得极值 m. 证明：曲面 $F(x,y,z)=m$，$\varphi(x,y,z)=0$ 和 $\psi(x,y,z)=0$ 在点 $P_0(x_0,y_0,z_0)$ 的法线共面，其中，函数 F，φ 和 ψ 均有连续的且不同时为零的一阶偏导数.

证明：要证曲面 $F(x,y,z)=m$，$\varphi(x,y,z)=0$ 和 $\psi(x,y,z)=0$ 在点 $P_0(x_0,y_0,z_0)$ 的法线共面，只需证明三曲面在 P_0 处的法向量共面即可.

曲面 $F(x,y,z)=m$ 在 P_0 处的法向量为

$$\boldsymbol{n}_1=(F'_x(P_0),F'_y(P_0),F'_z(P_0)),$$

曲面 $\varphi(x,y,z)=0$ 和 $\psi(x,y,z)=0$ 在 P_0 处的法向量分别为

$$\boldsymbol{n}_2=(\varphi'_x(P_0),\varphi'_y(P_0),\varphi'_z(P_0)) \text{ 和 } \boldsymbol{n}_3=(\psi'_x(P_0),\psi'_y(P_0),\psi'_z(P_0)),$$

而 $\boldsymbol{n}_1,\boldsymbol{n}_2,\boldsymbol{n}_3$ 共面的充要条件是 $\exists\lambda,\mu\in\boldsymbol{i}$，使得 $\boldsymbol{n}_1=\lambda\boldsymbol{n}_2+\mu\boldsymbol{n}_3$，又 $u=F(x,y,z)$ 在条件 $\varphi(x,y,z)=0$ 和 $\psi(x,y,z)=0$ 下在点 P_0 处取得极值 m，所以作拉格朗日函数 $L(x,y,z,\lambda,\mu)=F(x,y,z)+\lambda\varphi(x,y,z)+\mu\psi(x,y,z)$，有

$$\begin{cases}L'_x(P_0,\lambda_0,\mu_0)=0,\\L'_y(P_0,\lambda_0,\mu_0)=0,\\L'_z(P_0,\lambda_0,\mu_0)=0,\\L'_\lambda(P_0,\lambda_0,\mu_0)=0,\\L'_\mu(P_0,\lambda_0,\mu_0)=0,\end{cases}$$

以上方程组的前三个方程为

$$\begin{cases}F'_x(P_0)+\lambda_0\varphi'_x(P_0)+\mu_0\psi'_x(P_0)=0,\\F'_y(P_0)+\lambda_0\varphi'_y(P_0)+\mu_0\psi'_y(P_0)=0,\\F'_z(P_0)+\lambda_0\varphi'_z(P_0)+\mu_0\psi'_z(P_0)=0,\end{cases}$$

即 $\boldsymbol{n}_1=-\lambda_0\boldsymbol{n}_2-\mu_0\boldsymbol{n}_3$，亦即 $\boldsymbol{n}_1,\boldsymbol{n}_2,\boldsymbol{n}_3$ 共面. 故命题得证.

总习题十

1. 填空题：

(1) $(1.04)^{2.02}$ 的近似值为________.

(2) 二元函数 $z=3(x+y)-x^3-y^3$ 的极值点为________.

(3) 函数 $u=\sin x\sin y\sin z$ 满足 $x+y+z=\dfrac{\pi}{2}(x>0,y>0,z>0)$ 的条件极值是________

(4) 方程 $x^2+y^2+z^2-2x-4y-6z-2=0$ 所确定的函数 $z=f(x,y)$ 的极大值是________,极小值是________.

(5) 函数 $z=xy$ 在附加条件 $x+y=1$ 下的极值为________.

(6) 曲线 $x=\dfrac{t}{1+t},y=\dfrac{1+t}{t},z=t^2$ 在对应于 $t=1$ 点处的切线方程为________,法平面方程为________.

(7) 曲面 $e^z-z+xy=3$ 在点 $(2,1,0)$ 处的切平面方程为________,法线方程为________.

2. 解答题:

(1) 计算 $\sqrt{(1.02)^3+(1.97)^3}$ 的近似值.

(2) 求由方程 $x^2+y^2+z^2-2x+2y-4z-10=0$ 所确定的函数 $z=f(x,y)$ 的极值.

(3) 求 $z=\dfrac{x+y}{x^2+y^2+1}$ 的最大值和最小值.

(4) 将正数 12 分成三个正数 x,y,z 之和使得 $u=x^3y^2z$ 为最大.

(5) 求旋转抛物面 $z=x^2+y^2$ 与平面 $x+y-2z=2$ 之间的最短距离.

(6) 求出曲线 $x=t,y=t^2,z=t^3$ 上的点,使在该点的切线平行于平面 $x+2y+z=4$.

(7) 求椭球面 $x^2+2y^2+z^2=1$ 上平行于平面 $x-y+2z=0$ 的切平面方程.

(8) 试证曲面 $\sqrt{x}+\sqrt{y}+\sqrt{z}=\sqrt{a}\,(a>0)$ 上任何点处的切平面在各坐标轴上的截距之和等于 a.

参考答案

1. 填空题:

(1) 1.08; (2) $(1,2)$; (3) $\dfrac{1}{8}$; (4) $7,-1$; (5) 大,$\dfrac{1}{4}$;

(6) $\dfrac{x-\frac{1}{2}}{1}=\dfrac{y-2}{-4}=\dfrac{z-1}{8}$, $2x-8y+16z-1=0$;

(7) $x+2y-4=0$, $\begin{cases}\dfrac{x-2}{1}=\dfrac{y-1}{2},\\ z=0.\end{cases}$

2. 简答题：

(1) 2.95.

(2) 极大值为 6，极小值为 -2.

(3) $\frac{1}{\sqrt{2}},-\frac{1}{\sqrt{2}}$.

(4) $x=6,y=4,z=2,u_{\max}=6\,912$.

(5) $\frac{7}{4\sqrt{6}}$.

(6) $P=(-1,1,-1)$ 和 $P=\left(-\frac{1}{3},\frac{1}{9},-\frac{1}{27}\right)$.

(7) $x-y+2z=\pm\sqrt{\frac{11}{2}}$.

(8) 略.

第十一章　重积分

多元函数积分学是定积分概念的推广，讨论被积函数是多元函数而积分方位是平面或空间中某一几何形体的积分. 多元函数的积分种类较多，本章先介绍二重积分、三重积分及其在几何问题和物理问题中的应用.

第一节　二重积分

一、知识要点

1. 二重积分的概念

(1) 二重积分定义

设 $f(x,y)$ 是有界闭区域(σ) 上的有界函数，将闭区域(σ) 任意分成 n 个小闭区域

$$\Delta\sigma_1, \Delta\sigma_2, \cdots, \Delta\sigma_n,$$

其中，$\Delta\sigma_i$ 表示第i 个小闭区域，也表示它的面积. 在每个 $\Delta\sigma_i$ 上任取一点(ξ_i, η_i)，作乘积 $f(\xi_i, \eta_i)\Delta\sigma_i (i = 1,2,\cdots,n)$，并作和 $\sum\limits_{i=1}^{n} f(\xi_i, \eta_i)\Delta\sigma_i$，如果当各个小闭区域的直径中的最大值 λ 趋于零时，这和的极限总存在(与 $\Delta\sigma_i$ 的分法及(ξ_i, η_i) 的取法均无关)，则称此极限值为函数 $f(x,y)$ 在闭区域(σ) 上的二重积分，记作$\iint\limits_{(\sigma)} f(x,y)\mathrm{d}\sigma$，即

$$\iint\limits_{(\sigma)} f(x,y)\mathrm{d}\sigma = \lim_{\lambda\to 0}\sum_{i=1}^{n} f(\xi_i, \eta_i)\Delta\sigma_i.$$

其中，$f(x,y)$ 称为被积函数，$f(x,y)\mathrm{d}\sigma$ 称为被积表达式，$\mathrm{d}\sigma$ 称为面积元素，x 与 y 称为积分变量，(σ) 称为积分区域，$\sum\limits_{i=1}^{n} f(\xi_i, \eta_i)\Delta\sigma_i$ 称为积分和.

(2) 二重积分存在定理

若 $f(x,y)$ 在有界闭区域(σ) 上连续，则二重积分$\iint\limits_{(\sigma)} f(x,y)\mathrm{d}\sigma$ 一定存在.

(3) 二重积分的几何意义

设 $f(x,y)\geqslant 0$，二重积分 $\iint\limits_{(\sigma)} f(x,y)\mathrm{d}\sigma$ 表示以 $z=f(x,y)$ 为顶，以 (σ) 为底，侧面是以 (σ) 的边界曲线为准线、母线平行于 z 轴的柱面的曲顶柱体的体积.

2. 二重积分性质

(1) $\iint\limits_{(\sigma)}[k_1f_1(x,y)\pm k_2f_2(x,y)]\mathrm{d}\sigma=k_1\iint\limits_{(\sigma)}f_1(x,y)\mathrm{d}\sigma\pm\iint\limits_{(\sigma)}k_2f_2(x,y)\mathrm{d}\sigma$ (k_1,k_2 为常数).

(2) 若 $(\sigma)=(\sigma_1)\cup(\sigma_2)$，且 (σ_1) 与 (σ_2) 无公共点，则

$$\iint\limits_{(\sigma)}f(x,y)\mathrm{d}\sigma=\iint\limits_{(\sigma_1)}f(x,y)\mathrm{d}\sigma+\iint\limits_{(\sigma_2)}f(x,y)\mathrm{d}\sigma.$$

(3) $\iint\limits_{(\sigma)}\mathrm{d}\sigma=\sigma$，其中 σ 为区域 (σ) 的面积，据此可求平面图形的面积.

(4) 若 $f(x,y)\leqslant g(x,y)$，$(x,y)\in(\sigma)$，则

$$\iint\limits_{(\sigma)}f(x,y)\mathrm{d}\sigma\leqslant\iint\limits_{(\sigma)}g(x,y)\mathrm{d}\sigma,$$

特别地，

$$\left|\iint\limits_{(\sigma)}f(x,y)\mathrm{d}\sigma\right|\leqslant\iint\limits_{(\sigma)}|f(x,y)|\mathrm{d}\sigma,$$

(5) 设 M 和 m 是在闭区域 (σ) 上最大值和最小值，σ 是 (σ) 的面积，则有

$$m\sigma\leqslant\iint\limits_{(\sigma)}f(x,y)\mathrm{d}\sigma\leqslant M\sigma.$$

(6) 二重积分的中值定理. 设函数 $f(x,y)$ 是闭区域 (σ) 上连续，σ 是 (σ) 的面积，则在 (σ) 上至少存在一点 (ξ,η)，使得

$$\iint\limits_{(\sigma)}f(x,y)\mathrm{d}\sigma=f(\xi,\eta)\cdot\sigma.$$

二、习题解答

1. 若 $f(x,y)=1$，求二重积分 $\iint\limits_{(\sigma)}f(x,y)\mathrm{d}\sigma$.

解：已知 $f(x,y)=1$，由二重积分的几何意义可知，$\iint\limits_{(\sigma)}f(x,y)\mathrm{d}\sigma$ 表示以 1 为高，平面区域 (σ) 为底的空间体体积，即得

$$\iint\limits_{(\sigma)}f(x,y)\mathrm{d}\sigma=\iint\limits_{(\sigma)}\mathrm{d}\sigma=S_\sigma.$$

2. 在积分 $\iint\limits_{(\sigma)}f(x,y)\mathrm{d}\sigma$ 的定义中，所有 $(\Delta\sigma_k)(k=1,2,\cdots,n)$ 的直径的最大值 $d\to 0$，能否替换为所有 $(\Delta\sigma_k)$ 的度量的最大值趋于零，为什么？

解：不能. 所有 $(\Delta\sigma_k)$ 的度量的最大值趋于零并不能保证所有 $(\Delta\sigma_k)(k=1,2,\cdots,n)$ 的

直径的最大值 $d \to 0$.

例如,考虑在矩形区域$[0,1]\times[0,1]$上的二重积分,用直线 $x=\dfrac{k}{n}(k=1,2,\cdots,n-1)$ 对矩形区域$[0,1]\times[0,1]$进行剖分,则这 n 个小区域的面积最大值 $\Delta\sigma=\dfrac{1}{n}\to 0(n\to\infty)$,但这些小区域的直径的最大值 $d\equiv 1$,故而在积分定义中不能用$(\Delta\sigma_k)$的度量的最大值趋于零来刻画.

3. 应用积分性质比较下列积分的大小:

(1) $\iint\limits_{(\sigma)}(x^2+y^2)\mathrm{d}\sigma$ 与 $\iint\limits_{(\sigma)}(x+y)^2\mathrm{d}\sigma,(\sigma)=\{(x,y)\mid x^2+y^2\leqslant 1\}$;

(2) $\iint\limits_{(\sigma)}(x+y)^2\mathrm{d}\sigma$ 与 $\iint\limits_{(\sigma)}(x+y)^3\mathrm{d}\sigma,(\sigma)=\{(x,y)\mid x\geqslant 0,y\geqslant 0,x+y\leqslant 1\}$.

解:(1) 由于$(\sigma)=\{(x,y)\mid x^2+y^2\leqslant 1\}$且由积分的几何含义可知$\iint\limits_{(\sigma)}2xy\mathrm{d}\sigma=0$,而

$$\iint\limits_{(\sigma)}(x+y)^2\mathrm{d}\sigma=\iint\limits_{(\sigma)}(x^2+2xy+y^2)\mathrm{d}\sigma=\iint\limits_{(\sigma)}(x^2+y^2)\mathrm{d}\sigma+\iint\limits_{(\sigma)}2xy\mathrm{d}\sigma$$

所以

$$\iint\limits_{(\sigma)}(x+y)^2\mathrm{d}\sigma=\iint\limits_{(\sigma)}(x^2+y^2)\mathrm{d}\sigma.$$

(2) 由于 $x\geqslant 0,y\geqslant 0,x+y\leqslant 1$,已知在该区域上$(x+y)^2\geqslant(x+y)^3$,所以

$$\iint\limits_{(\sigma)}(x+y)^2\mathrm{d}\sigma\geqslant\iint\limits_{(\sigma)}(x+y)^3\mathrm{d}\sigma$$

成立.

4. 比较下列积分的大小:

(1) $\iint\limits_{(\sigma_1)}(xy)\mathrm{d}\sigma,(\sigma_1)$是由 $x=0,y=0$ 以及 $x+y=3$ 围成的平面区域;

(2) $\iint\limits_{(\sigma_2)}(xy)\mathrm{d}\sigma,(\sigma_2)$是由 $x=-1,y=0$ 以及 $x+y=3$ 围成的平面区域.

解:

如题4图所示,区域$(\sigma_2)=(\sigma_1)+(\sigma)$,故而

$$\iint\limits_{(\sigma_2)}xy\mathrm{d}\sigma=\iint\limits_{(\sigma_1)}xy\mathrm{d}\sigma+\iint\limits_{(\sigma)}xy\mathrm{d}\sigma,$$

由于 $xy<0,\iint\limits_{(\sigma)}xy\mathrm{d}\sigma<\iint\limits_{(\sigma)}0\mathrm{d}\sigma=0$,因此

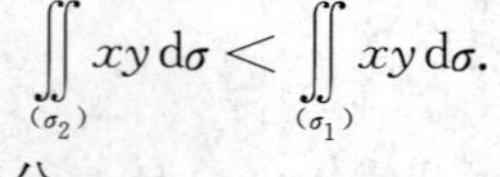

$$\iint\limits_{(\sigma_2)}xy\mathrm{d}\sigma<\iint\limits_{(\sigma_1)}xy\mathrm{d}\sigma.$$

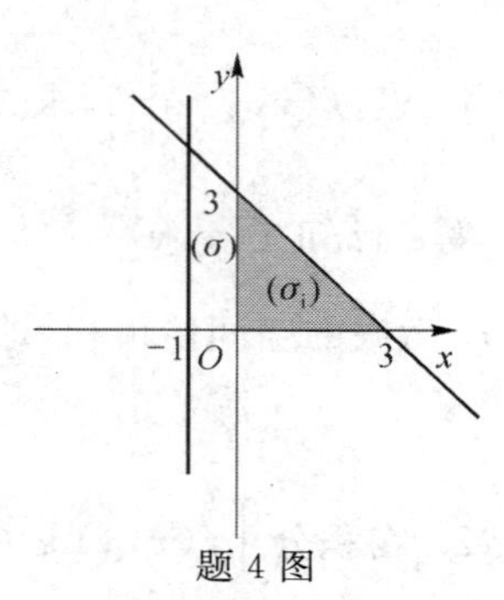

题4图

5. 估算下列积分:

(1) $\iint\limits_{(\sigma)}(x^2+y^2+1)\mathrm{d}\sigma$,其中,$(\sigma)=\{(x,y)\mid x^2+y^2\leqslant 1\}$;

(2) $\iint\limits_{(\sigma)}(x+xy-x^2-y^2)\mathrm{d}\sigma$，其中，$(\sigma)=\{(x,y)\mid 0\leqslant x\leqslant 1,0\leqslant y\leqslant 2\}$.

解：(1) 由$(\sigma)=\{(x,y)\mid x^2+y^2\leqslant 1\}$可得$0\leqslant x^2+y^2\leqslant 1$，故而

$$\iint\limits_{(\sigma)}1\mathrm{d}\sigma\leqslant\iint\limits_{(\sigma)}(x^2+y^2+1)\mathrm{d}\sigma\leqslant\iint\limits_{(\sigma)}2\mathrm{d}\sigma.$$

由于圆域$(\sigma)=\{(x,y)\mid x^2+y^2\leqslant 1\}$的面积为$\pi$，从上式可得到如下估计：

$$\pi\leqslant\iint\limits_{(\sigma)}(x^2+y^2+1)\mathrm{d}\sigma\leqslant 2\pi.$$

(2) 由$(\sigma)=\{(x,y)\mid 0\leqslant x\leqslant 1,0\leqslant y\leqslant 2\}$，可得$-4\leqslant x+xy-x^2-y^2\leqslant\frac{1}{3}$，由二重积分的性质可得

$$\iint\limits_{(\sigma)}-4\mathrm{d}\sigma\leqslant\iint\limits_{(\sigma)}(x+xy-x^2-y^2)\mathrm{d}\sigma\leqslant\iint\limits_{(\sigma)}\frac{1}{3}\mathrm{d}\sigma,$$

已知区域$(\sigma)=\{(x,y)\mid 0\leqslant x\leqslant 1,0\leqslant y\leqslant 2\}$的面积为2，从上式可得到如下估计：

$$-8\leqslant\iint\limits_{(\sigma)}(x+xy-x^2-y^2)\mathrm{d}\sigma\leqslant\frac{2}{3}.$$

6. 设$f(x,y)$连续. 求

$$\lim_{r\to 0^+}\frac{1}{\pi r^2}\iint\limits_{(\sigma_r)}f(x,y)\mathrm{d}\sigma,$$

其中，$(\sigma_r)=\{(x,y)\mid (x-x_0)^2+(y-y_0)^2\leqslant r^2\}$.

解：由于$f(x,y)$连续，若$r\to 0^+$，则$f(x,y)$会趋向于$f(x_0,y_0)$，其中(x_0,y_0)为圆域的圆心，所以

$$\lim_{r\to 0^+}\frac{1}{\pi r^2}\iint\limits_{(\sigma_r)}f(x,y)\mathrm{d}\sigma=\lim_{r\to 0^+}\frac{1}{\pi r^2}\iint\limits_{(\sigma_r)}f(x_0,y_0)\mathrm{d}\sigma=f(x_0,y_0)\lim_{r\to 0^+}\frac{1}{\pi r^2}\iint\limits_{(\sigma_r)}\mathrm{d}\sigma.$$

由于$\frac{1}{\pi r^2}\iint\limits_{(\sigma_r)}\mathrm{d}\sigma=1$，所以$\lim\limits_{r\to 0^+}\frac{1}{\pi r^2}\iint\limits_{(\sigma_r)}f(x,y)\mathrm{d}\sigma=f(x_0,y_0)$成立.

7. 求极限

$$\lim_{r\to 0^+}\frac{1}{\pi r^2}\iint\limits_{(\sigma_r)}\mathrm{e}^{x+y}\sin\frac{\pi}{4}(x^2+y^2)\mathrm{d}\sigma,$$

其中，$(\sigma_r)=\{(x,y)\mid (x-1)^2+(y-1)^2\leqslant r^2\}$.

解：考察二重积分$\frac{1}{\pi r^2}\iint\limits_{(\sigma_r)}f(x,y)\mathrm{d}\sigma$，其中，$f(x,y)$为连续函数. 若$r\to 0^+$，则$f(x,y)$会趋向于$f(x_0,y_0)$，其中，$(x_0,y_0)$为圆域$(\sigma_r)=\{(x,y)\mid (x-1)^2+(y-1)^2\leqslant r^2\}$的圆心坐标，所以

$$\lim_{r\to 0^+}\frac{1}{\pi r^2}\iint\limits_{(\sigma_r)} f(x,y)\mathrm{d}\sigma = \lim_{r\to 0^+}\frac{1}{\pi r^2}\iint\limits_{(\sigma_r)} f(x_0,y_0)\mathrm{d}\sigma = f(x_0,y_0)\lim_{r\to 0^+}\frac{1}{\pi r^2}\iint\limits_{(\sigma_r)}\mathrm{d}\sigma.$$

由于$\frac{1}{\pi r^2}\iint\limits_{(\sigma_r)}\mathrm{d}\sigma = 1$,所以$\lim\limits_{r\to 0^+}\frac{1}{\pi r^2}\iint\limits_{(\sigma_r)} f(x,y)\mathrm{d}\sigma = f(x_0,y_0)$ 成立. 故而,

$$\lim_{r\to 0^+}\frac{1}{\pi r^2}\iint\limits_{(\sigma_r)} \mathrm{e}^{x+y}\sin\frac{\pi}{4}(x^2+y^2)\mathrm{d}\sigma = \mathrm{e}^{x+y}\sin\frac{\pi}{4}(x^2+y^2)\Big|_{(1,1)} = \mathrm{e}^2.$$

8. 证明积分中值定理.

证明:设 $f(x,y)\in C((\sigma))$,由(σ) 为有界闭区域可知,必存在 M 和 m 使得

$$m\leqslant f(x,y)\leqslant M,\ \forall\,(x,y)\in(\sigma).$$

故而$\iint\limits_{(\sigma)} m\mathrm{d}\sigma\leqslant\iint\limits_{(\sigma)} f(x,y)\mathrm{d}\sigma\leqslant\iint\limits_{(\sigma)} M\mathrm{d}\sigma$ 成立,也就是

$$m\sigma\leqslant\iint\limits_{(\sigma)} f(x,y)\mathrm{d}\sigma\leqslant M\sigma,$$

其中,σ 为平面图形(σ) 的面积. 即

$$m\leqslant\frac{\iint\limits_{(\sigma)} f(x,y)\mathrm{d}\sigma}{\sigma}\leqslant M,$$

由于 $f(x,y)\in C((\sigma))$,可知必存在一点$(\xi,\eta)\in(\sigma)$,使得

$$f(\xi,\eta) = \frac{\iint\limits_{(\sigma)} f(x,y)\mathrm{d}\sigma}{\sigma},$$

所以存在一点$(\xi,\eta)\in(\sigma)$,使得

$$\iint\limits_{(\sigma)} f(x,y)\mathrm{d}\sigma = f(\xi,\eta)\sigma.$$

9. 证明若 $f(x,y)$ 在有界闭区域(σ) 上连续,(σ) 可测,$f(x,y)\geqslant 0$(或$\leqslant 0$) 但 $f(x,y)\not\equiv 0$,则

$$\iint\limits_{(\sigma)} f(x,y)\mathrm{d}\sigma > 0\ (\text{或} < 0).$$

证明:首先由保号性知$\iint\limits_{(\sigma)} f(x,y)\mathrm{d}\sigma\geqslant 0$.

又因为 $f(x,y)\not\equiv 0$,故存在$(x_0,y_0)\in \mathrm{int}(\sigma)$,使得

$$f(x_0,y_0) > 0.$$

进一步,由 f 在(σ) 上的连续性可知:存在一个邻域 $U((x_0,y_0),\delta)C(\sigma)$ 使得 $f(x,y)\geqslant\frac{1}{2}f(x_0,y_0)$,对所有$(x,y)\in U((x_0,y_0),\delta)$ 都成立. 于是

$$\iint\limits_{(\sigma)} f(x,y)\mathrm{d}\sigma\geqslant\iint\limits_{U((x_0,y_0),\delta)} f(x,y)\mathrm{d}\sigma\geqslant\frac{1}{2}f(x_0,y_0)\pi\delta^2 > 0.$$

对于 $f(x,y)\leqslant 0$,类似可证。

第二节　二重积分的计算

一、知识要点

1. 利用直角坐标计算二重积分

设区域(σ)可以用不等式

$$\varphi_1(x)\leqslant y\leqslant \varphi_2(x),\quad a\leqslant x\leqslant b$$

来表示,则

$$\iint\limits_{(\sigma)} f(x,y)\mathrm{d}\sigma=\int_a^b \mathrm{d}x\int_{\varphi_1(x)}^{\varphi_2(x)} f(x,y)\mathrm{d}y.$$

若区域(σ)可以用不等式

$$\psi_1(y)\leqslant x\leqslant \psi_2(y),\quad c\leqslant y\leqslant d$$

来表示,则

$$\iint\limits_{(\sigma)} f(x,y)\mathrm{d}\sigma=\int_c^d \mathrm{d}y\int_{\psi_1(y)}^{\psi_2(y)} f(x,y)\mathrm{d}x.$$

2. 利用极坐标计算二重积分

设积分区域(σ)可用不等式

$$\varphi_1(\varphi)\leqslant \rho\leqslant \varphi_2(\varphi),\quad \alpha\leqslant \varphi\leqslant \beta$$

来表示,则

$$\iint\limits_{(\sigma)} f(x,y)\mathrm{d}\sigma=\iint\limits_{(\sigma)} f(\rho\cos\varphi,\rho\sin\varphi)\rho\mathrm{d}\rho\mathrm{d}\varphi=\int_\alpha^\beta \mathrm{d}\varphi\int_{\varphi_1(\theta)}^{\varphi_2(\theta)} f(\rho\cos\varphi,\rho\sin\varphi)\rho\mathrm{d}\rho.$$

二、习题解答

A

1. 解释下列二重积分的几何意义并绘制图形：

(1) $\iint\limits_{(\sigma)}(x^2+y^2)\mathrm{d}\sigma$,其中,$(\sigma)=\{(x,y)\mid x^2+y^2\leqslant 1\}$;

(2) $\iint\limits_{(\sigma)}(\sqrt{2-x^2-y^2}-\sqrt{x^2+y^2})\mathrm{d}\sigma$,其中,$(\sigma)=\{(x,y)\mid x^2+y^2\leqslant 1\}$.

解：(1) 二重积分$\iint\limits_{(\sigma)}(x^2+y^2)\mathrm{d}\sigma$,其中,$(\sigma)=\{(x,y)\mid x^2+y^2\leqslant 1\}$表示以$(S)$:$z=x^2+y^2$为顶,$(\sigma)$为底的柱体的体积$V$.该柱体的图形如题1(1)图所示.

(2) 二重积分$\iint\limits_{(\sigma)}(\sqrt{2-x^2-y^2}-\sqrt{x^2+y^2})\mathrm{d}\sigma$,其中,$(\sigma)=\{(x,y)\mid x^2+y^2\leqslant 1\}$表示以$(S)$:$z=\sqrt{2-x^2-y^2}-\sqrt{x^2+y^2}$为顶,$(\sigma)$为底的柱体的体积$V$.该柱体的图形如题1(2)图所示.

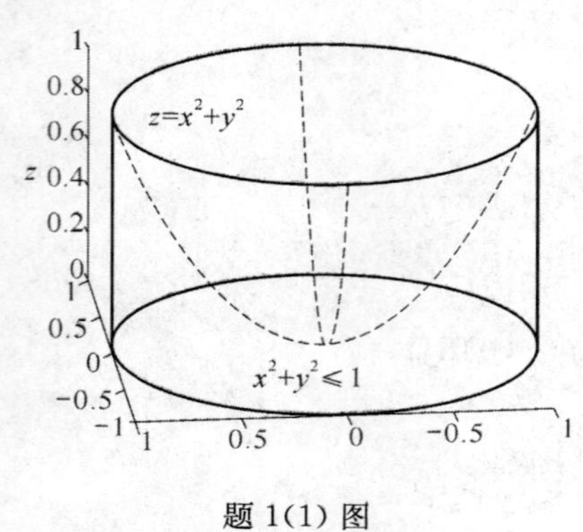

题1(1)图

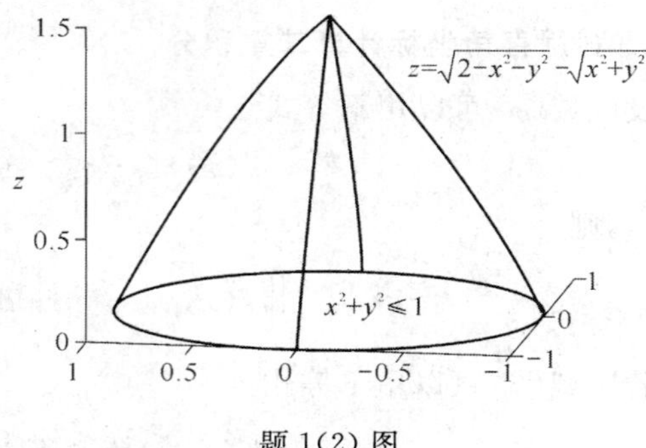

题1(2)图

2. 一母线平行于z轴的柱体,它与xOy平面的交线是一封闭曲线.此封闭曲线所围区域为(σ),柱体的顶和底分别是曲面$z=f_2(x,y)$和$z=f_1(x,y)$.试用二重积分表示该柱体的体积.

解：由已知可知该柱体的高度函数为$h=f_2(x,y)-f_1(x,y)$,故而由定积分的定义可知该柱体的体积可表示为

$$V=\iint\limits_{(\sigma)}[f_2(x,y)-f_1(x,y)]\mathrm{d}\sigma.$$

3. 用二重积分的几何意义解释下列等式：

(1) $\iint\limits_{(\sigma)}k\mathrm{d}\sigma=k\sigma$,其中$k\in R$是常数,$\sigma$是区域$(\sigma)$的面积.

(2) $\iint\limits_{(\sigma)}\sqrt{R^2-x^2-y^2}\,\mathrm{d}\sigma=\frac{2}{3}\pi R^3$,其中$(\sigma)$是一个以$R$为半径,圆心在原点的圆.

(3) 若积分域关于y轴对称,则

① $\iint\limits_{(\sigma)}f(x,y)\mathrm{d}\sigma=0$(若$f$关于$x$是奇函数);

② $\iint\limits_{(\sigma)}f(x,y)\mathrm{d}\sigma=2\iint\limits_{(\sigma_1)}f(x,y)\mathrm{d}\sigma$(若$f$关于$x$是偶函数,其中$(\sigma_1)$是区域$(\sigma)$落在右半平面$x\geqslant 0$的部分).

(4) 若积分域关于 x 轴对称,在什么条件下可使下列等式分别成立:

$$\iint\limits_{(\sigma)} f(x,y)\mathrm{d}\sigma = 0,\quad \iint\limits_{(\sigma)} f(x,y)\mathrm{d}\sigma = 2\iint\limits_{(\sigma_1)} f(x,y)\mathrm{d}\sigma,$$

其中,(σ_1) 是区域(σ) 落在上半平面 $y \geqslant 0$ 的部分.

解:(1) 二重积分$\iint\limits_{(\sigma)} k\mathrm{d}\sigma$是以$(S)$:$z=k$为顶,以$(\sigma)$为底的柱体的体积$V$,故而$V=\iint\limits_{(\sigma)} k\mathrm{d}\sigma = k\sigma$成立.

(2) 二重积分$\iint\limits_{(\sigma)} \sqrt{R^2-x^2-y^2}\,\mathrm{d}\sigma$ 是以(S):$\sqrt{R^2-x^2-y^2}$ 为顶,以(σ) 为底的半球体的体积,而半球体的体积 $V=\dfrac{2}{3}\pi R^3$,故 $V=\iint\limits_{(\sigma)} \sqrt{R^2-x^2-y^2}\,\mathrm{d}\sigma = \dfrac{2}{3}\pi R^3$ 成立.

(3) 若积分域关于 y 轴对称,

① 由于 f 关于 x 是奇函数,则 $f(x,y)=-f(-x,y)$,而$V=\iint\limits_{(\sigma)} f(x,y)\mathrm{d}\sigma$是以$(S)$:$f(x,y)$为顶,以$(\sigma)$ 为底的柱体的体积,因此

$$\begin{aligned} V &= \iint\limits_{(\sigma)} f(x,y)\mathrm{d}\sigma \\ &= \iint\limits_{(\sigma,x<0)} f(x,y)\mathrm{d}\sigma + \iint\limits_{(\sigma,x>0)} f(x,y)\mathrm{d}\sigma \\ &= \iint\limits_{(\sigma,-x>0)} -f(-x,y)\mathrm{d}\sigma + \iint\limits_{(\sigma,x>0)} f(x,y)\mathrm{d}\sigma = 0. \end{aligned}$$

② 由于 f 关于 x 是偶函数,即 $f(x,y)=f(-x,y)$,而$V=\iint\limits_{(\sigma)} f(x,y)\mathrm{d}\sigma$是以$(S)$:$f(x,y)$为顶,以$(\sigma)$ 为底的柱体的体积,因此

$$\begin{aligned} V &= \iint\limits_{(\sigma)} f(x,y)\mathrm{d}\sigma \\ &= \iint\limits_{(\sigma,x<0)} f(x,y)\mathrm{d}\sigma + \iint\limits_{(\sigma,x>0)} f(x,y)\mathrm{d}\sigma \\ &= \iint\limits_{(\sigma,x>0)} f(-x,y)\mathrm{d}\sigma + \iint\limits_{(\sigma,x>0)} f(x,y)\mathrm{d}\sigma \\ &= 2\iint\limits_{(\sigma_1)} f(x,y)\mathrm{d}\sigma. \end{aligned}$$

(4) 若积分域关于 x 轴对称,

① 当 f 关于 y 是奇函数,即 $f(x,y)=-f(x,-y)$ 时,

$$V=\iint\limits_{(\sigma)}f(x,y)\mathrm{d}\sigma$$
$$=\iint\limits_{(\sigma,y<0)}f(x,y)\mathrm{d}\sigma+\iint\limits_{(\sigma,y>0)}f(x,y)\mathrm{d}\sigma$$
$$=\iint\limits_{(\sigma,-y>0)}-f(x,-y)\mathrm{d}\sigma+\iint\limits_{(\sigma,y>0)}f(x,y)\mathrm{d}\sigma=0.$$

② 当 f 关于 y 是偶函数,即 $f(x,y)=f(x,-y)$ 时,

$$V=\iint\limits_{(\sigma)}f(x,y)\mathrm{d}\sigma$$
$$=\iint\limits_{(\sigma,y<0)}f(x,y)\mathrm{d}\sigma+\iint\limits_{(\sigma,y>0)}f(x,y)\mathrm{d}\sigma$$
$$=\iint\limits_{(\sigma,y>0)}f(x,-y)\mathrm{d}\sigma+\iint\limits_{(\sigma,y>0)}f(x,y)\mathrm{d}\sigma$$
$$=2\iint\limits_{(\sigma_1)}f(x,y)\mathrm{d}\sigma.$$

4. 把二重积分 $I=\iint\limits_{(\sigma)}f(x,y)\mathrm{d}\sigma$ 在 xOy 直角坐标系中分别以两种不同的次序化为累次积分,其中(σ) 为

(1) $\{(x,y)\mid y^2\leqslant x,x+y\leqslant 2\}$;

(2) $y=0$ 与 $y=\sqrt{1-x^2}$ 所围区域;

(3) $y=\sqrt{2ax}$,$y=\sqrt{2ax-x^2}$ 与 $x=2a$ 所围区域.

解:(1) $I=\iint\limits_{(\sigma)}f(x,y)\mathrm{d}\sigma=\int_{-2}^{1}\mathrm{d}y\int_{y^2}^{2-y}f(x,y)\mathrm{d}x=\int_0^1\mathrm{d}x\int_{-\sqrt{x}}^{\sqrt{x}}f(x,y)\mathrm{d}y+\int_1^4\mathrm{d}x\int_{-\sqrt{x}}^{2-x}f(x,y)\mathrm{d}y.$

(2) $I=\iint\limits_{(\sigma)}f(x,y)\mathrm{d}\sigma=\int_0^1\mathrm{d}y\int_{-\sqrt{1-y^2}}^{\sqrt{1-y^2}}f(x,y)\mathrm{d}x=\int_{-1}^{1}\mathrm{d}x\int_0^{\sqrt{1-x^2}}f(x,y)\mathrm{d}y.$

(3) 由题意,不妨设 $a>0$,则

$$I=\iint\limits_{(\sigma)}f(x,y)\mathrm{d}\sigma=\int_0^{2a}\mathrm{d}x\int_{\sqrt{2ax-x^2}}^{\sqrt{2ax}}f(x,y)\mathrm{d}y=\int_0^{2a}\mathrm{d}y\int_{\frac{y^2}{2a}}^{2a}f(x,y)\mathrm{d}x-\int_0^{a}\mathrm{d}y\int_{a-\sqrt{a^2-y^2}}^{a+\sqrt{a^2-y^2}}f(x,y)\mathrm{d}x.$$

5. 交换下列累次积分的顺序:

(1) $\int_{-1}^{2}\mathrm{d}x\int_1^{x^2}f(x,y)\mathrm{d}y$;

(2) $\int_0^{\pi}\mathrm{d}x\int_{-\sin\frac{x}{2}}^{\sin\frac{x}{2}}f(x,y)\mathrm{d}y$;

(3) $\int_0^2\mathrm{d}x\int_0^x f(x,y)\mathrm{d}y+\int_2^{\sqrt{8}}\mathrm{d}x\int_0^{\sqrt{8-x^2}}f(x,y)\mathrm{d}y$;

(4) $\int_{-1}^{0}\mathrm{d}y\int_{-1-\sqrt{1+y}}^{-1+\sqrt{1+y}}f(x,y)\mathrm{d}x+\int_{0}^{3}\mathrm{d}y\int_{y-2}^{-1+\sqrt{1+y}}f(x,y)\mathrm{d}x.$

解：(1) $\int_{-1}^{2}\mathrm{d}x\int_{1}^{x^2}f(x,y)\mathrm{d}y=\int_{-1}^{1}\mathrm{d}x\int_{1}^{x^2}f(x,y)\mathrm{d}y+\int_{1}^{2}\mathrm{d}x\int_{1}^{x^2}f(x,y)\mathrm{d}y$

$$=-\int_{-1}^{1}\mathrm{d}x\int_{x^2}^{1}f(x,y)\mathrm{d}y+\int_{1}^{2}\mathrm{d}x\int_{1}^{x^2}f(x,y)\mathrm{d}y$$

$$=-\int_{0}^{1}\mathrm{d}y\int_{-\sqrt{y}}^{\sqrt{y}}f(x,y)\mathrm{d}x+\int_{1}^{4}\mathrm{d}y\int_{\sqrt{y}}^{2}f(x,y)\mathrm{d}x.$$

(2) $\int_{0}^{\pi}\mathrm{d}x\int_{-\sin\frac{x}{2}}^{\sin\frac{x}{2}}f(x,y)\mathrm{d}y=\int_{-1}^{0}\mathrm{d}y\int_{2\arcsin(-y)}^{\pi}f(x,y)\mathrm{d}x+\int_{0}^{1}\mathrm{d}y\int_{2\arcsin(y)}^{\pi}f(x,y)\mathrm{d}x.$

(3) $\int_{0}^{2}\mathrm{d}x\int_{0}^{x}f(x,y)\mathrm{d}y+\int_{2}^{\sqrt{8}}\mathrm{d}x\int_{0}^{\sqrt{8-x^2}}f(x,y)\mathrm{d}y=\int_{0}^{2}\mathrm{d}y\int_{y}^{\sqrt{8-y^2}}f(x,y)\mathrm{d}x$

(4) $\int_{-1}^{0}\mathrm{d}y\int_{-1-\sqrt{1+y}}^{-1+\sqrt{1+y}}f(x,y)\mathrm{d}x+\int_{0}^{3}\mathrm{d}y\int_{y-2}^{-1+\sqrt{1+y}}f(x,y)\mathrm{d}x=\int_{-2}^{1}\mathrm{d}x\int_{x^2+2x}^{x+2}f(x,y)\mathrm{d}x.$

6. 计算下列二重积分：

(1) $\iint\limits_{(\sigma)}\sin(x+y)\mathrm{d}\sigma,(\sigma)=\{(x,y)\mid 0\leqslant x\leqslant 2,1\leqslant y\leqslant 2\}$；

(2) $\iint\limits_{(\sigma)}xy\mathrm{e}^{x}\mathrm{d}\sigma,(\sigma)=\{(x,y)\mid 0\leqslant x\leqslant 1,0\leqslant y\leqslant 2\}$；

(3) $\iint\limits_{(\sigma)}xy\max(x,y)\mathrm{d}\sigma,(\sigma)=\{(x,y)\mid 0\leqslant x\leqslant 1,0\leqslant y\leqslant 1\}$；

(4) $\iint\limits_{(\sigma)}\arctan\frac{y}{x}\mathrm{d}\sigma,(\sigma)=\{(x,y)\mid 0\leqslant x\leqslant 2,-1\leqslant y\leqslant 1\}$；

(5) $\iint\limits_{(\sigma)}xy\mathrm{d}\sigma$，其中，$(\sigma)$ 是 $x=1,y=0$ 及 $y=\sqrt{x}$ 所围区域；

(6) $\iint\limits_{(\sigma)}x\mathrm{e}^{y}\mathrm{d}\sigma,(\sigma)=\{(x,y)\mid 0\leqslant y\leqslant x\leqslant 1\}$；

(7) $\iint\limits_{(\sigma)}\frac{\sin x}{x}\mathrm{d}\sigma$，$(\sigma)$ 是 $y=x^2+1,y=1$ 及 $x=1$ 所围区域；

(8) $\iint\limits_{(\sigma)}(x+y)^2\mathrm{d}\sigma$，其中，$(\sigma)$ 是 $|x|+|y|=1$ 所围区域；

(9) $\iint\limits_{(\sigma)}\mathrm{e}^{-x^2}\mathrm{d}\sigma,(\sigma)=\{(x,y)\mid 0\leqslant y\leqslant x\leqslant 1\}$；

(10) $\iint\limits_{(\sigma)}\frac{x}{y}\sqrt{1-\sin^2 y}\mathrm{d}\sigma,(\sigma)=\{(x,y)\mid -\sqrt{y}\leqslant x\leqslant\sqrt{3y},\frac{\pi}{2}\leqslant y\leqslant 2\pi\}$；

(11) $\iint\limits_{(\sigma)}\sqrt{|y-x^2|}\mathrm{d}\sigma,(\sigma)=\{(x,y)\mid -1\leqslant x\leqslant 1,0\leqslant y\leqslant 2\}$；

(12) $\iint\limits_{(\sigma)}(|x|+|y|)\mathrm{d}\sigma$,其中,$(\sigma)$ 是 $xy=2$,$y=x+1$ 及 $y=x-1$ 所围区域.

解:(1) $\iint\limits_{(\sigma)}\sin(x+y)\mathrm{d}\sigma=\int_1^2\mathrm{d}y\int_0^2\sin(x+y)\mathrm{d}x=\int_1^2[\cos y-\cos(2+y)]\mathrm{d}y$

$$=\sin 2-\sin 1-(\sin 4-\sin 3)=\sin 2+\sin 3-\sin 1-\sin 4.$$

(2) $\iint\limits_{(\sigma)}xy\mathrm{e}^x\mathrm{d}\sigma=\int_0^1 x\mathrm{e}^x\mathrm{d}x\int_0^2 y\mathrm{d}y=\int_0^1 x\mathrm{e}^x\left[\frac{y^2}{2}\right]_0^2\mathrm{d}x=2(x-1)\mathrm{e}^x\big|_0^1=-2.$

(3) $\iint\limits_{(\sigma)}xy\max(x,y)\mathrm{d}\sigma=\int_0^1\mathrm{d}x\int_0^x x^2y\mathrm{d}y+\int_0^1\mathrm{d}x\int_x^1 xy^2\mathrm{d}y=\int_0^1(\frac{1}{3}x-\frac{x^4}{3}+\frac{x^4}{2})\mathrm{d}x=\frac{1}{6}+\frac{1}{30}=\frac{1}{5}.$

(4) $\iint\limits_{(\sigma)}\arctan\frac{y}{x}\mathrm{d}\sigma=\int_1^2\mathrm{d}x\int_{-1}^1\arctan\frac{y}{x}\mathrm{d}y=\int_1^2 0\mathrm{d}x=0.$

(5) $\iint\limits_{(\sigma)}xy\mathrm{d}\sigma=\int_0^1\mathrm{d}x\int_0^{\sqrt{x}}xy\mathrm{d}y=\int_0^1 x\left[\left(\frac{y^2}{2}\right)\Big|_0^{\sqrt{x}}\right]\mathrm{d}x=\int_0^1\frac{x^2}{2}\mathrm{d}x=\frac{1}{6}.$

(6) $\iint\limits_{(\sigma)}x\mathrm{e}^y\mathrm{d}\sigma=\int_0^1\mathrm{d}x\int_0^x x\mathrm{e}^y\mathrm{d}y=\int_0^1 x(\mathrm{e}^x-1)\mathrm{d}x=\left[x\mathrm{e}^x-\mathrm{e}^x-\frac{x^2}{2}\right]\Big|_0^1=\frac{1}{2}.$

$$\iint\limits_{(\sigma)}x\mathrm{e}^y\mathrm{d}\sigma=\int_0^1\mathrm{d}y\int_y^1 x\mathrm{e}^y\mathrm{d}x=\int_0^1\mathrm{e}^y\left(\frac{1}{2}-\frac{y^2}{2}\right)\mathrm{d}y$$

$$=\left[\frac{\mathrm{e}^y}{2}-\frac{y^2}{2}\mathrm{e}^y\right]\Big|_0^1+\int_0^1 y\mathrm{e}^y\mathrm{d}y=-\frac{1}{2}+(y\mathrm{e}^y-\mathrm{e}^y)\Big|_0^1=\frac{1}{2}.$$

(7) $\iint\limits_{(\sigma)}\frac{\sin x}{x}\mathrm{d}\sigma=\int_0^1\frac{\sin x}{x}\mathrm{d}x\int_1^{x^2+1}\mathrm{d}y=\int_0^1 x\sin x\mathrm{d}x=[x(-\cos x)+\sin x]\big|_0^1=\sin 1-\cos 1.$

(8) 由
$$(\sigma)=\{(x,y)\,\big|\,|x|+|y|\leqslant 1\},$$
令
$$(\sigma_1)=\{(x,y)\,\big|\,0\leqslant x\leqslant 1,x-1\leqslant y\leqslant 1-x\},$$
$$(\sigma_2)=\{x,y\}\,\big|-1\leqslant x\leqslant 0,-1-x\leqslant y\leqslant 1+x\},$$
可得
$$\iint\limits_{(\sigma)}(x+y)^2\mathrm{d}\sigma=\iint\limits_{(\sigma_1)}(x+y)^2\mathrm{d}\sigma+\iint\limits_{(\sigma_2)}(x+y)^2\mathrm{d}\sigma$$
$$=\int_0^1\left[\int_{x-1}^{1-x}(x+y)^2\mathrm{d}y\right]\mathrm{d}x+\int_{-1}^0\left[\int_{-x-1}^{1+x}(x+y)^2\mathrm{d}y\right]\mathrm{d}x$$
$$=\frac{1}{3}+\frac{1}{3}=\frac{2}{3}.$$

(9) $\iint\limits_{(\sigma)}\mathrm{e}^{-x^2}\mathrm{d}\sigma=\int_0^1\mathrm{e}^{-x^2}\mathrm{d}x\int_0^x\mathrm{d}y=\int_0^1 x\mathrm{e}^{-x^2}\mathrm{d}x\overset{u=-x^2}{=}-\frac{1}{2}\int_0^{-1}\mathrm{e}^u\mathrm{d}(u)=\frac{1}{2}(1-\mathrm{e}^{-1}).$

(10) $\iint\limits_{(\sigma)}\frac{x}{y}\sqrt{1-\sin^2 y}\mathrm{d}\sigma=\int_{\frac{\pi}{2}}^{2\pi}\frac{\sqrt{1-\sin^2 y}}{y}\mathrm{d}y\int_{-\sqrt{y}}^{\sqrt{3y}}x\mathrm{d}x=\int_{\frac{\pi}{2}}^{2\pi}\left(\frac{3y-y}{2}\right)\frac{\sqrt{1-\sin^2 y}}{y}\mathrm{d}y$

$$=\int_{\frac{\pi}{2}}^{2\pi}\sqrt{1-\sin^2 y}\mathrm{d}y=\int_{\frac{\pi}{2}}^{2\pi}|\cos y|\mathrm{d}y=\int_{\frac{\pi}{2}}^{\frac{3\pi}{2}}-\cos y\mathrm{d}y+\int_{\frac{3\pi}{2}}^{2\pi}\cos y\mathrm{d}y$$

$$=-\sin y\Big|_{\frac{\pi}{2}}^{\frac{3\pi}{2}}+\sin y\Big|_{\frac{3\pi}{2}}^{2\pi}=2+1=3.$$

(11) $(\sigma)=\{-1\leqslant x\leqslant 1,\ 0\leqslant y\leqslant 2\}$,

$$I=\iint\limits_{(\sigma)}\sqrt{|y-x^2|}\,\mathrm{d}\sigma=\int_{-1}^{1}\mathrm{d}x\int_{0}^{x^2}\sqrt{x^2-y}\,\mathrm{d}y+\int_{-1}^{1}\mathrm{d}x\int_{x^2}^{2}\sqrt{y-x^2}\,\mathrm{d}y,$$

$$\int_{-1}^{1}\mathrm{d}x\int_{0}^{x^2}\sqrt{x^2-y}\mathrm{d}y=\int_{-1}^{1}\left[-\frac{2}{3}(x^2-y)^{\frac{3}{2}}\right]\Bigg|_{0}^{x^2}\mathrm{d}x=\int_{-1}^{1}\frac{2\sqrt{(x^2)^3}}{3}\mathrm{d}x=2\int_{0}^{1}\frac{2x^3}{3}\mathrm{d}x=\frac{x^4}{3}\Bigg|_{0}^{1}=\frac{1}{3},$$

$$\begin{aligned}\int_{-1}^{1}\mathrm{d}x\int_{x^2}^{2}\sqrt{y-x^2}\,\mathrm{d}y&=\int_{-1}^{1}\left[\frac{2}{3}(y-x^2)^{\frac{3}{2}}\right]\Bigg|_{x^2}^{2}\mathrm{d}x\\&=\int_{-1}^{1}\frac{2\sqrt{(2-x^2)^3}}{3}\mathrm{d}x=\frac{4}{3}\int_{0}^{1}(2-x^2)\sqrt{2-x^2}\,\mathrm{d}x\\&=\frac{4}{3}\int_{0}^{\frac{\pi}{4}}(2-2\sin^2 t)\sqrt{2}\cos t\sqrt{2}\cos t\mathrm{d}t=\frac{16}{3}\int_{0}^{\frac{\pi}{4}}\cos^4 t\mathrm{d}t=\frac{16}{3}\times(\frac{3\pi}{32}+\frac{1}{4})\\&=\frac{\pi}{2}+\frac{4}{3}.\end{aligned}$$

所以，
$$I=\frac{\pi}{2}+\frac{4}{3}+\frac{1}{3}=\frac{\pi}{2}+\frac{5}{3}.$$

(12)
$$\begin{aligned}\iint\limits_{(\sigma)}(|x|+|y|)\mathrm{d}\sigma&=\iint\limits_{(A)+(B)+(C)+(D)}(|x|+|y|)\mathrm{d}\sigma=2\iint\limits_{(B)+(C)}(|x|+|y|)\mathrm{d}\sigma\\&=2\iint\limits_{(B)}(x+y)\mathrm{d}\sigma+2\iint\limits_{(C)}(y-x)\mathrm{d}\sigma.\end{aligned}$$

$$\begin{aligned}2\iint\limits_{(B)}(x+y)\mathrm{d}\sigma&=2\left[\int_{0}^{1}\mathrm{d}x\int_{0}^{x+1}(x+y)\mathrm{d}y+\int_{1}^{2}\mathrm{d}x\int_{x-1}^{\frac{2}{x}}(x+y)\mathrm{d}y\right]\\&=2\int_{0}^{1}\frac{(x+1)^2+2x(x+1)}{2}\mathrm{d}x+2\int_{1}^{2}\left[x(\frac{2}{x}-x+1)+\frac{\frac{4}{x^2}-(x-1)^2}{2}\right]\mathrm{d}x\\&=\int_{0}^{1}(3x^2+4x+1)\mathrm{d}x+\int_{1}^{2}(3-3x^2+4x+4x^{-2})\mathrm{d}x=6.\end{aligned}$$

$$\begin{aligned}2\iint\limits_{(c)}(y-x)\mathrm{d}\sigma&=2\int_{-1}^{0}\mathrm{d}x\int_{0}^{x+1}(y-x)\mathrm{d}y=\int_{-1}^{0}[(x+1)^2-2x(x+1)]\mathrm{d}x\\&=\left[x-\frac{x^3}{3}\right]\Bigg|_{-1}^{0}=\frac{2}{3}.\end{aligned}$$

$$2\iint\limits_{(B)}(x+y)\mathrm{d}\sigma+2\iint\limits_{(c)}(y-x)\mathrm{d}\sigma=6+\frac{2}{3}=\frac{20}{3}.$$

7. 将下列累次积分化为极坐标下的累次积分：

(1) $\int_{0}^{2a}\mathrm{d}x\int_{0}^{\sqrt{2ax-x^2}}f(x^2+y^2)\mathrm{d}y,(a>0)$；

(2) $\int_{1}^{2}\mathrm{d}y\int_{0}^{y}f\left(\frac{x\sqrt{x^2+y^2}}{y}\right)\mathrm{d}x$；

(3) $\int_{0}^{1}\mathrm{d}y\int_{-y}^{\sqrt{y}}f(x,y)\mathrm{d}x$；

(4) $\int_{-a}^{a}\mathrm{d}x\int_{a}^{a+\sqrt{a^2-x^2}}f(x,y)\mathrm{d}x,(a>0)$.

解：(1) $y=\sqrt{2ax-x^2}\Leftrightarrow y^2+(x-a)^2=a^2$，

$$y\geqslant 0\Leftrightarrow \rho=2a\cos\varphi, 0\leqslant\varphi\leqslant\frac{\pi}{2}.$$

$$\int_0^{2a}\mathrm{d}x\int_0^{\sqrt{2ax-x^2}}f(x^2+y^2)\mathrm{d}y=\int_0^{\frac{\pi}{2}}\mathrm{d}\varphi\int_0^{2a\cos\varphi}f(\rho^2)\rho\mathrm{d}\rho.$$

(2) $\int_1^2\mathrm{d}y\int_0^y f\left(\frac{x\sqrt{x^2+y^2}}{y}\right)\mathrm{d}x=\int_{\frac{\pi}{4}}^{\frac{\pi}{2}}\mathrm{d}\varphi\int_{\frac{1}{\sin\varphi}}^{\frac{2}{\sin\varphi}}f(\rho\cot\varphi)\rho\mathrm{d}\varphi.$

(3) $\int_0^1\mathrm{d}y\int_{-y}^{\sqrt{y}}f(x,y)\mathrm{d}x=\int_0^{\frac{\pi}{4}}\mathrm{d}\varphi\int_0^{\frac{\sin\varphi}{\cos^2\varphi}}f(\rho\cos\varphi,\rho\sin\varphi)\rho\mathrm{d}\rho+\int_{\frac{\pi}{4}}^{\frac{3\pi}{4}}\mathrm{d}\varphi\int_0^{\frac{1}{\sin\varphi}}f(\rho\cos\varphi,\rho\sin\varphi)\rho\mathrm{d}\rho.$

(4) $\int_{-a}^a\mathrm{d}x\int_a^{a+\sqrt{a^2-x^2}}f(x,y)\mathrm{d}x=\int_{\frac{\pi}{4}}^{\frac{3\pi}{4}}\mathrm{d}\varphi\int_{\frac{a}{\sin\varphi}}^{2a\sin\varphi}f(\rho\cos\varphi,\rho\sin\varphi)\rho\mathrm{d}\rho.$

8. 用极坐标计算下列二重积分：

(1) $\iint\limits_{(\sigma)}(x^2+y^2)\mathrm{d}\sigma,(\sigma)=\{(x,y)\mid x^2+y^2\leqslant 9\}$；

(2) $\iint\limits_{(\sigma)}\mathrm{e}^{(x^2+y^2)}\mathrm{d}\sigma,(\sigma)=\{(x,y)\mid a^2\leqslant x^2+y^2\leqslant b^2\}$，其中 $a>0,b>0$；

(3) $\iint\limits_{(\sigma)}\sin(x^2+y^2)\mathrm{d}\sigma,(\sigma)=\{(x,y)\mid 4\leqslant x^2+y^2\leqslant 9\}$；

(4) $\iint\limits_{(\sigma)}(x^2+y^2)^2\mathrm{d}\sigma,(\sigma)=\{(x,y)\mid x^2+y^2\leqslant 2ax\}$，其中 $a>0$；

(5) $\iint\limits_{(\sigma)}\arctan\frac{y}{x}\mathrm{d}\sigma$，$(\sigma)$ 是圆域 $x^2+y^2\leqslant 1$ 落在第一象限的部分；

(6) $\iint\limits_{(\sigma)}\sqrt{R^2-x^2-y^2}\,\mathrm{d}\sigma$，$(\sigma)$ 是圆域 $x^2+y^2\leqslant Rx$ 落在第一象限的部分.

解：(1) $\iint\limits_{(\sigma)}(x^2+y^2)\mathrm{d}\sigma=\int_0^{2\pi}\mathrm{d}\varphi\int_0^3\rho^3\mathrm{d}\rho=\frac{3^4}{4}2\pi=\frac{81\pi}{2}.$

(2) $\iint\limits_{(\sigma)}\mathrm{e}^{(x^2+y^2)}\mathrm{d}\sigma=\int_0^{2\pi}\mathrm{d}\varphi\int_a^b\mathrm{e}^{\rho^2}\rho\mathrm{d}\rho=2\pi\left[\frac{\mathrm{e}^{\rho^2}}{2}\right]\Bigg|_a^b=\pi(\mathrm{e}^{b^2}-\mathrm{e}^{a^2}).$

(3) $\iint\limits_{(\sigma)}\sin(x^2+y^2)\mathrm{d}\sigma=\int_0^{2\pi}\mathrm{d}\varphi\int_2^3\rho\cdot\sin(\rho^2)\mathrm{d}\rho=-\pi[\cos(\rho^2)]|_2^3=\pi[\cos(4)-\cos(9)].$

(4) $\iint\limits_{(\sigma)}(x^2+y^2)^2\mathrm{d}\sigma=\int_{-\frac{\pi}{2}}^{\frac{\pi}{2}}\mathrm{d}\varphi\int_0^{2a\cos\varphi}\rho^5\mathrm{d}\rho=2\int_0^{\frac{\pi}{2}}\mathrm{d}\varphi\int_0^{2a\cos\varphi}\rho^5\mathrm{d}\rho$

$$=2\int_0^{\frac{\pi}{2}}\frac{2^6a^6\cos^6\varphi}{6}\mathrm{d}\varphi=\frac{2^3\cdot 4\cdot 2a^6}{3}\cdot\frac{5}{6}\cdot\frac{3}{4}\cdot\frac{1}{2}\cdot\frac{\pi}{2}$$

$$=\frac{10}{3}a^6\pi.$$

(5) $\iint\limits_{(\sigma)} \arctan \dfrac{y}{x} \mathrm{d}\sigma = \int_0^{\frac{\pi}{2}} \mathrm{d}\varphi \int_0^1 \rho\varphi \mathrm{d}\rho = \int_0^{\frac{\pi}{2}} \dfrac{\varphi}{2} \mathrm{d}\varphi = \dfrac{\pi^2}{16}.$

(6) $\iint\limits_{(\sigma)} \sqrt{R^2 - x^2 - y^2} \mathrm{d}\sigma = \int_0^{\frac{\pi}{2}} \mathrm{d}\varphi \int_0^{R\cos\varphi} \sqrt{R^2 - \rho^2} \rho \mathrm{d}\rho = -\dfrac{1}{3} \int_0^{\frac{\pi}{2}} \Big[(R^2 - \rho^2)^{\frac{3}{2}} \Big]_0^{R\cos\varphi} \mathrm{d}\varphi$

$$= \frac{1}{3} \int_0^{\frac{\pi}{2}} R^3 (1 - \sin^3\varphi) \mathrm{d}\varphi = \frac{R^3}{3} \left(\frac{\pi}{2} - \frac{2}{3}\right).$$

9. 求下列各组曲线所围区域的面积：

(1) $x + y = a, x + y = b, y = \alpha x$ 和 $y = \beta x$，其中，$a < b, \alpha < \beta$；

(2) $xy = a^2, x + y = 3a, (a > 0)$；

(3) $(x^2 + y^2)^2 = 2a^2(x^2 - y^2), x^2 + y^2 = a^2$，其中，$x^2 + y^2 \geqslant a^2, a > 0$；

(4) $\rho = a(1 + \sin\varphi)$，其中，$a \geqslant 0$.

解：(1) 设 $u = x + y, v = \dfrac{y}{x}$，则 σ 可表示为 $u = a, u = b, v = \alpha, v = \beta$.

从而
$$\frac{\partial(u,v)}{\partial(x,y)} = \begin{vmatrix} 1 & 1 \\ -\dfrac{y}{x^2} & \dfrac{1}{x} \end{vmatrix} = \frac{x+y}{x^2},$$

$$\frac{\partial(x,y)}{\partial(u,v)} = \frac{x^2}{x+y} = \frac{u}{(1+v)^2},$$

因此
$$\iint\limits_{(\sigma)} \mathrm{d}\sigma = \int_a^b \mathrm{d}u \int_\alpha^\beta \frac{u}{(1+v)^2} \mathrm{d}v = \frac{1}{2}(b^2 - a^2)\left(\frac{1}{1+\alpha} - \frac{1}{1+\beta}\right).$$

(2) 易知两曲线 $xy = a^2, x + y = 3a$ 的交点坐标为 $\left(\dfrac{(3-\sqrt{5})a}{2}, \dfrac{(3+\sqrt{5})a}{2}\right)$ 和 $\left(\dfrac{(3+\sqrt{5})a}{2}, \dfrac{(3-\sqrt{5})a}{2}\right)$，

故
$$A = \iint\limits_{(\sigma)} \mathrm{d}\sigma = \int_{\frac{(3-\sqrt{5})a}{2}}^{\frac{(3+\sqrt{5})a}{2}} \mathrm{d}x \int_{\frac{a^2}{x}}^{3a-x} \mathrm{d}y$$

$$= \int_{\frac{(3-\sqrt{5})a}{2}}^{\frac{(3+\sqrt{5})a}{2}} \left(3a - x - \frac{a^2}{x}\right) \mathrm{d}x = \left[3ax - \frac{x^2}{2} - a^2 \ln x\right] \Bigg|_{\frac{(3-\sqrt{5})a}{2}}^{\frac{(3+\sqrt{5})a}{2}}$$

$$= \frac{3\sqrt{5}}{2} a^2 - a^2 \ln\left[\frac{(3+\sqrt{5})a}{(3-\sqrt{5})a}\right].$$

(3) 法一：
$$A = \iint\limits_{(\sigma)} \mathrm{d}\sigma = 4 \iint\limits_{(\sigma_1)} \mathrm{d}\sigma = 4 \int_0^{\frac{\pi}{6}} \mathrm{d}\varphi \int_a^{a\sqrt{2\cos 2\varphi}} \rho \mathrm{d}\rho$$

$$= 4 \int_0^{\frac{\pi}{6}} \frac{2a^2 \cos 2\varphi - a^2}{2} \mathrm{d}\varphi = \left[2a^2 \sin 2\varphi\right] \Big|_0^{\frac{\pi}{6}} - \frac{1}{3} a^2$$

$$= \left(\sqrt{3} - \frac{\pi}{3}\right) a^2.$$

法二：
$$A = \iint\limits_{(\sigma)} \mathrm{d}\sigma = 4 \iint\limits_{(\sigma_1)} \mathrm{d}\sigma = 4 \int_0^{\frac{\pi}{4}} \mathrm{d}\varphi \int_0^{a\sqrt{2\cos 2\varphi}} \rho \mathrm{d}\rho - 4A_1$$

$$= 4 \int_0^{\frac{\pi}{4}} \frac{2a^2 \cos 2\varphi}{2} \mathrm{d}\varphi - 4A_1 = 2a^2 - 4A_1.$$

$$A_1=\iint_{(\sigma_2)}\mathrm{d}\sigma=\int_0^{\frac{\pi}{6}}\mathrm{d}\varphi\int_0^a\rho\mathrm{d}\rho+\int_{\frac{\pi}{6}}^{\frac{\pi}{4}}\mathrm{d}\varphi\int_0^{a\sqrt{2\cos 2\varphi}}\rho\mathrm{d}\rho$$

$$=\frac{a^2\pi}{12}-\left[\frac{a^2\sin 2\varphi}{2}\right]_{\frac{\pi}{6}}^{\frac{\pi}{4}}=\frac{a^2\pi}{12}-\frac{a^2}{2}+\frac{\sqrt{3}a^2}{4}.$$

$$A=2a^2-4\left(\frac{a^2\pi}{12}-\frac{a^2}{2}+\frac{\sqrt{3}a^2}{4}\right)=\sqrt{3}a^2-\frac{a^2\pi}{3}.$$

(4) 曲线 $\rho=a(1+\sin\varphi)$ 所围成区域关于 y 轴对称,所以所求图形的面积为

$$A=\iint_{(\sigma)}\mathrm{d}\sigma=2\iint_{(\sigma_1)}\mathrm{d}\sigma,$$

其中,$(\sigma_1)=\{(\rho,\varphi)\mid -\frac{\pi}{2}\leqslant\varphi\leqslant\frac{\pi}{2},0\leqslant\rho\leqslant a(1+\sin\varphi)\}$. 故而,

$$A=\iint_{(\sigma)}\mathrm{d}\sigma=2\int_{-\frac{\pi}{2}}^{\frac{\pi}{2}}\mathrm{d}\varphi\int_0^{a(1+\sin\varphi)}\rho\mathrm{d}\rho$$

$$=a^2\int_{-\frac{\pi}{2}}^{\frac{\pi}{2}}(1+\sin\varphi)^2\mathrm{d}\varphi$$

$$=a^2\int_{-\frac{\pi}{2}}^{\frac{\pi}{2}}(1+\sin^2\varphi)\mathrm{d}\varphi\text{(奇偶性)}$$

$$=2a^2\int_0^{\frac{\pi}{2}}(1+\sin^2\varphi)\mathrm{d}\varphi$$

$$=\frac{3}{2}\pi a^2.$$

10. 求下列各族曲面所围成的立体体积:

(1) $\frac{x}{a}+\frac{y}{b}+\frac{z}{c}=1,a>0,b>0,c>0,x=0,y=0,z=0$;

(2) $z=x^2+y^2,x+y=4,x=0,y=0,z=0$;

(3) $z=\sqrt{x^2+y^2},x^2+y^2=2ax,a>0,z=0$;

(4) $z=\sqrt{3a^2-x^2-y^2},x^2+y^2=2az,a>0$.

解:(1) $V=\iiint_v 1\mathrm{d}V=\frac{1}{3}\frac{1}{2}abc=\frac{1}{6}abc$.

(2) $V=\iint_{(\sigma)}(x^2+y^2)\mathrm{d}\sigma,(\sigma)=\{(x,y),x+y\leqslant 4,x\geqslant 0,y\geqslant 0\}$,

$$V=\iint_{(\sigma)}(x^2+y^2)\mathrm{d}\sigma=\int_0^4\mathrm{d}x\int_0^{4-x}(x^2+y^2)\mathrm{d}y=\int_0^4\left[4x^2-x^3+\frac{(4-x)^3}{3}\right]\mathrm{d}x=\frac{128}{3}.$$

(3) $V=\iint_{(\sigma)}\sqrt{x^2+y^2}\mathrm{d}\sigma,(\sigma)=\{(x,y),x^2+y^2\leqslant 2ax\}$,

$$V=\iint\limits_{(\sigma)}\sqrt{x^2+y^2}\,\mathrm{d}\sigma=2\int_0^{\frac{\pi}{2}}\mathrm{d}\varphi\int_0^{2a\cos\varphi}\rho^2\,\mathrm{d}\rho=\frac{2}{3}\int_0^{\frac{\pi}{2}}8a^3\cos^3\varphi\,\mathrm{d}\varphi=\frac{16a^3}{3}\,\frac{2}{3}=\frac{32a^3}{9}.$$

(4) $V=\iint\limits_{(\sigma)}\left(\sqrt{3a^2-x^2-y^2}-\dfrac{x^2+y^2}{2a}\right)\mathrm{d}\sigma,(\sigma)=\{(x,y),x^2+y^2\leqslant 3a^2\}$,

$$V=\iint\limits_{(\sigma)}\left(\sqrt{3a^2-x^2-y^2}-\frac{x^2+y^2}{2a}\right)\mathrm{d}\sigma=\int_0^{2\pi}\mathrm{d}\varphi\int_0^{\sqrt{3}a}\rho\left(\sqrt{3a^2-\rho^2}-\frac{\rho^2}{2}\right)\mathrm{d}\rho$$

$$=2\pi\left(\sqrt{3}\,a^3-\frac{9}{8}a^4\right).$$

11. * 用适当的变换计算下列二重积分：

(1) $\iint\limits_{(\sigma)}\left(\dfrac{x^2}{a^2}+\dfrac{y^2}{b^2}\right)\mathrm{d}\sigma,(\sigma)=\{(x,y)\mid\dfrac{x^2}{a^2}+\dfrac{y^2}{b^2}\leqslant 1\}$，其中，$a>0,b>0$；

(2) $\iint\limits_{(\sigma)}\mathrm{e}^{\frac{y}{x+y}}\mathrm{d}\sigma,(\sigma)$ 以 $(0,0),(1,0)$ 及 $(0,1)$ 为顶点的三角形内部.

解：(1) 令 $x=a\rho\cos\varphi,y=b\rho\sin\varphi$，

$$\iint\limits_{(\sigma)}\left(\frac{x^2}{a^2}+\frac{y^2}{b^2}\right)\mathrm{d}\sigma=\int_0^{2\pi}\mathrm{d}\varphi\int_0^1 ab\rho^3\,\mathrm{d}\rho=2\pi ab\,\frac{1}{4}=\frac{1}{2}\pi ab.$$

(2) 令 $u=x+y;v=y$；则 $\sigma'=\{(u,v)\mid v\leqslant u\leqslant 1,0\leqslant v\leqslant 1\}$；

$$\frac{\partial(u,v)}{\partial(x,y)}=\begin{vmatrix}1&1\\0&1\end{vmatrix}=1,$$

$$\iint\limits_{(\sigma)}\mathrm{e}^{\frac{y}{x+y}}\mathrm{d}\sigma=\iint\limits_{(\sigma')}\mathrm{e}^{\frac{v}{u}}\,\mathrm{d}\sigma=\int_0^1\mathrm{d}u\int_0^u\mathrm{e}^{\frac{v}{u}}\,\mathrm{d}v=\frac{\mathrm{e}-1}{2}.$$

B

1. 计算下列二重积分：

(1) $\iint\limits_{(\sigma)}(x+y)\mathrm{d}\sigma,(\sigma)=\{(x,y)\mid x^2+y^2\leqslant x+y\}$；

(2) $\iint\limits_{(\sigma)}y^2\,\mathrm{d}\sigma,(\sigma)$ 是摆线的一拱 $\begin{cases}x=a(t-\sin t)\\y=a(1-\cos t)\end{cases}$ $(0\leqslant t\leqslant 2\pi,a>0)$ 及 x 轴所围区域.

解：(1) $\iint\limits_{(\sigma)}(x+y)\mathrm{d}\sigma=\iint\limits_{(\sigma)}(x+y-1)\mathrm{d}\sigma+\iint\limits_{(\sigma)}1\mathrm{d}\sigma=\iint\limits_{(\sigma_1)}(x+y)\mathrm{d}\sigma+\dfrac{1}{2}\pi$

$$=\int_0^{2\pi}\mathrm{d}\varphi\int_0^{\frac{\sqrt{2}}{2}}\rho(\rho\cos\theta+\rho\sin\theta)\mathrm{d}\rho+\frac{1}{2}\pi$$

$$=\int_0^{2\pi}(\cos\theta+\sin\theta)\mathrm{d}\varphi\int_0^{\frac{\sqrt{2}}{2}}\rho^2\,\mathrm{d}\rho+\frac{1}{2}\pi=\frac{1}{2}\pi.$$

(2) 设该摆线与 x 轴所围区域 (σ) 可以表示成为 $(\sigma)=\{(x,y),0\leqslant y\leqslant a,x_1(y)\leqslant x\leqslant x_2(y)\}$ 则

$$\iint\limits_{(\sigma)}y^2\,\mathrm{d}\sigma=\int_{y_1}^{y_2}y^2\left(\int_{x_1(y)}^{x_2(y)}\mathrm{d}x\right)\mathrm{d}y=\int_{y_1}^{y_2}y^2(x_2(y)-x_1(y))\mathrm{d}y$$

由于摆线的一拱为$\begin{cases}x=a(t-\sin t)\\y=a(1-\cos t)\end{cases}$ $(0\leqslant t\leqslant 2\pi,a>0)$,在 $t=\pi$ 处做垂直与 x 轴的线段将(σ) 分成两部分,则有

$$\begin{aligned}\iint_{(\sigma)}y^2\mathrm{d}\sigma&=\int_0^{2\pi}\mathrm{d}x\int_0^y y^2\mathrm{d}y\\&=\frac{a^4}{3}\int_0^{2\pi}(1-\cos t)^4\mathrm{d}t\\&=\frac{2^5a^4}{3}\int_0^{\pi}\sin^8 u\mathrm{d}u\\&=\frac{2^5a^4}{3}\left(\int_0^{\frac{\pi}{2}}\sin^8 u\mathrm{d}u+\int_0^{\frac{\pi}{2}}\cos^8 u\mathrm{d}u\right)\\&=\frac{35}{12}\pi a^4.\end{aligned}$$

2. 计算累次积分:

$$\int_{\frac{1}{4}}^{\frac{1}{2}}\mathrm{d}y\int_{\frac{1}{2}}^{\sqrt{y}}\mathrm{e}^{\frac{y}{x}}\mathrm{d}x+\int_{\frac{1}{2}}^{1}\mathrm{d}y\int_{y}^{\sqrt{y}}\mathrm{e}^{\frac{y}{x}}\mathrm{d}x.$$

解:$\int_{\frac{1}{4}}^{\frac{1}{2}}\mathrm{d}y\int_{\frac{1}{2}}^{\sqrt{y}}\mathrm{e}^{\frac{y}{x}}\mathrm{d}x+\int_{\frac{1}{2}}^{1}\mathrm{d}y\int_{y}^{\sqrt{y}}\mathrm{e}^{\frac{y}{x}}\mathrm{d}x=\int_{\frac{1}{2}}^{1}\mathrm{d}x\int_{x^2}^{x}\mathrm{e}^{\frac{y}{x}}\mathrm{d}y=\int_{\frac{1}{2}}^{1}(\mathrm{e}-\mathrm{e}^x)\mathrm{d}x=\mathrm{e}^{\frac{1}{2}}-\mathrm{e}.$

3. 设 $f(x,y)=\begin{cases}x, & 0\leqslant x\leqslant 1,\quad 0\leqslant y\leqslant 1,\\0, & \text{其他},\end{cases}$ 计算 $F(t)=\iint\limits_{x+y\leqslant t}f(x,y)\mathrm{d}\sigma$.

解:当 $t<0$ 时,$F(t)=0$;

当 $0\leqslant t<1$ 时,$F(t)=\iint\limits_{(\sigma)}x\mathrm{d}\sigma=\int_0^t\mathrm{d}x\int_0^{t-x}x\mathrm{d}y=\frac{1}{6}t^3$;

当 $1\leqslant t<2$ 时,$F(t)=\iint\limits_{(\sigma)}x\mathrm{d}\sigma=\int_0^1\mathrm{d}x\int_0^1 x\mathrm{d}y-\int_{t-1}^1\mathrm{d}x\int_{t-x}^1 x\mathrm{d}y=\frac{1}{2}-\frac{1}{6}(t+1)(t-2)^2$;

当 $t\geqslant 2$ 时,$F(t)=\frac{1}{2}$.

4. 计算$\iint\limits_{(\sigma)}x[1+yf(x^2+y^2)]\mathrm{d}\sigma$,其中,$(\sigma)$ 是 $y=x^3$,$y=1$,$x=-1$ 所围区域,且 $f(x^2+y^2)$ 在(σ) 上连续.

解:$\iint\limits_{(\sigma)}x[1+yf(x^2+y^2)]\mathrm{d}\sigma=\iint\limits_{(\sigma)}[x+xyf(x^2+y^2)]\mathrm{d}x\mathrm{d}y=\iint\limits_{(\sigma)}x\mathrm{d}x\mathrm{d}y+\iint\limits_{(\sigma)}xyf(x^2+y^2)\mathrm{d}x\mathrm{d}y$,

由于函数 $xyf(x^2+y^2)$ 关于 $y=x$ 对称,即$(-x)(-y)f[(-x)^2+(-y)^2]=xyf(x^2+y^2)$,若设$(\sigma_1)=\{(x,y),-1\leqslant x\leqslant 0,x\leqslant y\leqslant x^3\}$,$(\sigma_2)=\{(x,y),0\leqslant x\leqslant 1,x^3\leqslant y\leqslant x\}$,由定积分的几何意义可知

$$\iint\limits_{(\sigma_1)}xyf(x^2+y^2)\mathrm{d}x\mathrm{d}y=\iint\limits_{(\sigma_2)}xyf(x^2+y^2)\mathrm{d}x\mathrm{d}y,$$

所以令$(\sigma^*)=\{(x,y),-1\leqslant x\leqslant 1,x\leqslant y\leqslant 1\}$,有

$$\iint\limits_{(\sigma)} xyf(x^2+y^2)\mathrm{d}x\mathrm{d}y=\iint\limits_{(\sigma^*)} xyf(x^2+y^2)\mathrm{d}x\mathrm{d}y.$$

又区域(σ^*)关于直线$y=-x$对称,而$xyf(x^2+y^2)=-\{y(-x)f[y^2+(-x)^2]\}$,由积分的轮换性可知

$$\iint\limits_{(\sigma)} xyf(x^2+y^2)\mathrm{d}x\mathrm{d}y=\iint\limits_{(\sigma^*)} xyf(x^2+y^2)\mathrm{d}x\mathrm{d}y=0.$$

而

$$\begin{aligned}\iint\limits_{(\sigma)} x\mathrm{d}x\mathrm{d}y&=\int_{-1}^{1}x\mathrm{d}x\int_{x^3}^{1}\mathrm{d}y\\&=\int_{-1}^{1}(x-x^4)\mathrm{d}x\\&=-\frac{2}{5},\end{aligned}$$

所以

$$\iint\limits_{(\sigma)} x[1+yf(x^2+y^2)]\mathrm{d}\sigma=-\frac{2}{5}.$$

5. 证明$\iint\limits_{(\sigma)} f(x+y)\mathrm{d}\sigma=\int_{-1}^{1}f(t)\mathrm{d}t$,其中,$(\sigma)$是$|x|+|y|=1$所围区域.

证明:令$u=x-y;t=x+y$;则$\sigma'=\{(u,t)|-1\leqslant u\leqslant 1,-1\leqslant t\leqslant 1\}$;

$$\frac{\partial(u,t)}{\partial(x,y)}=\begin{vmatrix}1&-1\\1&1\end{vmatrix}=2,$$

$$\iint\limits_{(\sigma)} f(x+y)\mathrm{d}\sigma=\iint\limits_{(\sigma')} f(t)\cdot\frac{1}{2}\mathrm{d}t\mathrm{d}u=\frac{1}{2}\int_{-1}^{1}\mathrm{d}u\int_{-1}^{1}f(t)\mathrm{d}t=\int_{-1}^{1}f(t)\mathrm{d}t.$$

6. 证明

$$\iint\limits_{(\sigma)} f(ax+by+c)\mathrm{d}\sigma=2\int_{-1}^{1}\sqrt{1-u^2}\,f(\sqrt{a^2+b^2}\,u+c)\mathrm{d}u,$$

其中,$(\sigma)=\{(x,y)\mid x^2+y^2\leqslant 1\}$,$a^2+b^2\neq 0$.

证明:令$x=\dfrac{au-bv}{\sqrt{a^2+b^2}}$,$y=\dfrac{bu+av}{\sqrt{a^2+b^2}}$,则$\sigma'=\{(u,v)\,|\,u^2+v^2\leqslant 1\}$,

有

$$\frac{\partial(x,y)}{\partial(u,v)}=\begin{vmatrix}\dfrac{a}{\sqrt{a^2+b^2}}&\dfrac{-b}{\sqrt{a^2+b^2}}\\\dfrac{b}{\sqrt{a^2+b^2}}&\dfrac{a}{\sqrt{a^2+b^2}}\end{vmatrix}=\frac{a^2+b^2}{a^2+b^2}=1,$$

从而

$$\iint\limits_{(\sigma)} f(x+y)\mathrm{d}\sigma = \iint\limits_{(\sigma')} f(\sqrt{a^2+b^2}u+c)\cdot 1\mathrm{d}v\mathrm{d}u$$

$$= \int_{-1}^{1}\mathrm{d}u\int_{-\sqrt{1-u^2}}^{\sqrt{1-u^2}} f(\sqrt{a^2+b^2}u+c)\mathrm{d}v$$

$$= 2\int_{-1}^{1}\sqrt{1-u^2}f(\sqrt{a^2+b^2}u+c)\mathrm{d}u.$$

7. 设 $f(x)$ 在区间$[0,1]$上连续,且$\int_0^1 f(x)\mathrm{d}x = A$. 计算$\int_0^1\mathrm{d}x\int_x^1 f(x)f(y)\mathrm{d}y$.

解:由于$\int_0^1\mathrm{d}x\int_x^1 f(x)f(y)\mathrm{d}y = \int_0^1\mathrm{d}y\int_0^y f(x)f(y)\mathrm{d}x = \int_0^1\mathrm{d}x\int_0^x f(x)f(y)\mathrm{d}y$,则

$$\int_0^1\mathrm{d}x\int_x^1 f(x)f(y)\mathrm{d}y = \frac{1}{2}\left(\int_0^1\mathrm{d}x\int_x^1 f(x)f(y)\mathrm{d}y + \int_0^1\mathrm{d}x\int_0^x f(x)f(y)\mathrm{d}y\right)$$

$$= \frac{1}{2}\int_0^1 f(x)\mathrm{d}x\int_0^1 f(y)\mathrm{d}y = \frac{1}{2}A^2.$$

8. 证明 Dirichlet 公式$\int_0^a\mathrm{d}x\int_0^x f(x,y)\mathrm{d}y = \int_0^a\mathrm{d}y\int_y^a f(x,y)\mathrm{d}x(a>0)$,并用此公式证明

$$\int_0^a\mathrm{d}y\int_0^y f(x)\mathrm{d}x = \int_0^a(a-x)f(x)\mathrm{d}x,$$

其中,f 是连续函数.

证明:交换积分次序可得

$$\int_0^a\mathrm{d}x\int_0^x f(x,y)\mathrm{d}y = \iint\limits_{(\sigma)} f(x,y)\mathrm{d}\sigma = \int_0^a\mathrm{d}y\int_y^a f(x,y)\mathrm{d}x \quad (a>0),$$

故 Dirichlet 公式成立.

由$\int_0^a\mathrm{d}x\int_0^x f(x)\mathrm{d}y = \int_0^a\mathrm{d}y\int_y^a f(x)\mathrm{d}x$ 以及$\int_0^a\mathrm{d}y\int_0^y f(x)\mathrm{d}x = \int_0^a\mathrm{d}x\int_x^a f(x)\mathrm{d}y$ 可得

$$\int_0^a\mathrm{d}x\int_0^a f(x)\mathrm{d}y = \int_0^a\mathrm{d}y\int_0^y f(x)\mathrm{d}x + \int_0^a\mathrm{d}y\int_y^a f(x)\mathrm{d}x,$$

从而可得

$$\int_0^a\mathrm{d}y\int_0^y f(x)\mathrm{d}x = \int_0^a\mathrm{d}x\int_0^a f(x)\mathrm{d}y - \int_0^a\mathrm{d}y\int_y^a f(x)\mathrm{d}x$$

$$= \int_0^a\mathrm{d}x\int_0^a f(x)\mathrm{d}y - \int_0^a\mathrm{d}x\int_0^x f(x)\mathrm{d}y$$

$$= \int_0^a[af(x) - xf(x)]\mathrm{d}x$$

$$= \int_0^a(a-x)f(x)\mathrm{d}x.$$

9. 求抛物面 $z = 1 + x^2 + y^2$ 的一切面,使得由该切面、抛物面 $z = 1 + x^2 + y^2$ 及圆柱面 $(x-1)^2 + y^2 = 1$ 所围的立体体积最小. 写出切面方程并求此最小体积.

解：(1) 求抛物面 $z=1+x^2+y^2$ 过点 $P(x_0,y_0,z_0)$ 的切面方程.

设 $F(x,y,z)=1+x^2+y^2-z$，则 $\boldsymbol{n}=\nabla F(x,y,z)=(2x,2y,-1)$，所以抛物面 $z=1+x^2+y^2$ 过点 $P(x_0,y_0,z_0)$ 的切面方程为

$$2x_0(x-x_0)+2y_0(y-y_0)-(z-1-x_0^2-y_0^2)=0,$$

即

$$z=2x_0x+2y_0y-x_0^2-y_0^2+1.$$

由图形的几何特性可知，切点应与圆柱面中心在同一平行 z 轴直线上，即 $x_0=1$，$y_0=0$，从而知切平面方程为

$$z=2x.$$

(2) 求所围体的体积

由题设和(1) 可知，该切面 $z=2x$、抛物面 $z=1+x^2+y^2$ 及圆柱面 $(x-1)^2+y^2=1$ 所围的立体体积为

$$V=\iint\limits_{(\sigma)}(1+x^2+y^2-2x)\mathrm{d}\sigma,$$

其中，$(\sigma)=\{(x,y),(x-1)^2+y^2\leqslant 1\}$，计算二重积分可得 $V=\dfrac{\pi}{2}$.

第三节　三重积分

一、知识要点

1. 三重积分的概念

(1) 三重积分的定义

设 $f(x,y,z)$ 是空间闭区域(V) 上的有界函数，将(V) 任意分成 n 个小闭区域

$$\Delta\nu_1,\Delta\nu_2,\cdots,\Delta\nu_n,$$

其中，$\Delta\nu_i$ 表示第 i 个小闭区域，也表示它的体积. 在每个 $\Delta\nu_i$ 上任取一点(ξ_i,η_i,ζ_i)，作乘积 $f(\xi_i,\eta_i,\zeta_i)\Delta\nu_i(i=1,2,\cdots,n)$，并作和 $\sum\limits_{i=1}^{n}f(\xi_i,\eta_i,\zeta_i)\Delta\nu_i$. 如果当各个小闭区域直径中的最大值 λ 趋于零时，这和的极限总存在〔与 $\Delta\nu_i$ 的分法及(ξ_i,η_i,ζ_i) 的取法均无关〕，则称此极限值为函数 $f(x,y,z)$ 在闭区域(V) 上的三重积分，记作 $\iiint\limits_{(V)}f(x,y,z)\mathrm{d}V$，即

$$\iiint\limits_{(V)}f(x,y,z)\mathrm{d}V=\lim_{\lambda\to 0}\sum_{i=1}^{n}f(\xi_i,\eta_i,\zeta_i)\Delta\nu_i,$$

其中,$f(x,y,z)$ 称为被积函数,$f(x,y,z)\mathrm{d}\nu$ 称为被积表达式,$\mathrm{d}V$ 称为体积元素,x、y 与 z 称为积分变量,(V) 称为积分区域,$\sum\limits_{i=1}^{n} f(\xi_i,\eta_i,\zeta_i)\Delta\nu_i$ 称为积分和.

(2) 三重积分存在定理

若 $f(x,y,z)$ 在(V) 上连续,则三重积分一定存在.

(3) 三重积分物理意义

设一物体占有 $Oxyz$ 上闭区域(V),在点(x,y,z) 处的体密度为$\rho(x,y,z)$,假定$\rho(x,y,z)$ 在 Ω 上连续,则物理质量 M 为

$$M=\iiint\limits_{(V)}\rho(x,y,z)\mathrm{d}V.$$

2. 三重积分的性质

二重积分的性质可推广到三重积分,例如中值定理:

假设 $u=f(x,y,z)$ 在空间闭区域(V) 上连续,V 是(V) 的体积,则至少存在一点$(\xi,\eta,\zeta)\in(V)$,使得

$$\iiint\limits_{(V)} f(x,y,z)\mathrm{d}V=f(\xi,\eta,\zeta)\cdot V.$$

3. 三重积分的计算法

(1) 利用直角坐标计算三重积分

若空间闭区域(V) 表示为

$$\{(x,y,z)\mid z_1(x,y)\leqslant z\leqslant z_2(x,y),(x,y)\in D\},$$

其中,

$$D=\{(x,y)\mid y_1(x)\leqslant y\leqslant y_2(x),a\leqslant x\leqslant b\},$$

则

$$\iiint\limits_{(V)} f(x,y,z)\mathrm{d}V=\iint\limits_{D}\mathrm{d}x\mathrm{d}y\int_{z_1(x,y)}^{z_2(x,y)} f(x,y,z)\mathrm{d}z=\int_a^b\mathrm{d}x\int_{y_1(x)}^{y_2(x)}\mathrm{d}y\int_{z_1(x,y)}^{z_2(x,y)} f(x,y,z)\mathrm{d}z.$$

若空间闭区域

$$(V)=\{(x,y,z)\mid(x,y)\in D_z,c_1\leqslant z\leqslant c_2\},$$

其中,D_z 是平行于 xOy 平面、纵坐标为 z 的平面截闭区域(V) 所得到的一个平面闭区域,则

$$\iiint\limits_{(V)} f(x,y,z)\mathrm{d}V=\int_{c_1}^{c_2}\mathrm{d}z\iint\limits_{D_z} f(x,y,z)\mathrm{d}x\mathrm{d}y.$$

(2) 利用柱面坐标计算三重积分

若空间区域(V) 可以用不等式

$$z_1(\rho,\varphi)\leqslant z\leqslant z_2(\rho,\varphi),\quad \rho_1(\varphi)\leqslant\rho\leqslant\rho_2(\varphi),\quad \alpha\leqslant\varphi\leqslant\beta$$

来表示,则

$$\iiint\limits_{(V)} f(x,y,z)\mathrm{d}x\mathrm{d}y\mathrm{d}z = \iiint\limits_{(V)} f(\rho\cos\varphi,\rho\sin\varphi,z)\rho\mathrm{d}\rho\mathrm{d}\varphi\mathrm{d}z$$

$$= \int_{\alpha}^{\beta}\mathrm{d}\varphi\int_{\rho_1(\varphi)}^{\rho_2(\varphi)}\rho\mathrm{d}\rho\int_{z_1(\rho,\varphi)}^{z_2(\rho,\varphi)} f(\rho\cos\varphi,\rho\sin\varphi,z)\mathrm{d}z.$$

(3) 利用球面坐标计算三重积分

若空间区域(V)表示为

$$\{(r,\varphi,\theta)\mid r_1(\varphi,\theta)\leqslant r\leqslant r_2(\varphi,\theta),\theta_1(\varphi)\leqslant\theta\leqslant\theta_2(\varphi),\alpha\leqslant\varphi\leqslant\beta\},$$

则

$$\iiint\limits_{(V)} f(x,y,z)\mathrm{d}V = \iiint\limits_{\Omega} f(r\sin\theta\cos\varphi,r\sin\theta\sin\varphi,\rho\cos\theta)r^2\sin\theta\mathrm{d}\varphi\mathrm{d}\theta\mathrm{d}r$$

$$= \int_{\alpha}^{\beta}\mathrm{d}\varphi\int_{\theta_1(\varphi)}^{\theta_2(\varphi)}\sin\theta\mathrm{d}\theta\int_{r_1(\varphi,\theta)}^{r_2(\varphi,\theta)} f(r\sin\theta\cos\varphi,r\sin\theta\sin\varphi,\rho\cos\theta)r^2\mathrm{d}r.$$

二、习题解答

A

1. 计算下列三重积分：

(1) $\iiint\limits_{(V)}(x+y+z)\mathrm{d}V,(V)=\{(x,y,z)\mid 0\leqslant x\leqslant 1,0\leqslant y\leqslant 1,0\leqslant z\leqslant 1\}$；

(2) $\iiint\limits_{(V)} y\mathrm{d}V,(V)$是由抛物柱面$y=\sqrt{x}$,平面$y=0,z=0$与$x+z=\frac{\pi}{2}$所围成的区域；

(3) $\iiint\limits_{(V)} z\mathrm{d}V,(V)=\{(x,y,z)\mid x^2+y^2<2x,0\leqslant z\leqslant\sqrt{4-x^2-y^2}\}$；

(4) $\iiint\limits_{(V)} z^2\mathrm{d}V,(V)$是由$x^2+y^2+z^2=4$与$x^2+y^2+z^2=4z$所围成的区域；

(5) $\iiint\limits_{(V)} xyz\mathrm{d}V,(V)$是由$x^2+y^2+z^2=1,x=0,y=0$及$z=0$所围成的第一卦限内的区域；

(6) $\iiint\limits_{(V)} xy\mathrm{d}V,(V)$是由$x^2+y^2=1$和平面$z=0,z=1,x=0,y=0$所围成的第一卦限内的区域.

解：(1) 由$(V)=\{(x,y,z)\mid 0\leqslant x\leqslant 1,0\leqslant y\leqslant 1,0\leqslant z\leqslant 1\}$,可得

$$\iiint\limits_{(V)}(x+y+z)\mathrm{d}V=\int_0^1\mathrm{d}x\int_0^1\mathrm{d}y\int_0^1(x+y+z)\mathrm{d}z=\int_0^1\mathrm{d}x\int_0^1\left(x+y+\frac{1}{2}\right)\mathrm{d}y$$

$$=\int_0^1\left[xy+\frac{y^2}{2}+\frac{y}{2}\right]\Big|_0^1\mathrm{d}x=\int_0^1\left(x+\frac{1}{2}+\frac{1}{2}\right)\mathrm{d}x=\frac{1}{2}+\frac{1}{2}+\frac{1}{2}=\frac{3}{2}.$$

(2) 由$(V)=\{(x,y,z)\mid 0\leqslant x\leqslant\frac{\pi}{2},0\leqslant y\leqslant\sqrt{x},0\leqslant z\leqslant\frac{\pi}{2}-x\}$,可得

$$\iiint\limits_{(V)} y\mathrm{d}V = \int_0^{\frac{\pi}{2}}\mathrm{d}x\int_0^{\sqrt{x}}\mathrm{d}y\int_0^{\frac{\pi}{2}-x}y\mathrm{d}z = \int_0^{\frac{\pi}{2}}\mathrm{d}x\int_0^{\sqrt{x}}y(\frac{\pi}{2}-x)\mathrm{d}y$$

$$= \int_0^{\frac{\pi}{2}}\left[\frac{y^2}{2}(\frac{\pi}{2}-x)\right]\Big|_0^{\sqrt{x}}\mathrm{d}x = \int_0^{\frac{\pi}{2}}\left(\frac{\pi x}{4}-\frac{x^2}{2}\right)\mathrm{d}x = \left(\frac{\pi x^2}{8}-\frac{x^3}{6}\right)\Big|_0^{\frac{\pi}{2}}$$

$$= \frac{\pi}{8}\cdot\frac{\pi^2}{4}-\frac{1}{6}\frac{\pi^3}{8} = \frac{\pi^3}{96}.$$

(3) 由$(V)=\{(x,y,z)\mid x^2+y^2<2x,0\leqslant z\leqslant\sqrt{4-x^2-y^2}\}$,用柱坐标可得

$$(V)=\{(\rho,\varphi,z)\mid 0\leqslant\varphi\leqslant 2\pi,\rho\leqslant 2\cos\varphi,0\leqslant z\leqslant\sqrt{4-\rho^2}\},$$

所以

$$\iiint\limits_{(V)} z\mathrm{d}V = \int_{-\frac{\pi}{2}}^{\frac{\pi}{2}}\mathrm{d}\varphi\int_0^{2\cos\varphi}\mathrm{d}\rho\int_0^{\sqrt{4-\rho^2}}z\rho\mathrm{d}z = \int_{-\frac{\pi}{2}}^{\frac{\pi}{2}}\mathrm{d}\varphi\int_0^{2\cos\varphi}\rho\left[\frac{z^2}{2}\right]\Big|_0^{\sqrt{4-\rho^2}}\mathrm{d}\rho = \int_{-\frac{\pi}{2}}^{\frac{\pi}{2}}\mathrm{d}\varphi\int_0^{2\cos\varphi}\rho\frac{4-\rho^2}{2}\mathrm{d}\rho$$

$$= \int_{-\frac{\pi}{2}}^{\frac{\pi}{2}}-\frac{(4-4\cos^2\varphi)^2-16}{8}\mathrm{d}\varphi = 2\int_0^{\frac{\pi}{2}}\left[2-\frac{16(1-\cos^2\varphi)^2}{8}\right]\mathrm{d}\varphi = 2\pi-4\int_0^{\frac{\pi}{2}}\sin^4\varphi\mathrm{d}\varphi$$

$$= 2\pi-4\cdot\frac{3}{4}\cdot\frac{1}{2}\frac{\pi}{2} = \frac{5}{4}\pi.$$

(4) 由于积分区域(V)是由$x^2+y^2+z^2=4$与$x^2+y^2+z^2=4z$所围成,所以可得

$$(V)=\{(x,y,z)\mid 0<z<2,(x,y)\in(\sigma_z)\}$$
$$=\{(x,y,z)\mid 0<z<1,(x,y)\in(\sigma_{z1})\}\cup\{(x,y,z)\mid 1<z<2,(x,y)\in(\sigma_{z2})\},$$

其中

$$(\sigma_{z1})=\{(x,y)\mid x^2+y^2\leqslant 4-(z-2)^2\},$$
$$(\sigma_{z2})=\{(x,y)\mid x^2+y^2\leqslant 4-z^2\}.$$

由此可得

$$I=\iiint\limits_{(V)} z^2\mathrm{d}V = \int_0^1 z^2\left[\iint\limits_{(\sigma_{z1})}\mathrm{d}\sigma\right]\mathrm{d}z+\int_1^2 z^2\left[\iint\limits_{(\sigma_{z2})}\mathrm{d}\sigma\right]\mathrm{d}z.$$

由$\iint\limits_{(\sigma_{z1})}\mathrm{d}\sigma$和$\iint\limits_{(\sigma_{z2})}\mathrm{d}\sigma$的几何意义为平面区域$(\sigma_{z1})$和$(\sigma_{z2})$的面积,易知

$$\iint\limits_{(\sigma_{z1})}\mathrm{d}\sigma=\pi[4-(z-2)^2],\quad \iint\limits_{(\sigma_{z2})}\mathrm{d}\sigma=\pi(4-z^2),$$

所以

$$I=\pi\int_0^1 z^2[4-(z-2)^2]\mathrm{d}z+\pi\int_1^2 z^2(4-z^2)\mathrm{d}z$$

$$=\frac{4\pi}{5}+\frac{47\pi}{15}=\frac{59\pi}{15}.$$

(5) 由(V)是由$x^2+y^2+z^2=1$,$x=0$,$y=0$及$z=0$所围成的第一卦限内的区域,可知(V)为八分之一的球体.用球坐标表示有

$$(V)=\{(r,\theta,\varphi)\mid 0\leqslant\theta\leqslant\frac{\pi}{2},0\leqslant\varphi\leqslant\frac{\pi}{2},0\leqslant r\leqslant 1\}.$$

由$\begin{cases}x=r\sin\theta\cos\varphi,\\ y=r\sin\theta\sin\varphi,\\ z=r\cos\theta,\end{cases}$ $\mathrm{d}V=r^2\sin\theta\mathrm{d}\theta\mathrm{d}\varphi\mathrm{d}r$ 可得

$$\begin{aligned}\iiint\limits_{(V)}xyz\,\mathrm{d}V&=\int_0^{\frac{\pi}{2}}\mathrm{d}\theta\int_0^{\frac{\pi}{2}}\mathrm{d}\varphi\int_0^1 r^5\cos\theta\sin\varphi\cos\varphi\sin^3\theta\mathrm{d}r\\&=\int_0^{\frac{\pi}{2}}\cos\theta\sin^3\theta\mathrm{d}\theta\int_0^{\frac{\pi}{2}}\sin\varphi\cos\varphi\mathrm{d}\varphi\int_0^1 r^5\mathrm{d}r\\&=\frac{1}{6}\int_0^{\frac{\pi}{2}}\cos\theta\sin^3\theta\mathrm{d}\theta\int_0^{\frac{\pi}{2}}\sin\varphi\cos\varphi\mathrm{d}\varphi\\&=\frac{1}{6}\cdot\frac{1}{2}\int_0^{\frac{\pi}{2}}\cos\theta\sin^3\theta\mathrm{d}\theta\\&=\frac{1}{6}\cdot\frac{1}{2}\cdot\frac{1}{4}=\frac{1}{48}.\end{aligned}$$

(6) 由于(V)是由 $x^2+y^2=1$ 和平面 $z=0,z=1,x=0,y=0$ 所围成的第一卦限内的区域,所以该区域可以表示为

$$\begin{aligned}(V)&=\{(x,y,z)\mid 0\leqslant z\leqslant 1,0\leqslant x\leqslant 1,0\leqslant y\leqslant\sqrt{1-x^2}\}\\&=\{(\rho,\varphi,z)\mid 0\leqslant\varphi\leqslant\frac{\pi}{2},0\leqslant\rho\leqslant 1,0\leqslant z\leqslant 1\}.\end{aligned}$$

故而,在直角坐标系下计算有

$$\begin{aligned}\iiint\limits_{(V)}xy\,\mathrm{d}V&=\int_0^1 x\mathrm{d}x\int_0^{\sqrt{1-x^2}}y\mathrm{d}y\int_0^1\mathrm{d}z=\int_0^1 x\mathrm{d}x\int_0^{\sqrt{1-x^2}}y\mathrm{d}y\\&=\int_0^1 x\frac{(\sqrt{1-x^2})^2}{2}\mathrm{d}x=\frac{1}{2}\int_0^1(x-x^3)\mathrm{d}x\\&=\frac{1}{2}\left(\frac{1}{2}-\frac{1}{4}\right)=\frac{1}{8}.\end{aligned}$$

在柱面坐标系下计算有

$$\begin{aligned}\iiint\limits_{(V)}xy\,\mathrm{d}V&=\int_0^{\frac{\pi}{2}}\cos\varphi\sin\varphi\mathrm{d}\varphi\int_0^1\rho^3\mathrm{d}\rho\int_0^1\mathrm{d}z\\&=\int_0^{\frac{\pi}{2}}\cos\varphi\sin\varphi\mathrm{d}\varphi\int_0^1\rho^3\mathrm{d}\rho=\int_0^{\frac{\pi}{2}}\sin\varphi\mathrm{d}(\cos\varphi)\int_0^1\mathrm{d}(\frac{\rho^4}{4})\\&=\frac{1}{2}\cdot\frac{1}{4}=\frac{1}{8}.\end{aligned}$$

2. 仅考虑积分域(V),选择最方便的坐标系将三重积分 $I=\iiint\limits_{(V)}f(x,y,z)\mathrm{d}V$ 化为由三个

单位积分组成的累次积分,若积分域如下:

(1) (V) 是由平面 $\frac{x}{2}+\frac{y}{3}+\frac{z}{4}=1$ 和三坐标平面所围成的区域;

(2) $(V)=\{(x,y,z)\mid x^2+y^2\leqslant 2x, 0\leqslant z\leqslant \sqrt{4-x^2-y^2}\}$;

(3) (V) 是由曲面 $z=\sqrt{1-x^2-y^2}$ 与 $z=\sqrt{9-x^2-y^2}$ 所围成的区域;

(4) $(V)=\{(x,y,z)\mid \sqrt{x^2+y^2}\leqslant z\leqslant \sqrt{4-x^2-y^2}\}$.

解:(1) 由于(V)是由平面 $\frac{x}{2}+\frac{y}{3}+\frac{z}{4}=1$ 和三坐标平面所围成的区域,采用直角坐标系可得$(V)=\{(x,y,z)\mid 0\leqslant x\leqslant 2, 0\leqslant y\leqslant 3-\frac{3x}{2}, 0\leqslant z\leqslant 4-2x-\frac{4y}{3}\}$,

$$\iiint\limits_{(V)} f(x,y,z)\mathrm{d}V=\int_0^2\mathrm{d}x\int_0^{3-\frac{3x}{2}}\mathrm{d}y\int_0^{4-2x-\frac{4y}{3}}f(x,y,z)\mathrm{d}z,$$

或$(V)=\{(x,y,z)\mid 0\leqslant y\leqslant 3, 0\leqslant z\leqslant 4-\frac{4y}{3}, 0\leqslant x\leqslant 2-\frac{z}{2}-\frac{2y}{3}\}$,

$$\iiint\limits_{(V)} f(x,y,z)\mathrm{d}V=\int_0^3\mathrm{d}y\int_0^{4-\frac{4y}{3}}\mathrm{d}z\int_0^{2-\frac{z}{2}-\frac{2y}{3}}f(x,y,z)\mathrm{d}x,$$

或$(V)=\{(x,y,z)\mid 0\leqslant z\leqslant 4, 0\leqslant x\leqslant 3-\frac{z}{4}, 0\leqslant y\leqslant 3-\frac{3z}{4}-\frac{3x}{2}\}$,

$$\iiint\limits_{(V)} f(x,y,z)\mathrm{d}V=\int_0^4\mathrm{d}z\int_0^{3-\frac{z}{4}}\mathrm{d}x\int_0^{3-\frac{3z}{4}-\frac{3x}{2}}f(x,y,z)\mathrm{d}y.$$

(2) 采用柱面坐标系,设 $x=\rho\cos\varphi, y=\rho\sin\varphi, z=z$,则

$$\begin{aligned}(V)&=\{(x,y,z)\mid x^2+y^2\leqslant 2x, 0\leqslant z\leqslant\sqrt{4-x^2-y^2}\}\\&=\{(\rho,\varphi,z)\mid -\frac{\pi}{2}\leqslant\varphi\leqslant\frac{\pi}{2}, 0\leqslant\rho\leqslant 2\cos\varphi, 0\leqslant z\leqslant\sqrt{4-\rho^2}\}\end{aligned}$$

所以

$$\iiint\limits_{(V)} f(x,y,z)\mathrm{d}V=\int_{-\frac{\pi}{2}}^{\frac{\pi}{2}}\mathrm{d}\varphi\int_0^{2\cos\varphi}\mathrm{d}\rho\int_0^{\sqrt{4-\rho^2}}\rho f(\rho\cos\varphi,\rho\sin\varphi,z)\mathrm{d}z.$$

(3) **解法一**:采用柱面坐标系,设 $x=\rho\cos\varphi, y=\rho\sin\varphi, z=z$,则

$$\begin{aligned}(V)&=\{(x,y,z)\mid x^2+y^2\leqslant 3, \sqrt{1-x^2-y^2}\leqslant z\leqslant\sqrt{9-x^2-y^2}\}\\&=\{(\rho,\varphi,z)\mid 0\leqslant\varphi\leqslant 2\pi, 0\leqslant\rho\leqslant 3, \sqrt{1-\rho^2}\leqslant z\leqslant\sqrt{9-\rho^2}\}\end{aligned}$$

所以

$$\iiint\limits_{(V)} f(x,y,z)\mathrm{d}V=\int_0^{2\pi}\mathrm{d}\varphi\int_1^3\mathrm{d}\rho\int_{\sqrt{1-\rho^2}}^{\sqrt{9-\rho^2}}\rho f(\rho\cos\varphi,\rho\sin\varphi,z)\mathrm{d}z.$$

解法二:采用球面坐标系,设 $x=r\sin\theta\cos\varphi, y=r\sin\theta\sin\varphi, z=r\cos\theta$,则

$$(V)=\{(x,y,z)\mid x^2+y^2\leqslant 3,\sqrt{1-x^2-y^2}\leqslant z\leqslant\sqrt{9-x^2-y^2}\}$$
$$=\{(r,\theta,\varphi)\mid 0\leqslant\varphi\leqslant 2\pi,0\leqslant\theta\leqslant\frac{\pi}{2},1\leqslant r\leqslant 3\},$$

由 $\mathrm{d}V=r^2\sin\theta\mathrm{d}\theta\mathrm{d}\varphi\mathrm{d}r$ 可得

$$\iiint\limits_{(V)}f(x,y,z)\mathrm{d}V=\int_0^{2\pi}\mathrm{d}\varphi\int_0^{\frac{\pi}{2}}\mathrm{d}\theta\int_1^3 r^2\sin\theta f(r\sin\theta\cos\varphi,r\sin\theta\sin\varphi,r\cos\theta)\mathrm{d}r.$$

(4) **解法一**：采用球面坐标系，设 $x=r\sin\theta\cos\varphi,y=r\sin\theta\sin\varphi,z=r\cos\theta$，

$$(V)=\{(x,y,z)\mid\sqrt{x^2+y^2}\leqslant z\leqslant\sqrt{4-x^2-y^2}\}$$
$$=\{(r,\theta,\varphi)\mid 0\leqslant\varphi\leqslant 2\pi,0\leqslant\theta\leqslant\frac{\pi}{4},0\leqslant r\leqslant 2\},$$

由 $\mathrm{d}V=r^2\sin\theta\mathrm{d}\theta\mathrm{d}\varphi\mathrm{d}r$ 可得

$$\iiint\limits_{(V)}f(x,y,z)\mathrm{d}V=\int_0^{2\pi}\mathrm{d}\varphi\int_0^{\frac{\pi}{4}}\mathrm{d}\theta\int_0^2 r^2\sin\theta f(r\sin\theta\cos\varphi,r\sin\theta\sin\varphi,r\cos\theta)\mathrm{d}r.$$

解法二：采用柱面坐标系，设 $x=\rho\cos\varphi,y=\rho\sin\varphi,z=z$，则

$$(V)=\{(x,y,z)\mid\sqrt{x^2+y^2}\leqslant z\leqslant\sqrt{4-x^2-y^2}\}$$
$$=\{(\rho,\varphi,z)\mid 0\leqslant\varphi\leqslant 2\pi,0\leqslant\rho\leqslant 1,\rho\leqslant z\leqslant\sqrt{4-\rho^2}\},$$

所以

$$\iiint\limits_{(V)}f(x,y,z)\mathrm{d}V=\int_0^{2\pi}\mathrm{d}\varphi\int_0^1\mathrm{d}\rho\int_\rho^{\sqrt{4-\rho^2}}\rho f(\rho\cos\varphi,\rho\sin\varphi,z)\mathrm{d}z.$$

3. 选择合适的坐标系计算下列三重积分：

(1) $\iiint\limits_{(V)}\frac{\mathrm{e}^z}{\sqrt{x^2+y^2}}\mathrm{d}V$，$(V)$ 是由 $z=\sqrt{x^2+y^2}$，$z=1$ 和 $z=2$ 围成的区域；

(2) $\iiint\limits_{(V)}(x^2+y^2)\mathrm{d}V$，$(V)$ 是由 $z=\sqrt{a^2-x^2-y^2}$，$z=\sqrt{A^2-x^2-y^2}$ 及 $z=0$ 围成的区域，其中，$A>a>0$；

(3) $\iiint\limits_{(V)}2z\mathrm{d}V$，$(V)$ 是由 $x^2+y^2+z^2=4$ 及 $z=\frac{1}{2}(x^2+y^2)$ 围成的区域；

(4) $\iiint\limits_{(V)}(x^2+y^2)\mathrm{d}V$，$(V)$ 是由 $x^2+y^2=2z$ 及 $z=2$ 围成的区域；

(5) $\iiint\limits_{(V)}\frac{1}{1+x^2+y^2}\mathrm{d}V$，$(V)$ 是由 $x^2+y^2=z^2$ 及 $z=1$ 围成的区域；

(6) $\iiint\limits_{(V)}xyz\mathrm{d}V$，$(V)$ 是球体 $x^2+y^2+z^2\leqslant 1$ 落在第一卦限的区域；

(7) $\iiint\limits_{(V)}\sqrt{1-x^2-y^2-z^2}\mathrm{d}V$，$(V)$ 是由 $x^2+y^2+z^2\leqslant 1$ 及 $z\geqslant\sqrt{x^2+y^2}$ 所确定的区域；

(8) $\iiint\limits_{(V)}(x+y)\mathrm{d}V$，$(V)$ 是由 $x^2+y^2=1,x^2+y^2=4,z=0$ 及 $z=x+2$ 围成的区域；

(9) $\iiint\limits_{(V)} \dfrac{z\ln(1+x^2+y^2+z^2)}{1+x^2+y^2+z^2}\mathrm{d}V,(V)=\{(x,y,z)\mid x^2+y^2+z^2\leqslant 1\}$;

(10) $\iiint\limits_{(V)} z(x^2+y^2)\mathrm{d}V,(V)=\{(x,y,z)\mid z\geqslant\sqrt{x^2+y^2},1\leqslant x^2+y^2+z^2\leqslant 4\}$;

(11) $\iiint\limits_{(V)} z\mathrm{d}V,(V)=\{(x,y,z)\mid x^2+y^2+(z-a)^2\leqslant a^2,x^2+y^2\leqslant z^2\},a>0$;

(12) $\iiint\limits_{(V)} f(x,y,z)\mathrm{d}V$,其中,$(V)=\{(x,y,z)\mid x^2+y^2+z^2\leqslant 1\}$且

$$f(x,y,z)=\begin{cases}0, & z\geqslant\sqrt{x^2+y^2},\\ \sqrt{x^2+y^2}, & 0\leqslant z\leqslant\sqrt{x^2+y^2},\\ \sqrt{x^2+y^2+z^2}, & z\leqslant 0.\end{cases}$$

解:

(1) 由于(V)是由$z=\sqrt{x^2+y^2}$,$z=1$和$z=2$围成的区域,则$(V)=(V_1)-(V_2)$其中,

$(V_1)=\{(x,y,z)\big|\sqrt{x^2+y^2}\leqslant z\leqslant 2,(x,y)\in D_1\},(D_1)=\{(x,y)\big|x^2+y^2\leqslant 4\}$,

$(V_2)=\{(x,y,z)\big|\sqrt{x^2+y^2}\leqslant z\leqslant 1,(x,y)\in D_2\},(D_2)=\{(x,y)\big|x^2+y^2\leqslant 1\}$,

所以

$$\iiint\limits_{(V)}\frac{\mathrm{e}^z}{\sqrt{x^2+y^2}}\mathrm{d}V=\iiint\limits_{(V_1)}\frac{\mathrm{e}^z}{\sqrt{x^2+y^2}}\mathrm{d}V-\iiint\limits_{(V_2)}\frac{\mathrm{e}^z}{\sqrt{x^2+y^2}}\mathrm{d}V,$$

由$(V_1)=\{(x,y,z)\mid\sqrt{x^2+y^2}\leqslant z\leqslant 2,(x,y)\in D_1\},(D_1)=\{(x,y)\mid x^2+y^2\leqslant 4\}$可得

$$\begin{aligned}\iiint\limits_{(V_1)}\frac{\mathrm{e}^z}{\sqrt{x^2+y^2}}\mathrm{d}V&=\iint\limits_{x^2+y^2\leqslant 4}\left[\int_{\sqrt{x^2+y^2}}^{2}\frac{\mathrm{e}^z}{\sqrt{x^2+y^2}}\mathrm{d}z\right]\mathrm{d}\sigma\\&=\iint\limits_{x^2+y^2\leqslant 4}\left[\frac{\mathrm{e}^2}{\sqrt{x^2+y^2}}-\frac{\mathrm{e}^{\sqrt{x^2+y^2}}}{\sqrt{x^2+y^2}}\right]\mathrm{d}\sigma=\int_0^{2\pi}\mathrm{d}\varphi\int_0^2(\mathrm{e}^2-\mathrm{e}^\rho)\mathrm{d}\rho\\&=4\mathrm{e}^2\pi-2\mathrm{e}^2\pi+2\pi=2\mathrm{e}^2\pi+2\pi,\end{aligned}$$

由$(V_2)=\{(x,y,z)\mid\sqrt{x^2+y^2}\leqslant z\leqslant 1,(x,y)\in D_2\},(D_2)=\{(x,y)\mid x^2+y^2\leqslant 1\}$可得

$$\begin{aligned}\iiint\limits_{(V_2)}\frac{\mathrm{e}^z}{\sqrt{x^2+y^2}}\mathrm{d}V&=\iint\limits_{x^2+y^2\leqslant 1}\left[\int_{\sqrt{x^2+y^2}}^{1}\frac{\mathrm{e}^z}{\sqrt{x^2+y^2}}\mathrm{d}z\right]\mathrm{d}\sigma\\&=\iint\limits_{x^2+y^2\leqslant 1}\left[\frac{\mathrm{e}}{\sqrt{x^2+y^2}}-\frac{\mathrm{e}^{\sqrt{x^2+y^2}}}{\sqrt{x^2+y^2}}\right]\mathrm{d}\sigma=\int_0^{2\pi}\mathrm{d}\varphi\int_0^1(\mathrm{e}-\mathrm{e}^\rho)\mathrm{d}\rho\\&=2\mathrm{e}\pi-2\mathrm{e}\pi+2\pi=2\pi,\end{aligned}$$

从而可知

$$\iiint\limits_{(V)}\frac{\mathrm{e}^z}{\sqrt{x^2+y^2}}\mathrm{d}V=2\mathrm{e}^2\pi.$$

(2) **解法一**:由于(V)是由$z=\sqrt{a^2-x^2-y^2}$,$z=\sqrt{A^2-x^2-y^2}$及$z=0$围成的区

域，其中 $A > a > 0$，可得

$$\iiint\limits_{(V)}(x^2+y^2)\mathrm{d}V=\iiint\limits_{(V_1)}(x^2+y^2)\mathrm{d}V-\iiint\limits_{(V_2)}(x^2+y^2)\mathrm{d}V,$$

其中，

$$(V_1)=\{(x,y,z)\big|0\leqslant z\leqslant\sqrt{A^2-x^2-y^2},(x,y)\in D\},(D)=\{(x,y)\big|x^2+y^2\leqslant A^2\},$$

$$(V_2)=\{(x,y,z)\big|0\leqslant z\leqslant\sqrt{a^2-x^2-y^2},(x,y)\in G\},(G)=\{(x,y)\big|x^2+y^2\leqslant a^2\}.$$

采用柱面坐标系，$(V_1)=\{(\rho,\varphi,z)\mid 0\leqslant\varphi\leqslant 2\pi,0\leqslant\rho\leqslant A,0\leqslant z\leqslant\sqrt{A^2-\rho^2}\}$，故而

$$\begin{aligned}\iiint\limits_{(V_1)}(x^2+y^2)\mathrm{d}V&=\int_0^{2\pi}\mathrm{d}\varphi\int_0^A\mathrm{d}\rho\int_0^{\sqrt{A^2-\rho^2}}\rho^3\mathrm{d}z=2\pi\int_0^A\rho^3(\sqrt{A^2-\rho^2})\mathrm{d}\rho\\&=2\pi\int_0^{\frac{\pi}{2}}A^5\sin^3 t(\sqrt{1-\sin^2 t})\cos t\mathrm{d}t=2\pi\int_0^{\frac{\pi}{2}}A^5\sin^3 t(1-\sin^2 t)\mathrm{d}t\\&=2\pi A^5\left(\frac{2}{3}\cdot\frac{1}{2}-\frac{4}{5}\cdot\frac{2}{3}\cdot\frac{1}{2}\right)=\frac{1}{5}\cdot\frac{2}{3}\cdot\frac{1}{2}\cdot 2\pi A^5\\&=\frac{2A^5\pi}{15},\end{aligned}$$

采用柱面坐标系，$(V_2)=\{(\rho,\varphi,z)\mid 0\leqslant\varphi\leqslant 2\pi,0\leqslant\rho\leqslant a,0\leqslant z\leqslant\sqrt{a^2-\rho^2}\}$，故而

$$\begin{aligned}\iiint\limits_{(V_2)}(x^2+y^2)\mathrm{d}V&=\int_0^{2\pi}\mathrm{d}\varphi\int_0^a\mathrm{d}\rho\int_0^{\sqrt{a^2-\rho^2}}\rho^3\mathrm{d}z=2\pi\int_0^a\rho^3(\sqrt{a^2-\rho^2})\mathrm{d}\rho\\&=2\pi\int_0^{\frac{\pi}{2}}a^5\sin^3 t(1-\sin^2 t)\mathrm{d}t=\frac{2a^5\pi}{15},\end{aligned}$$

所以

$$\iiint\limits_{(V)}(x^2+y^2)\mathrm{d}V=\iiint\limits_{(V_1)}(x^2+y^2)\mathrm{d}V-\iiint\limits_{(V_2)}(x^2+y^2)\mathrm{d}V=\frac{2(A^5-a^5)}{15}\pi.$$

解法二：由于(V) 是由 $z=\sqrt{a^2-x^2-y^2}$，$z=\sqrt{A^2-x^2-y^2}$ 及 $z=0$ 围成的区域，其中 $A>a>0$，在球面坐标下，该区域可以表示为

$$\begin{aligned}(V)&=\{(x,y,z)\mid x^2+y^2\leqslant A,\sqrt{a^2-x^2-y^2}\leqslant z\leqslant\sqrt{A^2-x^2-y^2}\}\\&=\{(r,\theta,\varphi)\mid 0\leqslant\varphi\leqslant 2\pi,0\leqslant\theta\leqslant\frac{\pi}{2},a\leqslant r\leqslant A\},\end{aligned}$$

所以

$$\begin{aligned}\iiint\limits_{(V)}(x^2+y^2)\mathrm{d}V&=\int_0^{2\pi}\mathrm{d}\varphi\int_0^{\frac{\pi}{2}}\mathrm{d}\theta\int_a^A r^2\sin^2\theta r^2\sin\theta\mathrm{d}r\\&=2\pi\int_0^{\frac{\pi}{2}}\sin^3\theta\mathrm{d}\theta\int_a^A r^4\mathrm{d}r\\&=2\pi\cdot\frac{2}{3}\cdot\frac{1}{2}\frac{(A^5-a^5)}{5}\\&=\frac{2\pi}{15}(A^5-a^5).\end{aligned}$$

(3) **解法一**:由于(V)是由$x^2+y^2+z^2=4$及$z=\frac{1}{2}(x^2+y^2)$围成的区域,采用直角坐标系下先单后重的积分方法,可得

$$\iiint\limits_{(V)}2z\mathrm{d}V=\iint\limits_{x^2+y^2\leqslant 2\sqrt{5}-2}\left[\int_{\frac{1}{2}(x^2+y^2)}^{\sqrt{4-x^2-y^2}}2z\mathrm{d}z\right]\mathrm{d}\sigma=\iint\limits_{x^2+y^2\leqslant 2\sqrt{5}-2}\left[4-x^2-y^2-\frac{1}{4}(x^2+y^2)^2\right]\mathrm{d}\sigma$$

$$=\int_0^{2\pi}\mathrm{d}\varphi\int_0^{\sqrt{2\sqrt{5}-2}}\left(4\rho-\rho^3-\frac{1}{4}\rho^5\right)\mathrm{d}\rho=2\pi\left(2\rho^2-\frac{1}{4}\rho^4-\frac{1}{24}\rho^6\Big|_0^{\sqrt{2\sqrt{5}-2}}\right)$$

$$=2\pi\,\frac{10\sqrt{5}-14}{3}=\frac{20\sqrt{5}-28}{3}\pi.$$

解法二:采用直角坐标系下先重后单的积分方法,可得

$$\iiint\limits_{(V)}2z\mathrm{d}V=\int_0^{\sqrt{5}-1}2z\left[\iint\limits_{(\sigma_{z1})}\mathrm{d}\sigma\right]\mathrm{d}z+\int_{\sqrt{5}-1}^{2}2z\left[\iint\limits_{(\sigma_{z2})}\mathrm{d}\sigma\right]\mathrm{d}z$$

$$=\int_0^{\sqrt{5}-1}4\pi z^2\mathrm{d}z+\int_{\sqrt{5}-1}^{2}2\pi z(4-z^2)\mathrm{d}z$$

$$=\frac{4}{3}\pi(\sqrt{5}-1)^3+4\pi\left[4-(\sqrt{5}-1)^2\right]-\frac{1}{2}\pi\left[16-(\sqrt{5}-1)^4\right]$$

$$=\frac{20\sqrt{5}-28}{3}\pi.$$

(4) **解法一**:由于(V)是由$x^2+y^2=2z$及$z=2$围成的区域,采用柱面坐标系,设$x=\rho\cos\varphi,y=\rho\sin\varphi,z=z$,则

$$(V)=\left\{(x,y,z)\mid x^2+y^2\leqslant 4,\frac{x^2+y^2}{2}\leqslant z\leqslant 2\right\}$$

$$=\left\{(\rho,\varphi,z)\mid 0\leqslant\varphi\leqslant 2\pi,0\leqslant\rho\leqslant 2,\frac{\rho^2}{2}\leqslant z\leqslant 2\right\},$$

所以

$$\iiint\limits_{(V)}(x^2+y^2)\mathrm{d}V=\int_0^{2\pi}\mathrm{d}\varphi\int_0^2\mathrm{d}\rho\int_{\frac{\rho^2}{2}}^2\rho^3\mathrm{d}z$$

$$=2\pi\int_0^2\left(2\rho^3-\frac{\rho^5}{2}\right)\mathrm{d}\rho=\frac{16}{3}\pi.$$

解法二:由于$(V)=\left\{(x,y,z)\mid x^2+y^2\leqslant 4,\frac{x^2+y^2}{2}\leqslant z\leqslant 2\right\}$,采用直角坐标系下先重后单的积分方法可得

$$\iiint\limits_{(V)}(x^2+y^2)\mathrm{d}V=\int_0^2\left[\iint\limits_{(\sigma_z)}(x^2+y^2)\mathrm{d}\sigma\right]\mathrm{d}z,$$

其中，$(\sigma_z)=\{(x,y)\mid x^2+y^2\leqslant 2z\}$，又

$$\iint_{(\sigma_z)}(x^2+y^2)\mathrm{d}\sigma=\int_0^{2\pi}\mathrm{d}\varphi\int_0^{\sqrt{2z}}\rho^3\mathrm{d}\varphi=2\pi\frac{(\sqrt{2z})^4}{4}=2z^2\pi,$$

所以

$$\iiint_{(V)}(x^2+y^2)\mathrm{d}V=\int_0^2 2z^2\pi\mathrm{d}z=\frac{16}{3}\pi.$$

(5) **解法一**：由于(V)是由$x^2+y^2=z^2$及$z=1$围成的区域，易知

$$(V)=\{(x,y,z)\mid 0\leqslant z\leqslant 1,(x,y)\in(\sigma_z)\},$$

其中，$(\sigma_z)=\{(x,y)\mid x^2+y^2\leqslant z^2\}$，所以

$$\iiint_{(V)}\frac{1}{1+x^2+y^2}\mathrm{d}V=\int_0^1\left[\iint_{(\sigma_z)}\frac{1}{1+x^2+y^2}\mathrm{d}\sigma\right]\mathrm{d}z.$$

又$(\sigma_z)=\{(x,y)\mid x^2+y^2\leqslant z^2\}=\{(\rho,\varphi)\mid 0\leqslant\varphi\leqslant 2\pi,0\leqslant\rho\leqslant z\}$，故

$$\iint_{(\sigma_z)}\frac{1}{1+x^2+y^2}\mathrm{d}\sigma=\int_0^{2\pi}\mathrm{d}\varphi\int_0^z\frac{\rho}{1+\rho^2}\mathrm{d}\rho,$$

所以可得

$$\begin{aligned}\iiint_{(V)}\frac{1}{1+x^2+y^2}\mathrm{d}V&=\ln(1+z^2)\pi\int_0^1\ln(1+z^2)\pi\mathrm{d}z=\pi z\ln(1+z^2)\Big|_0^1-\pi\int_0^1\frac{2z^2}{1+z^2}\mathrm{d}z\\&=\pi\ln 2-\pi\int_0^1\frac{2z^2+2}{1+z^2}\mathrm{d}z+2\pi\int_0^1\frac{1}{1+z^2}\mathrm{d}z\\&=\pi(\ln 2-2)+\frac{\pi^2}{2}\end{aligned}$$

解法二：直接在柱面坐标系下计算．设$x=\rho\cos\varphi,y=\rho\sin\varphi,z=z$，则

$$\begin{aligned}(V)&=\{(x,y,z)\mid 0\leqslant z\leqslant 1,x^2+y^2\leqslant z^2\}\\&=\{(\rho,\varphi,z)\mid 0\leqslant\varphi\leqslant 2\pi,0\leqslant\rho\leqslant 1,\rho\leqslant z\leqslant 1\},\end{aligned}$$

所以

$$\begin{aligned}\iiint_{(V)}\frac{1}{1+x^2+y^2}\mathrm{d}V&=\int_0^{2\pi}\mathrm{d}\varphi\int_0^1\mathrm{d}\rho\int_\rho^1\frac{\rho}{1+\rho^2}\mathrm{d}z\\&=2\pi\int_0^1\frac{\rho}{1+\rho^2}(1-\rho)\mathrm{d}\rho\\&=\pi\ln 2-2\pi\int_0^1\frac{\rho^2}{1+\rho^2}\mathrm{d}\rho\\&=\pi\ln 2-2\pi(1-\arctan\rho)\Big|_0^1\\&=\pi(\ln 2+\frac{\pi}{2}-2).\end{aligned}$$

(6) 由于(V)是球体$x^2+y^2+z^2\leqslant 1$落在第一卦限的区域，在球面坐标系下计算可得

$$\iiint\limits_{(V)} xyz\,dV = \int_0^{\frac{\pi}{2}} d\varphi \int_0^{\frac{\pi}{2}} d\theta \int_0^1 r^3 \sin^2\theta\cos\theta\cos\varphi\sin\varphi r^2 \sin\theta dr$$

$$= \int_0^{\frac{\pi}{2}} \cos\varphi\sin\varphi d\varphi \int_0^{\frac{\pi}{2}} \sin^3\theta\cos\theta d\theta \int_0^1 r^5 dr$$

$$= \left[\frac{\sin^2\varphi}{2}\right]\Bigg|_0^{\frac{\pi}{2}} \left[\frac{\sin^4\theta}{4}\right]\Bigg|_0^{\frac{\pi}{2}} \left[\frac{r^6}{6}\right]\Bigg|_0^1$$

$$= \frac{1}{6}\cdot\frac{1}{2}\cdot\frac{1}{4}$$

$$= \frac{1}{48}.$$

(7) 由已知(V)是由$x^2+y^2+z^2\leqslant 1$及$z\geqslant\sqrt{x^2+y^2}$所确定的区域可得

$$(V)=\{(r,\theta,\varphi)\mid 0\leqslant\varphi\leqslant 2\pi, 0\leqslant\theta\leqslant\frac{\pi}{4}, 0\leqslant r\leqslant 1\},$$

所以

$$\iiint\limits_{(V)} \sqrt{1-x^2-y^2-z^2}\,dV = \int_0^{2\pi} d\varphi \int_0^{\frac{\pi}{4}} d\theta \int_0^1 r^2\sqrt{1-r^2}\sin\theta dr$$

$$= \int_0^{2\pi} d\varphi \int_0^{\frac{\pi}{4}} \sin\theta d\theta \int_0^1 r^2\sqrt{1-r^2}\,dr = 2\pi\left(1-\frac{\sqrt{2}}{2}\right)\int_0^1 r^2\sqrt{1-r^2}\,dr$$

$$= 2\pi\left(1-\frac{\sqrt{2}}{2}\right)\int_0^{\frac{\pi}{2}} \sin^2 t\cos^2 t dt = 2\pi\left(1-\frac{\sqrt{2}}{2}\right)\frac{1}{4}\int_0^{\frac{\pi}{2}} \sin^2(2t)dt$$

$$= 2\pi\left(1-\frac{\sqrt{2}}{2}\right)\frac{1}{8}\int_0^{\frac{\pi}{2}}[1-\cos(4t)]dt = \frac{\pi}{2}\left(1-\frac{\sqrt{2}}{2}\right)\cdot\frac{\pi}{16}$$

$$= \frac{(2-\sqrt{2})\pi^2}{64}.$$

(8) 由已知(V)是由$x^2+y^2=1, x^2+y^2=4, z=0$及$z=x+2$围成的区域，采用柱面坐标系可得

$$(V)=\{(\rho,\varphi,z)\mid 1\leqslant\rho\leqslant 2, 0\leqslant\varphi\leqslant 2\pi, 0\leqslant z\leqslant\rho\cos\varphi+2\},$$

所以

$$\iiint\limits_{(V)} (x+y)dV = \int_0^{2\pi} d\varphi \int_1^2 d\rho \int_0^{\rho\cos\varphi+2} \rho(\cos\varphi+\sin\varphi)\rho dz$$

$$= \int_0^{2\pi} d\varphi \int_1^2 \rho^2(\rho\cos\varphi+2)(\cos\varphi+\sin\varphi)d\rho$$

$$= \int_0^{2\pi}\cos^2\varphi d\varphi\int_1^2\rho^3 d\rho + \int_0^{2\pi}\cos\varphi d\varphi\int_1^2 2\rho^2 d\rho +$$
$$\int_0^{2\pi}\cos\varphi\sin\varphi d\varphi\int_1^2\rho^3 d\rho + \int_0^{2\pi}\sin\varphi d\varphi\int_1^2 2\rho^2 d\rho$$

$$= \frac{15}{4}\int_0^{2\pi}\cos^2\varphi d\varphi + 0 = \frac{15}{8}\int_0^{2\pi}(\cos 2\varphi+1)d\varphi$$

$$= \frac{15}{4}\pi.$$

(9) 由已知$(V)=\{(x,y,z)\mid x^2+y^2+z^2\leqslant 1\}$，采用球面坐标系可得

$$(V)=\{(r,\theta,\varphi)\mid 0\leqslant\varphi\leqslant 2\pi,0\leqslant\theta\leqslant\pi,0\leqslant r\leqslant 1\},$$

所以

$$\begin{aligned}\iiint\limits_{(V)}\frac{z\ln(1+x^2+y^2+z^2)}{1+x^2+y^2+z^2}\mathrm{d}V&=\int_0^{2\pi}\mathrm{d}\varphi\int_0^{\pi}\mathrm{d}\theta\int_0^1 r\cos\theta\,\frac{\ln(1+r^2)}{1+r^2}r^2\sin\theta\mathrm{d}r\\&=2\pi\int_0^{\pi}\cos\theta\sin\theta\mathrm{d}\theta\cdot\frac{1}{2}\int_0^1\frac{\ln(1+r^2)}{1+r^2}r^2\mathrm{d}(r^2)\\&=\frac{1}{2}\pi(\sin 2\theta)\Big|_0^{\pi}\int_0^1\frac{u\ln(1+u)}{1+u}\mathrm{d}u\\&=0.\end{aligned}$$

(10) 由已知$(V)=\{(x,y,z)\mid z\geqslant\sqrt{x^2+y^2},1\leqslant x^2+y^2+z^2\leqslant 4\}$，采用球面坐标系可得

$$(V)=\{(r,\theta,\varphi)\mid 0\leqslant\varphi\leqslant 2\pi,0\leqslant\theta\leqslant\frac{\pi}{4},1\leqslant r\leqslant 2\},$$

所以

$$\begin{aligned}\iiint\limits_{(V)}z(x^2+y^2)\mathrm{d}V&=\int_0^{2\pi}\mathrm{d}\varphi\int_0^{\frac{\pi}{4}}\mathrm{d}\theta\int_1^2 r\cos\theta(r^2\sin^2\theta)r^2\sin\theta\mathrm{d}r\\&=2\pi\int_0^{\frac{\pi}{4}}\cos\theta\sin^3\theta\mathrm{d}\theta\cdot\int_1^2 r^5\mathrm{d}r\\&=\frac{2}{4}\pi\sin^4\theta\Big|_0^{\frac{\pi}{4}}\cdot\left(\frac{64-1}{6}\right)\\&=\frac{63}{6\times 8}\pi=\frac{21}{16}\pi.\end{aligned}$$

(11) 由已知$(V)=\{(x,y,z)\mid x^2+y^2+(z-a)^2\leqslant a^2,x^2+y^2\leqslant z^2\},a>0$，采用球面坐标系可得

$$(V)=\{(r,\theta,\varphi)\mid 0\leqslant\varphi\leqslant 2\pi,0\leqslant\theta\leqslant\frac{\pi}{4},0\leqslant r\leqslant 2a\cos\theta\},$$

所以

$$\begin{aligned}\iiint\limits_{(V)}z\mathrm{d}V&=\int_0^{2\pi}\mathrm{d}\varphi\int_0^{\frac{\pi}{4}}\mathrm{d}\theta\int_0^{2a\cos\theta}r\cos\theta r^2\sin\theta\mathrm{d}r\\&=2\pi\int_0^{\frac{\pi}{4}}\cos\theta\sin\theta\mathrm{d}\theta\int_0^{2a\cos\theta}r^3\mathrm{d}r\\&=2\pi\int_0^{\frac{\pi}{4}}\frac{16a^4\cos^5\theta\sin\theta}{4}\mathrm{d}\theta\\&=\left[-8\pi a^4\,\frac{\cos^6\theta}{6}\right]\Big|_0^{\frac{\pi}{4}}\\&=\frac{8\pi a^4}{6}\left(1-\frac{1}{8}\right)\\&=\frac{7\pi a^4}{6}.\end{aligned}$$

(12) 由于

$$f(x,y,z)=\begin{cases}0, & z\geqslant\sqrt{x^2+y^2},\\ \sqrt{x^2+y^2}, & 0\leqslant z\leqslant\sqrt{x^2+y^2},\\ \sqrt{x^2+y^2+z^2}, & z\leqslant 0,\end{cases}$$

可将 $(V)=\{(x,y,z)\mid x^2+y^2+z^2\leqslant 1\}$

分成三部分,即 $(V)=(V_1)\cup(V_2)\cup(V_3)$,其中,

$$(V_1)=\{(r,\theta,\varphi)\mid 0\leqslant\varphi\leqslant 2\pi,0\leqslant\theta\leqslant\frac{\pi}{4},0\leqslant r\leqslant 1\},$$

$$(V_2)=\{(r,\theta,\varphi)\mid 0\leqslant\varphi\leqslant 2\pi,\frac{\pi}{4}\leqslant\theta\leqslant\frac{\pi}{2},0\leqslant r\leqslant 1\},$$

$$(V_3)=\{(r,\theta,\varphi)\mid 0\leqslant\varphi\leqslant 2\pi,\frac{\pi}{2}\leqslant\theta\leqslant\pi,0\leqslant r\leqslant 1\},$$

所以 $$\iiint\limits_{(V)}f(x,y,z)\mathrm{d}V=\iiint\limits_{(V_1)}f(x,y,z)\mathrm{d}V+\iiint\limits_{(V_2)}f(x,y,z)\mathrm{d}V+\iiint\limits_{(V_3)}f(x,y,z)\mathrm{d}V$$
$$=\iiint\limits_{(V_2)}\sqrt{x^2+y^2}\,\mathrm{d}V+\iiint\limits_{(V_3)}\sqrt{x^2+y^2+z^2}\,\mathrm{d}V,$$

而

$$\iiint\limits_{(V_2)}\sqrt{x^2+y^2}\,\mathrm{d}V=\int_0^{2\pi}\mathrm{d}\varphi\int_{\frac{\pi}{4}}^{\frac{\pi}{2}}\mathrm{d}\theta\int_0^1 r\sin\theta r^2\sin\theta\mathrm{d}r$$
$$=2\pi\,\frac{1}{4}\int_{\frac{\pi}{4}}^{\frac{\pi}{2}}\sin^2\theta\mathrm{d}\theta$$
$$=\frac{1}{2}\pi\times(\frac{1}{4}+\frac{\pi}{8})=\frac{\pi}{8}+\frac{\pi^2}{16},$$

$$\iiint\limits_{(V_3)}\sqrt{x^2+y^2+z^2}\,\mathrm{d}V=\int_0^{2\pi}\mathrm{d}\varphi\int_{\frac{\pi}{2}}^{\pi}\mathrm{d}\theta\int_0^1 rr^2\sin\theta\mathrm{d}r$$
$$=2\pi\,\frac{1}{4}\int_{\frac{\pi}{2}}^{\pi}\sin\theta\mathrm{d}\theta$$
$$=\frac{1}{2}\pi\times 1=\frac{\pi}{2},$$

可得

$$\iiint\limits_{(V)}f(x,y,z)\mathrm{d}V=\iiint\limits_{(V_2)}\sqrt{x^2+y^2}\,\mathrm{d}V+\iiint\limits_{(V_3)}\sqrt{x^2+y^2+z^2}\,\mathrm{d}V=\frac{5\pi}{8}+\frac{\pi^2}{16}.$$

4. 选择适当的坐标系计算下列的累次积分:

(1) $\int_0^1\mathrm{d}x\int_0^{\sqrt{1-x^2}}\mathrm{d}y\int_0^{\sqrt{1-x^2-y^2}}\sqrt{x^2+y^2+z^2}\,\mathrm{d}z$;

(2) $\int_{-1}^1\mathrm{d}x\int_0^{\sqrt{1-x^2}}\mathrm{d}y\int_{\sqrt{x^2+y^2}}^1 z^3\mathrm{d}z$;

(3) $\int_0^2 dx \int_0^{\sqrt{2x-x^2}} dy \int_0^a z\sqrt{x^2+y^2}\,dz$；

(4) $\int_{-1}^1 dx \int_0^{\sqrt{1-x^2}} dy \int_1^{1+\sqrt{1-x^2-y^2}} \frac{dz}{\sqrt{x^2+y^2+z^2}}$.

解：(1) 由积分表达式$\int_0^1 dx \int_0^{\sqrt{1-x^2}} dy \int_0^{\sqrt{1-x^2-y^2}} \sqrt{x^2+y^2+z^2}\,dz$可知积分区域为

$$(V)=\{(x,y,z)\mid 0\leqslant x\leqslant 1,0\leqslant y\leqslant \sqrt{1-x^2},0\leqslant z\leqslant \sqrt{1-x^2-y^2}\},$$

采用球面坐标系，设$x=r\sin\theta\cos\varphi,y=r\sin\theta\sin\varphi,z=r\cos\theta$，则

$$(V)=\{(r,\theta,\varphi)\mid 0\leqslant\varphi\leqslant\frac{\pi}{2},0\leqslant\theta\leqslant\frac{\pi}{2},0\leqslant r\leqslant 1\}.$$

从而

$$\begin{aligned}&\int_0^1 dx \int_0^{\sqrt{1-x^2}} dy \int_0^{\sqrt{1-x^2-y^2}} \sqrt{x^2+y^2+z^2}\,dz\\ =&\iiint\limits_{(V)} r^3\sin\theta drd\theta d\varphi\\ =&\int_0^{\frac{\pi}{2}}d\varphi\int_0^{\frac{\pi}{2}}d\theta\int_0^1 r^3\sin\theta dr=\frac{\pi}{8}.\end{aligned}$$

(2) 由积分表达式$\int_{-1}^1 dx\int_0^{\sqrt{1-x^2}}dy\int_{\sqrt{x^2+y^2}}^1 z^3dz$可知积分区域为

$$(V)=\{(x,y,z)\mid -1\leqslant x\leqslant 1,0\leqslant y\leqslant\sqrt{1-x^2},\sqrt{x^2+y^2}\leqslant z\leqslant 1\},$$

选择柱面坐标系，设$x=\rho\cos\theta,y=\rho\sin\theta,z=z$. 则

$$(V)=\{(\rho,\varphi,z)\mid 0\leqslant\rho\leqslant 1,0\leqslant\varphi\leqslant\pi,\rho\leqslant z\leqslant 1\}.$$

从而

$$\begin{aligned}&\int_{-1}^1 dx\int_0^{\sqrt{1-x^2}}dy\int_{\sqrt{x^2+y^2}}^1 z^3dz\\ =&\iiint\limits_{(V)} z^3dV\\ =&\int_0^{\pi}d\varphi\int_0^1 d\rho\int_\rho^1 z^3\rho dz=\frac{\pi}{12}.\end{aligned}$$

(3) 由积分表达式$\int_0^2 dx\int_0^{\sqrt{2x-x^2}}dy\int_0^a z\sqrt{x^2+y^2}\,dz$可知积分区域为

$$(V)=\{(x,y,z)\mid 0\leqslant x\leqslant 2,0\leqslant y\leqslant\sqrt{2x-x^2},0\leqslant z\leqslant a\},$$

选择$x=\rho\cos\theta,y=\rho\sin\theta,z=z$则

$$(V)=\{(\rho,\varphi,z)\mid 0\leqslant\rho\leqslant 2\cos\varphi,0\leqslant\varphi\leqslant\frac{\pi}{2},0\leqslant z\leqslant a\},$$

从而

$$\begin{aligned}&\int_0^2 dx\int_0^{\sqrt{2x-x^2}} dy\int_0^a z\sqrt{x^2+y^2}\,dz\\&=\iiint\limits_{(V)} z\rho\, dV\\&=\int_0^{\frac{\pi}{2}} d\varphi\int_0^{2\cos\varphi}\rho^2 d\rho\int_0^a z dz\\&=\frac{4a^2}{3}\int_0^{\frac{\pi}{2}}\cos^3\varphi d\varphi=\frac{8a^2}{9}.\end{aligned}$$

(4) 由积分表达式$\int_{-1}^1 dx\int_0^{\sqrt{1-x^2}} dy\int_1^{1+\sqrt{1-x^2-y^2}}\frac{dz}{\sqrt{x^2+y^2+z^2}}$可知积分区域为

$$(V)=\{(x,y,z)\mid -1\leqslant x\leqslant 1,0\leqslant y\leqslant\sqrt{1-x^2},1\leqslant z\leqslant 1+\sqrt{1-x^2-y^2}\},$$

选择球面坐标系，$x=r\sin\theta\cos\varphi, y=r\sin\theta\sin\varphi, z=r\cos\theta$，则

$$(V)=\{(r,\theta,\varphi)\mid 0\leqslant\varphi\leqslant\pi,0\leqslant\theta\leqslant\frac{\pi}{4},\frac{1}{\cos\theta}\leqslant r\leqslant 2\cos\theta\},$$

从而

$$\begin{aligned}\int_{-1}^1 dx\int_0^{\sqrt{1-x^2}} dy\int_1^{1+\sqrt{1-x^2-y^2}}\frac{dz}{\sqrt{x^2+y^2+z^2}}&=\iiint\limits_{(V)}\frac{1}{r}dV=\int_0^{\pi} d\varphi\int_0^{\frac{\pi}{4}}\sin\theta d\theta\int_{1/\cos\theta}^{2\cos\theta} r\,dr\\&=\frac{\pi}{2}\int_0^{\frac{\pi}{4}}\sin\theta(4\cos^2\theta-\frac{1}{\cos^2\theta})d\theta\\&=-\frac{\pi}{2}\int_0^{\frac{\pi}{4}}(4\cos^2\theta-\frac{1}{\cos^2\theta})d\cos\theta\\&=-\frac{\pi}{2}\left[\frac{4}{3}\cos^3\theta+\frac{1}{\cos\theta}\right]\Bigg|_0^{\frac{\pi}{4}}=\frac{7-4\sqrt{2}}{6}\pi.\end{aligned}$$

5. 求下列立体的体积：

(1) 由$\frac{x}{1}+\frac{y}{2}+\frac{z}{3}=1, x=0, y=0$ 及 $z=0$ 所围成的立体；

(2) 由 $z=x^2+y^2$ 及 $z=1$ 所围成的立体；

(3) 由 $x^2+y^2+z^2=a^2, x^2+y^2+z^2=b^2$ 及 $z=\sqrt{x^2+y^2}$ 所围成的立体($b>a>0$)；

(4) 由$(x^2+y^2+z^2)^2=x$ 所围成的立体；

(5) 由 $x^2+y^2+z^2=2z$ 及 $z=\sqrt{x^2+y^2}$ 所围成的立体；

(6) 由 $x=\sqrt{y-z^2}, \frac{1}{2}\sqrt{y}=x$ 及 $y=1$ 所围成的立体.

解：(1) 由已知得$(V)=\{(x,y,z)\mid\frac{x}{1}+\frac{y}{2}+\frac{z}{3}\leqslant 1,x\geqslant 0,y\geqslant 0,z\geqslant 0\}$，所以由$\frac{x}{1}+\frac{y}{2}+\frac{z}{3}=1, x=0, y=0$ 及 $z=0$ 所围成的立体体积为

$$\iiint\limits_{(V)} 1\mathrm{d}V = \int_0^3 \mathrm{d}z \int_0^{1-\frac{z}{3}} \mathrm{d}x \int_0^{2-2x-\frac{2z}{3}} \mathrm{d}y$$

$$= \int_0^3 \mathrm{d}z \int_0^{1-\frac{z}{3}} \left(2 - 2x - \frac{2z}{3}\right) \mathrm{d}x$$

$$= \int_0^3 \left[2\left(1 - \frac{z}{3}\right) - \left(1 - \frac{z}{3}\right)^2 - \frac{2z}{3}\left(1 - \frac{z}{3}\right)\right] \mathrm{d}z$$

$$= \left[\frac{z^3}{27} - \frac{z^2}{3} + z\right]\Big|_0^3$$

$$= 1.$$

(2) **解法一**:所求立体由 $z = x^2 + y^2$ 及 $z = 1$ 所围成,曲面 $z = x^2 + y^2$ 在柱面坐标系下的方程为 $z = \rho^2$,该立体在(x, y)平面上的投影区域为$(\sigma) = \{(\rho,\varphi) \mid 0 \leqslant \varphi \leqslant 2\pi, 0 \leqslant \rho \leqslant 1\}$,从而在柱面坐标系下,

$$(V) = \{(\rho,\varphi,z) \mid 0 \leqslant \varphi \leqslant 2\pi, 0 \leqslant \rho \leqslant 1, \rho^2 \leqslant z \leqslant 1\},$$

所以所求体积为

$$\iiint\limits_{(V)} 1\mathrm{d}V = \int_0^{2\pi} \mathrm{d}\varphi \int_0^1 \rho \mathrm{d}\rho \int_{\rho^2}^1 \mathrm{d}z$$

$$= 2\pi \int_0^1 (1 - \rho^2) \rho \mathrm{d}\theta = 2\pi\left(\frac{1}{2} - \frac{1}{4}\right) = \frac{\pi}{2}.$$

解法二:在柱面坐标系下,所求立体也可表示为

$$(V) = \{(\rho,\varphi,z) \mid 0 \leqslant \varphi \leqslant 2\pi, 0 \leqslant z \leqslant 1, 0 \leqslant \rho \leqslant \sqrt{z}\},$$

所求体积为

$$\iiint\limits_{(V)} 1\mathrm{d}V = \int_0^{2\pi} \mathrm{d}\varphi \int_0^1 \mathrm{d}z \int_0^{\sqrt{z}} \rho \mathrm{d}\rho$$

$$= \pi \int_0^1 z \mathrm{d}z = \frac{\pi}{2}.$$

(3) 由 $x^2 + y^2 + z^2 = a^2$, $x^2 + y^2 + z^2 = b^2$ 及 $z = \sqrt{x^2 + y^2}$ 所围成立体在球面坐标系下可表示为

$$(V) = \{(r,\theta,\varphi) \mid 0 \leqslant \varphi \leqslant 2\pi, 0 \leqslant \theta \leqslant \frac{\pi}{4}, a \leqslant r \leqslant b\},$$

所求体积为

$$\iiint\limits_{(V)} 1\mathrm{d}V = \int_0^{2\pi} \mathrm{d}\varphi \int_0^{\frac{\pi}{4}} \sin\theta \mathrm{d}\theta \int_a^b r^2 \mathrm{d}r$$

$$= 2\pi\left(1 - \frac{\sqrt{2}}{2}\right) \frac{b^3 - a^3}{3} = \frac{\pi(2 - \sqrt{2})(b^3 - a^3)}{3}.$$

(4) 考虑分别由曲面$(x^2 + y^2 + z^2)^2 = x$, $(x^2 + y^2 + z^2)^2 = y$ 和 $(x^2 + y^2 + z^2)^2 = z$ 围成的三个几何体,由于对称性,三立体的体积一样. 为计算方便,我们考虑利用 $(x^2 + y^2 + z^2)^2 = z$ 计算,在球面坐标系下,曲面$(x^2 + y^2 + z^2)^2 = z$ 的方程为

$$r = \cos^{\frac{1}{3}} \theta$$

则有

$$(V)=\{(r,\theta,\varphi)\mid 0\leqslant\varphi\leqslant 2\pi,0\leqslant\theta\leqslant\frac{\pi}{2},0\leqslant r\leqslant\cos^{\frac{1}{3}}\theta\},$$

所求体积为

$$\iiint\limits_{(V)}1\mathrm{d}V=\int_0^{2\pi}\mathrm{d}\varphi\int_0^{\frac{\pi}{2}}\sin\theta\mathrm{d}\theta\int_0^{\cos^{\frac{1}{3}}\theta}r^2\mathrm{d}r=2\pi\,\frac{1}{3}\int_0^{\frac{\pi}{2}}\sin\theta\cos\theta\mathrm{d}\theta=\frac{\pi}{3}.$$

(5) 设 $x=r\sin\theta\cos\varphi,y=r\sin\theta\sin\varphi,z=r\cos\theta$,两曲面 $x^2+y^2+z^2=2z$ 及 $z=\sqrt{x^2+y^2}$ 的方程化为

$$r=2\cos\theta,\theta=\frac{\pi}{4}.$$

从而,两曲面所围成的立体在球面坐标系下可表示为

$$(V)=\{(r,\theta,\varphi)\mid 0\leqslant\varphi\leqslant 2\pi,0\leqslant\theta\leqslant\frac{\pi}{4},0\leqslant r\leqslant 2\cos\theta\},$$

所以

$$\begin{aligned}\iiint\limits_{(V)}1\mathrm{d}V&=\int_0^{2\pi}\mathrm{d}\varphi\int_0^{\frac{\pi}{4}}\sin\theta\mathrm{d}\theta\int_0^{2\cos\theta}r^2\mathrm{d}r\\&=\frac{16\pi\int_0^{\frac{\pi}{4}}\sin\theta\cos^3\theta\mathrm{d}\theta}{3}=\frac{16\pi}{3}\times\frac{3}{16}\\&=\pi.\end{aligned}$$

(6) 由 $x=\sqrt{y-z^2}$,$\frac{1}{2}\sqrt{y}=x$ 及 $y=1$ 所围成的立体在坐标平面 $z=0$ 上的投影为

$$(\sigma)=\{(x,y)\mid 0\leqslant y\leqslant 1,\sqrt{y}\leqslant x\leqslant\frac{1}{2}\sqrt{y}\},$$

故所围成的立体可表示为

$$(V)=\{(x,y,z)\mid 0\leqslant y\leqslant 1,\sqrt{y}\leqslant x\leqslant\frac{1}{2}\sqrt{y},-\sqrt{y-x^2}\leqslant z\leqslant\sqrt{y-x^2}\},$$

所求体积为

$$\begin{aligned}\iiint\limits_{(V)}1\mathrm{d}V&=\int_0^1\mathrm{d}y\int_{\frac{1}{2}\sqrt{y}}^{\sqrt{y}}\mathrm{d}x\int_{-\sqrt{y-x^2}}^{\sqrt{y-x^2}}\mathrm{d}z\\&=\int_0^1\mathrm{d}y\int_{\frac{1}{2}\sqrt{y}}^{\sqrt{y}}2\sqrt{y-x^2}\,\mathrm{d}x\\&=\int_0^1\left[\frac{y}{2}\arcsin\frac{x}{\sqrt{y}}+\frac{x\sqrt{y-x^2}}{2}\right]\Bigg|_{\frac{1}{2}\sqrt{y}}^{\sqrt{y}}\mathrm{d}y\\&=\int_0^1\left(\frac{y}{2}\cdot\frac{\pi}{3}-\frac{\sqrt{3}\,y}{8}\right)\mathrm{d}y\\&=\frac{\pi}{12}-\frac{\sqrt{3}}{16}.\end{aligned}$$

6. 计算 $\iiint\limits_{(V)}(x^2+y^2)\mathrm{d}V$,其中,$(V)$ 是平面曲线 $\begin{cases}y^2=2z\\x=0\end{cases}$ 绕 z 轴旋转一周形成的曲面与

平面 $z=8$ 所围成的立体.

解:已知平面曲线 $\begin{cases} y^2=2z \\ x=0 \end{cases}$,绕 z 轴旋转一周形成的曲面方程为

$$z=\frac{x^2+y^2}{2}$$

故该曲面与平面 $z=8$ 所围成的立体可表示为

$$(V)=\{(x,y,z)\mid \frac{x^2+y^2}{2}\leqslant z\leqslant 8\}.$$

在柱面坐标系下($x=\rho\cos\theta,y=\rho\sin\theta,z=z$),旋转曲面 $z=\frac{x^2+y^2}{2}$ 的方程为 $z=\frac{\rho^2}{2}$,则该立体可表示为

$$(V)=\{(\rho,\varphi,z)\mid 0\leqslant\rho\leqslant\sqrt{2z},0\leqslant\varphi\leqslant 2\pi,0\leqslant z\leqslant 8\},$$

或

$$(V)=\{(\rho,\varphi,z)\mid 0\leqslant\rho\leqslant\sqrt{8},0\leqslant\varphi\leqslant 2\pi,\frac{\rho^2}{2}\leqslant z\leqslant 8\},$$

所以

$$\iiint\limits_{(V)}(x^2+y^2)\mathrm{d}V=\int_0^{2\pi}\mathrm{d}\varphi\int_0^8\mathrm{d}z\int_0^{\sqrt{2z}}\rho^3\,\mathrm{d}\rho=2\pi\int_0^8 z^2\,\mathrm{d}z=\frac{1\,024\pi}{3}.$$

或

$$\iiint\limits_{(V)}(x^2+y^2)\mathrm{d}V=\int_0^{2\pi}\mathrm{d}\varphi\int_0^{\sqrt{8}}\mathrm{d}\rho\int_{\frac{\rho^2}{2}}^8\rho^3\,\mathrm{d}z=2\pi\int_0^{\sqrt{8}}(8-\frac{\rho^2}{2})\rho^3\,\mathrm{d}\rho$$

$$=342\pi-\frac{2\pi}{3}=\frac{1\,024\pi}{3}.$$

7. 证明抛物面 $z=x^2+y^2+1$ 上任一点处的切平面与曲面 $z=x^2+y^2$ 所围成的立体体积恒为一常数.

证明:假设曲面 $z=x^2+y^2+1$ 上的任一点为 $P(x_0,y_0,z_0)$,令

$$F(x,y,z)=x^2+y^2+1-z,$$

则过 $P(x_0,y_0,z_0)$ 的法向量为 $\boldsymbol{n}=(2x_0,2y_0,-1)$,易知切平面方程为

$$2x_0(x-x_0)+2y_0(y-y_0)-(z-z_0)=0,$$

即

$$z=2x_0x+2y_0y+2-z_0.$$

下面求该切平面与曲面 $z=x^2+y^2$ 所围成的立体的体积. 由于点 $P(x_0,y_0,z_0)$ 在曲面 $z=x^2+y^2+1$ 上,则由

$$\begin{cases} z=2x_0x+2y_0y+2-z_0 \\ z=x^2+y^2 \\ z_0=1+x_0^2+y_0^2 \end{cases}$$

可得到该立体在坐标平面 $z=0$ 上的投影区域为 $D=\{(x,y)\mid(x-x_0)^2+(y-y_0)^2\leqslant 1\}$.
因而可求立体体积

$$V=\iint_D[2x_0x+2y_0y-z+2-z_0-(x^2+y^2)]\mathrm{d}x\mathrm{d}y$$
$$=\iint_D[1-(x-x_0)^2-(y-y_0)^2]\mathrm{d}x\mathrm{d}y$$
$$=\int_0^{2\pi}\mathrm{d}\theta\int_0^1(1-r^2)r\mathrm{d}r=2\pi\times\frac{1}{4}$$
$$=\frac{\pi}{2},$$

即该体积为一常数. 证毕.

8. 设 $f(x)$ 在 $[0,1]$ 上连续,证明

$$\int_0^1 f(x)\mathrm{d}x\int_x^1 f(y)\mathrm{d}y\int_x^y f(z)\mathrm{d}z=\frac{1}{3!}\left(\int_0^1 f(x)\mathrm{d}x\right)^3.$$

证明: 对于累次积分 $\int_0^1 f(x)\mathrm{d}x\int_x^1 f(y)\mathrm{d}y\int_x^y f(z)\mathrm{d}z$,易知其积分区域可表示为

$$(V)=\{(x,y,z)\mid 0\leqslant x\leqslant 1,x\leqslant y\leqslant 1,x\leqslant z\leqslant y\},$$

所以

$$\int_0^1 f(x)\mathrm{d}x\int_x^1 f(y)\mathrm{d}y\int_x^y f(z)\mathrm{d}z=\iiint_{(V)}f(x)f(y)f(z)\mathrm{d}V$$

由对称性和积分的轮换性有

$$\int_0^1 f(x)\mathrm{d}x\int_x^1 f(y)\mathrm{d}y\int_x^y f(z)\mathrm{d}z=\int_0^1 f(x)\mathrm{d}x\int_x^1 f(z)\mathrm{d}z\int_z^1 f(y)\mathrm{d}y$$
$$=\int_0^1 f(x)\mathrm{d}x\int_x^1 f(y)\mathrm{d}y\int_y^1 f(z)\mathrm{d}z\overset{\Delta}{=}A,$$

则

$$2A=\int_0^1 f(x)\mathrm{d}x\int_x^1 f(y)\mathrm{d}y\int_x^y f(z)\mathrm{d}z+\int_0^1 f(x)\mathrm{d}x\int_0^x f(y)\mathrm{d}y\int_y^x f(z)\mathrm{d}z$$
$$=\int_0^1 f(x)\mathrm{d}x\int_x^1 f(y)\mathrm{d}y\int_x^1 f(z)\mathrm{d}z=\int_0^1 f(y)\mathrm{d}y\int_0^y f(x)\mathrm{d}x\int_x^1 f(z)\mathrm{d}z$$
$$=\int_0^1 f(x)\mathrm{d}x\int_y^1 f(y)\mathrm{d}y\int_y^1 f(z)\mathrm{d}z,$$

$$3A=A+2A=\int_0^1 f(x)\mathrm{d}x\int_x^1 f(y)\mathrm{d}y\int_y^1 f(z)\mathrm{d}z+\int_0^1 f(x)\mathrm{d}x\int_y^1 f(y)\mathrm{d}y\int_y^1 f(z)\mathrm{d}z$$
$$=\int_0^1 f(x)\mathrm{d}x\int_0^1 f(y)\mathrm{d}y\int_y^1 f(z)\mathrm{d}z,$$

类似地,

$$3A=\int_0^1 f(x)\mathrm{d}x\int_0^1 f(y)\mathrm{d}y\int_y^1 f(z)\mathrm{d}z=\int_0^1 f(x)\mathrm{d}x\int_0^1 f(z)\mathrm{d}z\int_0^z f(y)\mathrm{d}y$$
$$=\int_0^1 f(x)\mathrm{d}x\int_0^1 f(y)\mathrm{d}y\int_0^y f(z)\mathrm{d}z,$$

所以

$$6A=\int_0^1 f(x)\mathrm{d}x\int_0^1 f(y)\mathrm{d}y\int_y^1 f(z)\mathrm{d}z+\int_0^1 f(x)\mathrm{d}x\int_0^1 f(y)\mathrm{d}y\int_0^y f(z)\mathrm{d}z$$
$$=\int_0^1 f(x)\mathrm{d}x\int_0^1 f(y)\mathrm{d}y\int_0^1 f(z)\mathrm{d}z$$
$$=\left(\int_0^1 f(x)\mathrm{d}x\right)^3,$$

即得

$$\int_0^1 f(x)\mathrm{d}x\int_x^1 f(y)\mathrm{d}y\int_x^y f(z)\mathrm{d}z=\frac{1}{3!}\left(\int_0^1 f(x)\mathrm{d}x\right)^3.$$

证毕.

B

1. 设积分域(V):(1) 关于xOy平面对称;(2) 关于yOz平面对称;(3) 关于zOx平面对称.设(V')是区域(V)在对称面一侧的子区域. 试说明三重积分的被积函数满足什么条件时,下列等式分别成立:

$$\iiint_{(V)} f(x,y,z)\mathrm{d}V=0,\quad \iiint_{(V)} f(x,y,z)\mathrm{d}V=2\iiint_{(V')} f(x,y,z)\mathrm{d}V.$$

解:(1)若(V)关于xOy平面对称,三重积分的被积函数是关于z的奇函数时,即$f(x,y,z)=-f(x,y,-z)$,则

$$\iiint_{(V)} f(x,y,z)\mathrm{d}V=0.$$

若三重积分的被积函数是关于z的偶函数时,即$f(x,y,z)=f(x,y,-z)$,则

$$\iiint_{(V)} f(x,y,z)\mathrm{d}V=2\iiint_{(V')} f(x,y,z)\mathrm{d}V.$$

(2) 若(V)关于yOz平面对称,三重积分的被积函数是关于x的奇函数时,即$f(x,y,z)=-f(-x,y,z)$,则

$$\iiint_{(V)} f(x,y,z)\mathrm{d}V=0.$$

若三重积分的被积函数是关于x的偶函数时,即$f(x,y,z)=f(-x,y,z)$,则

$$\iiint_{(V)} f(x,y,z)\mathrm{d}V=2\iiint_{(V')} f(x,y,z)\mathrm{d}V.$$

(3) 若(V)关于yOz平面对称,三重积分的被积函数是关于y的奇函数时,即$f(x,y,z)=-f(x,-y,z)$,则

$$\iiint_{(V)} f(x,y,z)\mathrm{d}V = 0.$$

若三重积分的被积函数是关于y的偶函数时,即$f(x,y,z)=f(x,-y,z)$,则

$$\iiint_{(V)} f(x,y,z)\mathrm{d}V = 2\iiint_{(V')} f(x,y,z)\mathrm{d}V.$$

2. 设(V)是球体$x^2+y^2+z^2\leqslant 4$,(V_1)是(V)的上半球体.下列结论是否正确?为什么?

(1) $\iiint_{(V)}(x+y+z)^2\mathrm{d}V = 2\iiint_{(V_1)}(x+y+z)^2\mathrm{d}V$;

(2) $\iiint_{(V)} xyz\,\mathrm{d}V = 0$;

(3) $\iiint_{(V)} 2z\mathrm{d}V = 6\iiint_{(V)}\mathrm{d}V = 6\times\frac{4}{3}\pi\times 8 = 64\pi$;

(4) $\iiint_{(V)}(x^2+y^2+z^2)\mathrm{d}V = \iiint_{(V)} 4\mathrm{d}V = 4\times\frac{4}{3}\pi\times 8 = \frac{128\pi}{3}$.

解:

(1) $\iiint_{(V)}(x+y+z)^2\mathrm{d}V = 2\iiint_{(V_1)}(x+y+z)^2\mathrm{d}V$正确.因为积分区域关于每个坐标平面都是对称的,而且被积函数$(x+y+z)^2=(-x-y-z)^2$,所以等式成立.

(2) $\iiint_{(V)} xyz\,\mathrm{d}V = 0$正确.因为积分区域$(V)$关于$xOy$平面对称,三重积分$\iiint_{(V)} xyz\,\mathrm{d}V$的被积函数是$z$的奇函数,所以$\iiint_{(V)} xyz\,\mathrm{d}V = 0$.

(3) 错误,正确答案为0.因为积分区域(V)关于xOy平面对称,三重积分$\iiint_{(V)} 2z\mathrm{d}V$的被积函数是$z$的奇函数,所以$\iiint_{(V)} 2z\mathrm{d}V = 0$

(4) 错误.因为$x^2+y^2+z^2\neq 4$.

3. 计算下列三重积分:

(1) $\iiint_{(V)}\frac{1}{\sqrt{x^2+y^2+z^2}}\mathrm{d}V$,$(V)=\{(x,y,z)\mid x^2+y^2+(z-1)^2\leqslant 1, z\geqslant 1, y\geqslant 0\}$;

(2) $\iiint_{(V)}\sqrt{x^2+y^2+z^2}\,\mathrm{d}V$,$(V)$是$z=\sqrt{x^2+y^2}$和$z=1$所围区域;

(3) $\iiint_{(V)}\left(\frac{x^2}{a^2}+\frac{y^2}{b^2}+\frac{z^2}{c^2}\right)\mathrm{d}V$,$(V)$是$\frac{x^2}{a^2}+\frac{y^2}{b^2}+\frac{z^2}{c^2}=1$所围区域　$(a>0,b>0,c>0)$;

(4) $\iiint\limits_{(V)} \sqrt{1-\frac{x^2}{a^2}-\frac{y^2}{b^2}-\frac{z^2}{c^2}}\,\mathrm{d}V,(V)=\{(x,y,z)\mid \frac{x^2}{a^2}+\frac{y^2}{b^2}+\frac{z^2}{c^2}\leqslant 1\}\quad(a>0,b>0,c>0)$.

解：(1) 由于$(V)=\{(x,y,z)\mid x^2+y^2+(z-1)^2\leqslant 1,z\geqslant 1,y\geqslant 0\}$,

令 $x=r\sin\theta\cos\varphi,y=r\sin\theta\sin\varphi,z-1=r\cos\theta$,在该坐标变换下,积分区域可表示成为

$$(V)=\{(r,\varphi,\theta)\mid 0\leqslant r\leqslant 1,0\leqslant\varphi\leqslant\pi,0\leqslant\theta\leqslant\frac{\pi}{2}\},$$

所以有

$$\begin{aligned}\iiint\limits_{(V)}\frac{1}{\sqrt{x^2+y^2+z^2}}\mathrm{d}V&=\iiint\limits_{(V')}\frac{r^2\sin\theta}{\sqrt{r^2+2r\cos\theta+1}}\mathrm{d}r\mathrm{d}\theta\mathrm{d}\varphi\\&=\pi\int_0^1 r^2\mathrm{d}r\int_0^{\frac{\pi}{2}}-\frac{1}{\sqrt{r^2+2r\cos\theta+1}}\cdot\frac{1}{2r}\mathrm{d}(r^2+2r\cos\theta+1)\\&=-\pi\int_0^1 r[(r^2+1)^{\frac{1}{2}}-(r+1)]\mathrm{d}r\\&=-\frac{(7-24\sqrt{2})\pi}{6}.\end{aligned}$$

(2) 由于$(V)=\{(x,y,z)\mid \sqrt{x^2+y^2}\leqslant z\leqslant 1\}$,在球坐标系下,积分区域可表示成为

$$(V)=\{(r,\varphi,\theta)\mid 0\leqslant r\leqslant 1,0\leqslant\varphi\leqslant 2\pi,0\leqslant\theta\leqslant\frac{\pi}{4}\},$$

所以有

$$\begin{aligned}\iiint\limits_{(V)}\sqrt{x^2+y^2+z^2}\,\mathrm{d}V&=\iiint\limits_{(V')}r^3\sin\theta\mathrm{d}r\mathrm{d}\theta\mathrm{d}\varphi\\&=\int_0^{\frac{\pi}{4}}\sin\theta\mathrm{d}\theta\int_0^{2\pi}\mathrm{d}\varphi\int_0^1 r^3\mathrm{d}r\\&=\frac{2-\sqrt{2}}{4}\pi\end{aligned}$$

(3) 由于(V)是$\frac{x^2}{a^2}+\frac{y^2}{b^2}+\frac{z^2}{c^2}=1$所围区域$(a>0,b>0,c>0)$,设广义坐标变换为 $x=ar\sin\theta\cos\varphi,y=br\sin\theta\sin\varphi,z=cr\cos\theta$,则有 $\mathrm{d}V=abcr^2\sin\theta\mathrm{d}r\mathrm{d}\theta\mathrm{d}\varphi$,积分区域

$$(V)=\{(r,\theta,\varphi)\mid 0\leqslant\varphi\leqslant 2\pi,0\leqslant\theta\leqslant\pi,0\leqslant r\leqslant 1\},$$

故而

$$\begin{aligned}\iiint\limits_{(V)}\left(\frac{x^2}{a^2}+\frac{y^2}{b^2}+\frac{z^2}{c^2}\right)\mathrm{d}V&=\iiint\limits_{(V')}r^2abcr^2\sin\theta\mathrm{d}r\mathrm{d}\theta\mathrm{d}\varphi\\&=abc\int_0^{\pi}\sin\theta\mathrm{d}\theta\int_0^{2\pi}\mathrm{d}\varphi\int_0^1 r^4\mathrm{d}r\\&=\frac{4\pi}{5}abc.\end{aligned}$$

(4) 同(3),设广义坐标变换为 $x=ar\sin\theta\cos\varphi, y=br\sin\theta\sin\varphi, z=cr\cos\theta$,则有 $\mathrm{d}V=abcr^2\sin\theta\mathrm{d}r\mathrm{d}\theta\mathrm{d}\varphi$,积分区域

$$(V)=\{(r,\theta,\varphi)\mid 0\leqslant\varphi\leqslant 2\pi, 0\leqslant\theta\leqslant\pi, 0\leqslant r\leqslant 1\},$$

则

$$\begin{aligned}\iiint\limits_{(V)}\sqrt{1-\frac{x^2}{a^2}-\frac{y^2}{b^2}-\frac{z^2}{c^2}}\mathrm{d}V &= \iiint\limits_{(V')} abcr^2\sin\theta\mathrm{d}r\mathrm{d}\theta\mathrm{d}\varphi \\ &= abc\int_0^{\pi}\sin\theta\mathrm{d}\theta\int_0^{2\pi}\mathrm{d}\varphi\int_0^1 r^2\sqrt{1-r^2}\,\mathrm{d}r \\ &= 4\pi abc\cdot\frac{\pi}{16} \\ &= \frac{abc}{4}\pi^2.\end{aligned}$$

4. 将累次积分$\int_0^1\mathrm{d}x\int_0^1\mathrm{d}y\int_0^{x^2+y^2}f(x,y,z)\mathrm{d}z$ 分别化为先对 x 和先对 y 的累次积分.

解:首先将累次积分化为$\int_0^1\mathrm{d}x\int_0^1\mathrm{d}y\int_0^{x^2+y^2}f(x,y,z)\mathrm{d}z$ 三重积分

$$\iiint\limits_{(V)}f(x,y,z)\mathrm{d}V,$$

其中,$(V)=\{(x,y,z)\mid 0\leqslant x\leqslant 1, 0\leqslant y\leqslant 1, 0\leqslant z\leqslant x^2+y^2\}$.

$$\begin{aligned}\int_0^1\mathrm{d}x\int_0^1\mathrm{d}y\int_0^{x^2+y^2}f(x,y,z)\mathrm{d}z &= \int_0^1\mathrm{d}x\int_0^{x^2}\mathrm{d}z\int_0^1 f(x,y,z)\mathrm{d}y+\int_0^1\mathrm{d}x\int_{x^2}^{1+x^2}\mathrm{d}z\int_{\sqrt{z-x^2}}^1 f(x,y,z)\mathrm{d}y \\ &= \int_0^1\mathrm{d}z\int_{\sqrt{z}}^1\mathrm{d}x\int_0^1 f(x,y,z)\mathrm{d}y+\int_0^1\mathrm{d}z\int_0^{\sqrt{z}}\mathrm{d}x\int_{\sqrt{z-x^2}}^1 f(x,y,z)\mathrm{d}y+ \\ &\quad \int_1^2\mathrm{d}z\int_{\sqrt{z-1}}^1\mathrm{d}x\int_{\sqrt{z-x^2}}^1 f(x,y,z)\mathrm{d}y \\ &= \int_0^1\mathrm{d}z\int_0^1\mathrm{d}y\int_{\sqrt{z}}^1 f(x,y,z)\mathrm{d}x+\int_0^1\mathrm{d}z\int_0^{\sqrt{z}}\mathrm{d}y\int_{\sqrt{z-y^2}}^{\sqrt{z}} f(x,y,z)\mathrm{d}x+ \\ &\quad \int_0^1\mathrm{d}z\int_{\sqrt{z}}^1\mathrm{d}y\int_0^{\sqrt{z}} f(x,y,z)\mathrm{d}x+\int_1^2\mathrm{d}z\int_{\sqrt{z-1}}^1\mathrm{d}y\int_{\sqrt{z-y^2}}^1 f(x,y,z)\mathrm{d}x.\end{aligned}$$

5. 求下列各立体的体积:

(1) 由$\frac{x^2}{a^2}+\frac{y^2}{b^2}+\frac{z^2}{c^2}\leqslant 1$ 所确定的立体$(a>0,b>0,c>0)$;

(2) 由$\frac{x^2}{a^2}+\frac{y^2}{b^2}-\frac{z^2}{c^2}=-1$ 和$\frac{x^2}{a^2}+\frac{y^2}{b^2}=1$ 所确定的立体$(a>0,b>0,c>0)$;

(3) 由$\left(\frac{x^2}{a^2}+\frac{y^2}{b^2}+\frac{z^2}{c^2}\right)^2=\frac{x^2}{a^2}+\frac{y^2}{b^2}$ 所确定的立体.

解:(1) 由于(V) 是$\frac{x^2}{a^2}+\frac{y^2}{b^2}+\frac{z^2}{c^2}=1$ 所围区域$(a>0,b>0,c>0)$,设广义坐标变换为 $x=ar\sin\theta\cos\varphi, y=br\sin\theta\sin\varphi, z=cr\cos\theta$,则有 $\mathrm{d}V=abcr^2\sin\theta\mathrm{d}r\mathrm{d}\theta\mathrm{d}\varphi$,积分区域

$$(V)=\{(r,\theta,\varphi)\mid 0\leqslant\varphi\leqslant 2\pi, 0\leqslant\theta\leqslant\pi, 0\leqslant r\leqslant 1\},$$

故而

$$\iiint\limits_{(V)} 1\mathrm{d}V = \iiint\limits_{V'} r^2 abc\sin\theta \mathrm{d}r\mathrm{d}\varphi\mathrm{d}\theta = \frac{4\pi}{3}abc.$$

(2) 设所求体积为 V,由于两个二次曲面 $\frac{x^2}{a^2}+\frac{y^2}{b^2}-\frac{z^2}{c^2}=-1$ 和 $\frac{x^2}{a^2}+\frac{y^2}{b^2}=1$ 所确定的立体关于平面 $z=0$ 是对称的,故所有体积为 $z\geqslant 0$ 部分立体体积 V_1 的 2 倍,即 $V=2V_1$.

易知

$$V_1 = \iint\limits_{(\sigma)}\left(\int_0^c \sqrt{1+\frac{x^2}{a^2}+\frac{y^2}{b^2}}\mathrm{d}z\right)\mathrm{d}\sigma = \iint\limits_{(\sigma)} c\sqrt{1+\frac{x^2}{a^2}+\frac{y^2}{b^2}}\mathrm{d}\sigma$$

其中,$(\sigma)=\{(x,y)\mid \frac{x^2}{a^2}+\frac{y^2}{b^2}\leqslant 1\}$.

设 $x=a\rho\cos\varphi, y=b\rho\sin\varphi$,则 $\mathrm{d}\sigma=ab\rho\mathrm{d}\rho\mathrm{d}\varphi$,$(\sigma')=\{(\rho,\varphi)\mid 0\leqslant\rho\leqslant 1, 0\leqslant\varphi\leqslant 2\pi\}$,从而

$$\begin{aligned}V_1 &= \iint\limits_{(\sigma)} c\sqrt{1+\frac{x^2}{a^2}+\frac{y^2}{b^2}}\mathrm{d}\sigma = \iint\limits_{(\sigma')} abc\rho\ \sqrt{1+\rho^2}\mathrm{d}\rho\mathrm{d}\varphi \\ &= abc\int_0^{2\pi}\mathrm{d}\varphi\int_0^1\rho\ \sqrt{1+\rho^2}\mathrm{d}\rho \\ &= abc\pi\int_0^1\sqrt{1+\rho^2}\mathrm{d}(1+\rho^2) \\ &= abc\pi\left[\frac{2}{3}(1+\rho^2)^{\frac{3}{2}}\right]\Big|_0^1 \\ &= \frac{2abc\pi(2\sqrt{2}-1)}{3}.\end{aligned}$$

所以

$$V = 2V_1 = \frac{4abc\pi(2\sqrt{2}-1)}{3}.$$

(3) 求由封闭曲面 $\left(\frac{x^2}{a^2}+\frac{y^2}{b^2}+\frac{z^2}{c^2}\right)^2=\frac{x^2}{a^2}+\frac{y^2}{b^2}$ 所确定的立体体积可采用广义坐标变换法.设 $x=ar\sin\theta\cos\varphi, y=br\sin\theta\sin\varphi, z=cr\cos\theta$,则有该曲面方程可化为 $r=\sin\theta$,故积分区域为

$$(V)=\{(r,\theta,\varphi)\mid 0\leqslant\varphi\leqslant 2\pi, 0\leqslant\theta\leqslant\pi, 0\leqslant r\leqslant\sin\theta\},$$

由 $\mathrm{d}V=abcr^2\sin\theta\mathrm{d}r\mathrm{d}\theta\mathrm{d}\varphi$ 可得所求体积为

$$\begin{aligned}V &= \int_0^{2\pi}\mathrm{d}\varphi\int_0^{\pi}\mathrm{d}\theta\int_0^{\sin\theta}abcr^2\sin\theta\mathrm{d}r \\ &= \frac{2}{3}\pi abc\int_0^{\pi}\sin^4\theta\mathrm{d}\theta = \frac{2}{3}\pi abc\left[\int_0^{\frac{\pi}{2}}\sin^4\theta\mathrm{d}\theta+\int_0^{\frac{\pi}{2}}\sin^4(\theta+\frac{\pi}{2})\mathrm{d}\theta\right] \\ &= \frac{2}{3}\pi abc\left[\int_0^{\frac{\pi}{2}}\sin^4\theta\mathrm{d}\theta+\int_0^{\frac{\pi}{2}}\cos^4\theta\mathrm{d}\theta\right] = \frac{4}{3}\pi abc(\frac{3}{4}\cdot\frac{1}{2}\cdot\frac{\pi}{2}) \\ &= \frac{\pi^2 abc}{4}.\end{aligned}$$

6. 设小球半径为 R,一半径为 $r(r<R)$ 的小圆孔穿过小球球心(圆孔的中心轴是小球的

一条直径)形成立体环,求该立体环的体积. 若设壁高为 h 并证明立体环的体积只与 h 有关.

解:设该立体环的体积为 V,半径为 $r(r<R)$ 的小圆孔的体积为 V',则

$$V=\frac{4\pi}{3}R^3-V',$$

又

$$V'=\iiint_{(V')}1\mathrm{d}V=2\iint_{\sigma}\mathrm{d}\sigma\int_0^{\sqrt{R^2-x^2-y^2}}1\mathrm{d}z=2\iint_{\sigma}\sqrt{R^2-x^2-y^2}\,\mathrm{d}\sigma$$

$$=2\int_0^{2\pi}\mathrm{d}\varphi\int_0^r\rho\sqrt{R^2-\rho^2}\,\mathrm{d}\rho=\frac{4\pi}{3}[R^3-(R^2-r^2)^{\frac{3}{2}}],$$

所以

$$V=\frac{4\pi}{3}R^3-V'=\frac{4\pi}{3}(R^2-r^2)^{\frac{3}{2}}.$$

由已知 $h=2\sqrt{R^2-r^2}$,则 $V=\frac{\pi}{6}h^3$. 因此立体环的体积只与 h 有关.

7. 设

$$\varphi(t)=\iiint_{(V)}x\ln(1+x^2+y^2+z^2)\mathrm{d}V.$$

求导数$\frac{\mathrm{d}\varphi}{\mathrm{d}t}$,其中,$(V)=\{(x,y,z)\mid x^2+y^2+z^2\leqslant t^2,\sqrt{y^2+z^2}\leqslant x\}$.

解:令 $x=r\cos\theta,y=r\sin\theta\sin\varphi,z=r\sin\theta\cos\varphi$,

则

$$\varphi(t)=\iiint_{(V)}x\ln(1+x^2+y^2+z^2)\mathrm{d}V$$

$$=\iiint_{(V)}r\cos\theta\ln(1+r^2)r^2\sin\theta\mathrm{d}r\mathrm{d}\varphi\mathrm{d}\theta$$

$$=\iiint_{(V)}\ln(1+r^2)r^3\sin\theta\cos\theta\mathrm{d}r\mathrm{d}\varphi\mathrm{d}\theta$$

$$=\int_0^t\ln(1+r^2)r^3\,\mathrm{d}r\int_0^{2\pi}\mathrm{d}\varphi\int_0^{\frac{\pi}{4}}\sin\theta\cos\theta\mathrm{d}\theta$$

$$=\frac{1}{2}\pi\int_0^t\ln(1+r^2)r^3\,\mathrm{d}r,$$

从而

$$\frac{\mathrm{d}\varphi}{\mathrm{d}t}=\varphi'(t)=\left[\frac{1}{2}\pi\int_0^t\ln(1+r^2)r^3\,\mathrm{d}r\right]'=\frac{1}{2}\pi\ln(1+t^2)t^3.$$

8. 设 f 是一连续函数,$\varphi(t)=\iiint_{(V)}f(x^2+y^2+z^2)\mathrm{d}V$,且$(V)=\{(x,y,z)\mid x^2+y^2+z^2\leqslant$

$t^2\}$. 求导数 $\varphi'(t)$.

解：令 $x = r\sin\theta\cos\varphi, y = r\sin\theta\sin\varphi, z = r\cos\theta$，则

$$\varphi(t) = \iiint\limits_{(V)} f(x^2+y^2+z^2)\mathrm{d}V = \iiint\limits_{(V)} f(r^2)r^2\sin\theta\mathrm{d}r\mathrm{d}\varphi\mathrm{d}\theta$$

$$= \int_0^t f(r^2)r^2\mathrm{d}r\int_0^{2\pi}\mathrm{d}\varphi\int_0^{\pi}\sin\theta\mathrm{d}\theta = 4\pi\int_0^t f(r^2)r^2\mathrm{d}r,$$

从而

$$\varphi'(t) = \left(4\pi\int_0^t f(r^2)r^2\mathrm{d}r\right)' = 4\pi f(t^2)t^2.$$

9. 计算三重积分 $\iiint\limits_{(V)}(x+y+z)^2\mathrm{d}V$，其中，$(V) = \left\{(x,y,z) \mid \frac{x^2}{a^2}+\frac{y^2}{b^2}+\frac{z^2}{c^2} \leqslant 1\right\}$.

解：令 $x = ar\sin\theta\cos\varphi, y = br\sin\theta\sin\varphi, z = cr\cos\theta$，则

$$\mathrm{d}x\mathrm{d}y\mathrm{d}z = abcr^2\sin\theta\mathrm{d}r\mathrm{d}\theta\mathrm{d}\varphi,$$

从而

$$\iiint\limits_{(V)}(x+y+z)^2\mathrm{d}V = \iiint\limits_{(V)}(x^2+y^2+z^2)\mathrm{d}V$$

$$= \int_0^1\mathrm{d}r\int_0^{2\pi}\mathrm{d}\varphi\int_0^{\pi}(ar\sin\theta\cos\varphi)^2\cdot abcr^2\sin\theta\mathrm{d}\theta +$$

$$\int_0^1\mathrm{d}r\int_0^{2\pi}\mathrm{d}\varphi\int_0^{\pi}(br\sin\theta\sin\varphi)^2\cdot abcr^2\sin\theta\mathrm{d}\theta +$$

$$\int_0^1\mathrm{d}r\int_0^{2\pi}\mathrm{d}\varphi\int_0^{\pi}(cr\cos\theta)^2\cdot abcr^2\sin\theta\mathrm{d}\theta$$

$$= a^3bc\,\frac{1}{5}\cdot\frac{4}{3}\pi + ab^3c\,\frac{1}{5}\cdot\frac{4}{3}\pi + abc^3\cdot\frac{1}{5}\cdot\frac{2}{3}\cdot 2\pi$$

$$= \frac{4\pi abc}{15}(a^2+b^2+c^2).$$

第四节　重积分的应用

一、知识要点

1. 二重积分应用

(1) 曲面面积

设曲面 S 由方程 $z = f(x,y)$ 给出，D_{xy} 为曲面 S 在 xOy 面上的投影区域，函数 $f(x,y)$ 在 D_{xy} 上具有一阶连续偏导数，则曲面面积

$$A=\iint\limits_{D_{xy}}\sqrt{1+\left(\frac{\partial f}{\partial x}\right)^2+\left(\frac{\partial f}{\partial y}\right)^2}\,\mathrm{d}\sigma.$$

(2) 平面薄片的重心

设平面薄片占有 xOy 平面上的闭区域 D_{xy},在点 (x,y) 处面密度为 $\rho(x,y)$,假定 $\rho(x,y)$ 在 D_{xy} 上连续,则薄片的重心坐标为

$$\bar{x}=\frac{\iint\limits_{D_{xy}}x\rho(x,y)\mathrm{d}\sigma}{\iint\limits_{D_{xy}}\rho(x,y)\mathrm{d}\sigma},\quad \bar{y}=\frac{\iint\limits_{D_{xy}}y\rho(x,y)\mathrm{d}\sigma}{\iint\limits_{D_{xy}}\rho(x,y)\mathrm{d}\sigma}.$$

特别地,若 $\rho(x,y)=\rho$ 为常数,则平面图形的形心坐标为

$$\bar{x}=\frac{1}{A}\iint\limits_{D_{xy}}x\,\mathrm{d}\sigma,\quad \bar{y}=\frac{1}{A}\iint\limits_{D_{xy}}y\,\mathrm{d}\sigma,$$

其中,A 为 D_{xy} 的面积.

(3) 平面薄片的转动惯量

设一薄片占有 xOy 面上闭区域 D_{xy},在点 (x,y) 处的面密度为 $\rho(x,y)$,假定 $\rho(x,y)$ 在 D_{xy} 上连续,则薄片对于 x 轴的转动惯量 I_x,对于 y 轴的转动惯量 I_y 以及对于原点的转动惯量 I_o 分别为

$$I_x=\iint\limits_{D_{xy}}y^2\rho(x,y)\mathrm{d}\sigma,\quad I_y=\iint\limits_{D_{xy}}x^2\rho(x,y)\mathrm{d}\sigma,\quad I_o=\iint\limits_{D_{xy}}(x^2+y^2)\rho(x,y)\mathrm{d}\sigma.$$

(4) 平面薄片对质点的引力

设有平面薄片占有 xOy 面上闭区域 D_{xy},在点 (x,y) 处的面密度为 $\rho(x,y)$,假定 $\rho(x,y)$ 在 D_{xy} 上连续,则薄片对于 z 轴上点 $M_o(0,0,a)$ 处单位质量的质点的引力

$$F'_x=G\iint\limits_{D_{xy}}\frac{x\rho(x,y)}{(x^2+y^2+a^2)^{3/2}}\mathrm{d}\sigma,$$

$$F'_y=G\iint\limits_{D_{xy}}\frac{y\rho(x,y)}{(x^2+y^2+a^2)^{3/2}}\mathrm{d}\sigma,$$

$$F'_z=-G\iint\limits_{D_{xy}}\frac{a\rho(x,y)}{(x^2+y^2+a^2)^{3/2}}\mathrm{d}\sigma.$$

2. 三重积分的应用

(1) 物体的质心坐标

设物体占有空间域 (V),在点 (x,y,z) 处的体密度为 $\rho(x,y,z)$,假定 $\rho(x,y,z)$ 在 (V) 上连续,则物体的质心坐标

$$\bar{x}=\frac{1}{M}\iiint\limits_{(V)}x\rho(x,y,z)\mathrm{d}V,\quad \bar{y}=\frac{1}{M}\iiint\limits_{(V)}y\rho(x,y,z)\mathrm{d}V,\quad \bar{z}=\frac{1}{M}\iiint\limits_{(V)}z\rho(x,y,z)\mathrm{d}V,$$

其中,$\bar{x}=\frac{1}{M}\iiint\limits_{(V)}x\rho(x,y,z)\mathrm{d}V$. 特别地 $\rho(x,y,z)$ 为常数,则形心坐标为

$$\bar{x}=\frac{1}{V}\iiint\limits_{(V)}x\mathrm{d}V,\quad \bar{y}=\frac{1}{V}\iiint\limits_{(V)}y\mathrm{d}V,\quad \bar{z}=\frac{1}{V}\iiint\limits_{(V)}z\mathrm{d}V,$$

其中,V 为 (V) 的体积.

(2) 物体转动惯量

设物体占有空间域(V),在点(x,y,z)处的体密度为$\rho(x,y,z)$,假定$\rho(x,y,z)$在(V)上连续,则物体关于x轴,xOy平面及原点O的转动惯量I_x,I_{xy}及I_o分别是

$$I_x=\iiint\limits_{(V)}(y^2+z^2)\rho(x,y,z)\mathrm{d}V,$$

$$I_{xy}=\iiint\limits_{(V)}z^2\rho(x,y,z)\mathrm{d}V,$$

$$I_o=\iiint\limits_{(V)}(x^2+y^2+z^2)\rho(x,y,z)\mathrm{d}V.$$

(3) 物体对质点的引力

设物体占有空间域(V),在点(x,y,z)处的体密度为$\rho(x,y,z)$,(V)外有一质点$M_o(x_o,y_o,z_o)$,其质量为m_o,假定$\rho(x,y,z)$在(V)上连续,则物体对质点的引力为$\boldsymbol{F}=\{F_x,F_y,F_z\}$,其中

$$F_x=\iiint\limits_{(V)}\frac{km_0\rho(x,y,z)(x-x_0)}{[(x-x_0)^2+(y-y_0)^2+(z-z_0)^2]^{3/2}}\mathrm{d}V,$$

$$F_y=\iiint\limits_{(V)}\frac{km_0\rho(x,y,z)(y-y_0)}{[(x-x_0)^2+(y-y_0)^2+(z-z_0)^2]^{3/2}}\mathrm{d}V,$$

$$F_z=\iiint\limits_{(V)}\frac{km_0\rho(x,y,z)(z-z_0)}{[(x-x_0)^2+(y-y_0)^2+(z-z_0)^2]^{3/2}}\mathrm{d}V.$$

二、习题解答

A

1. 求锥面$z=\sqrt{x^2+y^2}$被柱面$z^2=2x$所截下部分的曲面面积.

解:由已知锥面方程为$z=\sqrt{x^2+y^2}$,令$f(x,y)=\sqrt{x^2+y^2}$,可知

$$\sqrt{1+f'^2_x+f'^2_y}=\sqrt{1+\frac{x^2}{x^2+y^2}+\frac{y^2}{y^2+x^2}}=\sqrt{2},$$

故曲面面积微元为

$$\mathrm{d}S=\sqrt{1+f'^2_x+f'^2_y}\,\mathrm{d}\sigma=\sqrt{2}\,\mathrm{d}\sigma.$$

由所求面积为锥面$z=\sqrt{x^2+y^2}$被柱面$z^2=2x$所截而得,易知所截部分在xOy平面的投影区域如题1图所示,可表示为

$$D_{xy}=\{(x,y)\mid x^2+y^2\leqslant 2x\}$$

$$=\{(\rho,\varphi)\mid -\frac{\pi}{2}\leqslant\varphi\leqslant\frac{\pi}{2},0\leqslant\rho\leqslant 2\cos\varphi\}.$$

所以可得

$$A=\iint\limits_{\Sigma}\mathrm{d}S=\sqrt{2}\iint\limits_{D_{xy}}\mathrm{d}x\mathrm{d}y=2\int_0^{\frac{1}{2}\pi}\mathrm{d}\varphi\int_0^{2\cos\varphi}\sqrt{2}\,\rho\mathrm{d}\rho=\sqrt{2}\,\pi.$$

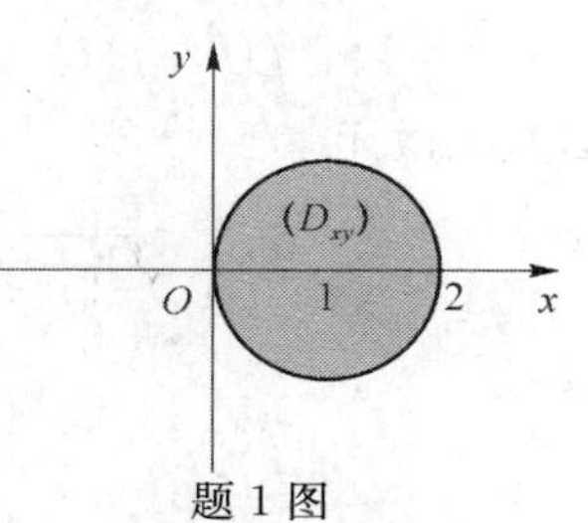

题1图

2. 求球面 $x^2+y^2+z^2=4$ 被柱面 $x^2+y^2=2x$ 切割所围成的立体表面面积.

解：该立体的表面由三部分曲面组成，即$(S)=(S_1)+(S_2)+(S_3)$，其中

$$(S_1)=\{(x,y,z)\mid z=\sqrt{4-x^2-y^2},x^2+y^2\leqslant 2x\},$$

$$(S_2)=\{(x,y,z)\mid z=-\sqrt{4-x^2-y^2},x^2+y^2\leqslant 2x\},$$

$$(S_3)=\{(x,y,z)\mid x^2+y^2=2x,0\leqslant z\leqslant \sqrt{4-x^2-y^2}\},$$

对于曲面$(S_1)=\{(x,y,z)\mid z=\sqrt{3-x^2-y^2},x^2+y^2\leqslant 2x\}$，可知曲面微元

$$\mathrm{d}S=\sqrt{1+f'^2_x+f'^2_y}\,\mathrm{d}\sigma=\sqrt{1+\frac{x^2+y^2}{4-x^2-y^2}}\,\mathrm{d}\sigma=\frac{2}{\sqrt{4-x^2-y^2}}\mathrm{d}\sigma,$$

其在 xOy 平面的投影区域可表示为

$$D_{xy}=\{(x,y)\mid x^2+y^2\leqslant 2x\}$$
$$=\{(\rho,\varphi)\mid -\frac{\pi}{2}\leqslant\varphi\leqslant\frac{\pi}{2},0\leqslant\rho\leqslant 2\cos\varphi\}$$

所以

$$A_1=\iint\limits_{(S_1)}\mathrm{d}S=2\iint\limits_{D_{xy}}\frac{1}{\sqrt{4-x^2-y^2}}\mathrm{d}x\mathrm{d}y$$
$$=4\int_0^{\frac{\pi}{2}}\mathrm{d}\varphi\int_0^{2\cos\varphi}\frac{1}{\sqrt{4-\rho^2}}\rho\mathrm{d}\rho$$
$$=4\int_0^{\frac{\pi}{2}}\left(-\sqrt{4-\rho^2}\,\Big|_0^{2\cos\varphi}\right)\mathrm{d}\varphi$$
$$=4\int_0^{\frac{\pi}{2}}\left(2-\sqrt{4-4\cos^2\varphi}\right)\mathrm{d}\varphi$$
$$=4\pi-8\int_0^{\frac{\pi}{2}}\sin\varphi\mathrm{d}\varphi$$
$$=4\pi+8\cos\varphi\,\Big|_0^{\frac{\pi}{2}}=4\pi-8.$$

由于对称性，曲面(S_2)的面积 $A_2=A_1$.

对于曲面(S_3)，曲面方程为 $y=\pm\sqrt{2x-x^2}$，由两块面积相等的对称性曲面组成，它在 zOx 平面的投影区域可表示为

$$D_{zx}=\{(z,x)\mid 0\leqslant x\leqslant 2,-\sqrt{4-2x}\leqslant z\leqslant\sqrt{4-2x}\},$$

曲面面积微元

$$\mathrm{d}S=\sqrt{1+y'^2_x+y'^2_z}\,\mathrm{d}\sigma=\sqrt{1+\frac{(1-x)^2}{2x-x^2}}\,\mathrm{d}\sigma=\sqrt{\frac{1}{2x-x^2}}\,\mathrm{d}\sigma,$$

所以

$$A_3=2\iint\limits_{(S_3)}\mathrm{d}S=2\iint\limits_{D_{zx}}\frac{1}{\sqrt{2x-x^2}}\mathrm{d}z\mathrm{d}x$$
$$=2\int_0^2\mathrm{d}x\int_{-\sqrt{4-2x}}^{\sqrt{4-2x}}\frac{1}{\sqrt{2x-x^2}}\mathrm{d}z$$
$$=4\int_0^2\frac{\sqrt{4-2x}}{\sqrt{2x-x^2}}\mathrm{d}x$$
$$=4\sqrt{2}\int_0^2\frac{1}{\sqrt{x}}\mathrm{d}x$$
$$=4\sqrt{2}\sqrt{x}\Big|_0^2$$
$$=8,$$

可得整个曲面所求表面积为

$$A=A_1+A_2+A_3=8\pi-8.$$

3. 求球面 $x^2+y^2+z^2=1$ 含在柱面 $x^2+y^2-x=0$ 内的曲面面积.

解：易知该曲面有上、下两部分，两部分面积相等.

由已知可知球面 $x^2+y^2+z^2=1(z\geqslant 0)$ 含在柱面 $x^2+y^2-x=0$ 内的上半部分曲面为

$$(S_1)=\{(x,y,z)\mid z=\sqrt{1-x^2-y^2},x^2+y^2\leqslant x\}.$$

所以，所求曲面面积微元为

$$\mathrm{d}S=\frac{1}{\sqrt{1-x^2-y^2}}\mathrm{d}x\mathrm{d}y,$$

所求曲面在 xOy 平面的投影区域为

$$D_{xy}=\{(x,y)\mid x^2+y^2\leqslant x\}=\{(\rho,\varphi)\mid -\frac{\pi}{2}\leqslant\varphi\leqslant\frac{\pi}{2},0\leqslant\rho\leqslant\cos\varphi\}.$$

由此可得所求曲面面积为

$$A=2\iint\limits_{D_{xy}}\frac{1}{\sqrt{1-x^2-y^2}}\mathrm{d}x\mathrm{d}y=4\int_0^{\frac{\pi}{2}}\mathrm{d}\varphi\int_0^{\cos\varphi}\frac{1}{\sqrt{1-\rho^2}}\rho\mathrm{d}\rho$$
$$=4\int_0^{\frac{\pi}{2}}\left[1-\sqrt{1-(\cos\varphi)^2}\right]\mathrm{d}\varphi=2\pi-4\int_0^{\frac{\pi}{2}}\sin\varphi\mathrm{d}\varphi$$
$$=2\pi-4.$$

4. 求下列曲线所围成的均匀薄板的质心坐标：

(1) $ay=x^2,x+y=2a\quad(a>0)$；

(2) $x=a(t-\sin t),y=a(1-\cos t)\quad(0\leqslant t\leqslant 2\pi,a>0)$ 和 x 轴；

(3) $\rho=a(1+\cos\varphi)\quad(a>0)$.

解：设均匀薄板的密度为常数 ρ.

(1) 由已知可得

$$\overline{x}=\frac{\iint\limits_{(\sigma)}x\rho\mathrm{d}\sigma}{\iint\limits_{(\sigma)}\rho\mathrm{d}\sigma}=\frac{\iint\limits_{(\sigma)}x\mathrm{d}\sigma}{\iint\limits_{(\sigma)}\mathrm{d}\sigma}=\frac{\int_{-2a}^{a}\mathrm{d}x\int_{x^2/a}^{2a-x}x\mathrm{d}y}{\int_{-2a}^{a}\mathrm{d}x\int_{x^2/a}^{2a-x}x\mathrm{d}y}=\frac{-\frac{9}{4}a^3}{\frac{9}{2}a^2}=-\frac{1}{2}a,$$

$$\overline{y}=\frac{\iint\limits_{(\sigma)}y\rho\mathrm{d}\sigma}{\iint\limits_{(\sigma)}\rho\mathrm{d}\sigma}=\frac{\iint\limits_{(\sigma)}y\mathrm{d}\sigma}{\iint\limits_{(\sigma)}\mathrm{d}\sigma}=\frac{\int_{-2a}^{a}\mathrm{d}x\int_{x^2/a}^{2a-x}y\mathrm{d}y}{\int_{-2a}^{a}\mathrm{d}x\int_{x^2/a}^{2a-x}x\mathrm{d}y}=\frac{-\frac{36}{5}a^3}{\frac{9}{2}a^2}=\frac{8}{5}a.$$

于是,质心坐标为

$$(\overline{x},\overline{y})=\left(-\frac{1}{2}a,\frac{8}{5}a\right).$$

(2) 积分区域(σ)是摆线与x轴所围图形,故由图形的对称性可知$\overline{x}=\pi a$,而

$$\overline{y}=\frac{\iint\limits_{(\sigma)}y\rho\mathrm{d}\sigma}{\iint\limits_{(\sigma)}\rho\mathrm{d}\sigma}=\frac{\iint\limits_{(\sigma)}y\mathrm{d}\sigma}{\iint\limits_{(\sigma)}\mathrm{d}\sigma}=\frac{\int_0^{2\pi a}\mathrm{d}x\int_0^{y_0}y\mathrm{d}y}{\int_0^{2\pi a}\mathrm{d}x\int_0^{y_0}\mathrm{d}y}$$

$$\overset{\text{化为参数表示}}{=}\frac{\int_0^{2\pi}\frac{1}{2}a^3(1-\cos t)^3\mathrm{d}t}{\int_0^{2\pi}a^2(1-\cos t)^2\mathrm{d}t}=\frac{\frac{5}{2}a^3\pi}{3a^2\pi}=\frac{5}{6}a.$$

于是,质心坐标为

$$(\overline{x},\overline{y})=(\pi a,\frac{5}{6}a).$$

(3) 积分区域(σ)是心形线内部,由图形的对称性可知$\overline{y}=0$,而

$$\overline{x}=\frac{\iint\limits_{(\sigma)}x\rho\mathrm{d}\sigma}{\iint\limits_{(\sigma)}\rho\mathrm{d}\sigma}=\frac{\iint\limits_{(\sigma)}x\mathrm{d}\sigma}{\iint\limits_{(\sigma)}\mathrm{d}\sigma}=\frac{2\int_0^{\pi}\mathrm{d}x\int_0^{a(1+\cos\varphi)}r^2\cos\varphi\mathrm{d}r}{2\int_0^{\pi}\mathrm{d}x\int_0^{a(1+\cos\varphi)}r\mathrm{d}r}$$

$$=\frac{\frac{2}{3}a^3\int_0^{\pi}(1+\cos\varphi)^3\cos\varphi\mathrm{d}t}{a^2\int_0^{\pi}(1+\cos\varphi)^2\mathrm{d}t}=\frac{\frac{10}{8}a^3\pi}{\frac{3}{2}a^2\pi}=\frac{5}{6}a.$$

于是,质心坐标为

$$(\overline{x},\overline{y})=(\frac{5}{6}a,0).$$

5. 求由下列曲面所围成的均匀物质的质心:

(1) $z=\sqrt{3a^2-x^2-y^2}$, $x^2+y^2=2az(a>0)$;

(2) $z=x^2+y^2$, $x+y=a$, $x=0$, $y=0$, $z=0(a>0)$.

解:设均匀物体的密度为常数ρ.

(1) 由对称性可得$\overline{y}=\overline{x}=0$,下面求质心坐标的第三个分量. 令

$$(V)=\{(x,y,z)\mid \frac{x^2+y^2}{2a}\leqslant z\leqslant \sqrt{3a^2-x^2-y^2}\}(a>0)$$

$$=\{(r,\varphi,z)\mid 0\leqslant\varphi\leqslant 2\pi,0\leqslant r\leqslant\sqrt{2}a,\frac{r}{2a}\leqslant z\leqslant\sqrt{3a^2-r^2}\}(a>0),$$

则

$$\bar{z}=\frac{\iiint\limits_{(V)}z\rho\mathrm{d}\sigma}{\iiint\limits_{(V)}\rho\mathrm{d}\sigma}=\frac{\iiint\limits_{(V)}z\mathrm{d}\sigma}{\iiint\limits_{(V)}\mathrm{d}\sigma}=\frac{\int_0^{2\pi}\mathrm{d}\varphi\int_0^{\sqrt{2}a}r\mathrm{d}r\int_{\frac{r^2}{2a}}^{\sqrt{3a^2-r^2}}z\mathrm{d}z}{\int_0^{2\pi}\mathrm{d}\varphi\int_0^{\sqrt{2}a}r\mathrm{d}r\int_{\frac{r^2}{2a}}^{\sqrt{3a^2-r^2}}\mathrm{d}z}$$

$$=\frac{\frac{5}{3}\pi a^4}{\frac{\pi(6\sqrt{3}-5)}{3}a^3}=\frac{5(6\sqrt{3}+5)a}{83}.$$

于是,质心坐标为

$$(\bar{x},\bar{y},\bar{z})=\left(0,0,\frac{5(6\sqrt{3}+5)a}{83}\right).$$

(2) 由已知可知该物体是由旋转抛物面和平面 $x+y=a,x=0,y=0,z=0$ 围成的,则

$$(V)=\{(x,y,z)\mid 0\leqslant x\leqslant a,0\leqslant y\leqslant a-x,0\leqslant z\leqslant\sqrt{x^2+y^2}\}(a>0).$$

所以

$$\bar{x}=\frac{\iiint\limits_{(V)}x\rho\mathrm{d}\sigma}{\iiint\limits_{(V)}\rho\mathrm{d}\sigma}=\frac{\iiint\limits_{(V)}x\mathrm{d}\sigma}{\iiint\limits_{(V)}\mathrm{d}\sigma}=\frac{\int_0^a\mathrm{d}x\int_0^{a-x}\mathrm{d}y\int_0^{x^2+y^2}x\mathrm{d}z}{\int_0^a\mathrm{d}x\int_0^{a-x}\mathrm{d}y\int_0^{x^2+y^2}\mathrm{d}z}$$

$$=\frac{\frac{1}{15}a^5}{\frac{1}{6}a^4}=\frac{2a}{5},$$

$$\bar{y}=\frac{\iiint\limits_{(V)}y\rho\mathrm{d}\sigma}{\iiint\limits_{(V)}\rho\mathrm{d}\sigma}=\frac{\iiint\limits_{(V)}y\mathrm{d}\sigma}{\iiint\limits_{(V)}\mathrm{d}\sigma}=\frac{\frac{1}{15}a^5}{\frac{1}{6}a^4}=\frac{2a}{5}.$$

$$\bar{z}=\frac{\iiint\limits_{(V)}z\rho\mathrm{d}\sigma}{\iiint\limits_{(V)}\rho\mathrm{d}\sigma}=\frac{\iiint\limits_{(V)}z\mathrm{d}\sigma}{\iiint\limits_{(V)}\mathrm{d}\sigma}=\frac{\int_0^a\mathrm{d}x\int_0^{a-x}\mathrm{d}y\int_0^{x^2+y^2}z\mathrm{d}z}{\int_0^a\mathrm{d}x\int_0^{a-x}\mathrm{d}y\int_0^{x^2+y^2}\mathrm{d}z}$$

$$=\frac{\frac{7}{180}a^6}{\frac{1}{6}a^4}=\frac{7a^2}{30}.$$

于是,质心坐标为

$$(\overline{x},\overline{y},\overline{z})=\left(\frac{2a}{5},\frac{2a}{5},\frac{7a^2}{30}\right).$$

6. 一薄板由 $y=\mathrm{e}^x,y=0,x=0$ 及 $x=2$ 所围成,面密度为 $\mu(x,y)=xy$. 求薄板对两个坐标轴的转动惯量 I_x 和 I_y.

解:由已知可得

$$I_x=\iint\limits_{(\sigma)}y^2xy\,\mathrm{d}\sigma=\int_0^2\mathrm{d}x\int_0^{\mathrm{e}^x}xy^3\,\mathrm{d}y=\frac{1}{64}(1+7\mathrm{e}^8),$$

$$I_y=\iint\limits_{(\sigma)}x^2xy\,\mathrm{d}\sigma=\int_0^2\mathrm{d}x\int_0^{\mathrm{e}^x}yx^3\,\mathrm{d}y=\frac{1}{16}(3+17\mathrm{e}^4).$$

7. 求质量均匀分布的物体 $(V)=\{(x,y,z)\mid x^2+y^2+z^2\leqslant 2,x^2+y^2\geqslant z^2\}$ 对 z 轴的转动惯量.

解:设该物体的密度为 μ, 由已知可得

$$\begin{aligned}I_z&=\iiint\limits_{(V)}(x^2+y^2)\mu\mathrm{d}V=\mu\iiint\limits_{(V)}(x^2+y^2)\mathrm{d}V\\&=\mu\int_{\frac{\pi}{4}}^{\frac{\pi}{2}}\mathrm{d}\theta\int_0^{2\pi}\mathrm{d}\varphi\int_0^{\sqrt{2}}\rho^4\sin^3\theta\mathrm{d}\rho\\&=\frac{4}{3}\pi\mu.\end{aligned}$$

8. 求底面半径为 R、高为 H 的质量均匀分布的正圆柱体对底面直径的转动惯量.

解:取如下坐标系:正圆柱体的底的直径与 y 轴重合,柱体的中心轴为 z 轴. 则该物体所在区域可以表示为 $(V)=\{(x,y,z)\mid x^2+y^2\leqslant R^2,0\leqslant z\leqslant H\}$. 由已知可得

$$\begin{aligned}I_y&=\mu\iiint\limits_{(V)}(x^2+z^2)\mu\mathrm{d}V=\mu\iiint\limits_{(V)}(x^2+z^2)\mathrm{d}V\\&=\mu\iiint\limits_{(V)}x^2\,\mathrm{d}V+\mu\iiint\limits_{(V)}z^2\,\mathrm{d}V\\&=\frac{1}{2}\mu\iiint\limits_{(V)}(x^2+y^2)\mathrm{d}V+\mu\iiint\limits_{(V)}z^2\,\mathrm{d}V\\&=\frac{1}{4}\mu\pi HR^4+\frac{1}{3}\mu\pi H^3R^2.\end{aligned}$$

由于物理的质量为 $M=\mu\pi HR^2$,所以所求转动惯量为

$$I_y=\frac{1}{4}MR^2+\frac{1}{3}MH^2.$$

B

1. 一个火山的形状表示为曲面 $z=h\mathrm{e}^{\frac{-\sqrt{x^2+y^2}}{4h}}(h>0)$. 在一次火山喷发后,有体积为 V

的熔岩均匀地黏附在火山表面，且火山形状保持不变．求火山高度 h 变化的百分比．

解：假设火山喷发前的体积为 V_0，则

$$V_0=\int_0^h \mathrm{d}z \iint\limits_{x^2+y^2\leqslant\left(-4h\ln\frac{z}{h}\right)^2} \mathrm{d}x\mathrm{d}y=\int_0^h \pi 16h^2\left(\ln\frac{z}{h}\right)^2\mathrm{d}z$$

$$=16\pi h^2\int_0^h\left(\ln\frac{z}{h}\right)^2\mathrm{d}z=\lim_{b\to0^+}\left\{16\pi h^2\left[\left(\ln\frac{z}{h}\right)^2 z\right]_b^h-16\pi h^2\int_b^h 2z\ln\frac{z}{h}\cdot\frac{h}{z}\cdot\frac{1}{h}\mathrm{d}z\right\}$$

$$=-32\pi h^2\lim_{b\to0^+}\int_b^h\ln\frac{z}{h}\mathrm{d}z=32\pi h^2\lim_{b\to0^+}\int_b^h z\cdot\frac{h}{z}\cdot\frac{1}{h}\mathrm{d}z$$

$$=32\pi h^3.$$

则喷发后火山的体积为

$$V_1=V_0+V=32\pi h^3+V.$$

若记火山喷发后火山的高度为 h_1，由于火山喷发后的形状和喷发前一样，故而 $V_1=32\pi h_1^3$．由此可得

$$32\pi h^3+V=32\pi h_1^3,$$

即

$$\frac{h_1}{h}=\frac{\sqrt[3]{h^3+\frac{V}{32\pi}}}{h}.$$

所以，火山高度 h 变化的百分比为

$$\rho=\frac{h_1-h}{h}=\frac{\sqrt[3]{h^3+\frac{V}{32\pi}}}{h}-1.$$

2．在某生产过程中，要在半圆形的直边上添加一个边与直径等长的矩形，使得整个平面图形的质心落在圆心上．求矩形的另一边的长度．

解：设圆(D_1)的半径为 R，增加的矩形(D_2)的另一条边长为 H．建立坐标系，使得坐标原点子在圆心，圆的直径与 x 轴重合．假设质量是均匀的(这里不妨设面密度为 1)，由已知可得

$$\overline{y}=\frac{\iint\limits_{(\sigma)}y\mathrm{d}\sigma}{\iint\limits_{(\sigma)}\mathrm{d}\sigma}=\frac{\iint\limits_{(D_1\cup D_2)}y\mathrm{d}\sigma}{\iint\limits_{(\sigma)}\mathrm{d}\sigma}=0,$$

则 $\iint\limits_{(D_1)}y\mathrm{d}\sigma+\iint\limits_{(D_2)}y\mathrm{d}\sigma=0$．又由于

$$\iint\limits_{(D_1)}y\mathrm{d}\sigma=\int_0^\pi\mathrm{d}\varphi\int_0^R\rho\sin\varphi\mathrm{d}\rho=\frac{2}{3}R^3;\quad\iint\limits_{(D_2)}y\mathrm{d}\sigma=\int_{-R}^R\mathrm{d}x\int_{-H}^0 y\mathrm{d}y=-RH^2,$$

所以

$$\frac{2}{3}R^3 = RH^2,$$

由此可得所求矩形的另一边的边长为

$$H = \sqrt{\frac{2}{3}}R.$$

3. 一个质量为M的均匀分布的圆柱体，该区域可表示为$(V):\{(x,y,z) \mid x^2+y^2 \leqslant a^2, 0 \leqslant z \leqslant h\}$. 求它对点$(0,0,b)$、质量为$M'$的一个质点的引力，其中$b > h$.

解：建立坐标系，使得该圆柱体的底位于xOy平面，中心轴为z轴. 由已知可得$F_x = F_y = 0$，又由$b > h > z$，易求得$\mathrm{d}F_z = GM'\frac{\mu(z-b)}{r^3}\mathrm{d}V$，其中$\mu$为密度. 所以

$$\begin{aligned}
F_z &= \iiint\limits_{(V)} \mathrm{d}F_z = \iiint\limits_{(V)} GM'\frac{\mu(z-b)}{r^3}\mathrm{d}V \\
&= \mu GM'\iiint\limits_{(V)} \frac{(z-b)}{r^3}\mathrm{d}V \\
&= 2\pi GM'\mu\left[\sqrt{a^2-b^2} - \sqrt{a^2+(b-h)^2} - h\right].
\end{aligned}$$

因为$M = \pi a^2 h\mu$，所以

$$F_z = \frac{2GM'M}{a^2 h}\left[\sqrt{a^2-b^2} - \sqrt{a^2+(b-h)^2} - h\right].$$

4. 设物体对轴L的转动惯量是I_L，对通过质心C且平行于轴L的轴L_C的转动惯量是I_C，且L_C与L的距离为a. 证明$I_L = I_C + ma^2$，其中m是物体质量. 这一公式称为**平行轴定理**.

证明：建立坐标系如下，以质心为坐标原点，z轴与L_C重合. 假设物体绕x轴转动，则

$$\begin{aligned}
I_L &= \rho\iint\limits_{(\sigma)} y^2\,\mathrm{d}\sigma, \\
I_c &= \rho\iint\limits_{(\sigma)} (y-a)^2\,\mathrm{d}\sigma = \rho\iint\limits_{(\sigma)} (y^2+a^2-2ay)\,\mathrm{d}\sigma \\
&= \rho\iint\limits_{(\sigma)} y^2\,\mathrm{d}\sigma + \rho\iint\limits_{(\sigma)} a^2\,\mathrm{d}\sigma + 0 = I_L + ma^2.
\end{aligned}$$

证毕.

5. 利用平行轴定理求半径为R的球体对于球面的任一条切线T的转动惯量I_r.

解：设坐标原点在球心，z轴为L轴，平行于z轴的一条切线为T，则由已知可得，若球体的密度为常数μ，其质量为m，则

$$I_T = I_L + mR^2,$$

$$I_L = \iiint\limits_{(V)} (x^2 + y^2)\mu \mathrm{d}V = \mu \iiint\limits_{(V)} (x^2 + y^2)\mathrm{d}V$$

$$= \mu \int_0^{\pi} \mathrm{d}\theta \int_0^{2\pi} \mathrm{d}\varphi \int_0^R \rho^2 \sin^2\theta \rho^2 \sin\theta \mathrm{d}\rho = \frac{2}{5}mR^2,$$

$$I_T = I_L + mR^2 = \frac{7}{5}mR^2.$$

本章学习要求

1. 理解二重积分、三重积分的概念，了解重积分的性质，了解二重积分的中值定理.

2. 掌握二重积分的计算方法（直角坐标、极坐标）.

3. 会计算三重积分（直角坐标、柱面坐标、球面坐标）.

4. 会用重积分求一些几何量与物理量（平面图形的面积、体积、曲面面积、质量、质心、转动惯量等）.

总习题十一

1. 填空题：

(1) 设区域$(\sigma) = \{(x,y) \mid x^2 + (y-1)^2 \leqslant 1\}$，则$\iint\limits_{(\sigma)} \mathrm{d}\sigma =$ ________.

(2) 设区域$(V) = \{(x,y) \mid x^2 + (y-1)^2 + (z-2) \leqslant 9\}$，则$\iiint\limits_{(V)} \frac{1}{3}\mathrm{d}V =$ ________.

(3) 设区域(σ)由直线$x = a, x = -a, y = b, y = -b$所围成$(a > 0, b > 0)$，则$\iint\limits_{(\sigma)} xy\mathrm{d}\sigma =$ ________.

(4) 设区域$(V) = \{(x,y,z) \mid x^2 + y^2 + (z-1)^2 \leqslant 1\}$，则$\iiint\limits_{(V)} (y^2 \sin x + z^2 \sin y + 1)\mathrm{d}V =$ ________.

(5) 累次积分$\int_0^2 \mathrm{d}x \int_0^{\sqrt{4-x^2}} xy\mathrm{d}y + \int_{-2}^0 \mathrm{d}x \int_0^{\sqrt{4-x^2}} xy\mathrm{d}y =$ ________.

(6) 累次积分$\int_0^2 \mathrm{d}x \int_x^2 \mathrm{e}^{-y^2}\mathrm{d}y =$ ________.

(7) 由直线$x = 1, y = 0$，曲线$x = \sqrt{y}$所围成的平面图形的面积为________.

(8) 设区域$(V)=\{(x,y,z)\mid x^2+y^2\leqslant z\leqslant 1\}$,则$\iiint\limits_{(V)}(x+y+z)\mathrm{d}V=$ ______.

2. 更换二次积分$\int_0^{2a}\mathrm{d}x\int_{\sqrt{2ax-x^2}}^{\sqrt{2ax}}f(x,y)\mathrm{d}y$的积分次序$(a>0)$.

3. 计算二次积分$\int_0^1\mathrm{d}x\int_{\sqrt{x}}^{x}\sin\frac{\pi x}{2y}\mathrm{d}y+\int_2^4\mathrm{d}x\int_{\sqrt{x}}^{2}\sin\frac{\pi x}{2y}\mathrm{d}y$.

4. 计算二重积分$\iint\limits_{(\sigma)}(x^2-2x+3y+2)\mathrm{d}\sigma$,其中$(\sigma)=\{x^2+y^2\leqslant a^2\}(a>0)$.

5. 计算二重积分$\iint\limits_{(\sigma)}(x+y)\mathrm{d}\sigma$,其中$(\sigma)$由$x=\frac{y^2}{2},x+y=4,x+y=12$围成.

6. 计算二重积分$\iint\limits_{(\sigma)}x\mathrm{e}^{xy}\mathrm{d}\sigma$,其中$(\sigma)=\{0\leqslant x\leqslant 1,-1\leqslant y\leqslant 0\}$.

7. 计算二重积分$\iint\limits_{(\sigma)}\sin\sqrt{x^2+y^2}\,\mathrm{d}\sigma$,其中$(\sigma)=\{\pi^2\leqslant x^2+y^2\leqslant 4\pi^2\}$.

8. 求由曲线$xy=a^2,xy=2a^2,y=x,y=2x(x>0,y>0)$所围成图形的面积.

9. 求封闭曲线$\rho^2=2a^2\cos 2\theta(a>0)$所围成图形的面积.

10. 计算三重积分$\iiint\limits_{(V)}(x+y+z)^2\mathrm{d}V$,其中$(V)=\{0\leqslant x\leqslant 1,0\leqslant y\leqslant 1,0\leqslant z\leqslant 1\}$.

11. 计算三重积分$\iiint\limits_{(V)}z^2\mathrm{d}V$,其中$(V)$是球体$x^2+y^2+(z-1)^2\leqslant 1$和$x^2+y^2+z^2\leqslant 1$的公共部分.

12. 计算三重积分$\iiint\limits_{(V)}\mathrm{e}^{|z|}\mathrm{d}V$,其中$(V)$是球体$x^2+y^2+z^2\leqslant 1$.

13. 计算三重积分$\iiint\limits_{(V)}xyz\mathrm{d}V$,其中$(V)$是由曲面$z=6-x^2-y^2$和$z=\sqrt{x^2+y^2}$围成.

14. 求由旋转抛物面$x=\sqrt{y-z^2}$、抛物柱面$\frac{1}{2}\sqrt{y}=x$以及平面$y=1$围成立体的体积.

15. 求由圆柱面$x^2+y^2=2ax$、旋转抛物面$az=x^2+y^2$以及平面$z=0$围成立体的体积.

16. 设$F(t)=\iiint\limits_{(V)}f(x^2+y^2+z^2)\mathrm{d}V$,其中一元函数$f$为连续可微的,$(V)=\{(x,y,z)\mid x^2+y^2+z^2\leqslant t\}(t>0)$.求$\lim\limits_{t\to 0^+}\frac{F(t)}{t^{\frac{5}{2}}}$.

17. 在底半径为R,高为H的圆锥体上,有一个同底同半径的半球.试确定R与H的关系,使圆锥体与半球体构成的立体的重心落在球体上.

18. 设(V)是由曲面$x^2+y^2=az$和$\sqrt{x^2+y^2}=2a-z(a>0)$所围成的空间封闭区

域，试求区域(V)的体积和表面积.

19. 设半径为R的球的球心在以原点为中心a为半径的球面上$(2a>R>0)$. 证明当$R=\frac{3}{4}a$时，半径为R的球夹在半径为a的球内的表面积最大.

20. 设$f(x)$在上$[0,1]$连续，证明：

$$\int_0^1 e^{f(x)}dx\cdot\int_0^1 e^{-f(x)}dx\geqslant 1.$$

21. 设$f(x)$在上$[0,1]$连续，证明：

$$\int_0^1 dx\int_x^1 f(x)f(y)dy=\frac{1}{2}\left(\int_0^1 f(x)dx\right)^2.$$

22. 设$F(t)=\iiint\limits_{(V)} f(x,y,z)dV$，其中函数$f$为可微的，$(V)=\{(x,y,z)\mid 0\leqslant x\leqslant t,0\leqslant y\leqslant t,0\leqslant z\leqslant t\}(t\geqslant 0)$. 证明：

$$F'(t)=\frac{3}{t}\left[F(t)+\iiint\limits_{(V)} xyzf'(x,y,z)dV\right].$$

参考答案

1. (1) π;　(2) 12π;　(3) 0;　(4) $\frac{4\pi}{3}$;　(5) 0;　(6) $\frac{1}{2}(1-e^{-4})$;　(7) $\frac{1}{3}$;　(8) $\frac{\pi}{2}$.

2. $\int_0^{2a}dx\int_{\sqrt{2ax-x^2}}^{\sqrt{2ax}} f(x,y)dy=\int_0^a dy\int_{\frac{y^2}{2a}}^{a-\sqrt{a^2-y^2}} f(x,y)dx+\int_0^a dy\int_{a+\sqrt{a^2-y^2}}^{2a} f(x,y)dx+\int_a^{2a}dy\int_{\frac{y^2}{2a}}^{2a} f(x,y)dx.$

3. $\frac{4}{\pi^3}(2+\pi)$.　4. $\frac{9\pi a^2}{4}$.　5. $543\frac{11}{15}$.　6. $\frac{1}{e}$.　7. $-6\pi^2$.　8. $\frac{a^2}{2}\ln 2$.

9. $2a^2$.　10. $\frac{5}{2}$.　11. $\frac{59}{480}\pi$.　12. 2π.　13. 0.　14. $\frac{\pi}{6}-\frac{\sqrt{3}}{8}$.

15. $\frac{3\pi a^3}{2}$.　16. $\lim\limits_{t\to 0^+}\frac{F(t)}{t^{\frac{5}{2}}}=\begin{cases}\frac{4\pi}{5}f'(0), & f(0)=0,\\ \infty, & f(0)\neq 0.\end{cases}$　17. $H=\sqrt{3}R$.

18. 区域(V)的体积为$\frac{5\pi a^3}{6}$和表面积为$\frac{\pi a^2}{6}(6\sqrt{2}+5\sqrt{5}-1)$.　19～22：略.

第十二章　曲线积分与曲面积分

第一节　曲线积分

一、知识要点

1. 第一类曲线积分

性质 1　设 α,β 为常数，则

$$\int_{(L)}[\alpha f(x,y)+\beta g(x,y)]\mathrm{d}s=\alpha\int_{(L)}f(x,y)\mathrm{d}s+\beta\int_{(L)}g(x,y)\mathrm{d}s.$$

性质 2　设 L 由 L_1 和 L_2 两段光滑曲线组成（记为 $L=L_1+L_2$），则

$$\int_{(L_1+L_2)}f(x,y)\mathrm{d}s=\int_{(L_1)}f(x,y)\mathrm{d}s+\int_{(L_2)}f(x,y)\mathrm{d}s.$$

注：　若曲线 L 可分成有限段，而且每一段都是光滑的，我们就称 L 是**分段光滑的**，在以后的讨论中总假定 L 是光滑的或分段光滑的.

性质 3　设在 L 有 $f(x,y)\leqslant g(x,y)$，则 $\int_{(L)}f(x,y)\mathrm{d}s\leqslant\int_{(L)}g(x,y)\mathrm{d}s$.

性质 4（积分中值定理）　设函数 $f(x,y)$ 在光滑曲线 L 上连续，则在 L 上必存在一点 (ξ,η)，使

$$\int_{(L)}f(x,y)\mathrm{d}s=f(\xi,\eta)\cdot s,$$

其中，s 是曲线 L 的长度.

计算 ① 若曲线 L 的方程为：$\begin{cases}x=x(t),\\y=y(t),\end{cases}\quad\alpha\leqslant t\leqslant\beta$，则

$$\int_{(L)}f(x,y)\mathrm{d}s=\int_\alpha^\beta f[x(t),y(t)]\sqrt{x'^2(t)+y'^2(t)}\,\mathrm{d}t,$$

如果曲线 L 的方程为 $y=y(x)$，$a\leqslant x\leqslant b$，则

$$\int_{(L)} f(x,y)\mathrm{d}s = \int_a^b f[x,y(x)]\sqrt{1+y'^2(x)}\,\mathrm{d}x,$$

如果曲线 L 的方程为 $x = x(y), c \leqslant y \leqslant d$，则

$$\int_{(L)} f(x,y)\mathrm{d}s = \int_c^d f[x(y),y]\sqrt{1+x'^2(y)}\,\mathrm{d}y,$$

如果曲线 L 的方程为 $\boldsymbol{r} = \boldsymbol{r}(\theta), \alpha \leqslant \theta \leqslant \beta$，则

$$\int_{(L)} f(x,y)\mathrm{d}s = \int_\alpha^\beta f(\boldsymbol{r}\cos\theta,\boldsymbol{r}\sin\theta)\sqrt{\boldsymbol{r}^2(\theta)+\boldsymbol{r}'^2(\theta)}\,\mathrm{d}\theta.$$

② 若空间曲线 Γ 的方程为：$x = \varphi(t), y = \phi(t), z = \omega(t), t \in [\alpha,\beta]$，则有

$$\int_{(L)} f(x,y,z)\mathrm{d}s = \int_\alpha^\beta f[\varphi(t),\phi(t),\omega(t)]\sqrt{[\varphi'(t)]^2+[\phi'(t)]^2+[\omega'(t)]^2}\,\mathrm{d}t.$$

③ 第一类曲线积分转化的定积分的上下限一定满足：下限 $\leqslant$ 上限. 这是因为，在这里的 L 是无向曲线弧段，因而单从 L 的端点看不出上下限究竟是什么. 这就要从 L 的方程的形式来考虑. 又 $s'(t) > 0 \Rightarrow \lim\limits_{\Delta t\to 0}\dfrac{\Delta s}{\Delta t} > 0$，从而当 Δt 很小时，$\Delta s/\Delta t > 0$. 此时若视 Δs 为 L 上某一段弧的弧长，应有 $\Delta s > 0 \Rightarrow \Delta t > 0$. 这说明此时 t 的变化是由小到大的. 而这里 Δs 正是 Δs_i 的一般形状，故下限 $\leqslant$ 上限.

2. 第二类曲线积分

设 $\boldsymbol{A}(x,y) = P(x,y)\boldsymbol{i} + Q(x,y)\boldsymbol{j}$

$$\int_{(L)} \boldsymbol{A}\cdot\boldsymbol{t}\mathrm{d}s = \int_{(L)} (P\cos\alpha + Q\cos\beta)\mathrm{d}s,$$

平面上的第二类曲线积分在实际应用中常出现的形式是

$$\int_{(L)} P(x,y)\mathrm{d}x + Q(x,y)\mathrm{d}y = \int_{(L)} P(x,y)\mathrm{d}x + \int_{(L)} Q(x,y)\mathrm{d}y.$$

性质 1　设 L 是有向曲线弧，$-L$ 是与 L 方向相反的有向曲线弧，则

$$\int_{(-L)} P(x,y)\mathrm{d}x + Q(x,y)\mathrm{d}y = -\int_{(L)} P(x,y)\mathrm{d}x + Q(x,y)\mathrm{d}y,$$

即第二类曲线积分与积分弧段的方向有关.

性质 2　如设 L 由 L_1 和 L_2 两段光滑曲线组成，则

$$\int_{(L)} P\mathrm{d}x + Q\mathrm{d}y = \int_{(L_1)} P\mathrm{d}x + Q\mathrm{d}y + \int_{(L_2)} P\mathrm{d}x + Q\mathrm{d}y.$$

计算　设曲线满足 $x = x(t)$，$y = y(t)$，

$$\int_{(L)} P(x,y)\mathrm{d}x + Q(x,y)\mathrm{d}y = \int_\alpha^\beta \{P[x(t),y(t)]x'(t) + Q[x(t),y(t)]y'(t)\}\mathrm{d}t.$$

如果曲线 L 的方程为 $y = y(x)$，起点为 a，终点为 b，则

$$\int_{(L)} P\mathrm{d}x + Q\mathrm{d}y = \int_a^b \{P[x,y(x)] + Q[x,y(x)]y'(x)\}\mathrm{d}x.$$

如果曲线 L 的方程为 $x = x(y)$，起点为 c，终点为 d，则

$$\int_{(L)} P\mathrm{d}x+Q\mathrm{d}y=\int_c^d\{P[x(y),y]x'(y)+Q[x(y),y]\}\mathrm{d}y.$$

设Γ是一条定向空间曲线，$\int_{(\Gamma)} P(x,y,z)\mathrm{d}x+Q(x,y,z)\mathrm{d}y+R(x,y,z)\mathrm{d}z$为第二类曲线积分，$\boldsymbol{F}=(P(x,y,z),Q(x,y,z),R(x,y,z))$为向量值函数，$\mathrm{d}\boldsymbol{r}=(\mathrm{d}x,\mathrm{d}y,\mathrm{d}z)$为定向弧长元素(有向曲线元)，若曲线$\Gamma$的参数方程为$\begin{cases}x=x(t)\\y=y(t)\\z=z(t)\end{cases}$，则

$$\begin{aligned}&\int_{(\Gamma)} P(x,y,z)\mathrm{d}x+Q(x,y,z)\mathrm{d}y+R(x,y,z)\mathrm{d}z\\&\quad=\int_a^b[P(x(t),y(t),z(t))x'(t)+Q(x(t),y(t),z(t))y'(t)+R(x(t),y(t),z(t))z'(t)]\mathrm{d}t,\end{aligned}$$

切向量$\boldsymbol{\tau}=(x'(t),y'(t),z'(t))$，单位切向量$\boldsymbol{e}_\tau=(\cos\alpha,\cos\beta,\cos\gamma)$，弧长元素$\mathrm{d}s=\sqrt{x'(t)^2+y'(t)^2+z'(t)^2}\,\mathrm{d}t$，定向弧长元素

$$\begin{aligned}\mathrm{d}\boldsymbol{r}&=(\mathrm{d}x,\mathrm{d}y,\mathrm{d}z)=(x'(t)\mathrm{d}t,y'(t)\mathrm{d}t,z'(t)\mathrm{d}t)=(x'(t),y'(t),z'(t))\mathrm{d}t\\&=\left(\frac{x'(t)}{\sqrt{x'(t)^2+y'(t)^2+z'(t)^2}},\frac{y'(t)}{\sqrt{x'(t)^2+y'(t)^2+z'(t)^2}},\frac{z'(t)}{\sqrt{x'(t)^2+y'(t)^2+z'(t)^2}}\right)\mathrm{d}s\\&=(\cos\alpha,\cos\beta,\cos\gamma)\mathrm{d}s=\boldsymbol{e}_\tau\mathrm{d}s,\end{aligned}$$

$$\begin{aligned}&\int_{(\Gamma)} P(x,y,z)\mathrm{d}x+Q(x,y,z)\mathrm{d}y+R(x,y,z)\mathrm{d}z\\&=\int_{(\Gamma)}\boldsymbol{F}\cdot\mathrm{d}\boldsymbol{r}=\int_{(\Gamma)}\boldsymbol{F}\cdot\boldsymbol{e}_\tau\mathrm{d}s\\&=\int_{(\Gamma)}[P(x,y,z)\cos\alpha+Q(x,y,z)\cos\beta+R(x,y,z)\cos\gamma]\mathrm{d}s\\&=\int_{(\Gamma)}\frac{P(x,y,z)x'(t)+Q(x,y,z)y'(t)+R(x,y,z)z'(t)}{\sqrt{x'(t)^2+y'(t)^2+z'(t)^2}}\mathrm{d}s,\end{aligned}$$

上面的等式表明第二类曲线积分可以化为为第一类曲线积分.

二、习题解答

A

1. 计算下列曲线积分：

(1) $\int_{(C)}(xy)\mathrm{d}s$，$(C)$是抛物线$y=2x^2$在点$(0,0)$与$(1,2)$之间的一段；

(2) $\oint_{(C)}(x^2+y^2)\mathrm{d}s$，$(C)$是圆$x^2+y^2=a^2(a>0)$；

(3) $\int_{(C)}xyz\mathrm{d}s$，(C)是在$(0,0,0)$与$(1,1,1)$之间的直线段；

(4) $\int_{(C)}(x+2y+3z)\mathrm{d}s$,$(C)$ 是圆 $\begin{cases}x^2+y^2+z^2=2,\\ z=1;\end{cases}$

(5) $\oint_{(C)}(x+y)\mathrm{d}s$,$(C)$ 是以$(0,0)$,$(1,0)$ 和$(0,1)$ 为三个顶点的三角形的边界;

(6) $\int_{(C)}|y|\mathrm{d}s$,(C) 是圆 $x^2+y^2=1$;

(7) $\int_{(C)}z\mathrm{d}s$,(C) 是锥形螺旋线 $x=t\cos t, y=t\sin t, z=t(0\leqslant t\leqslant \frac{\pi}{2})$ 上的一段;

(8) $\oint_{(C)}y^2\mathrm{d}s$,$(C)$ 是圆 $\begin{cases}x^2+y^2+z^2=4,\\ x+y+z=0.\end{cases}$

解:计算第一曲线积分,关键是正确求出弧长微元. 同时注意,定积分上限必须大于下限.

(1) $\int_{(C)}(x+y)\mathrm{d}s=\int_0^1 2x^3\sqrt{1+16x^2}\,\mathrm{d}x=\int_0^1 x^2\sqrt{1+16x^2}\,\mathrm{d}x^2=\frac{64}{15}$.

(2) $\oint_{(C)}(x^2+y^2)\mathrm{d}s=\oint_{(C)}a^2\mathrm{d}s=2\pi a^3$.

(3) 令 $x=t, y=t, z=t$,则$\int_{(C)}xyz\,\mathrm{d}s=\int_0^1 t^3\sqrt{1+1+1}\,\mathrm{d}t=\frac{\sqrt{3}}{4}$.

(4) 令 $x=\cos t, y=\sin t, z=1$,则$\int_{(C)}(x+2y+3z)\mathrm{d}s=\int_0^{2\pi}(\cos t+2\sin t+3)\mathrm{d}t=6\pi$.

(5) 令 $O(0,0)$;$A(1,0)$;$B(0,1)$ 则

$$\oint_{(C)}(x+y)\mathrm{d}s=\int_{OA}(x+y)\mathrm{d}s+\int_{AB}(x+y)\mathrm{d}s+\int_{BO}(x+y)\mathrm{d}s$$

$$=\int_0^1 x\mathrm{d}x+\int_0^1\sqrt{2}\,\mathrm{d}x+\int_0^1 y\mathrm{d}y=1+\sqrt{2}.$$

(6) 令 $x=\cos t, y=\sin t$,则$\int_{(C)}|y|\mathrm{d}s=\int_0^{\pi}\sin t\mathrm{d}t+\int_{\pi}^{2\pi}-\sin t\mathrm{d}t=4$.

(7) $\int_{(C)}z\mathrm{d}s=\int_0^{\frac{\pi}{2}}t\sqrt{2+t^2}\,\mathrm{d}t=\frac{1}{2}\int_0^{\frac{\pi}{2}}\sqrt{2+t^2}\,\mathrm{d}(2+t^2)=\frac{1}{3}(2+t^2)^{\frac{3}{2}}\Big|_0^{\frac{\pi}{2}}=\frac{1}{3}[(2+\frac{\pi^2}{4})^{\frac{3}{2}}-2\sqrt{2}]$.

(8) 由对称性得

$$\oint_{(C)}x^2\mathrm{d}s=\oint_{(C)}y^2\mathrm{d}s=\oint_{(C)}z^2\mathrm{d}s,$$

所以,

$$\oint_{(C)}y^2\mathrm{d}s=\frac{1}{3}\oint_{(C)}(x^2+y^2+z^2)\mathrm{d}s=\frac{4}{3}\oint_{(C)}\mathrm{d}s=\frac{4}{3}\times 4\pi=\frac{16}{3}\pi.$$

2. 推导出以下曲线积分的计算公式,其中(C) 由极坐标方程 $\rho=\rho(\varphi)(\alpha\leqslant\varphi\leqslant\beta)$ 给出:

$$\int_{(C)} f(x,y)\mathrm{d}s = \int_{\alpha}^{\beta} f(\rho(\varphi)\cos\varphi, \rho(\varphi)\sin\varphi)\sqrt{\rho'^2(\varphi)+\rho^2(\varphi)}\,\mathrm{d}\varphi.$$

解：令 $x=\rho(\varphi)\cos\varphi, y=\rho(\varphi)\sin\varphi, \alpha\leqslant\varphi\leqslant\beta$，则

$$x'(\varphi)=\rho'(\varphi)\cos\varphi-\rho(\varphi)\sin\varphi,$$

$$y'(\varphi)=\rho'(\varphi)\sin\varphi+\rho'(\varphi)\cos\varphi,$$

$$\begin{aligned}\sqrt{x'(\varphi)^2+y'(\varphi)^2} &= \sqrt{\rho'^2(\varphi)\cos^2\varphi+\rho^2(\varphi)\sin^2\varphi+\rho'^2(\varphi)\sin^2\varphi+\rho^2(\varphi)\cos^2\varphi} \\ &= \sqrt{\rho'^2(\varphi)+\rho^2(\varphi)},\end{aligned}$$

因此

$$\begin{aligned}\int_{(C)} f(x,y)\mathrm{d}s &= \int_{\alpha}^{\beta} f(\rho(\varphi)\cos\varphi, \rho(\varphi)\sin\varphi)\sqrt{x'(\varphi)^2+y'(\varphi)^2}\,\mathrm{d}\varphi \\ &= \int_{\alpha}^{\beta} f(\rho(\varphi)\cos\varphi, \rho(\varphi)\sin\varphi)\sqrt{\rho'^2(\varphi)+\rho^2(\varphi)}\,\mathrm{d}\varphi.\end{aligned}$$

3. 计算下列曲线积分：

(1) $\int_{(C)} \sqrt{x}\,\mathrm{d}s$，$(C)$ 是抛物线 $y=\sqrt{x}$ 在点 $(0,0)$ 与点 $(1,1)$ 之间的一段；

(2) $\oint_{(C)} \sqrt{x^2+y^2}\,\mathrm{d}s$，$(C)$ 是圆 $x^2+y^2=ax\,(a>0)$；

(3) $\oint_{(C)} (x^2+y^2)^n\mathrm{d}s, n\in\mathbf{N}^+$，$(C)$ 是圆 $x^2+y^2=R^2\,(R>0)$；

(4) $\oint_{(C)} |y|\,\mathrm{d}s$，$(C)$ 是双纽线 $(x^2+y^2)^2=a^2(x^2-y^2)\,(a>0)$.

解：(1) $\int_{(C)} \sqrt{x}\,\mathrm{d}s = \int_0^1 y\sqrt{1+4y^2}\,\mathrm{d}y = \frac{1}{12}(1+4y^2)^{\frac{3}{2}}\Big|_0^1 = \frac{5\sqrt{5}-1}{12}.$

(2) 令 $x=\frac{a}{2}+\frac{a}{2}\cos t, y=\frac{a}{2}\sin t$，则

$$\oint_{(C)} \sqrt{x^2+y^2}\,\mathrm{d}s = \int_0^{2\pi}\sqrt{\frac{a^2}{2}(1+\cos t)}\,\frac{a^2}{4}\,\mathrm{d}t = \frac{\sqrt{2}a^2}{4}\int_0^{2\pi}\left|\cos\frac{t}{2}\right|\mathrm{d}t = 2a^2.$$

(3) 令 $x=R\cos t, y=R\sin t$，则

$$\oint_{(C)} (x^2+y^2)^n\mathrm{d}s = \oint_{(C)} R^{2n}\mathrm{d}s = 2\pi R R^{2n} = 2\pi R^{2n+1}.$$

(4) 双纽线的极坐标方程为 $r^2=a^2\cos 2\theta$. 用隐函数求导得

$$rr'=-a^2\sin 2\theta,\quad r'=-\frac{a^2\sin 2\theta}{r},$$

$$\mathrm{d}s=\sqrt{r^2+r'^2}\,\mathrm{d}\theta=\sqrt{r^2+\frac{a^4\sin^2 2\theta}{r^2}}\,\mathrm{d}\theta=\frac{a^2}{r}\mathrm{d}\theta.$$

所以

$$\int_{(L)} |y|\,ds = 4\int_0^{\frac{\pi}{4}} r\sin\theta \cdot \frac{a^2}{r}d\theta = 4a^2\int_0^{\frac{\pi}{4}}\sin\theta d\theta = 2(2-\sqrt{2})a^2.$$

4. 求曲面 $x^2+y^2=4$ 被平面 $x+2z=2$ 和 $z=0$ 所截部分的面积.

解：$S=\oint_{(C)}\left(1-\dfrac{x}{2}\right)ds=\oint_{(C)}1ds-\oint_{(C)}\dfrac{x}{2}ds=4\pi-0=4\pi.$

5. 求曲面 $z=\sqrt{x^2+y^2}$ 含在圆柱 $x^2+y^2=2x$ 里面部分的面积.

解：

$$\begin{aligned}S&=\int_{(S)}dS=\int_{(\sigma)}\sqrt{1+\left(\frac{\partial z}{\partial x}\right)^2+\left(\frac{\partial z}{\partial y}\right)^2}d\sigma\\&=\int_{(\sigma)}\sqrt{1+\left(\frac{x}{\sqrt{x^2+y^2}}\right)^2+\left(\frac{y}{\sqrt{x^2+y^2}}\right)^2}d\sigma\\&=\int_{(\sigma)}\sqrt{2}\,d\sigma=\sqrt{2}\,\pi.\end{aligned}$$

6. 求曲面 $x^{\frac{2}{3}}+y^{\frac{2}{3}}=1$ 含在球 $x^2+y^2+z^2=1$ 里面部分的面积.

解：令 C_1 曲线表示星型线第一象限部分，利用对称性可得

$$\begin{aligned}S&=8\int_{(C_1)}\sqrt{1-x^2-y^2}\,dS\\&=8\int_0^{\frac{\pi}{2}}\sqrt{1-\cos^6\theta-\sin^6\theta}\sqrt{(-3\cos^2\theta\sin\theta)^2+(3\cos\theta\sin^2\theta)^2}\,d\theta\\&=8\cdot 3\int_0^{\frac{\pi}{2}}\cos^2\theta\sin^2\theta dx=24\int_0^{\frac{\pi}{2}}\frac{1-\cos 4\theta}{8}d\theta\\&=24\cdot\left(1-\frac{\sin 4\theta}{8}\right)\Big|_0^{\frac{\pi}{2}}=\frac{3}{2}\pi.\end{aligned}$$

7. 求下列各曲线旋转一周形成的旋转面面积：

(1) 曲线 $y=\sqrt{x}$ 在点(0,0) 和点(1,1) 之间的弧绕 x 轴旋转；

(2) 星形线 $x^{\frac{2}{3}}+y^{\frac{2}{3}}=a^{\frac{2}{3}}$ 绕 x 轴旋转；

(3) 圆 $x^2+y^2=1$ 被直线 $y=\dfrac{1}{\sqrt{2}}$ 所截下的劣弧绕直线 $y=\dfrac{1}{\sqrt{2}}$ 旋转.

解：(1)

$$S=2\pi\int_0^1 yds=2\pi\int_0^1\sqrt{x}\sqrt{1+\frac{1}{4x}}dx=\pi\int_0^1\sqrt{4x+1}\,dx=\frac{\pi}{6}(4x+1)^{\frac{3}{2}}\Big|_0^1=\frac{\pi}{6}(5\sqrt{5}-1).$$

(2) $S=2\times 2\pi\int_0^a yds$

$$\begin{aligned}&=2\times 2\pi\int_0^a\left(a^{\frac{2}{3}}-x^{\frac{2}{3}}\right)^{\frac{3}{2}}\frac{a^{\frac{1}{3}}}{x^{\frac{1}{3}}}dx=4\pi a^{\frac{1}{3}}\int_0^a\left(a^{\frac{1}{3}}-x^{\frac{1}{3}}\right)^{\frac{3}{2}}d\left(\frac{3}{2}x^{\frac{1}{3}}\right)\\&=-\frac{12}{5}\pi a^{\frac{1}{3}}\left(a^{\frac{2}{3}}-x^{\frac{2}{3}}\right)^{\frac{5}{2}}\Big|_0^a=\frac{12}{5}\pi a^2.\end{aligned}$$

(3) $y=\sqrt{1-x^2}-\frac{1}{\sqrt{2}}, y'=\frac{-x}{\sqrt{1-x^2}}, \mathrm{d}s=\sqrt{1+y'^2}\,\mathrm{d}x=\frac{1}{\sqrt{1-x^2}}\mathrm{d}x$,

$$S=2\times 2\pi\int_0^{1/\sqrt{2}} y\,\mathrm{d}s=4\pi\int_0^{1/\sqrt{2}}\left(\sqrt{1-x^2}-\frac{1}{\sqrt{2}}\right)\frac{1}{\sqrt{1-x^2}}\mathrm{d}x$$

$$=4\pi\int_0^{1/\sqrt{2}}\left(1-\frac{1}{\sqrt{2}}\frac{1}{\sqrt{1-x^2}}\right)\mathrm{d}x=2\sqrt{2}\pi\left(1-\frac{\pi}{4}\right).$$

8. 计算积分 $\int_{(C)}\boldsymbol{F}\cdot\mathrm{d}\boldsymbol{r}$,其中,$\boldsymbol{F}=y\boldsymbol{i}-x\boldsymbol{j}$ 且 (C) 为

(1) 从点 $(1,0)$ 到 $(0,1)$ 的直线段;

(2) 从点 $(1,0)$ 到 $(0,1)$ 的上半圆周 $x^2+y^2=1$;

(3) 从点 $(1,0)$ 到 $(0,1)$ 的下半圆周 $(x-1)^2+(y-1)^2=1$.

解:(1) $\int_{(C)}F\cdot\mathrm{d}\boldsymbol{r}=\int_{(C)}(y\mathrm{d}x-x\mathrm{d}y)=\int_0^1[(1-x)\mathrm{d}x+x\mathrm{d}x]=1$.

(2) $\int_{(C)}F\cdot\mathrm{d}\boldsymbol{r}=\int_{(C)}(y\mathrm{d}x-x\mathrm{d}y)=\int_0^{\frac{\pi}{2}}(-\sin^2 t-\cos^2 t)\mathrm{d}t=-\frac{\pi}{2}$.

(3) $\int_{(C)}F\cdot\mathrm{d}\boldsymbol{r}=\int_{(C)}(y\mathrm{d}x-x\mathrm{d}y)=\int_0^{\frac{\pi}{2}}(-\sin^2 t-\sin t-\cos^2 t-\cos t)\mathrm{d}t=-2-\frac{\pi}{2}$.

9. 计算下列曲线积分:

(1) $\int_{(C)}(x^2\mathrm{d}x+y^2\mathrm{d}y)$,$(C)$ 是曲线 $y=\sqrt{x}$ 对应于从 $x=0$ 到 $x=1$ 的那一段.

(2) $\int_{(C)}(y^2\mathrm{d}x+x^2\mathrm{d}y)$,$(C)$ 是 $y=x^3$,从点 $(0,0)$ 到点 $(1,1)$ 上的一段.

(3) $\int_{(C)}[xy\mathrm{d}x+(y-x)\mathrm{d}y]$,$(C)$ 是从点 $(0,0)$ 到点 $(1,1)$ 的下列曲线段:

① 直线 $y=x$,

② 抛物线 $y=x^2$,

③ 立方抛物线 $y=x^3$.

(4) $\oint_{(C)}(y\mathrm{d}x-x\mathrm{d}y)$,$(C)$ 是椭圆 $\frac{x^2}{a^2}+\frac{y^2}{b^2}=1(a>0,b>0)$ 的正向.

(5) $\int_{(C)}[x\mathrm{d}x+y\mathrm{d}y+(x+y-z)\mathrm{d}z]$,$(C)$ 是从点 $(1,1,1)$ 到点 $(2,3,4)$ 的直线段.

(6) $\int_{(C)}[(y^2-z^2)\mathrm{d}x+2yz\mathrm{d}y-x^2\mathrm{d}z]$,$(C)$ 是弧段 $x=t, y=t^2, z=t^3(0\leqslant t\leqslant 1)$,其正向为 t 增加的方向.

(7) $\oint_{(C)}[(z-y)\mathrm{d}x+(x-z)\mathrm{d}y+(x-y)\mathrm{d}z]$,$(C)$ 是圆 $\begin{cases}x^2+y^2=1\\ z=0\end{cases}$ 的逆时针方向.

(8) $\oint_{(C)}(y^2\mathrm{d}x+z^2\mathrm{d}y+x^2\mathrm{d}z)$,$(C)$ 是曲线 $\begin{cases}x^2+y^2+z^2=R^2,\\ x^2+y^2=Rx,\end{cases}$ $(R>0,z\geqslant 0)$ 其正向为从 z 轴正向看逆时针方向.

(9) $\oint_{(C)}(y\mathrm{d}x+z\mathrm{d}y+x\mathrm{d}z)$，$(C)$ 是曲线 $\begin{cases}x^2+y^2+z^2=2(x+y),\\ x+y=2,\end{cases}$ 其正向是从原点(0，0)看去逆时针方向.

解：(1) $\int_{(C)}(x^2\mathrm{d}x+y^2\mathrm{d}y)=\int_{(C)}(2y^5\mathrm{d}y+y^2\mathrm{d}y)=\dfrac{2}{3}$.

(2) $\int_{(C)}(y^2\mathrm{d}x+x^2\mathrm{d}y)=\int_0^1(x^6\mathrm{d}x+x^2 3x^2\mathrm{d}x)=\int_0^1(x^6+3x^4)\mathrm{d}x=\dfrac{1}{7}+\dfrac{3}{5}=\dfrac{26}{35}$.

(3) ① $\int_{(C)}(xy\mathrm{d}x+(y-x)\mathrm{d}y)=\int_0^1 x^2\mathrm{d}x=\dfrac{1}{3}$，

② $\int_{(C)}[xy\mathrm{d}x+(y-x)\mathrm{d}y]=\int_0^1[x^3\mathrm{d}x+(x^2-x)\cdot 2x\mathrm{d}x]=\int_0^1(3x^3-2x^2)\mathrm{d}x=\dfrac{3}{4}-\dfrac{2}{3}=\dfrac{1}{12}$，

③ $\int_{(C)}[xy\mathrm{d}x+(y-x)\mathrm{d}y]=\int_0^1[x^4\mathrm{d}x+(x^3-x)\cdot 3x^2\mathrm{d}x]=\int_0^1(3x^5+x^4-3x^3)\mathrm{d}x=-\dfrac{1}{20}$.

(4) $\oint_{(C)}(y\mathrm{d}x-x\mathrm{d}y)=\int_0^{2\pi}(-b\sin t a\sin t-a\cos t b\cos t)\mathrm{d}t=-ab\int_0^{2\pi}\mathrm{d}t=-2\pi ab$.

(5) 令 $x=1+t,y=1+2t,z=1+3t$，则

$$\int_{(C)}[x\mathrm{d}x+y\mathrm{d}y+(x+y-z)\mathrm{d}z]=\int_0^1[(1+t)+2(1+2t)+3]\mathrm{d}t=3\int_0^1(t+2)\mathrm{d}t=7\frac{1}{2}.$$

(6)

$$\begin{aligned}\int_{(C)}[(y^2-z^2)\mathrm{d}x+2yz\mathrm{d}y-x^2\mathrm{d}z]&=\int_0^1[(t^4-t^6)\mathrm{d}t+4t^6\mathrm{d}t-3t^4\mathrm{d}t]\\&=\int_0^1(3t^6-2t^4)\mathrm{d}t=\frac{1}{35}.\end{aligned}$$

(7)

$$\begin{aligned}\oint_{(C)}[(z-y)\mathrm{d}x+(x-z)\mathrm{d}y+(x-y)\mathrm{d}z]&=\oint_{(C)}(-y\mathrm{d}x+x\mathrm{d}y)\\&=\int_0^{2\pi}(\sin t\sin t+\cos t\cos t)\mathrm{d}t=2\pi.\end{aligned}$$

(8) 令 $x=\dfrac{R}{2}+\dfrac{R}{2}\cos t,y=\dfrac{R}{2}\sin t,z=R\sin\dfrac{t}{2}$，则

$$\begin{aligned}&\oint_{(C)}(y^2\mathrm{d}x+z^2\mathrm{d}y+x^2\mathrm{d}z)\\&=\int_0^{2\pi}\left(-\frac{R^3\sin^3 t}{8}+\frac{R^3}{2}\sin^2\frac{t}{2}\cos t+\frac{R^3}{2}\cos^3\frac{t}{2}\right)\mathrm{d}t\\&=\int_0^{2\pi}-\frac{R^3(1-\cos^2 t)}{8}\mathrm{d}(\cos t)+\frac{R^3}{2}\int_0^{2\pi}\frac{1}{2}(1-\cos t)\cos t\mathrm{d}t+R^3\int_0^{2\pi}\left(1-\sin^2\frac{t}{2}\right)\mathrm{d}\left(\sin\frac{t}{2}\right)\\&=0-\frac{\pi}{4}R^3+0=-\frac{\pi}{4}R^3.\end{aligned}$$

(9) $\oint_{(C)}(y\mathrm{d}x+z\mathrm{d}y+x\mathrm{d}z)=\iint_{(S)}(-1,-1,-1)\cdot(-\dfrac{\sqrt{2}}{2},-\dfrac{\sqrt{2}}{2},0)\mathrm{d}S=\sqrt{2}\iint_{(S)}\mathrm{d}S=2\sqrt{2}\pi$.

10. 把第二类曲线积分 $\int_{(C)}[P(x,y)\mathrm{d}x+Q(x,y)\mathrm{d}y]$ 化为第一类曲线积分,其中(C) 为

(1) 以 R 为半径,从点 $A(R,0)$ 到点 $B(-R,0)$ 的上半圆;

(2) 从点 $A(R,0)$ 到点 $B(-R,0)$ 的直线段.

解:(1) 令 $x=R\cos t, y=R\sin t$,则

$$\begin{aligned}
&\int_{(C)}[P(x,y)\mathrm{d}x+Q(x,y)\mathrm{d}y]\\
&=\int_0^{\pi}[-\sin t\,P(R\cos t,R\sin t)+\cos t\,Q(R\cos t,R\sin t)]\mathrm{d}t\\
&=\int_0^{\pi}[-\sin t\,P(R\cos t,R\sin t)+\cos t\,Q(R\cos t,R\sin t)]\frac{\sqrt{\sin^2 t+\cos^2 t}}{\sqrt{\sin^2 t+\cos^2 t}}\mathrm{d}t\\
&=\int_{(C)}[-\sin t\,P(R\cos t,R\sin t)+\cos t\,Q(R\cos t,R\sin t)]\mathrm{d}s.
\end{aligned}$$

(2)
$$\begin{aligned}
\int_{(C)}[P(x,y)\mathrm{d}x+Q(x,y)\mathrm{d}y]&=\int_{(C)}P(x,y)\mathrm{d}x=\int_{(C)}P(x,0)\mathrm{d}x\\
&=\int_R^{-R}P(x,0)\mathrm{d}x=\int_{(C)}[P(x,0)]\mathrm{d}s.
\end{aligned}$$

11. 把第二类曲线积分 $\int_{(C)}[P(x,y,z)\mathrm{d}x+Q(x,y,z)\mathrm{d}y+R(x,y,z)\mathrm{d}z]$ 化为第一类曲线积分,其中(C) 为弧 $x=t, y=t^2, z=t^3$ 从点$(1,1,1)$ 到点$(0,0,0)$ 的一段.

解:由 $x=t, y=t^2, z=t^3$ 得

$$\mathrm{d}x=\mathrm{d}t,\quad \mathrm{d}y=2t\mathrm{d}t=2x\mathrm{d}t,\quad \mathrm{d}z=3t^2\mathrm{d}t=3y\mathrm{d}t,$$
$$\mathrm{d}s=\sqrt{1+4x^2+9y^2}\,\mathrm{d}t,$$

故

$$\cos\alpha=\frac{\mathrm{d}x}{\mathrm{d}s}=\frac{1}{\sqrt{1+4x^2+9y^2}},$$
$$\cos\beta=\frac{\mathrm{d}y}{\mathrm{d}s}=\frac{2x}{\sqrt{1+4x^2+9y^2}},$$
$$\cos\gamma=\frac{\mathrm{d}z}{\mathrm{d}s}=\frac{3y}{\sqrt{1+4x^2+9y^2}},$$

所以

$$\int_{(L)}(P\mathrm{d}x+Q\mathrm{d}y+R\mathrm{d}z)=\int_{(L)}\frac{P+2xQ+3yR}{\sqrt{1+4x^2+9y^2}}\mathrm{d}s.$$

12. 设 $F=\left(\frac{y}{x^2+y^2},\frac{-x}{x^2+y^2}\right)$ 是 xOy 平面上的力场并设(C) 是圆周 $x=a\cos t, y=a\sin t(0\leqslant t\leqslant 2\pi, a>0)$. 设一质点沿$(C)$ 逆时针方向运动一周,求力场所做的功.

解:
$$\begin{aligned}
W&=\oint_{(C)}\left(\frac{y}{x^2+y^2}\mathrm{d}x+\frac{-x}{x^2+y^2}\mathrm{d}y\right)=\oint_{(C)}\left(\frac{y}{a^2}\mathrm{d}x+\frac{-x}{a^2}\mathrm{d}y\right)\\
&=\int_0^{2\pi}\left[\frac{\sin t}{a^2}(-a\sin t)+\frac{-a\cos t}{a^2}a\cos t\right]\mathrm{d}t=-\int_0^{2\pi}\mathrm{d}t=-2\pi.
\end{aligned}$$

13. 计算下列曲线积分：

(1) $\oint\limits_{(S)}[y(z+1)\mathrm{d}x+z(x+1)\mathrm{d}y+x(y+1)\mathrm{d}z]$，(C) 为球面 $x^2+y^2+z^2=R^2$ 在第一卦限部分的边界曲线，其正向与球面在第一卦限的外法线方向构成右手系.

(2) 计算曲线积分

$$\oint\limits_{(\Gamma)}[(y^2-z^2)\mathrm{d}x+(z^2-x^2)\mathrm{d}y+(x^2-y^2)\mathrm{d}z],$$

其中，Γ 是平面 $x+y+z=\dfrac{3}{2}$ 截立方体：$0\leqslant x\leqslant 1, 0\leqslant y\leqslant 1, 0\leqslant z\leqslant 1$ 的表面所得的截痕，若从 Ox 轴的正向看去，取逆时针方向.

(3) $\int\limits_{(S)}\boldsymbol{F}\cdot\mathrm{d}\boldsymbol{r}, \boldsymbol{F}=(3x^2-3yz+2xz)\boldsymbol{i}+(3y^2-3yz+z^2)\boldsymbol{j}+(3z^2-3xy+x^2+2yz)\boldsymbol{k}$，(C) 是曲线 $x^2+y^2=1, z=0$ 的正向.

解：(1)

$$\begin{aligned}&\oint\limits_{(S)}[y(z+1)\mathrm{d}x+z(x+1)\mathrm{d}y+x(y+1)\mathrm{d}z]\\&=\int\limits_{(S_1)}+\int\limits_{(S_2)}+\int\limits_{(S_3)}\\&=\int\limits_{(S_1)}z\mathrm{d}y+\int\limits_{(S_2)}x\mathrm{d}z+\int\limits_{(S_3)}y\mathrm{d}x\\&=3\int\limits_{(S_3)}y\mathrm{d}x=3\int_0^{\frac{\pi}{2}}\sin^2 t\mathrm{d}t=\frac{3\pi}{4}.\end{aligned}$$

(2) 取为 Σ 平面 $x+y+z=\dfrac{3}{2}$ 的上侧被 Γ 所围成的部分，如题 13(2) 图所示，则 $\boldsymbol{n}=\dfrac{1}{\sqrt{3}}\{1,1,1\}$，即 $\cos\alpha=\cos\beta=\cos\gamma=\dfrac{1}{\sqrt{3}}$，所以

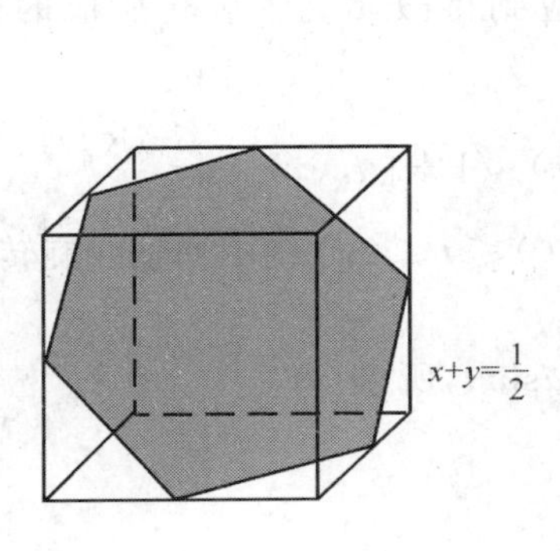

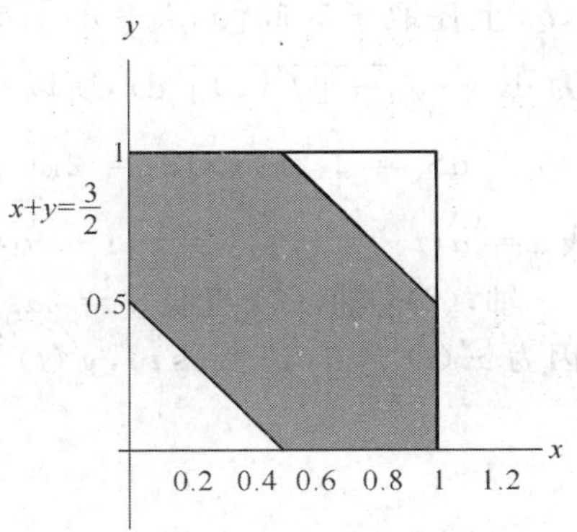

题 13(2) 图

$$I=\iint\limits_{(\Sigma)}\begin{vmatrix}\frac{1}{\sqrt{3}} & \frac{1}{\sqrt{3}} & \frac{1}{\sqrt{3}}\\ \frac{\partial}{\partial x} & \frac{\partial}{\partial y} & \frac{\partial}{\partial z}\\ y^2-z^2 & z^2-x^2 & x^2-y^2\end{vmatrix}\mathrm{d}S$$

$$=-\frac{4}{\sqrt{3}}\iint\limits_{(\Sigma)}(x+y+z)\mathrm{d}S\left(\text{因为在 }\Sigma\text{ 上 }x+y+z=\frac{3}{2}\right)$$

$$=-\frac{4}{\sqrt{3}}\cdot\frac{3}{2}\iint\limits_{(\Sigma)}\mathrm{d}S=-2\sqrt{3}\iint\limits_{(D_{xy})}\sqrt{3}\,\mathrm{d}x\mathrm{d}y=-\frac{9}{2}.$$

(3)

$$\int\limits_{(S)}\boldsymbol{F}\cdot\mathrm{d}\boldsymbol{r}=\int\limits_{(S)}[(3x^2-3yz+2xz)\mathrm{d}x+(3y^2-3yz+z^2)\mathrm{d}y+(3z^2-3xy+x^2+2yz)\mathrm{d}z]$$

$$=\int\limits_{(S)}(3x^2\mathrm{d}x+3y^2\mathrm{d}y)=\int_0^{2\pi}(-3\sin t\cos^2 t\mathrm{d}t+3\sin^2 t\cos t\mathrm{d}t)$$

$$=-3\int_0^{2\pi}\sin t\cos^2 t\mathrm{d}t+3\int_0^{2\pi}\cos t\sin^2 t\mathrm{d}t$$

$$=0.$$

B

1. 求平面 $x+y=1$ 被坐标平面和曲面 $z=xy$ 所截的在第一卦限内部分的面积.

解：$C:x+y=1$，

$$S=\int\limits_{(C)}xy\mathrm{d}S=\int_0^1 x(1-x)\sqrt{2}\,\mathrm{d}x=\sqrt{2}\left(\frac{x^2}{2}-\frac{x^3}{3}\right)\bigg|_0^1=\frac{\sqrt{2}}{6}.$$

2. 求光滑平面曲线 $y=f(x)(a\leqslant x\leqslant b,f(x)>0)$ 绕 x 轴旋转一周形成的旋转曲面面积.

解：在$[a,b]$上任取子区间$[x,x+\mathrm{d}x]$，对应到得微元绕轴旋转所成的曲面 $\mathrm{d}S_x=2\pi f(x)\mathrm{d}s$，因为 $\mathrm{d}s=\sqrt{1+[f'(x)]^2}\,\mathrm{d}x$，所以

$$\mathrm{d}S_x=\int_a^b 2\pi f(x)\mathrm{d}s=2\pi\int_a^b f(x)\sqrt{1+[f'(x)]^2}\,\mathrm{d}x.$$

3. 求曲线 $x=a(t-\sin t),y=a(1-\cos t)(0\leqslant t\leqslant 2\pi)$ 绕下列轴线旋转形成的旋转面的面积：(1) x 轴；(2) y 轴；(3) 直线 $y=2a$.

解：(1) 因为 $x'(t)=a(1-\cos t),y'(t)=a\sin t$，所以

$$\frac{\mathrm{d}y}{\mathrm{d}x}=\frac{a\sin t}{a(1-\cos t)},$$

$$\mathrm{d}s=\sqrt{1+\left(\frac{\mathrm{d}y}{\mathrm{d}x}\right)^2}\,\mathrm{d}x=\frac{\sqrt{2}}{\sqrt{1-\cos t}}\mathrm{d}x$$

$$=\frac{\sqrt{2}}{\sqrt{1-\cos t}}a(1-\cos t)\mathrm{d}t=\sqrt{2}a\sqrt{1-\cos t}\,\mathrm{d}t,$$

于是

$$S_x=2\pi\int_0^{2\pi}a(1-\cos t)\sqrt{2}a\sqrt{1-\cos t}\,\mathrm{d}t$$

$$=2\sqrt{2}\pi a^2\int_0^{2\pi}(1-\cos t)^{\frac{3}{2}}\mathrm{d}t=8\pi a^2\int_0^{2\pi}\sin^{\frac{3}{2}}\frac{t}{2}\mathrm{d}t$$

$$\overset{u=\frac{t}{2}}{=}16\pi a^2\int_0^{\pi}\sin^3 u\mathrm{d}u=16\pi a^2\int_0^{\pi}(\cos^2 u-1)\mathrm{d}u$$

$$=\frac{64}{3}\pi a^2.$$

(2) 绕 y 轴旋转一周所成曲面可视为两段弧绕 y 轴一周所成曲面的和，所以利用上题结果得

$$S_y=2\pi\int_0^{2\pi}x_1\mathrm{d}s+\int_0^{2\pi}x_2\mathrm{d}s=2\pi\cdot\pi a\int_0^{2\pi}\mathrm{d}s,$$

$$\mathrm{d}s=\sqrt{1+\left(\frac{\mathrm{d}x}{\mathrm{d}y}\right)^2}\,\mathrm{d}x=\sqrt{1+\left(\frac{1-\cos t}{\sin t}\right)^2}a\sin t\mathrm{d}t$$

$$=\sqrt{2}\cdot\sqrt{1-\cos t}\,\mathrm{d}t,$$

$$S_y=2\pi\cdot 2\pi a\cdot a\int_0^{2\pi}\sqrt{2}\sqrt{1-\cos t}\,\mathrm{d}t$$

$$=4\sqrt{2}\pi^2a^2\int_0^{\pi}\sqrt{2}\sin\frac{t}{2}\mathrm{d}t=8\pi^2a^2\left(-\cos\frac{t}{2}\right)\Big|_0^{\pi}$$

$$=18\pi^2a^2.$$

(3) 绕直线 $y=2a$ 相当于作平移 $\bar{x}=x,\bar{y}=-a(1+\cos t)$，于是

$$S_y=\left|2\pi\int_0^{2\pi}[-a(1+\cos t)]\sqrt{a}\cdot a\cdot\sqrt{1-\cos t}\,\mathrm{d}t\right|$$

$$=\left|4\cdot 2\pi a^2\int_0^{\pi}-a(1+\cos 2u)\sin u\mathrm{d}u\right|$$

$$=\left|8\pi a^2\int_0^{\pi}2\cos^2 u\mathrm{d}u\right|=\frac{32}{3}\pi a^2.$$

4. 求平面曲线 $x^2+(y-b)^2=a^2(b\geqslant a)$ 绕 x 轴旋转一周所形成的圆环的面积.

解：将曲面分为上半圆周 $y_1=b+\sqrt{a^2+x^2}$ 和下半圆周 $y_1=b-\sqrt{a^2+x^2}$，则面积为

$$S_x = 2\pi\int_{-a}^{a}(b+\sqrt{a^2+x^2})\frac{a}{\sqrt{a^2-x^2}}dx + 2\pi\int_{-a}^{a}(b-\sqrt{a^2+x^2})\frac{a}{\sqrt{a^2-x^2}}dx$$

$$= 2\pi\cdot 2b\int_{-a}^{a}\frac{a}{\sqrt{a^2-x^2}}dx$$

$$= 8\pi ab\arcsin\frac{x}{a}\Big|_0^a = 4\pi^2 ab.$$

5. 一电线的形状为半圆形 $x = a\cos t, y = a\sin t(0\leqslant t\leqslant \pi)$ 且在其上任一点处的线密度大小都与该点的纵坐标相等.求该电线的质量.

解:质量微元

$$dm = yds = a\sin t\sqrt{(-a\sin t)^2+(a\cos t)^2}dt,$$

故

$$m = \int_{(C)} yds = \int_0^{\pi} a\sin t\sqrt{(-a\sin t)^2+(a\cos t)^2}dt$$

$$= a^2\int_0^{\pi}\sin tdt = a^2(-\cos t)\Big|_0^{\pi} = 2a^2.$$

6. 设曲线 $y = \frac{2\sqrt{x}}{3}$ 上任意一点 P 的线密度 ρ 与原点到该点的弧长成正比.求此弧在点 $(0,0)$ 和点 $(4,\frac{16}{3})$ 之间部分的质量.

解:由 $ds = \sqrt{1+(\frac{dy}{dx})^2}$ 可得密度函数为

$$\rho(x) = k\int_{(C_x)} 1ds = k\int_0^x \sqrt{1+\left(\frac{dy}{dx}\right)^2}dx = \int_0^x \sqrt{1+x}dx$$

$$= k\frac{2}{3}(1+x)^{\frac{3}{2}}\Big|_0^x = k\frac{2}{3}[(1+x)^{\frac{3}{2}}-1],$$

弧在点 $(0,0)$ 和点 $(4,\frac{16}{3})$ 之间的质量为

$$m = \int_{(C)} k\frac{2}{3}[(1+x)^{\frac{3}{2}}-1]ds = \int_0^4[(1+x)^{\frac{3}{2}}-1]\sqrt{1+x}dx$$

$$= \frac{2k}{3}\int_0^4[(1+x)^2-\sqrt{1+x}]dx = \frac{2k}{9}(1+x)^3\Big|_0^4 + \frac{4k}{9}(1+x)^{\frac{3}{2}}\Big|_0^4$$

$$= \left(\frac{2}{9}5^4 - \frac{4}{9}5^{\frac{3}{2}} + \frac{2}{9}\right)k.$$

7. 设螺旋线 $x = a\cos\theta, y = a\sin\theta, z = k\theta(0\leqslant\theta\leqslant 2\pi)$ 的线密度为

$$\rho(x,y,z) = x^2+y^2+z^2,$$

(1) 求螺旋线对 z 轴的转动惯量;

(2) 求螺旋线的质心.

解：$M = \int_{(L)} \rho(x,y,z)\mathrm{d}s$

$$= \int_0^{2\pi} (a^2\cos^2 t + a^2\sin^2 t + k^2t^2)\cdot \sqrt{a^2\sin^2 t + a^2\cos^2 t + k^2}\,\mathrm{d}t.$$

(1) $I_z = \int_{(L)} (x^2+y^2)\rho(x,y,z)\mathrm{d}s = \int_0^{2\pi} (x^2+y^2)(x^2+y^2+z^2)\mathrm{d}s$

$$= \int_0^{2\pi} a^2(a^2+k^2t^2)\sqrt{a^2+k^2}\,\mathrm{d}t = \frac{2}{3}\pi a^2\sqrt{a^2+k^2}(3a^2+4\pi^2k^2).$$

(2) $\overline{x} = \frac{1}{M}\int_{(L)} x\rho(x,y,z)\mathrm{d}s = \frac{1}{M}\int_0^{2\pi} a\cos t(a^2+k^2t^2)\sqrt{a^2+k^2}\,\mathrm{d}t$

$$= \frac{6ak^2}{3a^2+4\pi^2k^2},$$

$\overline{y} = \frac{1}{M}\int_{(L)} y\rho(x,y,z)\mathrm{d}s = \frac{1}{M}\int_0^{2\pi} a\sin t(a^2+k^2t^2)\sqrt{a^2+k^2}\,\mathrm{d}t$

$$= \frac{-6\pi ak^2}{3a^2+4\pi^2k^2},$$

$\overline{z} = \frac{1}{M}\int_{(L)} z\rho(x,y,z)\mathrm{d}s = \frac{1}{M}\int_0^{2\pi} kt(a^2+k^2t^2)\sqrt{a^2+k^2}\,\mathrm{d}t$

$$= \frac{3\pi k(a^2+2\pi^2kh2)}{3a^2+4\pi^2k^2}.$$

8. 设球体半径为 R 且均匀分布，若一单位质量的质点 A 与球心的距离为 $a\,(a>R)$，求质点所受的万有引力.

解：建立坐标系，以球心为坐标原点，质点 A 在 z 轴正向上.

显然有 $F'_x = 0, F'_y = 0$，而

$$F'_z = \iint_{(S)} \frac{\rho(z-a)}{(x^2+y^2+(a-z)^2)^{\frac{3}{2}}}\mathrm{d}s,$$

用球面坐标系，由

$$x = R\sin\theta\cos\varphi,\quad y = \sin\theta\sin\varphi,\quad z = R\cos\theta,$$

$$\mathrm{d}s = R^2\sin\theta\mathrm{d}\varphi\mathrm{d}\theta,\quad r = \sqrt{R^2+a^2-2Ra\cos\theta},$$

于是

$$F = \rho\int_0^{2\pi}\mathrm{d}\varphi\int_0^{\pi} \frac{(R\cos\theta-a)R^2\sin\theta}{(R^2+a^2-2Ra\cos\theta)^{\frac{3}{2}}}\mathrm{d}\theta$$

$$= 2\pi\rho\int_0^{\pi} \frac{(R\cos\theta-a)R^2\sin\theta}{(R^2+a^2-2Ra\cos\theta)^{\frac{3}{2}}}\mathrm{d}\theta,$$

令

$$R^2+a^2-2Ra\cos\theta = t^2,$$

$$\sin\theta\mathrm{d}\theta = \frac{t}{Ra}\mathrm{d}t,\quad \cos\theta\mathrm{d}\theta = \frac{t^2-R^2-a^2}{-2a},$$

则

$$F=\frac{\pi\rho R}{a^2}\int_{R-a}^{R+a}\left(\frac{R^2-a^2}{t^2}-1\right)\mathrm{d}t$$

$$=\frac{\pi\rho R}{a^2}\left[-\frac{R^2-a^2}{t}-t\right]\Bigg|_{R-a}^{R+a}=-\frac{4\pi\rho R^2}{a^2}.$$

9. 作用在椭圆 $x=a\cos t, y=b\sin t$ 上任一点 M 的力 F 大小等于 M 与椭圆中心的距离，且其方向始终指向椭圆中心. 一质量为 m 的质点 P 沿着椭圆的正同运动. 求：

(1) 当质点 P 穿过第一象限的弧段时，力 F 所做的功；

(2) 当质点 P 遍历椭圆周时，力 F 所做的功.

解：由 $F=-x\boldsymbol{i}-y\boldsymbol{j}$，

(1)

$$W=\int_{(C_1)}(-x)\mathrm{d}x-y\mathrm{d}y$$

$$=\int_0^{\frac{\pi}{2}}[-a\cos t(-a\sin t)-b\sin t(b\cos t)]\mathrm{d}t$$

$$=\int_0^{\frac{\pi}{2}}(a^2-b^2)\sin t\cos t\mathrm{d}t,$$

$$=(a^2-b^2)(\frac{1}{2}\sin^2 t)\Bigg|_0^{\frac{\pi}{2}}=\frac{a^2-b^2}{2}.$$

(2) 因为是闭曲线，且 $\dfrac{\partial P}{\partial y}=0, \dfrac{\partial Q}{\partial x}=0$，故

$$W=\int_{(C)}(-x)\mathrm{d}x-y\mathrm{d}y=\iint_{(\sigma)}0\mathrm{d}x\mathrm{d}y=0,$$

也可直接积分得

$$W=\int_{(C)}(-x)\mathrm{d}x-y\mathrm{d}y=\int_0^{2\pi}(a^2-b^2)\sin t\cos t\mathrm{d}t$$

$$=(a^2-b^2)\left(\frac{1}{2}\sin^2 t\right)\Bigg|_0^{2\pi}=0.$$

10. 利用曲线积分的定义证明第二类曲线积分的计算公式：

$$\int_{(C)}P(x,y,z)\mathrm{d}x=\int_\alpha^\beta P[x(t),y(t),z(t)]\dot{x}(t)\mathrm{d}t.$$

其中，(C) 的方程为 $\boldsymbol{r}=(x(t),y(t),z(t))(\alpha\leqslant t\leqslant\beta)$.

证明：在 (C) 取点列

$$A=M_0,M_1,M_2,\cdots,M_{n-1},M_n=B,$$

其对应参数值为 $\alpha=t_0,t_1,t_2,\cdots,t_{n-1},t_n=\beta$. 由对坐标的线积分的定义

$$\int_{(C)}P(x,y,z)\mathrm{d}x=\lim_{d\to 0}\sum_{k=1}^n P(\xi_k,\eta_k,\zeta_k)\Delta x_k,$$

设 $\xi_k = x(\tau_k), \eta_k = y(\tau_k), \zeta_k = z(\tau_k), t_{k-1} \leqslant \tau_k \leqslant t_k$，而 $\Delta x_k = x_k - x_{k-1} = x(t_k) - x(t_{k-1})$，由微分中值定理知 $\Delta x_k = x'(\tau'_k)\Delta(t_k)$，这里 $\Delta t_k = t_k - t_{k-1}$，$\tau'_k$ 在 t_k 和 t_{k-1} 之间，于是

$$\int_{(C)} P(x,y,z)\mathrm{d}x = \lim_{d\to 0}\sum_{k=1}^{n} P(x(\tau_k), y(\tau_k), z(\tau_k))x\tau'_k\Delta t_k,$$

由 $x(t)$ 的连续性，将 τ_k' 换成 τ_k，得

$$\begin{aligned}\int_{(C)} P(x,y,z)\mathrm{d}x &= \lim_{d\to 0}\sum_{k=1}^{n} P(x(\tau_k), y(\tau_k), z(\tau_k))x\tau_k\Delta t_k \\ &= \int_{\alpha}^{\beta} P[x(t), y(t), z(t)]\dot{x}(t)\mathrm{d}t.\end{aligned}$$

11. 在过点 $O(0,0)$ 和点 $A(n,0)$ 的曲线段族 $y = a\sin x (a > 0)$ 中，求曲线(C) 使得沿着曲线(C) 从点 O 到点 A 的第二类线积分 $\int_{(C)}[(1+y^3)\mathrm{d}x + (2x+y)\mathrm{d}y]$ 的值最小.

解：

$$\begin{aligned}&\int_{(C)}[(1+y^3)\mathrm{d}x + (2x+y)\mathrm{d}y] \\ &= \int_0^{\pi}[1 + a^3\sin^3 x + (2x + a\sin x)a\cos x]\mathrm{d}x \\ &= \int_0^{\pi}[1 + a^3\sin^3 x + 2xa\cos x + a^2\sin x\cos x]\mathrm{d}x \\ &= \pi + a^3\int_0^{\pi}\sin^3 x\mathrm{d}x + 2a\int_0^{\pi}x\cos x\mathrm{d}x + \frac{a^2}{2}\int_0^{\pi}\sin 2x\mathrm{d}x,\end{aligned}$$

分别计算上式中的各项得

$$\int_0^{\pi}\sin^3 x\mathrm{d}x = -\int_0^{\pi}(1-\cos^2 x)\mathrm{d}(\cos x) = -\cos x\Big|_0^{\pi} + \frac{\cos^3 x}{3}\Big|_0^{\pi} = \frac{4}{3},$$

$$\int_0^{\pi}x\cos x\mathrm{d}x = x\sin x\Big|_0^{\pi} - \int_0^{\pi}\sin x\mathrm{d}x = \cos x\Big|_0^{\pi} = -2,$$

$$\int_0^{\pi}\sin 2x\mathrm{d}x = \frac{-\cos 2x}{2}\Big|_0^{\pi} = 0,$$

因此 $\int_{(C)}[(1+y^3)\mathrm{d}x + (2x+y)\mathrm{d}y] = \pi + \frac{4}{3}a^3 - 4a$. 以下求函数 $f(a) = \pi + \frac{4}{3}a^3 - 4a$ 的极值，由 $f'(a) = 4a^2 - 4$ 得驻点 $a_1 = 1, a_2 = -1$，由于所求的 $a > 0$，因而符合题目条件的驻点是唯一的 $a = 1$，由于 $f''(a) = 8a, f''(1) = 8 > 0$，因此当 $a = 1$ 时曲线积分 $\int_{(C)}[(1+y^3)\mathrm{d}x + (2x+y)\mathrm{d}y]$ 取得极小值 $\pi - \frac{8}{3}$，由于驻点唯一，因此它就是最小值.

12. 质点在变力 $\boldsymbol{F} = yz\boldsymbol{i} + zx\boldsymbol{j} + xy\boldsymbol{k}$ 作用下从原点沿直线运动到点 ，其中点 $M(\xi,\eta,\zeta)$

位于第一卦限且在椭球面$\frac{x^2}{a^2}+\frac{y^2}{b^2}+\frac{z^2}{c^2}=1$上. ξ,η,ζ 取何值时,$\boldsymbol{F}$ 所作的功最大? 并求这一最大值.

解:过原点 $O(0,0,0)$ 与椭球面上点(x_0,y_0,z_0)的直线(C)的方程为$\frac{x}{x_0}=\frac{y}{y_0}=\frac{z}{z_0}$,即

$$x=x_0t,\quad y=y_0t,\quad z=z_0t,\quad 0\leqslant t\leqslant 1,$$

故沿(C)从原点到点(x_0,y_0,z_0),力 $\boldsymbol{F}$ 所作的功为

$$W=\int_{(C)}F\cdot \mathrm{d}S=\int_{(C)}yz\,\mathrm{d}x+\int_{(C)}zx\,\mathrm{d}y+\int_{(C)}xy\,\mathrm{d}x$$

$$=\int_0^1 3x_0y_0z_0t^2\,\mathrm{d}t=x_0y_0z_0.$$

现求 $W=xyz$ 在条件$\frac{x^2}{a^2}+\frac{y^2}{b^2}+\frac{z^2}{c^2}-1=0$下的最大值,作拉格朗日函数

$$F=xyz+\lambda\left(\frac{x^2}{a^2}+\frac{y^2}{b^2}+\frac{z^2}{c^2}-1\right),$$

令

$$\begin{cases}F'_x=yz+\lambda\dfrac{2x}{a^2}=0,\\ F'_y=zx+\lambda\dfrac{2y}{b^2}=0,\\ F'_x=xy+\lambda\dfrac{2z}{c^2}=0,\\ \dfrac{x^2}{a^2}+\dfrac{y^2}{b^2}+\dfrac{z^2}{c^2}-1=0,\end{cases}$$

解得

$$x=\frac{a}{\sqrt{3}},\quad y=\frac{b}{\sqrt{3}},\quad z=\frac{c}{\sqrt{3}},$$

故从原点 O 沿(C)到点$\left(\frac{a}{\sqrt{3}},\frac{b}{\sqrt{3}},\frac{c}{\sqrt{3}}\right)$时,力 $\boldsymbol{F}$ 所作的功最大,最大功为 $W=\frac{abc}{3\sqrt{3}}$.

第二节　格林公式及其应用

一、知识要点

1. 格林公式

定理 1　设闭区域 D 由分段光滑的曲线 L 围成,函数 $P(x,y)$ 及 $Q(x,y)$ 在 D 上具有一

阶连续偏导数，则有

$$\iint\limits_{(D)}\left(\frac{\partial Q}{\partial x}-\frac{\partial P}{\partial y}\right)\mathrm{d}x\mathrm{d}y=\oint\limits_{(L)}P\mathrm{d}x+Q\mathrm{d}y$$

其中，L 是 D 的取正向的边界曲线.

若在格林公式中，令 $P=-y,\quad Q=x$，得

$$2\iint\limits_{(D)}\mathrm{d}x\mathrm{d}y=\oint\limits_{(L)}x\mathrm{d}y-y\mathrm{d}x,$$

上式左端是闭区域 D 的面积 A 的两倍，因此有 $A=\frac{1}{2}\oint\limits_{(L)}x\mathrm{d}y-y\mathrm{d}x$.

2. 平面曲线积分与路径无关的定义与条件

定理 2　设开区域 D 是一个单连通域，函数 $P(x,y)$ 及 $Q(x,y)$ 在 D 内具有一阶连续偏导数，则下列命题等价：

(1) 曲线积分 $\int\limits_{(L)}P\mathrm{d}x+Q\mathrm{d}y$ 在 D 内与路径无关；

(2) 表达式 $P\mathrm{d}x+Q\mathrm{d}y$ 为某二元函数 $u(x,y)$ 的全微分；

(3) $\frac{\partial P}{\partial y}=\frac{\partial Q}{\partial x}$ 在 D 内恒成立；

(4) 对 D 内任一闭曲线 L，$\int\limits_{(L)}P\mathrm{d}x+Q\mathrm{d}y=0$.

由定理的证明过程可见，若函数 $P(x,y)$，$Q(x,y)$ 满足定理的条件，则二元函数

$$u(x,y)=\int_{(x_0,y_0)}^{(x,y)}P(x,y)\mathrm{d}x+Q(x,y)\mathrm{d}y$$

满足

$$\mathrm{d}u(x,y)=P(x,y)\mathrm{d}x+Q(x,y)\mathrm{d}y,$$

我们称 $u(x,y)$ 为表达式 $P(x,y)\mathrm{d}x+Q(x,y)\mathrm{d}y$ 的**原函数**.

$$u(x,y)=\int_{x_0}^{x}P(x,y_0)\mathrm{d}x+\int_{y_0}^{y}P(x,y)\mathrm{d}y+C$$

或

$$u(x,y)=\int_{x_0}^{x}P(x,y)\mathrm{d}x+\int_{y_0}^{y}P(x_0,y)\mathrm{d}y+C$$

二、习题解答

A

1. 应用格林公式计算下列积分：

(1) $\oint\limits_{(+C)}(x+y)^2\mathrm{d}x-(x^2+y^2)\mathrm{d}y$，$(C)$ 是以点 $A(0,0)$，$B(1,0)$，$C(0,1)$ 为顶点的三角形的边界；

(2) $\oint\limits_{(+C)}(x^3-3y)\mathrm{d}x+3(x+ye^x y)\mathrm{d}y$,$(C)$ 是由 $y=0,x+y=1$ 及 $x^2+y^2=1$ 围成的区域的边界;

(3) $\oint\limits_{(+C)}(1-x^2)y\mathrm{d}x+x(1+y^2)\mathrm{d}y$,$(C)$ 是圆周 $x^2+y^2=4$;

(4) $\oint\limits_{(+C)}(x+y)\mathrm{d}x-(x-y)\mathrm{d}y$,$(C)$ 是椭圆周$\dfrac{x^2}{a^2}+\dfrac{y^2}{b^2}=1(a,b>0)$;

(5) $\int\limits_{(+C)}(e^x\sin y-my)\mathrm{d}x+(e^x\cos y-mx)\mathrm{d}y$,$(C)$ 是从点 $A(a,0)$ 到点 $O(0,0)$ 的上半圆周 $x^2+y^2=ax$,其中 m 是常数,$a>0$;

(6) $\int\limits_{(C)}(x^3-e^x\cos y)\mathrm{d}x+(e^x\sin y-4x)\mathrm{d}y$,$(C)$ 是从点 $A(0,2)$ 到点 $O(0,0)$ 的右半圆周 $x^2+y^2=2y$;

(7) $\int\limits_{(C)}e^x\cos y\mathrm{d}x+e^x(y-\sin y)\mathrm{d}y$,$(C)$ 是曲线 $y=\sin x$ 上从 $(0,0)$ 到 $(\pi,0)$ 的一段;

(8) $\int\limits_{(C)}(x^2+y)\mathrm{d}x+(x-y^2)\mathrm{d}y$,$(C)$ 是曲线 $y^3=x^2$ 从点 $A(0,0)$ 到点 $B(1,1)$ 的一段.

解:(1) $P=(x+y)^2$, $Q=-(x^2+y^2)$, $\dfrac{\partial Q}{\partial x}-\dfrac{\partial P}{\partial y}=-4x-2y$,

故

$$I=\iint\limits_{(\sigma)}-4x-2y\mathrm{d}x\mathrm{d}y=\int_0^1\mathrm{d}x\int_0^{1-x}-4x-2y\mathrm{d}y=-1.$$

(2) $P=x^3-3y$, $Q=3(x+ye^y)$, $\dfrac{\partial Q}{\partial x}-\dfrac{\partial P}{\partial y}=6$,

故

$$I=\iint\limits_{(\sigma)}6\mathrm{d}x\mathrm{d}y=6\left(\frac{\pi}{4}+\frac{1}{2}\right)=3+\frac{3}{2}\pi.$$

(3) $P=(1-x^2)y$, $Q=x(1+y^2)$, $\dfrac{\partial Q}{\partial x}-\dfrac{\partial P}{\partial y}=1+y^2-(1-x^2)=x^2+y^2$,

故

$$I=\iint\limits_{(\sigma)}(x^2+y^2)\mathrm{d}x\mathrm{d}y=\int_0^{2\pi}\mathrm{d}\theta\int_0^R \boldsymbol{r}^2\cdot \boldsymbol{r}\mathrm{d}\boldsymbol{r}$$

$$=2\pi\frac{\boldsymbol{r}^4}{4}\bigg|_0^R=\frac{\pi}{2}R^4.$$

(4) $P=x+y$, $Q=-(x-y)$, $\dfrac{\partial Q}{\partial x}-\dfrac{\partial P}{\partial y}=-2$,

故

$$I=\iint_{(\sigma)}-2\mathrm{d}x\mathrm{d}y=-\int_0^{2\pi}\mathrm{d}\theta\int_0^R \boldsymbol{r}^2\cdot \boldsymbol{r}\mathrm{d}\boldsymbol{r}=-2\pi ab.$$

(5) 在 x 轴上连接点 $O(0,0)$ 与 $A(a,0)$，这样便构成封闭的半圆形 $\overset{\frown}{AMOA}$，且在线段 OA 上

$$\int_{(OA)}(\mathrm{e}^x\sin y-my)\mathrm{d}x+(\mathrm{e}^x\cos y-mx)\mathrm{d}y=0,$$

则

$$\int_{\overset{\frown}{AMOA}}(\mathrm{e}^x\sin y-my)\mathrm{d}x+(\mathrm{e}^x\cos y-mx)\mathrm{d}y=\int_{\overset{\frown}{AMOA}}(\mathrm{e}^x\sin y-my)\mathrm{d}x+(\mathrm{e}^x\cos y-mx)\mathrm{d}y$$

利用格林公式得

$$\int_{\overset{\frown}{AMOA}}(\mathrm{e}^x\sin y-my)\mathrm{d}x+(\mathrm{e}^x\cos y-mx)\mathrm{d}y=\iint_{(D)}0\mathrm{d}x\mathrm{d}y=0.$$

(6) 在 y 轴上连接点 $A(0,1)$ 与 $O(0,0)$，这样便构成封闭的半圆形 $\overset{\frown}{AMOA}$，且在线段 OA 上

$$\int_{(OA)}(x^3-\mathrm{e}^x\cos y)\mathrm{d}x+(\mathrm{e}^x\sin y-4x)\mathrm{d}y=\int_0^1\sin y\mathrm{d}y=1-\cos 1,$$

则

$$\begin{aligned}&\int_{\overset{\frown}{AMOA}}(x^3-\mathrm{e}^x\cos y)\mathrm{d}x+(\mathrm{e}^x\sin y-4x)\mathrm{d}y\\&=\int_{\overset{\frown}{AMOA}}(x^3-\mathrm{e}^x\cos y)\mathrm{d}x+(\mathrm{e}^x\sin y-4x)\mathrm{d}y+1-\cos 1,\end{aligned}$$

利用格林公式，得

$$\int_{\overset{\frown}{AMOA}}(x^3-\mathrm{e}^x\cos y)\mathrm{d}x+(\mathrm{e}^x\sin y-4x)\mathrm{d}y=\iint_{(D)}-4\mathrm{d}x\mathrm{d}y-1+\cos 1=-2\pi-1+\cos 1.$$

(7) $P=\mathrm{e}^x\cos y$，　$Q=\mathrm{e}^x(y-\sin y)$，　$\dfrac{\partial Q}{\partial x}-\dfrac{\partial P}{\partial y}=\mathrm{e}^x(y-\sin y)+\mathrm{e}^x\sin y=\mathrm{e}^x y$，

故

$$\begin{aligned}I&=\iint_{(\sigma)}\mathrm{e}^x y\mathrm{d}x\mathrm{d}y=\int_0^{\pi}\mathrm{d}x\int_0^{\sin x}\mathrm{e}^x y\mathrm{d}y\\&=\int_0^{\pi}\mathrm{e}^x\frac{1}{2}\sin^2 x\mathrm{d}x=\frac{1}{2}\int_0^{\pi}\mathrm{e}^x\frac{1-\cos 2x}{2}\mathrm{d}x\\&=\frac{1}{4}\left(\int_0^{\pi}\mathrm{e}^x\mathrm{d}x-\int_0^{\pi}\mathrm{e}^x\cos 2x\mathrm{d}x\right)\\&=\frac{1}{4}\left[(\mathrm{e}^{\pi}-1)-\frac{1}{5}(\cos 2x+2\sin 2x)\Big|_0^{\pi}\right]=\frac{1}{5}(\mathrm{e}^{\pi}-1).\end{aligned}$$

(8) 在直线 $y=x$ 轴上连接点 $A(0,0)$ 与 $B(1,1)$，由记 $C_1:y=x$ 从点 $A(0,0)$ 到点 $B(1,1)$ 的一段

$$P = x^2 + y,\quad Q = x - y^2,\quad \frac{\partial Q}{\partial x} - \frac{\partial P}{\partial y} = 1 - 1 = 0,$$

可得积分与路径无关,从而

$$\int_{(C)} (x^2 + y)\mathrm{d}x + (x - y^2)\mathrm{d}y = \int_{(C_1)} 2x\mathrm{d}x = \int_0^1 2x\mathrm{d}x = 1.$$

2. 利用线积分计算星形线 $x^{\frac{3}{2}} + y^{\frac{3}{2}} = a^{\frac{3}{2}}$ 所围成的图形面积($a > 0$).

解:其参数方程为:$x = a\cos^3 t, y = a\sin^3 t$. 取 $P = -y, Q = x, \frac{\partial P}{\partial y} = -1, \frac{\partial Q}{\partial x} = 1$ 可得面积 $A_1 = \iint_{(D)} \mathrm{d}x\mathrm{d}y = \frac{1}{2}\oint_{(L)} x\mathrm{d}y - y\mathrm{d}x$,设 A_1 为在第Ⅰ象限部分的面积,由图形的对称性所求面积为

$$\begin{aligned} A &= 4A_1 = 4\,\frac{1}{2}\oint x\mathrm{d}y - y\mathrm{d}x \\ &= 2\int_0^{\frac{\pi}{2}} [a\cos^3 t \cdot 3a\sin^2 t\cos t - a\sin^2 t \cdot 3a\cos^2 t(-\sin t)]\mathrm{d}t \\ &= ba^2\int_0^{\frac{\pi}{2}} \sin^2 t\cos^2 t\mathrm{d}t = \frac{3}{8}\pi a^2. \end{aligned}$$

注:还可利用 $\iint_{(D)} \mathrm{d}x\mathrm{d}y = \oint_{(L)} x\mathrm{d}y = \oint_{(L)} y\mathrm{d}x$.

3. 计算曲线积分 $\oint_{(C)} [x\cos(x,\boldsymbol{n}) + y\sin(x,\boldsymbol{n})]\mathrm{d}s$,其中,$(x,\boldsymbol{n})$ 为简单闭曲线 (C) 的向外法向量,$\boldsymbol{n}$ 与 x 轴正向的转角.

解:

$$\cos(\boldsymbol{n},x) = \cos[(l,x) - \frac{\pi}{2}] = \sin(l,x) = \frac{\mathrm{d}y}{\mathrm{d}s},$$

$$\begin{aligned} \cos(\boldsymbol{n},y) &= \cos[\frac{\pi}{2} - (\boldsymbol{n},x)] = \sin(\boldsymbol{n},x) \\ &= \sin[(l,x) - \frac{\pi}{2}] = -\cos(\boldsymbol{n},x) = \frac{\mathrm{d}x}{\mathrm{d}s}, \end{aligned}$$

于是

$$I = \oint_{(C)} x\mathrm{d}y - y\mathrm{d}x = 2S,$$

其中,S 为简单闭曲线 (C) 所围区域面积.

4. 利用积分与路径无关来计算下列曲线积分:

(1) $\int_{(1,-1)}^{(1,1)} (x - y)(\mathrm{d}x - \mathrm{d}y)$;

(2) $\int_{(0,0)}^{(1,1)} \frac{2x(1 - \mathrm{e}^y)}{(1 + x^2)^2}\mathrm{d}x + \frac{\mathrm{e}^y}{1 + x^2}\mathrm{d}y$;

(3) $\int_{(1,1)}^{(3,3e)}(\ln\frac{y}{x}-1)dx+\frac{x}{y}dy$,沿一条不通过原点的路径;

(4) 计算$\int_{(1,0)}^{(6,8)}\frac{xdx+ydy}{\sqrt{x^2+y^2}}$,沿一条不通过原点的路径;

(5) $\int_{(C)}(1+xe^{2y})dx+(x^2e^{2y}-y)dy$,$(C)$ 是从点 $O(0,\ 0)$到点 $A(4,0)$的上半圆周 $(x-2)^2+y^2=4$;

(6) $\int_{(C)}\left(1-\frac{y^2}{x^2}\cos\frac{y}{x}\right)dx+\left(\sin\frac{y}{x}+\frac{y}{x}\cos\frac{y}{x}\right)dy$,$(C)$ 是第一象限和第四象限中从点 $A(1,\pi)$ 到点 $B(2,\pi)$ 的曲线.

解:(1) 因
$$(x-y)(dx-dy)=d\frac{(x-y)^2}{2},$$
则
$$\int_{(1,-1)}^{(1,1)}(x-y)(dx-dy)=\frac{(x-y)^2}{2}\Bigg|_{(0,0)}^{(1,1)}=0.$$

(2) 因为$\frac{\partial P}{\partial y}=\frac{-2xe^y}{(1+x^2)^2}=\frac{\partial Q}{\partial x}$,所以积分与路径无关,设 C 为折线 C_1+C_2,
$$C_1:y=0,0\leqslant x\leqslant 1,\quad C_2:x=1,0\leqslant y\leqslant 1,$$
则
$$I=\int_0^1\frac{0}{(1+x^2)^2}dx+\int_0^1\frac{e^y}{1+1}dy=\frac{e^y}{2}\Bigg|_0^1=\frac{e-1}{2}.$$

(3) 当$(x,y)\neq(0,0)$ 时,$P=\ln\frac{y}{x}-1$,$Q=\frac{x}{y}$,$\frac{\partial Q}{\partial x}-\frac{\partial P}{\partial y}=\frac{1}{y}-\frac{1}{y}=0$,可知积分与路径无关,设 C 为折线 C_1+C_2,$C_1:y=1,1\leqslant x\leqslant 3$,$C_2:x=3,1\leqslant y\leqslant 3e$,从而
$$\begin{aligned}\int_{(1,1)}^{(3,3e)}\left(\ln\frac{y}{x}-1\right)dx+\frac{x}{y}dy&=\int_1^3\left(\ln\frac{1}{x}-1\right)dx+\int_1^{3e}\frac{3}{y}dy\\&=\int_1^3(-\ln x-1)dx+3\ln y\Big|_1^{3e}=3.\end{aligned}$$

(4) 显然,当$(x,y)\neq(0,0)$ 时,$\frac{xdx+ydy}{\sqrt{x^2+y^2}}=d(\sqrt{x^2+y^2})$,于是
$$\int_{(1,0)}^{(6,8)}\frac{xdx+ydy}{\sqrt{x^2+y^2}}=\int_{(1,0)}^{(6,8)}d(\sqrt{x^2+y^2})=\sqrt{x^2+y^2}\Bigg|_{(1,0)}^{(6,8)}=9.$$

(5) $$P=1+xe^{2y},\quad Q=x^2e^{2y}-y,\quad \frac{\partial Q}{\partial x}-\frac{\partial P}{\partial y}=2xe^{2y}-2xe^{2y}=0,$$
可知积分与路径无关,设 C_1 为 x 轴上从$O(0,0)$到点 $A(4,0)$直线段,从而
$$\int_{(C)}(1+xe^{2y})dx+(x^2e^{2y}-y)dy=\int_{(C_1)}(1+xe^{2y})dx+(x^2e^{2y}-y)dy=\int_0^4(1+x)dx=12.$$

(6) $x\neq 0$ 时,有 $P=1-\frac{y^2}{x^2}\cos\frac{y}{x}$,$Q=\sin\frac{y}{x}+\frac{y}{x}\cos\frac{y}{x}$,

$$\frac{\partial P}{\partial y}=-\frac{2y}{x^2}\cos\frac{y}{x}+\frac{y^2}{x^2}\sin\frac{y}{x},$$

$$\frac{\partial Q}{\partial x}=-\frac{y}{x^2}\cos\frac{y}{x}-\frac{y^2}{x^2}\cos\frac{y}{x}\neq\frac{y}{x^3}\sin\frac{y}{x}-\frac{2y}{x^2}\cos\frac{y}{x}+\frac{y^2}{x^3}\sin\frac{y}{x}.$$

改右半平面 $\Omega=\{(x,y)\backslash x>0\}$,由于 Ω 是单连通区域,且在其上 $\frac{\partial Q}{\partial x}=\frac{\partial P}{\partial y}$,故在 Ω 上的是某函数 $u(x,y)$ 的全微分,且可取

$$u(x,y)=\int_1^x\left(1-\frac{y^2}{x^2}\cos\frac{y}{x}\right)\mathrm{d}x+\int_\pi^y(\sin y+y\cos y)\mathrm{d}y$$

$$=\left(x+y\sin\frac{y}{x}\right)\Big|_1^x+y\sin y\Big|_\pi^y=x-1+y\sin\frac{y}{x},$$

于是

$$\text{原式}=\left(x-1+y\sin\frac{y}{x}\right)\Big|_{(1,\pi)}^{(2,\pi)}=\pi+1.$$

5. 验证下列各式为全微分,并求它们的原函数:

(1) $2xy\,\mathrm{d}x+x^2\mathrm{d}y$;

(2) $(x^2+2xy-y^2)\mathrm{d}x+(x^2-2xy-y^2)\mathrm{d}y$;

(3) $(\mathrm{e}^y+x)\mathrm{d}x+(x\mathrm{e}^y-2y)\mathrm{d}y$;

(4) $(2x\cos y-y^2\sin x)\mathrm{d}x+(2y\cos x-x^2\sin y)\mathrm{d}y$.

解:(1)

$$P=2xy,\quad Q=x^2,\quad \frac{\partial P}{\partial y}=2x=\frac{\partial Q}{\partial x},$$

所以式子是某函数的全微分,有

$$u=\int\frac{\partial u}{\partial y}\mathrm{d}y+\varphi(x)=\int x^2\mathrm{d}y+\varphi(x)=x^2y+\varphi(x),$$

而

$$\frac{\partial u}{\partial x}=2x+\varphi'(x)=2x\Rightarrow\varphi'(x)=0,$$

故

$$\varphi(x)=\int 0\,\mathrm{d}x=C,$$

于是

$$u(x,y)=x^2y+C.$$

(2)

$$P=x^2+2xy-y^2,\quad Q=x^2-2xy-y^2,$$

$$\frac{\partial P}{\partial y}=2x-2y=\frac{\partial Q}{\partial x},$$

所以式子是某函数的全微分,有

$$u=\int\frac{\partial u}{\partial y}\mathrm{d}y+\varphi(x)=\int x^2-2xy-y^2\mathrm{d}y+\varphi(x)$$

$$=x^2y-xy^2-\frac{y^3}{3}+\varphi(x),$$

而
$$\frac{\partial u}{\partial x}=2xy-y^2+\varphi'(x)=x^2+2xy-y^2\Rightarrow\varphi'(x)=x^2,$$

故
$$\varphi(x)=\int x^2\ \mathrm{d}x+C=\frac{x^3}{3}+C,$$

于是
$$u(x,y)=\frac{x^3}{3}+x^2y-xy^2-\frac{y^3}{3}+C.$$

(3)
$$P=\mathrm{e}^y+x,\quad Q=x\mathrm{e}^y-2y,\quad \frac{\partial P}{\partial y}=\mathrm{e}^y=\frac{\partial Q}{\partial x},$$

所以式子是某函数的全微分，有
$$\begin{aligned}u&=\int\frac{\partial u}{\partial y}\mathrm{d}y+\varphi(x)=\int x\mathrm{e}^y-2y\mathrm{d}y+\varphi(x)\\&=x\mathrm{e}^y-y^2+\varphi(x),\end{aligned}$$

而
$$\frac{\partial u}{\partial x}=x\mathrm{e}^y-2y+\varphi'(x)=x\mathrm{e}^y-2y\Rightarrow\varphi'(x)=0,$$

故
$$\varphi(x)=C,$$

于是
$$u(x,y)=x\mathrm{e}^y-2y+C.$$

(4)
$$P=2x\cos y-y^2\sin x,\quad Q=2y\cos x-x^2\sin y,$$
$$\frac{\partial P}{\partial y}=-2x\sin y-2y\sin x=\frac{\partial Q}{\partial x},$$

所以式子是某函数的全微分，有
$$\begin{aligned}u&=\int\frac{\partial u}{\partial y}\mathrm{d}x+\varphi(y)=\int 2x\cos y-y^2\sin x\mathrm{d}y+\varphi(y)\\&=x^2\cos y+y^2\cos x+\varphi(y),\end{aligned}$$

而
$$\frac{\partial u}{\partial y}=2y\cos x-x^2\sin y+\varphi'(x)=2y\cos x-x^2\sin y\Rightarrow\varphi'(y)=0,$$

故
$$\varphi(x)=C,$$

于是
$$u(x,y)=x^2\cos y+y^2\sin x+C.$$

6. 验证下列场为有势场，并求其势函数：

(1) $\boldsymbol{A}=(2x\cos y-y^2\sin x)\boldsymbol{i}+(2y\cos x-x^2\sin y)\boldsymbol{j}$;

(2) $\boldsymbol{A}=\mathrm{e}^x[\mathrm{e}^y(x-y+2)+y]\boldsymbol{i}+\mathrm{e}^x[\mathrm{e}^y(x-y)+1)]\boldsymbol{j}$.

解：(1) 因为
$$\frac{\partial P}{\partial y}=\frac{\partial}{\partial y}(2x\cos y-y^2\sin x)=-2x\sin y-2y\sin x,$$
$$\frac{\partial R}{\partial x}=\frac{\partial}{\partial x}(2y\cos x-x^2\sin y)=-2x\sin y-2y\sin x,$$

所以 $\boldsymbol{A}$ 为有势场，而势函数为

$$
\begin{aligned}
u &= \int_{(0,0)}^{(x,y)} (2x\cos y - y^2 \sin x)\mathrm{d}x + (2y\cos x - x^2 \sin y)\mathrm{d}y + C \\
&= \int_0^x 2x\mathrm{d}x + \int_0^y (2y\cos x - x^2 \sin y)\mathrm{d}y + C \\
&= x^2 + x^2 \cos y + y^2 \cos x - x^2 + C \\
&= x^2 \cos y + y^2 \cos x + C.
\end{aligned}
$$

(2) $\boldsymbol{A} = \mathrm{e}^x[\mathrm{e}^y(x-y+2)+y]\boldsymbol{i} + \mathrm{e}^x[\mathrm{e}^y(x-y)+1]\boldsymbol{j}$.

因为

$$
\frac{\partial P}{\partial y} = \frac{\partial}{\partial y}[\mathrm{e}^x \mathrm{e}^y (x-y+2) + y\mathrm{e}^x] = \mathrm{e}^x \mathrm{e}^y (x-y+1) + \mathrm{e}^x,
$$

$$
\frac{\partial R}{\partial x} = \frac{\partial}{\partial x}[\mathrm{e}^x \mathrm{e}^y (x-y) + \mathrm{e}^x] = \mathrm{e}^x \mathrm{e}^y (x-y+1) + \mathrm{e}^x,
$$

所以 $\boldsymbol{A}$ 为有势场,而势函数为

$$
\begin{aligned}
u &= \int_{(0,0)}^{(x,y)} [\mathrm{e}^x \mathrm{e}^y (x-y+2) + y\mathrm{e}^x]\mathrm{d}x + [\mathrm{e}^x \mathrm{e}^y (x-y) + \mathrm{e}^x]\mathrm{d}y + C \\
&= \int_0^x \mathrm{e}^x (x+2)\mathrm{d}x + \int_0^y [\mathrm{e}^y (x-y) + 1]\mathrm{d}y + C \\
&= [\mathrm{e}^x (x+2) - \mathrm{e}^x]\Big|_0^x + \mathrm{e}^x[\mathrm{e}^y (x-y) + \mathrm{e}^y + y]\Big|_0^y + C \\
&= \mathrm{e}^x (x+1) - 1 + \mathrm{e}^x[\mathrm{e}^y (x-y+1) + y - x - 1] + C \\
&= \mathrm{e}^x[\mathrm{e}^y (x-y+1) + y] + C.
\end{aligned}
$$

7. 设 $\displaystyle\oint_{(+C)} 2[x\varphi(y) + \psi(y)]\mathrm{d}x + [x^2\psi(y) + 2xy^2 - 2x\varphi(y)]\mathrm{d}y = 0$,

其中,(C) 是任意分段光滑简单闭曲线.

(1) 若 $\varphi(0) = -2$ 且 $\psi(0) = 1$,求函数 $\varphi(y)$ 与 $\psi(y)$;

(2) 从点 $O(0,0)$ 到点 $A\left(\pi, \dfrac{\pi}{2}\right)$,计算此曲线积分.

解:(1) 由任意分段光滑简单闭曲线为 0,可得积分与路径没有关系,从而知 $\dfrac{\partial Q}{\partial x} = \dfrac{\partial P}{\partial y}$,

即得

$$
2x\varphi'(y) + 2\psi'(y) = 2x\psi(y) + 2y^2 - 2\varphi(y),
$$

从而有

$$
\psi(y) = \varphi'(y), \quad \psi'(y) = y^2 - \varphi(y),
$$

合并两方程得 $\varphi''(y) + \varphi(y) = y^2$,解上方程得 $\varphi(y) = C_1\cos y + C_2\sin y + y^2 - 2$,从而知 $\psi(y) = -C_1\sin y + C_2\cos y + 2y$,代入已知条件得 $C_1 = 0, C_2 = 1$,所以有

$$
\varphi(y) = \sin y + y^2 - 2, \quad \psi(y) = \cos y + 2y.
$$

(2) 由积分与路径无关,设 C 为折线

$$C_1+C_2,\quad C_1: y=0, 0\leqslant x\leqslant \pi,\quad C_2: x=\pi, 0\leqslant y\leqslant \frac{\pi}{2},$$

$$\int_{(C_1+C_2)} 2[x\varphi(y)+\psi(y)]\mathrm{d}x+[x^2\psi(y)+2xy^2-2x\varphi(y)]\mathrm{d}y$$

$$=\int_{(C_1)} 2[x\varphi(0)+\psi(0)]\mathrm{d}x+\int_{(C_2)}[\pi^2\psi(y)+2\pi y^2-2\pi\varphi(y)]\mathrm{d}y$$

$$=\int_0^{\pi} 2(-2x+1)\mathrm{d}x+\int_0^{\frac{\pi}{2}}[\pi^2(\cos y+2y)+2\pi y^2-2\pi(\sin y+y^2-2)]\mathrm{d}y$$

$$=\int_0^{\pi} 2(-2x+1)\mathrm{d}x+\int_0^{\frac{\pi}{2}}[\pi^2(\cos y+2y)-2\pi(\sin y-2)]\mathrm{d}y$$

$$=-2\pi^2+2\pi+\pi^2\left[1+\left(\frac{\pi}{2}\right)^2\right]-2\pi+4\pi\cdot\frac{\pi}{2}=2\pi-\pi^2+\frac{\pi^4}{4}.$$

B

1. 判断下列各题的解法是否正确.若不正确,指出错误并给出正确解法:

(1) $\int_{(C)} y\mathrm{d}x$ 计算,其中,(C) 是 $(x-1)^2+y^2=1$ 从原点到点 $B(1,1)$ 的一段弧(见教材图12. 2. 10).

解:应用格林公式可得

$$\int_{\overset{\frown}{OB}\cup\overrightarrow{BA}\cup\overrightarrow{AO}} y\mathrm{d}x=\iint_{(\sigma)}-1\mathrm{d}\sigma=-\frac{\pi}{4}.$$

由于 $\int_{\overrightarrow{BA}} y\mathrm{d}x=0$, $\int_{\overrightarrow{AO}} y\mathrm{d}x=0$,故 $\int_{(C)} y\mathrm{d}x=-\frac{\pi}{4}$.

(2) 计算 $\int_{(C)}\left(\frac{-y}{x^2+y^2}\mathrm{d}x+\frac{x}{x^2+y^2}\mathrm{d}y\right)$,其中,$(C)$ 是从点 $A(0,-1)$ 沿左半平面内的星形线 $x^{\frac{3}{2}}+y^{\frac{3}{2}}=1$ 到点 $D(0,1)$ 的曲线段(见教材图 12. 2. 11).

解:作中心在原点半径为 1 的圆:$\begin{cases}x=\cos t,\\ y=\sin t.\end{cases}$ 应用格林公式可得

$$\oint_{(C)\cup\overset{\frown}{DB'A}}\frac{-y}{x^2+y^2}\mathrm{d}x+\frac{x}{x^2+y^2}\mathrm{d}y=\iint_{(\sigma)} 0\mathrm{d}\sigma=0,$$

因此

$$I=\int_{\overset{\frown}{AB'D}}\frac{-y\mathrm{d}x+x\mathrm{d}y}{x^2+y^2}=\int_{-\frac{\pi}{2}}^{\frac{\pi}{2}}\frac{\sin^2 t+\cos^2 t}{\cos^2 t+\sin^2 t}\mathrm{d}t=\pi.$$

答:(1) 解法不正确,因为格林公式中闭曲线必是正向的,正确解法如下:
应用格林公式可得

$$\int_{\overset{\frown}{BO}\cup\overrightarrow{OA}\cup\overrightarrow{AB}} y\mathrm{d}x=\iint_{(\sigma)}-1\mathrm{d}\sigma=-\frac{\pi}{4}.$$

由于 $\int_{\overrightarrow{BA}} y\mathrm{d}x=0$, $\int_{\overrightarrow{AO}} y\mathrm{d}x=0$,故 $\int_{(C)} y\mathrm{d}x=\int_{\overset{\frown}{OB}} y\mathrm{d}x=-\int_{\overset{\frown}{BO}} y\mathrm{d}x=\frac{\pi}{4}$.

(2) $\int_{\overset{\frown}{AB'D}}\frac{-y\mathrm{d}x+x\mathrm{d}y}{x^2+y^2}$ 解法不正确,由于 P,Q 在 $(0,0)$ 点导数不存在,即不满足 $\frac{\partial Q}{\partial x}=\frac{\partial P}{\partial y}$,点 $(0,0)$ 在 $(C)\cup\overset{\frown}{DB'A}$ 内,所以 $\oint_{(C)\cup\overset{\frown}{DB'A}}\frac{-y}{x^2+y^2}\mathrm{d}x+\frac{x}{x^2+y^2}\mathrm{d}y\neq\iint_{(\sigma)}0\mathrm{d}\sigma$,正确解法如下:

$$I=\int_{\overset{\frown}{ABD}}\frac{-y\mathrm{d}x+x\mathrm{d}y}{x^2+y^2}=\int_{\frac{3\pi}{2}}^{\frac{\pi}{2}}\frac{\sin^2 t+\cos^2 t}{\cos^2 t+\sin^2 t}\mathrm{d}t=-\pi.$$

2. 将格林公式写成以下两种形式:

$$\iint_{(\sigma)}\left(\frac{\partial X}{\partial x}+\frac{\partial Y}{\partial y}\right)\mathrm{d}\sigma=\oint_{(+C)}X\mathrm{d}y-Y\mathrm{d}x,$$

$$\iint_{(\sigma)}\left(\frac{\partial X}{\partial x}+\frac{\partial Y}{\partial y}\right)\mathrm{d}\sigma=\oint_{(+C)}X\cos(x,\boldsymbol{n})\mathrm{d}y+Y\sin(x,\boldsymbol{n})\mathrm{d}x,$$

其中,$(x,\boldsymbol{n})$ 是从 x 轴正向到 (C) 的外法向量的转角.

解:平面有界闭区域上的格林公式为

$$\iint_{(\sigma)}\left(\frac{\partial Q}{\partial x}-\frac{\partial P}{\partial y}\right)\mathrm{d}\sigma=\oint_{(+C)}P\mathrm{d}y+Q\mathrm{d}x,$$

显然,令 $P=-Y,Q=X$,即得

$$\iint_{(\sigma)}\left(\frac{\partial X}{\partial x}+\frac{\partial Y}{\partial y}\right)\mathrm{d}\sigma=\oint_{(+C)}X\mathrm{d}y-Y\mathrm{d}x,$$

再由两类线积分之间的关系

$$\int_{(+C)}P\mathrm{d}x+Q\mathrm{d}y+R\mathrm{d}z=\int_{(+C)}(P\cos\alpha+Q\cos\beta+R\cos\gamma)\mathrm{d}s,$$

即得

$$\oint_{(+C)}X\mathrm{d}y-Y\mathrm{d}x=\oint_{(+C)}X\cos\alpha-Y\sin\alpha\mathrm{d}s$$

因为

$$\cos\alpha\mathrm{d}s=\sin\left(\frac{\pi}{2}-\alpha\right)\mathrm{d}s=\cos(x,\boldsymbol{n})\mathrm{d}s,$$

$$\sin\alpha\mathrm{d}s=\cos\left(\frac{\pi}{2}-\alpha\right)\mathrm{d}s=-\sin(x,\boldsymbol{n})\mathrm{d}s,$$

所以

$$\oint_{(+C)} X\mathrm{d}y - Y\mathrm{d}x = \oint_{(+C)} X\cos(x,\boldsymbol{n}) + Y\sin(x,\boldsymbol{n})\mathrm{d}s$$

即

$$\iint_{(\sigma)} \left(\frac{\partial X}{\partial x} + \frac{\partial Y}{\partial y}\right)\mathrm{d}\sigma = \oint_{(+C)} X\cos(x,\boldsymbol{n})\mathrm{d}y + Y\sin(x,\boldsymbol{n})\mathrm{d}x,$$

3. 计算 $\int_{(C)} \frac{x\mathrm{d}y - y\mathrm{d}x}{4x^2 + y^2}$,其中$(C)$为从点$A(-1,0)$沿下半圆穿过点$B(1,0)$再沿线段$BC$到点$C(-1,2)$的一条路径.

解:添加直线段L_1段为从C到A的线段,则

$$\oint_{(L_1+L)} - \oint_{(L_1)} = \oint_{(L)}$$

因为在L_1+L_2内点$(0,0)$,$P(x,y)$,$Q(x,y)$没有连续偏导数,所以不能用格林公式,为此,作小椭圆C:$x = \frac{\varepsilon}{2}\cos\theta, y = \varepsilon\sin\theta(\theta \in [2,2\pi]$,且$C$取逆时针方向),则

$$\oint_{(L_1+L)} = \int_{(C)} \frac{x\mathrm{d}y - y\mathrm{d}x}{4x^2 + y^2} = \int_0^{2\pi} \frac{\varepsilon^2/2}{\varepsilon^2}\mathrm{d}\theta = \pi,$$

$$\int_{(L_1)} = \int_2^0 \frac{-1\mathrm{d}y}{(-1)^2 + y^2} = \int_2^0 \frac{1}{2}\cdot\frac{\mathrm{d}\left(\frac{y}{2}\right)}{1+\left(\frac{y}{2}\right)^2}\pi$$

$$= -\frac{1}{2}\arctan\frac{y}{2}\Big|_2^0 = \frac{1}{8}\pi.$$

于是

$$\int_{(C)} \frac{x\mathrm{d}y - y\mathrm{d}x}{4x^2 + y^2} = \pi - \frac{1}{8}\pi = \frac{7}{8}\pi.$$

4. 证明若(C)为平面内分段光滑的简单闭曲线l,$\boldsymbol{n}$为(C)的外法向量,则

$$\oint_{(C)} \cos(l,\boldsymbol{n})\mathrm{d}s = 0.$$

证明:　$(l,\boldsymbol{n}) = (l,x) - (\boldsymbol{n},x)$,则

$$\cos(l,\boldsymbol{n}) = \cos(l,x)\cos(\boldsymbol{n},x) + \sin(l,x)\sin(\boldsymbol{n},x).$$

但

$$\sin(\boldsymbol{n},x) = \sin\left[(l,x) - \frac{\pi}{2}\right] = -\cos(l,\boldsymbol{n})$$

$$\cos(\boldsymbol{n},x) = \cos\left[(l,x) - \frac{\pi}{2}\right] = \sin(l,x),$$

$$\sin(l,x) = \frac{\mathrm{d}x}{\mathrm{d}s},\quad \cos(l,x) = \frac{\mathrm{d}y}{\mathrm{d}s}(\text{均为常数}),$$

因此由格林公式,有

$$\oint_{(C)}\cos(l,\boldsymbol{n})\mathrm{d}s=\oint_{(C)}[-\sin(l,x)\mathrm{d}x+\cos(l,x)\mathrm{d}y]$$
$$=\iint_{(C)}0\mathrm{d}x\mathrm{d}y=0.$$

5. 设 $u(x,y)$在闭区域(σ) 的内有连续二阶偏导数,(σ) 的边界是分段光滑的简单闭曲线(C),并且

$$\Delta u\overset{\text{def}}{=}\frac{\partial^2 u}{\partial x^2}+\frac{\partial^2 u}{\partial y^2}.$$

证明

$$\iint_{(\sigma)}\Delta u\mathrm{d}\sigma=\oint_{(C)}\frac{\partial u}{\partial \boldsymbol{n}}\mathrm{d}s,$$

其中,$\frac{\partial u}{\partial \boldsymbol{n}}$ 为沿(C) 的外法线方向的导数.

证明: 因为$\frac{\partial u}{\partial \boldsymbol{n}}=\frac{\partial u}{\partial x}\cos(\boldsymbol{n},x)+\frac{\partial u}{\partial y}\sin(\boldsymbol{n},x)$,而

$$\cos(\boldsymbol{n},x)=\frac{\mathrm{d}y}{\mathrm{d}s},\quad \sin(\boldsymbol{n},x)=-\frac{\mathrm{d}x}{\mathrm{d}s},$$

由格林公式,得

$$\oint_{(C)}\frac{\partial u}{\partial \boldsymbol{n}}\mathrm{d}s=\oint_{(C)}\frac{\partial u}{\partial x}\mathrm{d}y-\frac{\partial u}{\partial y}\mathrm{d}x=\iint_{(\sigma)}\left(\frac{\partial^2 u}{\partial x^2}+\frac{\partial^2 u}{\partial y^2}\right)\mathrm{d}x\mathrm{d}y=\iint_{(\sigma)}\Delta u\mathrm{d}\sigma.$$

6. 设 $u(x,y)$在闭区域(σ) 内有连续二阶偏导数,(σ) 的边界是分段光滑的简单闭曲线(C),且$\frac{\partial^2 u}{\partial x^2}+\frac{\partial^2 u}{\partial y^2}=0$. 证明:

(1) $\oint_{(C)}u\frac{\partial u}{\partial \boldsymbol{n}}\mathrm{d}s=\iint_{(\sigma)}(u_x'^2+u_y'^2)\mathrm{d}\sigma$,其中,$\frac{\partial u}{\partial \boldsymbol{n}}$ 为 u 沿(C) 的外法线方向的导数;

(2) 若在边界(C) 上有 $u\equiv 0$,则在区域(σ) 内有 $u\equiv 0$.

证明:(1) 因为
$$\frac{\partial u}{\partial \boldsymbol{n}}=\frac{\partial u}{\partial x}\cos\alpha+\frac{\partial u}{\partial y}\cos\beta,$$

所以
$$\oint_{(C)}u\frac{\partial u}{\partial \boldsymbol{n}}\mathrm{d}s=\oint_{(C)}u\left(\frac{\partial u}{\partial x}\cos\alpha+\frac{\partial u}{\partial y}\cos\beta\right)\mathrm{d}s$$
$$=\oint_{(C)}\left[\left(u\frac{\partial u}{\partial x}\right)\cos\alpha+\left(u\frac{\partial u}{\partial y}\right)\cos\beta\right]\mathrm{d}s,$$

利用高斯公式,即得

$$\oint_{(C)}u\frac{\partial u}{\partial \boldsymbol{n}}\mathrm{d}s=\iint_{(\sigma)}\left[\frac{\partial}{\partial x}\left(u\frac{\partial u}{\partial x}\right)+\frac{\partial}{\partial y}\left(u\frac{\partial u}{\partial y}\right)\right]\mathrm{d}x\mathrm{d}y,$$
$$\oint_{(C)}u\frac{\partial u}{\partial \boldsymbol{n}}\mathrm{d}s=\iint_{(\sigma)}\left(\frac{\partial u}{\partial x}\frac{\partial u}{\partial x}+\frac{\partial u}{\partial y}\frac{\partial u}{\partial y}\right)\mathrm{d}x\mathrm{d}y+\iint_{(\sigma)}u\left(\frac{\partial^2 u}{\partial x^2}+\frac{\partial^2 u}{\partial y^2}\right)\mathrm{d}x\mathrm{d}y$$
$$=\iint_{(\sigma)}\left[\left(\frac{\partial u}{\partial x}\right)^2+\left(\frac{\partial u}{\partial y}\right)^2\right]\mathrm{d}x\mathrm{d}y,$$

(2) 由$\iint\limits_{(\sigma)}\left[\left(\frac{\partial u}{\partial x}\right)^2+\left(\frac{\partial u}{\partial y}\right)^2\right]\mathrm{d}x\mathrm{d}y=\oint\limits_{(C)}u\frac{\partial u}{\partial n}\mathrm{d}s=0$,可得

$$\frac{\partial u}{\partial x}=0,\quad \frac{\partial u}{\partial y}=0,$$

从而得 $u\equiv 0,\forall(x,y)\in(\sigma)$.

第三节　曲面积分

一、知识要点

1. 第一类曲面积分的概念与性质

定义 1　设曲面Σ是光滑的，函数$f(x,y,z)$在Σ上有界，把Σ任意分成n小块ΔS_i(ΔS_i同时也表示第i小块曲面的面积),在ΔS_i上任取一点(ξ_i,η_i,ζ_i),作乘积

$$f(\xi_i,\eta_i,\zeta_i)\cdot\Delta S_i,\quad i=1,2,\cdots,n$$

并作和$\sum\limits_{i=1}^{n}f(\xi_i,\eta_i,\zeta_i)\cdot\Delta S_i$，如果当各小块曲面的直径的最大值$\lambda\to 0$时，这和式的极限存在，则称此极限值为$f(x,y,z)$在$\Sigma$上**第一类曲面积分**或对面积的曲面积分,记为

$$\iint\limits_{(\Sigma)}f(x,y,z)\mathrm{d}S=\lim_{\lambda\to 0}\sum_{i=1}^{n}f(\xi_i,\eta_i,\zeta_i)\Delta S_i,$$

其中,$f(x,y,z)$称为被积函数,Σ称为积分曲面.

2. 对面积的曲面积分的计算法

$$\iint\limits_{(\Sigma)}f(x,y,z)\mathrm{d}S=\iint\limits_{(D_{xy})}f[x,y,z(x,y)]\sqrt{1+z_x^2(x,y)+z_y^2(x,y)}\,\mathrm{d}x\mathrm{d}y.$$

3. 第二类曲面积分的概念与性质

定义 2　设Σ为光滑的有向曲面，其上任意一点(x,y,z)处的单位法向量为

$$\boldsymbol{n}=\cos\alpha\boldsymbol{i}+\cos\beta\boldsymbol{j}+\cos\gamma\boldsymbol{k},$$

又设

$$\boldsymbol{A}(x,y,z)=P(x,y,z)\boldsymbol{i}+Q(x,y,z)\boldsymbol{j}+R(x,y,z)\boldsymbol{k},$$

其中,函数P,Q,R在Σ上有界，则函数

$$\boldsymbol{v}\cdot\boldsymbol{n}=P\cos\alpha+Q\cos\beta+R\cos\gamma,$$

则Σ上的第一类曲面积分

$$\iint\limits_{(\Sigma)}\boldsymbol{v}\cdot\boldsymbol{n}\mathrm{d}S=\iint\limits_{(\Sigma)}(P\cos\alpha+Q\cos\beta+R\cos\gamma)\mathrm{d}S,$$

称为函数$\boldsymbol{A}(x,y,z)$在有向曲面Σ上的**第二类曲面积分**.

4. 第二类曲面积分的计算法

设光滑曲面Σ: $z=z(x,y)$，与平行于z轴的直线至多交于一点，它在xOy面上的投影区域为D_{xy}，则

$$\iint\limits_{(\Sigma)} R(x,y,z)\mathrm{d}x\mathrm{d}y = \pm \iint\limits_{(D_{yz})} R[x,y,z(x,y)]\mathrm{d}x\mathrm{d}y.$$

上式右端取"+"号或"−"号要根据γ是锐角还是钝角而定.

二、习题解答

A

1. 计算下列曲面积分：

(1) $\iint\limits_{(S)}(2x+\frac{4}{3}y+z)\mathrm{d}S$，$(S)$是平面$\frac{x}{2}+\frac{y}{3}+\frac{z}{4}=1(x\geqslant 0,y\geqslant 0,z\geqslant 0)$；

(2) $\oiint\limits_{(S)}\frac{1}{(1+x+y)^2}\mathrm{d}S$，$(S)$是由$x+y+z=1$，$x=0$，$y=0$及$z=0$围成立体的边界曲面；

(3) $\oiint\limits_{(S)}(x^2+y^2+z^2)\mathrm{d}S$，$(S)$是球面$x^2+y^2+z^2=1$；

(4) $\iint\limits_{(S)}z\mathrm{d}S$，$(S)$是曲面$z=\frac{x^2+y^2}{2}$被平面$z=0$及$z=1$所夹的部分；

(5) $\oiint\limits_{(S)}(x^2+y^2)\mathrm{d}S$ ，(S)是区域$(V)=\{(x,y,z)\mid \sqrt{x^2+y^2}\leqslant z\leqslant 1\}$的边界曲面；

(6) $\oiint\limits_{(S)}(x^2+y^2+z^2)\mathrm{d}S$，$(S)$是区域$(V)=\{(x,y,z)\mid x^2+y^2\leqslant R^2, 0\leqslant z\leqslant h,(h>0)\}$的边界曲面；

(7) $\iint\limits_{(S)}\sqrt{R^2-x^2+y^2}\,\mathrm{d}S$，$(S)$是上半球面$z=\sqrt{R^2-x^2+y^2}$；

(8) $\iint\limits_{(S)}(x+y+z)\mathrm{d}S$，$(S)$是半球面$z=\sqrt{1-x^2-y^2}$位于平面$z=\frac{1}{2}$上边的部分；

(9) 计算$\iint\limits_{(S)}|xyz|\mathrm{d}S$，其中$(S)$为抛物面$z=x^2+y^2(0\leqslant z\leqslant 1)$位于平面$z=1$下边的部分；

(10) 计算$\iint\limits_{(S)}(xy+yz+zx)\mathrm{d}S$，其中$(S)$是圆锥面$z=\sqrt{x^2+y^2}$被柱面$x^2+y^2=2ax$所截下的有限部分.

解：(1) 在(S)上$z=4-2x-\frac{4}{3}y$，(S)在xOy面上的投影区域σ_{xy}为由x轴、y轴和直线所围成的三角形闭区域，因此

$$\iint\limits_{(S)}(2x+\frac{4}{3}y+z)\mathrm{d}S=\iint\limits_{(\sigma_{xy})}\left[2x+\frac{4}{3}y+(4-2x-\frac{4}{3}y)\right]\sqrt{1+(-2)^2+(-\frac{4}{3})^2}\,\mathrm{d}x\mathrm{d}y$$

$$=\iint\limits_{(\sigma_{xy})}4\,\frac{\sqrt{61}}{3}\mathrm{d}x\mathrm{d}y=4\,\frac{\sqrt{61}}{3}(\frac{1}{2}\cdot 2\cdot 3)=4\sqrt{61}.$$

(2) 在 $S=S_1+S_2+S_3+S_4$,其中这四个面所在平面分别为

$$S_1:x=0,\quad S_2:y=0,\quad S_3:z=0,\quad S_4:x+y+z=1.$$

显然 $\iint\limits_{(S_1)}\frac{1}{(1+x+y)^2}\mathrm{d}S=\iint\limits_{(S_2)}\frac{1}{(1+x+y)^2}\mathrm{d}S=0$，$S_3$,$S_4$ 在 xOy 面上的投影区域 σ_{xy} 为由 x 轴、y 轴和直线所围成的三角形闭区域,因此

$$\iint\limits_{(S_3)}\frac{1}{(1+x+y)^2}\mathrm{d}S=\iint\limits_{(\sigma_{xy})}\frac{1}{(1+x+y)^2}\sqrt{1+0^2+0^2}\,\mathrm{d}x\mathrm{d}y=\iint\limits_{(\sigma_{xy})}\frac{1}{(1+x+y)^2}\mathrm{d}x\mathrm{d}y,$$

$$\iint\limits_{(S_4)}\frac{1}{(1+x+y)^2}\mathrm{d}S=\iint\limits_{(\sigma_{xy})}\frac{1}{(1+x+y)^2}\sqrt{1+(-1)^2+(-1)^2}\,\mathrm{d}x\mathrm{d}y=\sqrt{3}\iint\limits_{(\sigma_{xy})}\frac{1}{(1+x+y)^2}\mathrm{d}x\mathrm{d}y,$$

从而得

$$\oiint\limits_{(S)}\frac{1}{(1+x+y)^2}\mathrm{d}S=(1+\sqrt{3})\iint\limits_{(\sigma_{xy})}\frac{1}{(1+x+y)^2}\mathrm{d}x\mathrm{d}y$$

$$=(1+\sqrt{3})\int_0^1\mathrm{d}x\int_0^{1-x}\frac{1}{(1+x+y)^2}\mathrm{d}y=(1+\sqrt{3})\left(\ln 2-\frac{1}{2}\right).$$

(3) $\oiint\limits_{(S)}(x^2+y^2+z^2)\mathrm{d}S=\oiint\limits_{(S)}1\mathrm{d}S=\frac{4}{3}\pi.$

(4) (S) 在 xOy 面上的投影区域 σ_{xy} 为圆域 $x^2+y^2\leqslant 2$,因此

$$\iint\limits_{(S)}z\mathrm{d}S=\iint\limits_{(\sigma_{xy})}\frac{x^2+y^2}{2}\sqrt{1+x^2+y^2}\,\mathrm{d}x\mathrm{d}y$$

$$=\int_0^{2\pi}\mathrm{d}\varphi\int_0^{\sqrt{2}}\frac{\rho^2}{2}\sqrt{1+\rho^2}\,\rho\mathrm{d}\rho=\frac{5}{3}\pi.$$

(5) S 由 $S_1:z=\sqrt{x^2+y^2}$ 与 $S_2:z=1$ 组成,它们在平面 xOy 投影均为 $x^2+y^2\leqslant 1$,且对于 S_1 有 $\sqrt{1+z_x^2+z_y^2}=\sqrt{2}$,对于 S_2 有 $\sqrt{1+z_x^2+z_y^2}=1$,所以,用极坐标系,有

$$\oiint\limits_{(S)}(x^2+y^2)\mathrm{d}S=\iint\limits_{(S_1)}(x^2+y^2)\mathrm{d}S+\iint\limits_{(S_3)}(x^2+y^2)\mathrm{d}S$$

$$=\int_0^{2\pi}\mathrm{d}\varphi\int_0^1\boldsymbol{r}^2\cdot\boldsymbol{r}\sqrt{2}\,\mathrm{d}\boldsymbol{r}+\int_0^{2\pi}\mathrm{d}\varphi\int_0^1\boldsymbol{r}^2\cdot\boldsymbol{r}\mathrm{d}\boldsymbol{r}$$

$$=2\pi\left(\sqrt{2}\cdot\frac{1}{4}\right)+2\pi\cdot\frac{1}{4}=\frac{\pi}{2}(1+\sqrt{2}).$$

(6) (S) 分三部分上底 S_1,下底 S_2 和侧面 S_3,S_1 和 S_2 在 xOy 面上的投影区域 σ_{xy} 为圆域 $x^2+y^2\leqslant R^2$,因此

$$\iint\limits_{(S_1)} x^2+y^2+z^2\mathrm{d}S=\iint\limits_{(\sigma_{xy})}(x^2+y^2)\sqrt{1+0+0}\,\mathrm{d}x\mathrm{d}y=\iint\limits_{(\sigma_{xy})}(x^2+y^2)\mathrm{d}x\mathrm{d}y,$$

$$\iint\limits_{(S_2)} x^2+y^2+z^2\mathrm{d}S=\iint\limits_{(\sigma_{xy})}(x^2+y^2+h^2)\sqrt{1+0+0}\,\mathrm{d}x\mathrm{d}y=\iint\limits_{(\sigma_{xy})}(x^2+y^2+h^2)\mathrm{d}x\mathrm{d}y,$$

$$\iint\limits_{(S_3)} x^2+y^2+z^2\mathrm{d}S=2\iint\limits_{(\sigma_{zy})}(R^2+z^2)\sqrt{1+\frac{y^2}{R^2-y^2}+0}\,\mathrm{d}z\mathrm{d}y$$

$$=2\int_0^h(R^2+z^2)\mathrm{d}z\int_{-R}^R\sqrt{\frac{R^2}{R^2-y^2}}\,\mathrm{d}y$$

$$=2Rh\left(2R^2+\frac{2}{3}h^2\right)\int_0^R\frac{1}{\sqrt{R^2-y^2}}\mathrm{d}y=\pi Rh\left(2R^2+\frac{2}{3}h^2\right).$$

(7) (S) 在 xOy 面上的投影区域 σ_{xy} 为圆域 $x^2+y^2\leqslant R^2$，因此

$$\iint\limits_{(S)}\sqrt{R^2-x^2+y^2}\,\mathrm{d}S=\iint\limits_{(\sigma_y)}\sqrt{R^2-x^2+y^2}\sqrt{1+\frac{x^2}{R^2-x^2-y^2}+\frac{y^2}{R^2-x^2-y^2}}\,\mathrm{d}x\mathrm{d}y$$

$$=\iint\limits_{(\sigma_y)}R\mathrm{d}x\mathrm{d}y=\pi R^3.$$

(8) 在 (S) 上 $z=\sqrt{1-x^2-y^2}$，(S) 在 xOy 面上的投影区域为

$$\sigma_{xy}=\left\{(x,y)\mid x^2+y^2\leqslant 1-\frac{1}{4}\right\}.$$

由于积分曲面 (S) 关于面 yOz 和面 xOz 均对称，故有

$$\iint\limits_{(S)}x\mathrm{d}S=0,\quad\iint\limits_{(S)}y\mathrm{d}S=0,$$

于是

$$\iint\limits_{(S)}(x+y+z)\mathrm{d}S=\iint\limits_{(\sigma_{xy})}\sqrt{1-x^2-y^2}\sqrt{1+\frac{x^2}{1-x^2-y^2}+\frac{y^2}{1-x^2-y^2}}\,\mathrm{d}x\mathrm{d}y$$

$$=\iint\limits_{(\sigma_{xy})}1\mathrm{d}x\mathrm{d}y=\pi\left(1-\frac{1}{4}\right)=\frac{3}{4}\pi.$$

(9) 根据抛物面 $z=x^2+y^2$ 对称性及函数 $|xyz|$ 关于 xOz、yOz 坐标面对称，有

$$\iint\limits_{(S)}|xyz|\,\mathrm{d}S=4\iint\limits_{(S_1)}xyz\mathrm{d}S=4\iint\limits_{(D_{xy})}xy(x^2+y^2)\sqrt{1+(2x)^2+(2y)^2}\,\mathrm{d}x\mathrm{d}y$$

$$=4\int_0^{\frac{\pi}{2}}\mathrm{d}t\int_0^1\boldsymbol{r}^2\cos t\sin t\cdot\boldsymbol{r}^2\sqrt{1+4\boldsymbol{r}^2}\,\boldsymbol{r}\mathrm{d}\boldsymbol{r}=2\int_0^{\frac{\pi}{2}}\sin 2t\mathrm{d}t\int_0^1\boldsymbol{r}^5\sqrt{1+4\boldsymbol{r}^2}\,\mathrm{d}\boldsymbol{r}$$

$$=\frac{1}{4}\int_1^5\sqrt{u}\left(\frac{u-1}{4}\right)^2\mathrm{d}u=\frac{125\sqrt{5}-1}{420}.$$

(10) $D_{xy}: x^2+y^2 \leqslant 2ax, z=\sqrt{x^2+y^2}$,

$$\mathrm{d}S=\sqrt{1+z_x'^2+z_y'^2}\,\mathrm{d}x\mathrm{d}y=\sqrt{1+\frac{x^2}{x^2+y^2}+\frac{y^2}{x^2+y^2}}\,\mathrm{d}x\mathrm{d}y=\sqrt{2}\,\mathrm{d}x\mathrm{d}y$$

$$原式=\sqrt{2}\iint\limits_{(D_{xy})}\left[xy+(x+y)\sqrt{x^2+y^2}\right]\mathrm{d}x\mathrm{d}y$$

$$=\sqrt{2}\int_{-\frac{\pi}{2}}^{\frac{\pi}{2}}\mathrm{d}\theta\int_0^{2a\cos\theta}\left[\boldsymbol{r}^2\sin\theta\cos\theta+\boldsymbol{r}^2(\sin\theta+\cos\theta)\right]\boldsymbol{r}\,\mathrm{d}\theta$$

$$=\sqrt{2}\int_{-\frac{\pi}{2}}^{\frac{\pi}{2}}(\sin\theta\cos\theta+\sin\theta+\cos\theta)\frac{1}{4}(2a\cos^4\theta)\,\mathrm{d}\theta=\frac{64}{15}\sqrt{2}a^4.$$

2. 一形为悬链线的曲线 $y=\frac{a}{2}(\mathrm{e}^{\frac{x}{a}}+\mathrm{e}^{-\frac{x}{a}})$，曲线上任一点的线密度与该点的纵坐标成正比，且在点$(0,a)$处的密度为μ. 求该曲线横坐标在 $x_1=a$ 与 $x_2=a$ 之间部分的质量.

解：因为 $\rho=k\cdot\frac{1}{y}, \rho_a=\rho|_{(0,a)}=\frac{k}{a}, k=a\rho_a, \rho=\frac{a\rho_a}{y}$，所以

$$m=\int\limits_{(C)}\rho\mathrm{d}s=\int\limits_{(C)}\frac{a\rho_a}{y}\mathrm{d}s=\int_0^a\frac{a\rho_a}{a\,\mathrm{ch}\,\frac{x}{a}}\sqrt{1+(y')^2}\,\mathrm{d}x$$

$$=\int_0^a\frac{\rho_a}{\mathrm{ch}\,\frac{x}{a}}\sqrt{1-\left(\mathrm{sh}\,\frac{x}{a}\right)^2}\,\mathrm{d}x=\int_0^a\rho_a\,\mathrm{d}x=a\rho_a.$$

3. 一球面三角形 $x^2+y^2+z^2=a^2, x\geqslant 0, y\geqslant 0, z\geqslant 0$,

(1) 求球面三角形边界的中心坐标(即密度为1的质心1);

(2) 求球面三角形的中心坐标.

解：(1) 球面三角形边界 $S=S_1+S_2+S_3$，由球坐标

$$x=\boldsymbol{r}\cos\varphi\sin\theta,\quad y=\boldsymbol{r}\sin\varphi\sin\theta,\quad z=\boldsymbol{r}\cos\theta,$$

知 S_1 为 $\quad z=0,\quad x=a\cos\varphi,\quad z=a\sin\varphi,\quad 0\leqslant\varphi\leqslant\frac{\pi}{2}$,

S_2 为 $\quad y=0,\quad x=a\sin\theta,\quad z=a\cos\theta,\quad 0\leqslant\theta\leqslant\frac{\pi}{2}$,

S_3 为 $\quad x=0,\quad y=a\sin\theta,\quad z=a\cos\theta,\quad 0\leqslant\theta\leqslant\frac{\pi}{2}$,

周界质量为

$$m=\frac{3\pi a}{2},$$

质心的坐标为

$$x_0=\frac{2}{3\pi a}\left(\int_0^{\frac{\pi}{2}}a\cos\varphi\cdot a\mathrm{d}\varphi+\int_0^{\frac{\pi}{2}}a\cos\theta\cdot a\mathrm{d}\theta\right)$$
$$=\frac{2}{3\pi a}\cdot 2a^2=\frac{4a}{3\pi}.$$

由对称性得

$$x_0=y_0=z_0=\frac{4a}{3\pi}.$$

(2) 曲面

$$z=\sqrt{a^2-x^2-y^2},$$
$$z'_x=\frac{-x}{\sqrt{a^2-x^2-y^2}},\quad z'_y=\frac{-y}{\sqrt{a^2-x^2-y^2}},$$
$$\mathrm{d}S=\sqrt{1+z'^2_x+z'^2_y}\,\mathrm{d}x\mathrm{d}y=\frac{a}{\sqrt{a^2-x^2-y^2}}\mathrm{d}x\mathrm{d}y.$$

由对称性知 $x_0=y_0=z_0$，因为

$$m=\iint\limits_{(S)}\mathrm{d}S=\frac{\pi}{2}a^2,$$
$$\iint\limits_{(S)}\mathrm{d}S=\int_0^a\int_0^{\sqrt{a^2-x^2}}\sqrt{a^2-x^2-y^2}\cdot\frac{a}{\sqrt{a^2-x^2-y^2}}\mathrm{d}x\mathrm{d}y$$
$$=a\int_0^a\sqrt{a^2-x^2}\,\mathrm{d}x=a\int_0^a a^2\cos^2t\mathrm{d}t=a^3\cdot\frac{1}{2}\cdot\frac{\pi}{2}=\frac{\pi}{4}a^3,$$

所以 $z_0=\dfrac{\frac{\pi}{4}a^3}{\frac{\pi}{2}a^2}=\dfrac{a}{2}$,即 $x_0=y_0=z_0=\dfrac{a}{2}$.

4. 设平面 π 是椭圆面$(S)=\left\{(x,y,z)\mid\dfrac{x^2}{a^2}+\dfrac{y^2}{b^2}+\dfrac{z^2}{c^2}=1\right\}$在点 $P(x,y,z)$ 处的切平面，且 R 是 $O(0,0,0)$ 到平面 π 的距离. 证明$\oiint\limits_{(S)}R\mathrm{d}S=4\pi abc$.

解: 切平面 π 的法向量为$\left\{\dfrac{x}{a^2},\dfrac{y}{b^2},\dfrac{z}{c^2}\right\}$,$\{X,Y,Z\}$ 为平面 π 上任一点,则平面 π 的方程为

$$\frac{x}{a^2}(X-x)+\frac{y}{b^2}(Y-y)+\frac{z}{c^2}(Z-z)=0,$$

$O(0,0,0)$ 到平面 π 的距离 R 为

$$R=\frac{\left|-\frac{x^2}{a^2}-\frac{y^2}{b^2}-\frac{z^2}{c^2}\right|}{\sqrt{\frac{x^2}{a^4}+\frac{y^2}{b^4}+\frac{z^2}{c^4}}}=\frac{1}{\sqrt{\frac{x^2}{a^4}+\frac{y^2}{b^4}+\frac{z^2}{c^4}}}.$$

所以

$$\oiint\limits_{(S)}R\mathrm{d}S=\oiint\limits_{(S)}\frac{1}{\sqrt{\frac{x^2}{a^4}+\frac{y^2}{b^4}+\frac{z^2}{c^4}}}\mathrm{d}S.$$

设 S_1 是椭球面第一卦限部分,σ 是 S_1 在 xOy 面上的投影,利用对称性得

$$\oiint_{(S)} R\mathrm{d}S = 8\iint_{(S_1)} \frac{1}{\sqrt{\frac{x^2}{a^4}+\frac{y^2}{b^4}+\frac{z^2}{c^4}}}\mathrm{d}S = 8\iint_{(\sigma)} \frac{\sqrt{1+\frac{(c\frac{x}{a^2})^2+(c\frac{y}{b^2})^2}{\left(\sqrt{1-\frac{x^2}{a^2}-\frac{y^2}{b^2}}\right)^2}}}{\sqrt{\frac{x^2}{a^4}+\frac{y^2}{b^4}+\frac{1}{c^2}\left(1-\frac{x^2}{a^2}-\frac{y^2}{b^2}\right)}}\mathrm{d}x\mathrm{d}y$$

$$= 8\iint_{(\sigma)} \frac{c}{\sqrt{1-\frac{x^2}{a^2}-\frac{y^2}{b^2}}}\mathrm{d}x\mathrm{d}y = 4\pi abc.$$

5. 将下列第二类曲面积分化为累次积分：

(1) $\iint_{(S)} \frac{\mathrm{e}^x}{\sqrt{x^2+y^2}}\mathrm{d}x\mathrm{d}y$，$(S)$ 是锥面 $z=\sqrt{x^2+y^2}$ 被平面 $z=1$ 和 $z=2$ 截下部分的外侧；

(2) $\oiint_{(S)}(x+y+z)\mathrm{d}x\mathrm{d}y+(y-z)\mathrm{d}y\mathrm{d}z]$，$(S)$ 是三坐标平面和平面 $x=1,y=1,z=1$ 围成的四面体的边界的外侧.

解：(1) 锥面外侧曲面为 $z=\sqrt{x^2+y^2}$，$1\leqslant z\leqslant 2$，σ_{xy} 为 $1\leqslant x^2+y^2\leqslant 4$，故

$$\iint_{(S)} \frac{\mathrm{e}^x}{\sqrt{x^2+y^2}}\mathrm{d}x\mathrm{d}y = -\iint_{(\sigma_{xy})} \frac{\mathrm{e}^x}{\sqrt{x^2+y^2}}\mathrm{d}x\mathrm{d}y = -\int_0^{2\pi}\mathrm{d}\theta\int_1^2 \frac{\mathrm{e}^{\rho\cos\theta}}{\rho}\rho\mathrm{d}\rho.$$

(2) 在 xOy 平面上有投影的只有 S_1 和 S_2 下侧，在平面上有投影的只有 S_3 和 S_4 后侧，因为 $S_1:z=1$，$S_2:z=0$，$S_3:x=1$，$S_4:x=0$，所以

$$\oiint_{(S)}(x+y+z)\mathrm{d}x\mathrm{d}y+(y-z)\mathrm{d}y\mathrm{d}z]$$

$$=\int_0^1\mathrm{d}x\int_0^1(x+y+1)\mathrm{d}y-\int_0^1\mathrm{d}x\int_0^1(x+y)\mathrm{d}y+$$

$$\int_0^1\mathrm{d}y\int_0^1(y-z)\mathrm{d}z-\int_0^1\mathrm{d}x\int_0^1(y-z)\mathrm{d}y.$$

6. 计算下列曲面积分：

(1) $\iint_{(S)} yz^2\mathrm{d}x\mathrm{d}y$，$(S)$ 是半球面 $x^2+y^2+z^2=R^2(z\geqslant 0)$ 的外侧；

(2) $\iint_{(S)} x^2\mathrm{d}y\mathrm{d}z$，$(S)$ 是球面 $x^2+y^2+z^2=4$ 的外侧；

(3) $\iint_{(S)} \frac{z^2}{x^2+y^2}\mathrm{d}x\mathrm{d}y$，$(S)$ 是半球面 $z=\sqrt{2ax-x^2-y^2}$ 被柱面 $x^2+y^2=a^2$ 截下部分的上侧；

(4) $\iint_{(S)} x\mathrm{d}y\mathrm{d}z+y\mathrm{d}z\mathrm{d}x$，$(S)$ 是柱面 $x^2+y^2=1$ 被平面 $z=0$ 和 $z=3$ 截下部分的外侧；

(5) $\iint_{(S)}(z^2+x)\mathrm{d}y\mathrm{d}z-z\mathrm{d}x\mathrm{d}y$，$(S)$ 是曲面 $z=\frac{1}{2}(x^2+y^2)$ 夹在平面 $z=0$ 和 $z=2$ 之间部分的下侧；

(6) $\iint_{(S)} -y\mathrm{d}z\mathrm{d}x+(z+1)\mathrm{d}x\mathrm{d}y$，$(S)$ 是柱面 $x^2+y^2=4$ 被平面 $z=0$ 和 $x+z=2$ 截

下部分的外侧;

(7) 计算$\oiint\limits_{(S)} xz\mathrm{d}x\mathrm{d}y + xy\mathrm{d}y\mathrm{d}z + yz\mathrm{d}z\mathrm{d}x$,其中,$(S)$ 是平面 $x=0, y=0, z=0, x+y+z=1$ 围成的四面体的边界的外侧;

(8) $\iint\limits_{(S)}(y-z)\mathrm{d}y\mathrm{d}z+(z-x)\mathrm{d}z\mathrm{d}x+(x-y)\mathrm{d}x\mathrm{d}y$,$(S)$ 是圆锥面 $z^2=x^2+y^2(0\leqslant z\leqslant b)$ 的外侧;

(9) 计算$\iint\limits_{(S)} x^2\mathrm{d}y\mathrm{d}z+y^2\mathrm{d}z\mathrm{d}x+y^2\mathrm{d}x\mathrm{d}y$,$(S)$ 是球面 $(x-1)^2+(y-1)^2+(z-1)^2=1$ 的外侧;

(10) $\iint\limits_{(S)}\{[f(x,y,z)+x]\mathrm{d}y\mathrm{d}z+[2f(x,y,z)+y]\mathrm{d}z\mathrm{d}x+[f(x,y,z)+z]\mathrm{d}x\mathrm{d}y\}$,$(S)$ 是平面 $x-y+z=1$ 位于第四卦限部分的上侧,f 是一连续函数.

解:(1) (S) 在 xOy 面上的投影区域 σ_{xy} 为圆域 $x^2+y^2\leqslant R^2$,因此

$$\iint\limits_{(S)} yz^2\mathrm{d}x\mathrm{d}y=\iint\limits_{(\sigma_{xy})} y(x^2+y^2)\mathrm{d}x\mathrm{d}y=\int_{-R}^{R}\mathrm{d}x\int_{\sqrt{R^2-x^2}}^{-\sqrt{R^2-x^2}} y(x^2+y^2)\mathrm{d}y=0.$$

(2) (S) 在 xOy 面上的投影区域 σ_{xy} 为圆域 $x^2+y^2\leqslant 4$,因此

$$\iint\limits_{(S)} x^2\mathrm{d}x\mathrm{d}y=\iint\limits_{(S_1)} x^2\mathrm{d}x\mathrm{d}y+\iint\limits_{(S_1)} x^2\mathrm{d}x\mathrm{d}y=\iint\limits_{(\sigma_{xy})} x^2\mathrm{d}x\mathrm{d}y+\iint\limits_{(\sigma_{xy})} -x^2\mathrm{d}x\mathrm{d}y=0.$$

(3) (S) 在 xOy 面上的投影区域 σ_{xy} 为圆域

$$\{(x,y)\mid x^2+y^2\leqslant a^2\}\cap\{(x,y)\mid (x-a)^2+y^2\leqslant a^2\},$$

因此

$$\iint\limits_{(S)}\frac{z^2}{x^2+y^2}\mathrm{d}x\mathrm{d}y=\iint\limits_{(\sigma_{xy})}\frac{2ax-x^2-y^2}{x^2+y^2}\mathrm{d}x\mathrm{d}y=\iint\limits_{(\sigma_{xy})}\frac{2ax}{x^2+y^2}\mathrm{d}x\mathrm{d}y-\iint\limits_{(\sigma_{xy})}1\mathrm{d}x\mathrm{d}y.$$

(4) $D_{xy}=\widehat{AB}$,面积为 0,$\iint\limits_{(S)} z\mathrm{d}x\mathrm{d}y=0$,

$$D_{yz}=\{(0,y,z)\mid x=0,0\leqslant y\leqslant 1,0\leqslant z\leqslant 3\},$$
$$D_{zx}=\{(x,0,z)\mid 0\leqslant x\leqslant 1,y=0,0\leqslant z\leqslant 3\},$$

$$\begin{aligned}\text{原式}&=\iint\limits_{(D_{yz})}\sqrt{1-y^2}\,\mathrm{d}y\mathrm{d}z+\iint\limits_{(D_{zx})}\sqrt{1-x^2}\,\mathrm{d}z\mathrm{d}x\\&=\int_0^3\mathrm{d}z\int_0^1\sqrt{1-y^2}\,\mathrm{d}y+\int_0^3\mathrm{d}z\int_0^1\sqrt{1-x^2}\,\mathrm{d}x\\&=2\cdot\left[\frac{y}{2}\sqrt{1-yh2}+\frac{1}{2}\arcsin y\right]_0^1=\frac{3}{2}\pi.\end{aligned}$$

(5) **法一(直接计算)**:

计算$\iint\limits_{(S)}-z\mathrm{d}x\mathrm{d}y$,将 Σ 投影到 xOy 面为 $D_{xy}: x^2+y^2\leqslant 4$,

$\Sigma: z=\frac{1}{2}(x^2+y^2),(x,y)\in D_{xy}$,朝下,故

$$\iint\limits_{(S)}-z\mathrm{d}x\mathrm{d}y=-\iint\limits_{(D_{xy})}-\frac{1}{2}(x^2+y^2)\mathrm{d}x\mathrm{d}y=\int_0^{2\pi}\mathrm{d}\theta\int_0^2\frac{1}{2}\boldsymbol{r}^2\boldsymbol{r}\mathrm{d}\boldsymbol{r}=4\pi.$$

计算$\iint\limits_{(S)}(z^2+x)\mathrm{d}y\mathrm{d}z$，将$\Sigma$投影到$yOz$面为$D_{yz}$，如题 6(5) 图所示，$S=S_1+S_2$，其中，$S_1$：$x=\sqrt{2z-y^2}$，$(x,y)\in D_{yz}$，朝前，$S_2$：$x=-\sqrt{2z-y^2}$，$(x,y)\in D_{yz}$，朝后，故

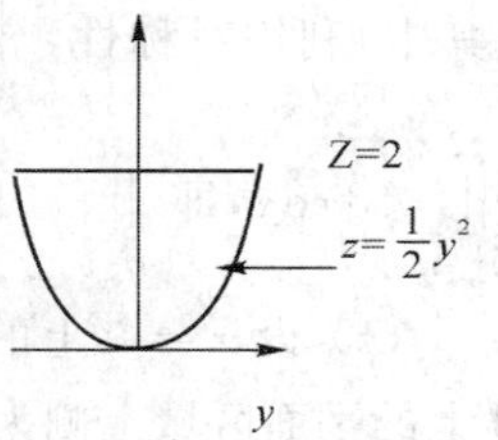

Z=2

$z=\frac{1}{2}y^2$

y

题 6(5) 图

$$\iint\limits_{(S)}(z^2+x)\mathrm{d}y\mathrm{d}z$$

$$=\Big(\iint\limits_{(S_1)}+\iint\limits_{(S_2)}\Big)(z^2+x)\mathrm{d}y\mathrm{d}z$$

$$=\iint\limits_{(D_{yz})}(z^2+\sqrt{2z-y^2})\mathrm{d}y\mathrm{d}z-\iint\limits_{(D_{yz})}(z^2-\sqrt{2z-y^2})\mathrm{d}y\mathrm{d}z$$

$$=\iint\limits_{(D_{yz})}2\sqrt{2z-y^2}\,\mathrm{d}y\mathrm{d}z=2\int_{-2}^{2}\mathrm{d}y\int_{\frac{1}{2}y^2}^{2}\sqrt{2z-y^2}\,\mathrm{d}z=2\int_{-2}^{2}\frac{1}{3}(2z-y^2)^{\frac{3}{2}}\Big|_{\frac{1}{2}y^2}^{2}\mathrm{d}y$$

$$=\frac{2}{3}\int_{-2}^{2}(4-y^2)^{\frac{3}{2}}\mathrm{d}y=\frac{4}{3}\int_{0}^{2}(4-y^2)^{\frac{3}{2}}\mathrm{d}y\quad(\text{其中,令 }y=2\sin\theta)$$

$$=\frac{4}{3}\int_{0}^{\frac{\pi}{2}}16\cos^4\theta\mathrm{d}\theta=4\pi,$$

故

$$\iint\limits_{(\Sigma)}(z^2+x)\mathrm{d}y\mathrm{d}z-z\mathrm{d}x\mathrm{d}y=8\pi.$$

法二（投影面转换法）：

因为$z=\frac{1}{2}(x^2+y^2)$，D_{xy}：$x^2+y^2\leqslant 4$，朝下，$z_x=x$，所以

$$\iint\limits_{(S)}(z^2+x)\mathrm{d}y\mathrm{d}z-z\mathrm{d}x\mathrm{d}y$$

$$=\iint\limits_{(S)}[(z^2+x)(-x)-z]\mathrm{d}x\mathrm{d}y$$

$$=-\iint\limits_{(S)}(z^2x+x^2+z)\mathrm{d}x\mathrm{d}y$$

$$=-\left\{-\iint\limits_{(D_{xy})}\Big[\Big(\frac{1}{4}(x^2+y^2)^2x+x^2+\frac{1}{2}(x^2+y^2)\Big]\mathrm{d}x\mathrm{d}y\right\}$$

$$=\iint\limits_{(D_{xy})}\left[\frac{1}{4}(x^2+y^2)^2x+x^2+\frac{1}{2}(x^2+y^2)\right]\mathrm{d}x\mathrm{d}y$$

$$=\iint\limits_{(D_{xy})}\Big(\frac{1}{4}(x^2+y^2)^2x\mathrm{d}x\mathrm{d}y+\iint\limits_{(D_{xy})}\Big[x^2+\frac{1}{2}(x^2+y^2)\Big]\mathrm{d}x\mathrm{d}y$$

$$=0+\iint\limits_{(D_{xy})}\Big[x^2+\frac{1}{2}(x^2+y^2)\Big]\mathrm{d}x\mathrm{d}y$$

$$=\iint\limits_{(D_{xy})}(x^2+y^2)\mathrm{d}x\mathrm{d}y=\int_0^{2\pi}\mathrm{d}\theta\int_0^2 r^2r\mathrm{d}r=8\pi.$$

(其中,利用对称性:$\iint\limits_{(D_{xy})}(\frac{1}{4}(x^2+y^2)^2 x\mathrm{d}x\mathrm{d}y=0$,由 $D_{xy}:x^2+y^2\leqslant 4$ 易知:$\iint\limits_{(D_{xy})}x^2\mathrm{d}x\mathrm{d}y=\iint\limits_{(D_{xy})}y^2\mathrm{d}x\mathrm{d}y$,即 $\iint\limits_{(D_{xy})}x^2\mathrm{d}x\mathrm{d}y=\frac{1}{2}\iint\limits_{(D_{xy})}(x^2+y^2)\mathrm{d}x\mathrm{d}y$.)

(6) 设 $z=0$ 上的平面区域 $x^2+y^2\leqslant 4$ 的下侧为 S_1,柱面 $x^2+y^2=4$ 截得平面 $x+z=2$ 上的平面区域上侧为 S_2,那么 $S+S_1+S_2$ 所围空间区域 Ω 用不等式表示为

$$\Omega: x^2+y^2\leqslant 4, 0\leqslant z\leqslant 2-x,$$

由 $P=0,Q=-y,R=z+1$,利用高斯公式可得

$$\begin{aligned}\iint\limits_{(S+S_1+S_2)}P\mathrm{d}y\mathrm{d}z+Q\mathrm{d}z\mathrm{d}x+R\mathrm{d}x\mathrm{d}y&=\iint\limits_{(S+S_1+S_2)}-y\mathrm{d}z\mathrm{d}x+(z+1)\mathrm{d}x\mathrm{d}y\\&=\iiint\limits_{(\Omega)}\frac{\partial P}{\partial x}+\frac{\partial Q}{\partial y}+\frac{\partial R}{\partial z}\mathrm{d}V=\iiint\limits_{(\Omega)}-1+1\mathrm{d}V=0.\end{aligned}$$

因此

$$\begin{aligned}\iint\limits_{(S+S_1+S_2)}-y\mathrm{d}z\mathrm{d}x+(z+1)\mathrm{d}x\mathrm{d}y&=-\iint\limits_{(S_1)}-y\mathrm{d}z\mathrm{d}x+(z+1)\mathrm{d}x\mathrm{d}y-\iint\limits_{(S_2)}-y\mathrm{d}z\mathrm{d}x+(z+1)\mathrm{d}x\mathrm{d}y\\&=\iint\limits_{(S_1)}y\mathrm{d}z\mathrm{d}x-(z+1)\mathrm{d}x\mathrm{d}y+\iint\limits_{(S_2)}y\mathrm{d}z\mathrm{d}x-(z+1)\mathrm{d}x\mathrm{d}y\end{aligned}$$

由于 S_1 在面 zOx 上投影为一直线段,因此 $\iint\limits_{(S_1)}y\mathrm{d}z\mathrm{d}x=0$,

$$-\iint\limits_{(S_1)}(z+1)\mathrm{d}x\mathrm{d}y=\iint\limits_{x^2+y^2\leqslant 4}\mathrm{d}x\mathrm{d}y=4\pi,$$

S_2 在面 zOx 上投影也是一直线段,因此 $\iint\limits_{(S_2)}y\mathrm{d}z\mathrm{d}x=0$,

$$-\iint\limits_{(S_2)}(z+1)\mathrm{d}x\mathrm{d}y=\iint\limits_{x^2+y^2\leqslant 4}(2-x+1)\mathrm{d}x\mathrm{d}y=\int_0^{2\pi}\mathrm{d}\theta\int_0^2(r\cos\theta-3)r\mathrm{d}r=-12\pi,$$

因此

$$\iint\limits_{(S)}-y\mathrm{d}z\mathrm{d}x+(z+1)\mathrm{d}x\mathrm{d}y=4\pi-12\pi=-8\pi.$$

(7) 证 z 在 xOy,yOz,zOx 平面上的部分分别为 S_1,S_2,S_3,在 $x+y+z=1$ 面上的部分为 S_4.

$$\iint\limits_{(S_1)}xz\mathrm{d}x\mathrm{d}y+xy\mathrm{d}y\mathrm{d}z+yz\mathrm{d}z\mathrm{d}x=\iint\limits_{(S_1)}xz\mathrm{d}x\mathrm{d}y=-\iint\limits_{(D_{xy})}x\cdot 0\mathrm{d}x\mathrm{d}y=0,$$

$$\iint\limits_{(S_2)}xz\mathrm{d}x\mathrm{d}y+xy\mathrm{d}y\mathrm{d}z+yz\mathrm{d}z\mathrm{d}x=\iint\limits_{(S_2)}xy\mathrm{d}y\mathrm{d}z=-\iint\limits_{(D_{yz})}0\cdot y\mathrm{d}y\mathrm{d}z=0,$$

$$\iint_{(S_3)} xz\,dxdy + xy\,dydz + yz\,dzdx = \iint_{(S_2)} yz\,dzdx = -\iint_{(D_{zx})} 0 \cdot z dzdx = 0,$$

故

$$\begin{aligned}
\text{原式} &= \iint_{(S_4)} xz\,dxdy + xy\,dydz + yz\,dzdx \\
&= 3\iint_{(S_4)} xz\,dxdy = 3\iint_{(D_{xy})} x(1-x-y)\,dxdy \\
&= 3\int_0^1 dx\int_0^{1-x}(1-x-y)\,dy = \frac{1}{8}.
\end{aligned}$$

（另解：可求得$\oiint_{(S)} xz\,dxdy = \frac{1}{24}$，由对称性可得原式 $= \frac{1}{8}$ 也可用高斯公式.）

(8) 证 S_1, S_2 分别为锥面的底面和侧面而 $\cos\alpha, \cos\beta, \cos\gamma$ 为锥面外法线的方向余弦 $D_{xy}: x^2 + y^2 \leqslant b^2$，则

$$\begin{aligned}
&\iint_{(S_1)} (y-z)\,dydz + (z-x)\,dxdy + (x-y)\,dxdy \\
&= \iint_{(D_{xy})} (x-y)\,dxdy = \int_0^{2\pi} d\varphi\int_0^b \boldsymbol{r}^2(\cos\theta - \sin\theta)\,d\boldsymbol{r} = 0.
\end{aligned}$$

又对 S_2 上的任一点 (x,y,z) 有 $\frac{\cos\alpha}{x} = \frac{\cos\beta}{y} = \frac{\cos\gamma}{-\boldsymbol{r}}$，故 dS 在各坐标平面上射影分别为

$$\cos\gamma dS = -dxdy,$$

$$\cos\alpha dS = -\frac{x}{z}\cos\gamma dS = \frac{x}{2}dxdy,$$

$$\cos\beta dS = -\frac{y}{z}\cos\gamma dS = \frac{y}{z}dxdy,$$

于是

$$\begin{aligned}
&\iint_{(S_2)} (y-z)\,dydz + (z-x)\,dxdy + (x-y)\,dxdy \\
&= \iint_{(S_2)} [(y-z)\cos\alpha + (z-x)\cos\beta + (x-y)\cos\gamma]\,dS \\
&= \iint_{(D_{xy})} \left[\frac{x}{2}(y-z) + \frac{y}{z}(z-x) - (x-y)\right]dxdy \\
&= -2\iint_{(D_{xy})} (x-y)\,dxdy = 0.
\end{aligned}$$

故 $$\text{原式} = 0 + 0 = 0.$$

(9) 根据轮换对称，只要计算$\iint_{(S)} z^2\,dxdy$，

$$D_{xy}: (x-1)^2 + (y-1)^2 \leqslant 1.$$

注意到 $z - \mathrm{e} = \pm\sqrt{1-(x-1)^2+(y-1)^2}$，再利用极坐标可得

$$-\iint\limits_{(S)} z^2 \mathrm{d}x\mathrm{d}y = \iint\limits_{(D_{xy})} \left[c + \sqrt{1-(x-1)^2-(y-1)^2}\right]\mathrm{d}x\mathrm{d}y -$$

$$\iint\limits_{(D_{xy})} \left[1 - \sqrt{1-(x-1)^2-(y-1)^2}\right]\mathrm{d}x\mathrm{d}y$$

$$= 4\mathrm{e}\iint\limits_{(D_{xy})} \sqrt{1-(x-1)^2-(y-1)^2}\,\mathrm{d}x\mathrm{d}y$$

$$= 4\mathrm{e}\int_0^{2\pi}\mathrm{d}\theta\int_0^1 \sqrt{1-\boldsymbol{r}^2}\,\boldsymbol{r}\mathrm{d}\boldsymbol{r}$$

$$= 8\pi\mathrm{e}\left[-\frac{1}{3}(1-\boldsymbol{r}^2)^{\frac{3}{2}}\right]_0^1 = 8\pi\mathrm{e}.$$

于是,原式 $= 8\pi$.

(10) 由 S 是平面 $x-y+z=1$ 在第四卦限内的上侧,故曲面在 (x,y,z) 处的法向量为 $(1,-1,1)$,故 $\cos\alpha = \frac{\sqrt{3}}{3}, \cos\beta = -\frac{\sqrt{3}}{3}, \cos\gamma = \frac{\sqrt{3}}{3}$,则

$$\iint\limits_{(S)} [f(x,y,z)+x]\mathrm{d}y\mathrm{d}z + [2f(x,y,z)+y]\mathrm{d}z\mathrm{d}x + [f(x,y,z)+z]\mathrm{d}x\mathrm{d}y$$

$$= \iint\limits_{(S)} \left\{[f(x,y,z)+x]\frac{\sqrt{3}}{3} + [2f(x,y,z)+y]\left(-\frac{\sqrt{3}}{3}\right) + [f(x,y,z)+z]\frac{\sqrt{3}}{3}\right\}\mathrm{d}S$$

$$= \frac{\sqrt{3}}{3}\iint\limits_{(S)} (x-y+z)\mathrm{d}S = \frac{\sqrt{3}}{3}\iint\limits_{\Sigma}\mathrm{d}S = \frac{1}{2},$$

其中,平面 Σ 的面积为 $\dfrac{\Sigma\text{ 在 } xOy \text{ 面投影区域面积}}{\cos\gamma}$.

7. 计算 $\iint\limits_{(S)} \boldsymbol{F}\cdot\mathrm{d}\boldsymbol{S}$,其中

(1) $\boldsymbol{F} = x\boldsymbol{i} + y\boldsymbol{j} + z\boldsymbol{k}$,$(S)$ 是球面 $x^2+y^2+z^2=a^2$ 的外侧;

(2) $\boldsymbol{F} = y\boldsymbol{i} - x\boldsymbol{j} + z^2\boldsymbol{k}$,$(S)$ 是圆锥面 $z=\sqrt{x^2+y^2}$ 落在 $0\leqslant x\leqslant 1$ 和 $0\leqslant y\leqslant 1$ 部分的下侧;

(3) $\boldsymbol{F} = \dfrac{x\boldsymbol{i}+y\boldsymbol{j}+z\boldsymbol{k}}{x^2+y^2+z^2}$,$(S)$ 是上半球面 $z=\sqrt{R^2-x^2+y^2}$ 的下侧.

解:(1) 当是球面 (S) 的外侧时,$\boldsymbol{r}$ 与 $\boldsymbol{e}_n$ 平行同向,$\boldsymbol{r}\boldsymbol{e}_n = |\boldsymbol{r}| = a$,故

$$\iint\limits_{(S)} \boldsymbol{F}\cdot\mathrm{d}\boldsymbol{S} = a\iint\limits_{(S)}\mathrm{d}S = a4\pi a^2 = 4\pi a^3.$$

(2) 因为

$$\iint\limits_{(S)} \boldsymbol{F}\cdot\mathrm{d}\boldsymbol{S} = \iint\limits_{(S)} y\mathrm{d}y\mathrm{d}z - x\mathrm{d}z\mathrm{d}x + z^2\mathrm{d}x\mathrm{d}y,$$

由对称性可知$\iint\limits_{(S)} y\mathrm{d}y\mathrm{d}z = \iint\limits_{(S)} x\mathrm{d}z\mathrm{d}x$,从而有

$$\iint\limits_{(S)} F \cdot \mathrm{d}S = \iint\limits_{(S)} z^2 \mathrm{d}x\mathrm{d}y = -\iint\limits_{x^2+y^2\leqslant 2} (x^2+y^2)\mathrm{d}x\mathrm{d}y$$

$$= -\int_0^{2\pi}\mathrm{d}\varphi\int_0^{\sqrt{2}} \rho^2\rho\mathrm{d}\rho = -2\pi.$$

(3) 因为

$$\iint\limits_{(S)} F \cdot \mathrm{d}S = \iint\limits_{(S)} \frac{x\mathrm{d}y\mathrm{d}z + y\mathrm{d}z\mathrm{d}x + z\mathrm{d}x\mathrm{d}y}{x^2+y^2+z^2} = \frac{1}{R^2}\iint\limits_{(S)} x\mathrm{d}y\mathrm{d}z + y\mathrm{d}z\mathrm{d}x + z\mathrm{d}x\mathrm{d}y,$$

其中,

$$\iint\limits_{(S)} x\mathrm{d}y\mathrm{d}z = \iint\limits_{(S)} y\mathrm{d}z\mathrm{d}x = \iint\limits_{(S)} z\mathrm{d}x\mathrm{d}y$$

$$= -2\int_0^{\pi}\mathrm{d}\theta\int_0^R \sqrt{R^2-\boldsymbol{r}^2}\,\boldsymbol{r}\mathrm{d}\boldsymbol{r}$$

$$= -2\pi\left[-\frac{1}{3}(R^2-\boldsymbol{r}^2)^{\frac{3}{2}}\right]_0^R = -\frac{2}{3}\pi R^3,$$

所以

$$\iint\limits_{(S)} F \cdot \mathrm{d}S = \frac{1}{R^2}\left(-\frac{2}{3}\pi R^3 - \frac{2}{3}\pi R^3 - \frac{2}{3}\pi R^3\right) = -2\pi R.$$

8. 求向量场 $\boldsymbol{r} = (x,y,z)$ 穿过以下曲面的通量:

(1) 圆柱体 $x^2+y^2 \leqslant a^2 (0 \leqslant z \leqslant h)$ 的侧面的外侧;

(2) 以上圆柱体的所有表明的外侧.

解:(1) 因为 $\Phi = \iint\limits_{(S)} \boldsymbol{r} \cdot \mathrm{d}S$,

$$\boldsymbol{r}^0 = (2x,2y,0)^0 = \left\{\frac{x}{\sqrt{x^2+y^2}}, \frac{y}{\sqrt{x^2+y^2}}, 0\right\},$$

所以

$$\Phi = \iint\limits_{(S)} \left(\frac{x}{\sqrt{x^2+y^2}} + \frac{y}{\sqrt{x^2+y^2}}\right)\mathrm{d}S$$

$$= a\iint\limits_{(S)} \mathrm{d}S = a2\pi ah = 2\pi a^2 h.$$

(2) 因为$\iint\limits_{(S)} z\mathrm{d}S = \iint\limits_{(S)} h\mathrm{d}S = h\pi a^2 (\boldsymbol{r}_0^0 = (0,0,1))$,

所以

$$\Phi_0 = 2\pi a^2 h + \pi a^2 h = 3\pi a^2 h.$$

9. 将第二类曲面积分

$$\iint\limits_{(S)} P(x,y,z)\mathrm{d}y\mathrm{d}z + Q(x,y,z)\mathrm{d}z\mathrm{d}x + R(x,y,z)\mathrm{d}x\mathrm{d}y,$$

化为第一类曲面积分,其中(S)为

(1) 平面$3x+2y+z=6$位于第一卦限部分的上侧;

(2) 抛物面$z=8-(x^2+y^2)$落在xOy平面上面部分的下侧.

解:(1) 原式$=\iint\limits_{(S)}(P\cos\alpha+Q\cos\beta+R\cos\gamma)\mathrm{d}s$,这里$\cos\alpha,\cos\beta,\cos\gamma$是$S$的法向量$\boldsymbol{n}$的方向余弦,而$S$是平面$3x+2y+z=6$在第一卦限部分的上侧,$\cos\gamma>0$,取$\boldsymbol{n}=\{3,2,1\}$.

$$\cos\alpha=\frac{3}{\sqrt{3^2+2^2+1}}=\frac{3}{\sqrt{14}},\quad \cos\beta=\frac{2}{\sqrt{14}},\quad \cos\gamma=\frac{3}{\sqrt{14}},$$

$$\iint\limits_{(S)} P\mathrm{d}y\mathrm{d}z+Q\mathrm{d}z\mathrm{d}x+R\mathrm{d}x\mathrm{d}y=\iint\limits_{\Sigma}\left(\frac{3}{\sqrt{14}}P+\frac{2}{\sqrt{14}}Q+\frac{1}{\sqrt{14}}R\right)\mathrm{d}x.$$

(2) 由于S:$z=8-(x^2+y^2)$取xOy平面上面部分的下侧,故S在其上任一点(x,y,z)处的单位法方向为

$$\boldsymbol{n}=\frac{1}{\sqrt{1+z_x'^2+z_y'^2}}\{z_x',z_y',-1\}=\frac{1}{\sqrt{1+(-2x)^2+(-2y)^2}}\{-2x,-2y,-1\},$$

于是

$$\begin{aligned}&\iint\limits_{(S)} P(x,y,z)\mathrm{d}y\mathrm{d}z+Q(x,y,z)\mathrm{d}z\mathrm{d}x+R(x,y,z)\mathrm{d}x\mathrm{d}y\\ =&\iint\limits_{(S)}[P(x,y,z)\cos\alpha+Q(x,y,z)\cos\beta+R(x,y,z)\cos\gamma]\mathrm{d}S\\ =&\iint\limits_{(S)}\frac{-2xP-2yQ-R}{\sqrt{1+4x^2+4y^2}}\mathrm{d}S.\end{aligned}$$

B

1. 计算曲面积分:

(1) $\iint\limits_{(S)} z\mathrm{d}S$,其中,$(S)$螺旋面部分$x=\mu\cos\theta,y=\mu\sin\theta,z=\theta\ (0\leqslant\mu\leqslant a,0\leqslant\theta\leqslant 2\pi)$;

(2) $\iint\limits_{(S)} z^2\mathrm{d}S$,其中,(S)圆锥面部分

$$x=r\cos\varphi\sin a,\quad y=r\sin\varphi\sin a,\quad z=r\cos a(0\leqslant r\leqslant a,0\leqslant\varphi\leqslant 2\pi),$$

且a是常数$(0\leqslant a\leqslant\frac{\pi}{2})$;

(3) $\iint\limits_{(S)}\frac{x\mathrm{d}y\mathrm{d}z+z^2\mathrm{d}x\mathrm{d}y}{x^2+y^2+z^2}$,其中,$(S)$是由曲面$x^2+y^2=R^2$和平面$z=R,z=-R(R\geqslant 0)$所围的空间区域的边界的外侧.

解：(1) 按曲面微元公式，若 x,y,z 为 (u,v) 函数，则

$$E=\left(\frac{\partial x}{\partial u}\right)^2+\left(\frac{\partial y}{\partial u}\right)^2+\left(\frac{\partial z}{\partial u}\right)^2,\quad G=\left(\frac{\partial x}{\partial v}\right)^2+\left(\frac{\partial y}{\partial v}\right)^2+\left(\frac{\partial z}{\partial v}\right)^2,$$

$$F=\frac{\partial x}{\partial u}\frac{\partial x}{\partial v}+\frac{\partial y}{\partial u}\frac{\partial y}{\partial v}+\frac{\partial z}{\partial u}\frac{\partial z}{\partial v},$$

故本题中

$$E=\cos^2\theta+\sin^2\theta=1,\quad G=\mu^2\cos^2\theta+\mu^2\sin^2\theta+1=\mu^2+1,$$

$$F=-\mu\cos\theta\sin\theta+\mu\cos\theta\sin\theta=0,$$

即
$$\sqrt{EG-F^2}=\sqrt{1+\mu^2}.$$

从而

$$\begin{aligned}\iint_{(S)}z\mathrm{d}S&=\int_0^a\mathrm{d}\mu\int_0^{2\pi}\theta\sqrt{1+\mu^2}\,\mathrm{d}\theta=2\pi^2\int_0^a\sqrt{1+\mu^2}\,\mathrm{d}\mu\\&=2\pi^2\left[\frac{\mu}{2}\sqrt{1+\mu^2}+\frac{1}{2}\ln(\mu+\sqrt{1+\mu^2})\right]\Bigg|_0^a\\&=\pi^2[\mu\sqrt{1+a^2}+\ln(a+\sqrt{1+a^2})].\end{aligned}$$

(2) 因为
$$x'_r=\cos\varphi\sin a,\quad y'_r=\sin\varphi\sin a,\quad z'_r=\cos a,$$
$$x'_\varphi=-r\sin\varphi\sin a,\quad y'_\varphi=r\cos\varphi\sin a,\quad z'_\varphi=0,$$

所以

$$E=x_r'^2+y_r'^2+z_r'^2=1,\quad G=x_\varphi'^2+y_\varphi'^2+z_\varphi'^2=r^2\sin^2\theta,$$

$$F=x'_rx'_\varphi+y'_ry'_\varphi+z'_rz'_\varphi=0,\quad \sqrt{EG-F^2}=r\sin\theta,$$

故

$$\begin{aligned}\iint_{(S)}z^2\,\mathrm{d}S&=\iint_{(D)}r^2\cos^2\theta\sqrt{EG-F^2}\,\mathrm{d}r\mathrm{d}\varphi=\iint_{(D)}r^3\sin\theta\cos^2\theta\mathrm{d}r\mathrm{d}\varphi\\&=\sin\theta\cos^2\theta\int_0^{2\pi}\mathrm{d}\varphi\int_0^a r^3\,\mathrm{d}r=\frac{\pi a^4}{2}\sin\theta\cos^2\theta.\end{aligned}$$

(3)

$$\begin{aligned}\iint_{(S)}\frac{x\mathrm{d}y\mathrm{d}z}{x^2+y^2+z^2}&=\iint_{(S_2)}\frac{x\mathrm{d}y\mathrm{d}z}{x^2+y^2+z^2}=2\iint_{(\sigma_{yz})}\frac{\sqrt{R^2-y^2}}{R^2+z^2}\mathrm{d}y\mathrm{d}z\\&=2\int_{-R}^R\sqrt{R^2-y^2}\,\mathrm{d}y\int_{-R}^R\frac{1}{R^2+z^2}\mathrm{d}z\\&=2\int_{-\frac{\pi}{2}}^{\frac{\pi}{2}}R^2\cos^2t\mathrm{d}t\cdot\frac{1}{R}\arctan\frac{z}{R}\Bigg|_{-R}^R\\&=\frac{\pi^2}{2}R,\end{aligned}$$

$$\iint_{(S)}\frac{z^2\mathrm{d}x\mathrm{d}y}{x^2+y^2+z^2}=\iint_{(S_1)}\frac{z^2\mathrm{d}x\mathrm{d}y}{x^2+y^2+z^2}+\iint_{(S_2)}\frac{z^2\mathrm{d}x\mathrm{d}y}{x^2+y^2+z^2}$$

$$=\int_0^{2\pi}\mathrm{d}\theta\int_0^R\frac{R^2\boldsymbol{r}}{R^2+R^2}\mathrm{d}\boldsymbol{r}-\int_0^{2\pi}\mathrm{d}\theta\int_0^R\frac{(-R)^2\boldsymbol{r}}{R^2+(-R)^2}\mathrm{d}\boldsymbol{r}$$

$$=0,$$

故
$$I=\frac{\pi^2}{2}R+0=\frac{\pi^2}{2}R.$$

2. 设球面(S)的半径为R且球心位于给定球面$x^2+y^2+z^2=a^2(a>0)$上，求R的值使得(S)位于给定球面的内部的面积最大.

解：不妨假设球面(S)球心位于点$(0,0,a)$，则球面(S)的方程为

$$x^2+y^2+(z-a)^2=R^2,$$

联立两方程

$$\begin{cases}x^2+y^2+z^2=a^2,\\x^2+y^2+(z-a)^2=R^2,\end{cases}$$

解得$z=a-\dfrac{R^2}{2a}$，得两球面的交线为圆

$$\begin{cases}z=a-\dfrac{R^2}{2a},\\x^2+y^2=R^2-\dfrac{R^4}{4a^2},\end{cases}$$

给定球面的内部的曲面在xOy面投影为$\sigma_{xy}:x^2+y^2\leqslant R^2-\dfrac{R^4}{4a^2}$，则给定球面的内部的面积为

$$(S)=\iint_{(S)}\mathrm{d}S=\iint_{x^2+y^2\leqslant R^2-\frac{R^4}{4a^2}}\sqrt{1+z'^2_x+z'^2_y}\,\mathrm{d}x\mathrm{d}y$$

$$=\iint_{x^2+y^2\leqslant R^2-\frac{R^4}{4a^2}}\sqrt{1+\frac{x^2}{R^2-x^2-y^2}+\frac{y^2}{R^2-x^2-y^2}}\,\mathrm{d}x\mathrm{d}y$$

$$=R\iint_{x^2+y^2\leqslant R^2-\frac{R^4}{4a^2}}\frac{1}{\sqrt{R^2-x^2-y^2}}\mathrm{d}x\mathrm{d}y$$

$$=R\int_0^{2\pi}\mathrm{d}\theta\int_0^{\sqrt{R^2-\frac{R^4}{4a^2}}}\frac{\rho}{\sqrt{R^2-\rho^2}}\mathrm{d}\rho=2\pi R^2\left(1-\frac{R}{2a}\right).$$

求S最大值，$S(R)=2\pi R^2\left(1-\dfrac{R}{2a}\right)$，$S'(R)=4\pi R-\dfrac{3\pi R^2}{a}=\pi R\left(4-\dfrac{3R}{a}\right)=0$，得两驻点$R=0,R=\dfrac{4}{3}a$，显然$R=0$不可能是最值点，而

$$S''(R)\Big|_{R=\frac{4}{3}a}=4\pi-\frac{6R}{a}\Big|_{R=\frac{4}{3}a}=4\pi-\frac{6\pi}{a}\cdot\frac{4}{3}a=-4\pi<0,$$

所以当 $R=\frac{4}{3}a$ 时 S 取到最大，最大值为 $\frac{32}{27}\pi a^2$.

3. 设 (S) 是上半椭圆面 $\frac{x^2}{2}+\frac{y^2}{2}+z^2=1$，取一点 $P(x,y,z)\in(S)$. 设 π 为 (S) 在点 P 处的切平面并设 $P(x,y,z)$ 是点 $O(0,0,0)$ 到平面 π 的距离. 求 $\iint\limits_{(S)}\frac{z}{\rho(x,y,z)}\mathrm{d}S$.

解：设 (X,Y,Z) 为 π 上任意一点，则 π 的方程为

$$\frac{xX}{2}+\frac{yY}{2}+zZ=1.$$

从而 $\rho(x,y,z)=\left(\frac{x^2}{4}+\frac{y^2}{4}+z^2\right)^{-\frac{1}{2}}$. 由 $z=\sqrt{1-\frac{x^2}{2}-\frac{y^2}{2}}$ 得

$$z'_x=\frac{-x}{\sqrt{1-\frac{x^2}{2}-\frac{y^2}{2}}},\quad z'_y=\frac{-y}{\sqrt{1-\frac{x^2}{2}-\frac{y^2}{2}}},$$

于是

$$\mathrm{d}S=\sqrt{1+z'^2_x+z'^2_y}\,\mathrm{d}\sigma=\frac{\sqrt{4-x^2-y^2}}{2\sqrt{1-\frac{x^2}{2}-\frac{y^2}{2}}}\mathrm{d}\sigma,$$

所以

$$\iint\limits_{(S)}\frac{z}{\rho(x,y,z)}\mathrm{d}S=\frac{1}{4}\iint\limits_{(D)}\sqrt{4-x^2-y^2}\,\mathrm{d}\sigma$$

$$=\frac{1}{4}\int_0^{2\pi}\mathrm{d}\theta\int_0^{\sqrt{2}}(4-r^2)r\mathrm{d}r=\frac{3}{2}\pi.$$

4. 求圆锥面 $\frac{x^2}{a^2}+\frac{y^2}{a^2}-\frac{z^2}{b^2}=0(0\leqslant z\leqslant b,a>0)$ 对 z 轴的转动惯量，其中密度 μ 是常数 .

解：因为 $z=\frac{b}{a}\sqrt{x^2+y^2}$，$z'_x=\frac{b}{a}\frac{x}{\sqrt{x^2+y^2}}$，$z'_y=\frac{b}{a}\frac{y}{\sqrt{x^2+y^2}}$，

$$\mathrm{d}S=\sqrt{1+z'^2_x+z'^2_y}\,\mathrm{d}x\mathrm{d}y=\frac{\sqrt{a^2+b^2}}{a}\mathrm{d}x\mathrm{d}y,$$

$$(\sigma_{xy}):x^2+y^2\leqslant a^2,$$

所以

$$I_z=\iint\limits_{(S)}\rho(x^2+y^2)\mathrm{d}S=\rho\iint\limits_{(\sigma_{xy})}(x^2+y^2)\frac{\sqrt{a^2+b^2}}{a}\mathrm{d}x\mathrm{d}y$$

$$=\rho\int_0^{2\pi}\mathrm{d}\theta\int_0^a r^2\cdot\frac{\sqrt{a^2+b^2}}{a}r\,\mathrm{d}r=2\pi\rho\frac{\sqrt{a^2+b^2}}{a}\int_0^a r^3\,\mathrm{d}r$$

$$=\frac{\pi}{2}\rho a^3\sqrt{a^2+b^2}.$$

5. 求以 R 为半径，$2h$ 为高的质量均匀分布的直圆柱体对以下各线的转动惯量：

(1) 中心轴;

(2) 圆柱体中间横截面的直径;

(3) 底面的直径.

解:(1) 即求 I_z,因为圆柱面在平面 xOy 上投影为一圆周,所以向平面 yOz 上投影,则

$$x=\sqrt{R^2-y^2},\quad \frac{\mathrm{d}x}{\mathrm{d}y}=\frac{y}{\sqrt{R^2-y^2}},\quad \mathrm{d}S=\frac{R}{\sqrt{R^2-y^2}}\mathrm{d}y\mathrm{d}z,$$

$$\begin{aligned}I_z&=2\iint\limits_{(S)}\rho(x^2+y^2)\mathrm{d}S=2\rho R^2\iint\limits_{(S)}\mathrm{d}S\\&=2\rho R^2\cdot 2h\int_{-R}^{R}\mathrm{d}y\int_{-h}^{h}\frac{R}{\sqrt{R^2-y^2}}\mathrm{d}z=2\rho R^2\cdot 2h\int_{-R}^{R}\frac{1}{\sqrt{R^2-y^2}}\mathrm{d}y\\&=4\rho R^3h\arcsin\frac{y}{R}\bigg|_{-R}^{R}=4\rho\pi R^3h.\end{aligned}$$

(2) 即求 I_x 或 I_y,

$$\begin{aligned}I_x&=2\iint\limits_{(S)}\rho(y^2+z^2)\mathrm{d}S=2\rho\int_{-R}^{R}\mathrm{d}y\int_{-h}^{h}(y^2+z^2)\frac{R}{\sqrt{R^2-y^2}}\mathrm{d}z\\&=4\rho Rh\int_{-R}^{R}\frac{y^2}{\sqrt{R^2-y^2}}\mathrm{d}y+2\rho R\cdot\frac{2}{3}h^2\int_{-R}^{R}\frac{1}{\sqrt{R^2-y^2}}\mathrm{d}y\\&=4\rho h\frac{\pi}{2}R^3+\frac{4}{3}\pi\rho h^3=2\pi\rho hR(R^2+\frac{2}{3}\pi\rho h^2).\end{aligned}$$

(3) 即求 I_x 相当于将 x 轴下移 h,即 z 增加 h,因而

$$\begin{aligned}I_x&=2\rho\int_{-R}^{R}\mathrm{d}y\int_{0}^{2h}(y^2+z^2)\frac{R}{\sqrt{R^2-y^2}}\mathrm{d}z\\&=4\rho Rh\int_{-R}^{R}\frac{y^2}{\sqrt{R^2-y^2}}\mathrm{d}y+2\rho R\cdot\frac{8}{3}h^2\int_{-R}^{R}\frac{1}{\sqrt{R^2-y^2}}\mathrm{d}y\\&=4\rho h\frac{\pi}{2}R^3+\frac{16}{3}\pi\rho h^3=2\pi\rho hR(R^2+\frac{8}{3}\pi\rho h^2).\end{aligned}$$

6. 设半径为 r 的小球 B 的中心在半径为 a 的给定小球的表面上,求 r 使得小球 B 的表面落在给定小球内部的面积最大.

解:设半径为 a 的给定小球的球心在坐标原点,则此题与题 2 同.见题 2 答案即可.

7. 设 $P(x,y,z)$,$Q(x,y,z)$,$R(x,y,z)$ 都是连续函数,M 为 $\sqrt{P^2+Q^2+R^2}$ 的最大值,(S) 且是光滑曲面其面积 S. 证明:

$$\left|\iint\limits_{(S)}P(x,y,z)\mathrm{d}y\mathrm{d}z+Q(x,y,z)\mathrm{d}z\mathrm{d}x+R(x,y,z)\mathrm{d}x\mathrm{d}y\right|\leqslant MS.$$

证明:设$(\cos\alpha,\cos\beta,\cos\gamma)$ 是曲面(S) 的法向量的方向余弦,则

$$\mathrm{d}y\mathrm{d}z=\cos\alpha\mathrm{d}S,\quad \mathrm{d}z\mathrm{d}x=\cos\beta\mathrm{d}S,\quad \mathrm{d}x\mathrm{d}y=\cos\gamma\mathrm{d}S,$$

$$\left|\iint_{(S)} P(x,y,z)\mathrm{d}y\mathrm{d}z + Q(x,y,z)\mathrm{d}z\mathrm{d}x + R(x,y,z)\mathrm{d}x\mathrm{d}y\right|$$

$$= \left|\iint_{(S)} P(x,y,z)\cos\gamma + Q(x,y,z)\cos\beta + R(x,y,z)\cos\alpha \mathrm{d}S\right|$$

$$\leqslant \iint_{(S)} |\{P(x,y,z),Q(x,y,z),R(x,y,z)\}|\,|\{\cos\gamma,\cos\beta,\cos\alpha\}|\,\mathrm{d}S$$

$$\leqslant M\iint_{(S)} 1\mathrm{d}S = MS.$$

第四节　高斯公式

一、知识要点

1. 高斯公式

定理 1　设空间闭区域 Ω 由分片光滑的闭曲面 S 围成，函数 $P(x,y,z)$、$Q(x,y,z)$、$R(x,y,z)$ 在 Ω 上具有连续一阶偏导数，则有公式

$$\iiint_{(\Omega)}\left(\frac{\partial P}{\partial x}+\frac{\partial Q}{\partial y}+\frac{\partial R}{\partial z}\right)\mathrm{d}v = \oiint_{(S)} P\mathrm{d}y\mathrm{d}z + Q\mathrm{d}z\mathrm{d}x + R\mathrm{d}x\mathrm{d}y,$$

这里，S 是 Ω 的整个边界曲面的外侧，$\cos\alpha,\cos\beta,\cos\gamma$ 是 S 上点 (x,y,z) 处的法向量的方向余弦. 上式称为**高斯公式**.

若曲面 S 与平行于坐标轴的直线的交点多余两个，可用光滑曲面将有界闭区域 Ω 分割成若干个小区域，使得围成每个小区域的闭曲面满足定理的条件，从而高斯公式仍是成立的.

此外，根据两类曲面积分之间的关系，高斯公式也可表为

$$\iiint_{(\Omega)}\left(\frac{\partial P}{\partial x}+\frac{\partial Q}{\partial y}+\frac{\partial R}{\partial z}\right)\mathrm{d}v = \oiint_{(S)} (P\cos\alpha + Q\cos\beta + R\cos\gamma)\mathrm{d}S.$$

2. 通量与散度

一般地，设有向量场

$$\boldsymbol{A}(x,y,z) = P(x,y,z)\boldsymbol{i} + Q(x,y,z)\boldsymbol{j} + R(x,y,z)\boldsymbol{k},$$

其中，函数 P、Q、R 有连续一阶偏导数，S 是场内的一片有向曲面，$\boldsymbol{n}$ 是曲面 S 的单位法向量，则沿曲面 S 的第二类曲面积分

$$\Phi = \iint_{(S)} \boldsymbol{A}\cdot\mathrm{d}\boldsymbol{S} = \iint_{(S)} \boldsymbol{A}\cdot\boldsymbol{n}\mathrm{d}\boldsymbol{S} = \iint_{(S)} P\mathrm{d}y\mathrm{d}z + Q\mathrm{d}z\mathrm{d}x + R\mathrm{d}x\mathrm{d}y,$$

称为向量场 $\boldsymbol{A}$ 通过曲面 S 流向指定侧的**通量**. 而 $\dfrac{\partial P}{\partial x}+\dfrac{\partial Q}{\partial y}+\dfrac{\partial R}{\partial z}$ 称为向量场 $\boldsymbol{A}$ 的**散度**,记为 $\mathrm{div}\boldsymbol{A}$,即

$$\mathrm{div}\boldsymbol{A}=\frac{\partial P}{\partial x}+\frac{\partial Q}{\partial y}+\frac{\partial R}{\partial z}.$$

二、习题解答

A

1. 应用高斯公式计算下列曲面积分:

(1) $\oiint\limits_{(S)}[xy\,\mathrm{d}y\mathrm{d}z+yz\,\mathrm{d}z\mathrm{d}x+zx\,\mathrm{d}x\mathrm{d}y]$, (S) 是平面 $x=0,y=0,z=0$ 及 $x+y+z=1$ 所围成的四面体表面的外侧;

(2) $\oiint\limits_{(S)}[x^2\,\mathrm{d}y\mathrm{d}z+y^2\,\mathrm{d}z\mathrm{d}x+z^2\,\mathrm{d}x\mathrm{d}y]$, (S) 是立方体 $0\leqslant x\leqslant a,0\leqslant y\leqslant a$, $0\leqslant z\leqslant a$ 表面的外侧;

(3) $\oiint\limits_{(S)}[x^3\,\mathrm{d}y\mathrm{d}z+y^3\,\mathrm{d}z\mathrm{d}x+z^3\,\mathrm{d}x\mathrm{d}y]$, (S) 为球面 $x^2+y^2+z^2=R^2$ 的外侧;

(4) $\oiint\limits_{(S)}[(x^2-2xy)\mathrm{d}y\mathrm{d}z+(y^2-2yz)\mathrm{d}z\mathrm{d}x+(1-2zx)\mathrm{d}x\mathrm{d}y]$, (S) 是以圆点为圆心,a 为半径的上半球面的上侧;

(5) $\oiint\limits_{(S)}[yz\,\mathrm{d}z\mathrm{d}x+(x^2+y^2)z\mathrm{d}x\mathrm{d}y]$, (S) 是由 $z=x^2+y^2,x=0,y=0$ 及 $z=1$ 所围立方体在第一卦限内的边界表明的上侧;

(6) $\oiint\limits_{(S)}[x^2\cos\alpha+y^2\cos\beta+z^2\cos\gamma]\mathrm{d}S$, (S) 是圆锥面 $x^2+y^2\leqslant z^2,0\leqslant z\leqslant h$, $\cos\alpha$, $\cos\beta,\cos\gamma$ 为曲面(S) 的外法向量的方向余弦;

(7) $\iint\limits_{(S)}[x\mathrm{d}y\mathrm{d}z+y\mathrm{d}z\mathrm{d}x+(x+y+z+1)\mathrm{d}x\mathrm{d}y]$, (S) 是半椭圆 $z=c\sqrt{1-\dfrac{x^2}{a^2}-\dfrac{y^2}{b^2}}$ $(a,b,c>0)$ 的上侧;

(8) $\iint\limits_{(S)}[4xz\,\mathrm{d}y\mathrm{d}z-2yz\,\mathrm{d}z\mathrm{d}x+(1-z^2)\mathrm{d}x\mathrm{d}y]$, (S) 是由曲线 $z=\mathrm{e}^y(0\leqslant y\leqslant a)$ 在 yOz 平面绕 z 轴旋转形成的旋转面的下侧.

解: (1) $\oiint\limits_{(S)}[xy\,\mathrm{d}y\mathrm{d}z+yz\,\mathrm{d}z\mathrm{d}x+zx\,\mathrm{d}x\mathrm{d}y]$

$$=\iiint\limits_{(V)}(y+z+x)\mathrm{d}V=3\iiint\limits_{(V)}z\mathrm{d}V$$

$$=3\int_0^1 z\mathrm{d}z\iint\limits_{\sigma}\mathrm{d}\sigma=\frac{3}{2}\int_0^1 z(1-z)^2\mathrm{d}z$$

$$=\frac{3}{2}\times\frac{1}{12}=\frac{1}{8},$$

(2) $\oiint\limits_{(S)}(x^2\mathrm{d}y\mathrm{d}z+y^2\mathrm{d}z\mathrm{d}x+z^2\mathrm{d}x\mathrm{d}y)=\iiint\limits_{(V)}2(x+y+z)\mathrm{d}V$

$$=6\iiint\limits_{(V)}(z)\mathrm{d}V=6\int_0^a z\mathrm{d}z\iint\limits_{\sigma}\mathrm{d}\sigma$$

$$=6a^2\int_0^a z\mathrm{d}z=3a^4,$$

(3) $\oiint\limits_{(S)}(x^3\mathrm{d}y\mathrm{d}z+y^3\mathrm{d}z\mathrm{d}x+z^3\mathrm{d}x\mathrm{d}y)=\iiint\limits_{(V)}3(x^2+y^2+z^2)\mathrm{d}V$

$$=9\iiint\limits_{(V)}z^2\mathrm{d}V=9\int_{-R}^{R}z^2\mathrm{d}z\iint\limits_{\sigma}\mathrm{d}\sigma$$

$$=18\pi\int_0^R z^2(R^2-z^2)\mathrm{d}z=\frac{12}{5}\pi R^5,$$

(4) $\oiint\limits_{(S)}[(x^2-2xy)\mathrm{d}y\mathrm{d}z+(y^2-2yz)\mathrm{d}z\mathrm{d}x+(1-2zx)\mathrm{d}x\mathrm{d}y]$

$$=\iiint\limits_{(V)}-2z\mathrm{d}V+\iint\limits_{S_1}1\mathrm{d}x\mathrm{d}y=-2\iiint\limits_{(V)}z\mathrm{d}V+\pi a^2$$

$$=-2\int_0^a z\mathrm{d}z\iint\limits_{\sigma}\mathrm{d}\sigma+\pi a^2=-2\int_0^a z\pi(a^2-z^2)\mathrm{d}z+\pi a^2$$

$$=-\frac{\pi a^4}{2}+\pi a^2,$$

(5) $\oiint\limits_{(S)}[yz\mathrm{d}z\mathrm{d}x+(x^2+y^2)z\mathrm{d}x\mathrm{d}y]$

$$=\iiint\limits_{(V)}(z+x^2+y^2)\mathrm{d}V=\iiint\limits_{(V)}z\mathrm{d}V+\iiint\limits_{(V)}(x^2+y^2)\mathrm{d}V$$

$$=\int_0^1 z\mathrm{d}z\iint\limits_{\sigma}\mathrm{d}\sigma+\int_0^1\mathrm{d}z\int_0^{\frac{\pi}{2}}\mathrm{d}\theta\int_0^{\sqrt{z}}z\rho\mathrm{d}\rho$$

$$=\int_0^1\frac{1}{4}\pi z^2\mathrm{d}z+\frac{\pi}{2}\int_0^1\frac{z^2}{2}\mathrm{d}z=\frac{\pi}{2}\int_0^1 z^2\mathrm{d}z=\frac{\pi}{6},$$

(6) $\oiint\limits_{(S)}[x^2\cos\alpha+y^2\cos\beta+z^2\cos\gamma]\mathrm{d}S$

$$=\iiint\limits_{(V)}2(x+y+z)\mathrm{d}V$$

$$=2\int_0^{2\pi}\mathrm{d}\theta\int_0^h\rho\mathrm{d}\rho\int_\rho^h(\rho\cos\theta+\rho\sin\theta+z)\mathrm{d}z$$

$$=2\pi\int_0^h(\rho h^2-\rho^3)\mathrm{d}\rho=\frac{1}{2}\pi h^4,$$

(7) $\iint\limits_{(S)}[x\mathrm{d}y\mathrm{d}z+y\mathrm{d}z\mathrm{d}x+(x+y+z+1)\mathrm{d}x\mathrm{d}y]$

$=\iiint\limits_{(V)}3\mathrm{d}V+\iint\limits_{(S_1)}(x+y+1)\mathrm{d}x\mathrm{d}y$

$=2\pi abc+\pi ab+\iint\limits_{(S_1)}(x+y)\mathrm{d}x\mathrm{d}y$

$=2\pi abc+\pi ab$,

(8) $\iint\limits_{(S)}[4xz\mathrm{d}y\mathrm{d}z-2yz\mathrm{d}z\mathrm{d}x+(1-z^2)\mathrm{d}x\mathrm{d}y]$

$=\iiint\limits_{(V)}0\mathrm{d}V-\iint\limits_{(S_1)}(1-\mathrm{e}^{2a})\mathrm{d}x\mathrm{d}y$

$=0-(1-\mathrm{e}^{2a})\iint\limits_{(S_1)}\mathrm{d}x\mathrm{d}y=\pi a^2(\mathrm{e}^{2a}-1)$.

2. 设(S)为上半球面$x^2+y^2+z^2=a^2(z\geqslant 0)$,其法向量$\boldsymbol{n}$与$z$轴正向的夹角为锐角,求向量场$\boldsymbol{r}=x\boldsymbol{i}+y\boldsymbol{j}-z\boldsymbol{k}$向$\boldsymbol{n}$所指的一侧穿过$(S)$的通量.

解:上半球面$z=\sqrt{a^2-x^2+y^2}$,在xOy面上的投影区域为$x^2+y^2=a^2$,则添加曲面$S_1:x^2+y^2=a^2$下侧

$$\Phi=\iint\limits_{(S)}(x\mathrm{d}y\mathrm{d}z+y\mathrm{d}z\mathrm{d}x+z\mathrm{d}x\mathrm{d}y)$$

$$=\iint\limits_{(S_1+S_2)}(x\mathrm{d}y\mathrm{d}z+y\mathrm{d}z\mathrm{d}x+z\mathrm{d}x\mathrm{d}y)-\iint\limits_{(S_1)}z\mathrm{d}x\mathrm{d}y$$

$$=\iiint\limits_{(V)}3\mathrm{d}V-\iint\limits_{(S_1)}0\mathrm{d}x\mathrm{d}y=3\iiint\limits_{(V)}\mathrm{d}V$$

$$=3\times\frac{1}{2}\times\frac{4}{3}\pi a^3=2\pi a^3.$$

3. 求下列向量场$\boldsymbol{A}$在给定点的散度:

(1) $\boldsymbol{A}=x^3\boldsymbol{i}+y^3\boldsymbol{j}+z^3\boldsymbol{k}$在点$M(1,0,1)$;

(2) $\boldsymbol{A}=4x\boldsymbol{i}-2xy\boldsymbol{j}+z^2\boldsymbol{k}$在点$M(1,1,3)$;

(3) $\boldsymbol{A}=xyz\boldsymbol{r}$在点$M(1,2,3)$,其中$\boldsymbol{r}=x\boldsymbol{i}+y\boldsymbol{j}-z\boldsymbol{k}$.

解:(1) $\mathrm{div}\boldsymbol{A}\big|_M=\dfrac{\partial x^3}{\partial x}+\dfrac{\partial y^3}{\partial y}+\dfrac{\partial z^3}{\partial z}\bigg|_M=3(x^2+y^2+z^2)\big|_{(1,0,-1)}=6$,

(2) $\mathrm{div}\boldsymbol{A}\big|_M=\dfrac{\partial 4x}{\partial x}+\dfrac{\partial(-2xy)}{\partial y}+\dfrac{\partial z^2}{\partial z}\bigg|_M=(4-2x+2z)\big|_{(1,1,3)}=8$,

(3) $\boldsymbol{A}=x^2yz\boldsymbol{i}+xy^2z\boldsymbol{j}+xyz^2\boldsymbol{k}$,

$$\mathrm{div}\boldsymbol{A}\big|_M=\frac{\partial x^2yz}{\partial x}+\frac{\partial xy^2z}{\partial y}+\frac{\partial xyz^2}{\partial z}\bigg|_M=2(xyz+xyz+xyz)\big|_{(1,2,3)}=36.$$

B

1. 设函数 $\boldsymbol{F}(x,y,z)=f(xy,\frac{x}{z},\frac{y}{z})$，有连续二阶偏导数．求 $\mathrm{div}(\mathbf{grad}(\boldsymbol{F}))$．

解：$\boldsymbol{A}=\mathbf{grad}(\boldsymbol{F})=(\frac{\partial \boldsymbol{F}}{\partial x},\frac{\partial \boldsymbol{F}}{\partial y},\frac{\partial \boldsymbol{F}}{\partial z})=\left(yf_1+\frac{f_2}{z},xf_1+\frac{f_3}{z},-\frac{x}{z^2}f_2-\frac{y}{z^2}f_3\right)$，

$$\begin{aligned}\mathrm{div}(\mathbf{grad}(\boldsymbol{F}))&=\mathrm{div}(\boldsymbol{A})\\&=y(yf_{11}+\frac{1}{z}f_{12})+\frac{1}{z}(yf_{21}+\frac{1}{z}f_{22})+x(xf_{11}+\frac{1}{z}f_{13})+\frac{1}{z}(xf_{31}+\frac{1}{z}f_{33})-\\&\quad\frac{2x}{z^3}f_2-\frac{2y}{z^3}f_3-\frac{x}{z^2}(-\frac{x}{z^2}f_{22}-\frac{y}{z^2}f_{23})-\frac{y}{z^2}(-\frac{x}{z^2}f_{32}-\frac{y}{z^2}f_{33})\\&=(x^2+y^2)f_{11}+(\frac{x^2}{z^4}+\frac{1}{z^2})f_{22}+(\frac{y^2}{z^4}+\frac{1}{z^2})f_{33}+\frac{2y}{z}f_{12}+\frac{2x}{z}f_{13}+\frac{2x}{z^3}f_2+\frac{2y}{z^3}f_3+\frac{2xy}{z^4}f_{23}.\end{aligned}$$

2. 求 $\mathrm{div}(\mathbf{grad}f(\boldsymbol{r}))$，其中 $\boldsymbol{r}=\sqrt{x^2+y^2+z^2}$．求 $f(\boldsymbol{r})$ 的值使得 $\mathrm{div}(\mathbf{grad}f(\boldsymbol{r}))=0$．

解：
$$\begin{aligned}\mathrm{div}(\mathbf{grad}f(\boldsymbol{r}))&=\mathrm{div}[f'(\boldsymbol{r})\cdot\frac{\boldsymbol{r}}{\boldsymbol{r}}]=\frac{f'(\boldsymbol{r})}{\boldsymbol{r}}\mathrm{div}\boldsymbol{r}+\boldsymbol{r}\cdot\mathbf{grad}\left[\frac{f'(\boldsymbol{r})}{\boldsymbol{r}}\right]\\&=3\frac{f'(\boldsymbol{r})}{\boldsymbol{r}}+\boldsymbol{r}\cdot\frac{f''(\boldsymbol{r})\boldsymbol{r}-f'(\boldsymbol{r})}{\boldsymbol{r}^2}\cdot\frac{\boldsymbol{r}}{\boldsymbol{r}}=3\frac{f'(\boldsymbol{r})}{\boldsymbol{r}}+f''(\boldsymbol{r})-\frac{f'(\boldsymbol{r})}{\boldsymbol{r}}\\&=f''(\boldsymbol{r})+2\frac{f'(\boldsymbol{r})}{\boldsymbol{r}}.\end{aligned}$$

令 $\mathrm{div}(\mathbf{grad}f(\boldsymbol{r}))=f''(\boldsymbol{r})+2\frac{f'(\boldsymbol{r})}{\boldsymbol{r}}=0$，解之可得 $f(\boldsymbol{r})=\frac{C_1}{\boldsymbol{r}}+C_2$，这里 C_1,C_2 是常数．

3. 设 (Σ) 任一光滑闭曲面且向量场 $\boldsymbol{F}$ 的各分量都具有连续一阶偏导数．证明：

$$\iint\limits_{(\Sigma)}\mathrm{rot}\boldsymbol{F}\cdot\boldsymbol{n}\mathrm{d}S,$$

其中，$\boldsymbol{n}$ 是 (Σ) 的法向量．

证明：由斯托克斯公式可得

$$\begin{aligned}\iint\limits_{(\Sigma)}\mathrm{rot}\boldsymbol{F}\cdot\boldsymbol{n}\mathrm{d}S&=\iint\limits_{(\Sigma)}\left(\frac{\partial R}{\partial y}-\frac{\partial Q}{\partial z}\right)\mathrm{d}y\mathrm{d}z+\left(\frac{\partial P}{\partial z}-\frac{\partial R}{\partial x}\right)\mathrm{d}z\mathrm{d}x+\left(\frac{\partial Q}{\partial x}-\frac{\partial P}{\partial y}\right)\mathrm{d}x\mathrm{d}y\\&=\oint P\mathrm{d}x+Q\mathrm{d}y+R\mathrm{d}z.\end{aligned}$$

$\oint P\mathrm{d}x+Q\mathrm{d}y+R\mathrm{d}z=0$ 的充分必要条件是 $\frac{\partial R}{\partial y}=\frac{\partial Q}{\partial z};\frac{\partial P}{\partial z}=\frac{\partial R}{\partial x};\frac{\partial Q}{\partial x}=\frac{\partial P}{\partial y}$，故满足上述条件时，有

$$\iint\limits_{(\Sigma)}\mathrm{rot}\boldsymbol{F}\cdot\boldsymbol{n}\mathrm{d}S=0.$$

第五节　斯托克斯公式及其应用

一、知识要点

1. 斯托克斯公式

定理 1　设 Γ 为分段光滑的空间有向闭曲线，Σ 是以 Γ 为边界的分片光滑的有向曲面，Γ 的正向与 Σ 的侧符合右手规则，函数 $P(x,y,z)$，$Q(x,y,z)$，$R(x,y,z)$ 在包含曲面 Σ 在内的一个空间区域内具有一阶连续偏导数，则有公式

$$\iint\limits_{(\Sigma)}\left(\frac{\partial R}{\partial y}-\frac{\partial Q}{\partial z}\right)\mathrm{d}y\mathrm{d}z+\left(\frac{\partial P}{\partial z}-\frac{\partial R}{\partial x}\right)\mathrm{d}z\mathrm{d}x+\left(\frac{\partial Q}{\partial x}-\frac{\partial P}{\partial y}\right)\mathrm{d}x\mathrm{d}y=\oint\limits_{(L)}P\mathrm{d}x+Q\mathrm{d}y+R\mathrm{d}z.$$

以上公式称为**斯托克斯公式**. 为了便于记忆，斯托克斯公式常写成如下形式：

$$\iint\limits_{(\Sigma)}\begin{vmatrix}\mathrm{d}y\mathrm{d}z & \mathrm{d}z\mathrm{d}x & \mathrm{d}x\mathrm{d}y\\ \dfrac{\partial}{\partial x} & \dfrac{\partial}{\partial y} & \dfrac{\partial}{\partial z}\\ P & Q & R\end{vmatrix}=\oint\limits_{(\Gamma)}P\mathrm{d}x+Q\mathrm{d}y+R\mathrm{d}z,$$

利用两类曲面积分之间的关系，斯托克斯公式也可写成

$$\iint\limits_{(\Sigma)}\begin{vmatrix}\cos\alpha & \cos\beta & \cos\gamma\\ \dfrac{\partial}{\partial x} & \dfrac{\partial}{\partial y} & \dfrac{\partial}{\partial z}\\ P & Q & R\end{vmatrix}\mathrm{d}S=\oint\limits_{(\Gamma)}P\mathrm{d}x+Q\mathrm{d}y+R\mathrm{d}z.$$

2. 空间曲线积分与路径无关的条件

定理 2　设 $\Omega\subset\mathbf{R}^3$ 为空间单连通区域. 若函数 P,Q,R 在 Ω 上连续，且有一阶连续偏导数，则以下四个条件是等价的：

(Ⅰ) 对于 Ω 内任一按段光滑的封闭曲线 L 有

$$\oint\limits_{(L)}P\mathrm{d}x+Q\mathrm{d}y+R\mathrm{d}z=0;$$

(Ⅱ) 对于 Ω 内任一按段光滑的曲线 L，曲线积分

$$\int\limits_{(L)}P\mathrm{d}x+Q\mathrm{d}y+R\mathrm{d}z,$$

与路线无关；

(Ⅲ) $P\mathrm{d}x+Q\mathrm{d}y+R\mathrm{d}z$ 是 Ω 内某一函数 u 的全微分，即

$$\mathrm{d}u=P\mathrm{d}x+Q\mathrm{d}y+R\mathrm{d}z;$$

(Ⅳ) $\dfrac{\partial P}{\partial y}=\dfrac{\partial Q}{\partial x},\dfrac{\partial Q}{\partial z}=\dfrac{\partial R}{\partial y},\dfrac{\partial R}{\partial x}=\dfrac{\partial P}{\partial z}$ 在 Ω 内处处成立.

3. 环流量与旋度

设向量场

$$\boldsymbol{A}(x,y,z)=P(x,y,z)\boldsymbol{i}+Q(x,y,z)\boldsymbol{j}+R(x,y,z)\boldsymbol{k},$$

则沿场 $\boldsymbol{A}$ 中某一封闭的有向曲线 C 上的曲线积分

$$\Gamma=\oint_{(C)}P\mathrm{d}x+Q\mathrm{d}y+R\mathrm{d}z,$$

称为向量场 $\boldsymbol{A}$ 沿曲线 C 按所取方向的**环流量**. 而向量函数

$$\left\{\frac{\partial R}{\partial y}-\frac{\partial Q}{\partial z},\frac{\partial P}{\partial z}-\frac{\partial R}{\partial x},\frac{\partial Q}{\partial x}-\frac{\partial P}{\partial y}\right\},$$

称为向量场 $\boldsymbol{A}$ 的**旋度**,记为 $\mathrm{rot}\boldsymbol{A}$,即

$$\mathrm{rot}\boldsymbol{A}=\left(\frac{\partial R}{\partial y}-\frac{\partial Q}{\partial z}\right)\boldsymbol{i}+\left(\frac{\partial P}{\partial z}-\frac{\partial R}{\partial x}\right)\boldsymbol{j}+\left(\frac{\partial Q}{\partial x}-\frac{\partial P}{\partial y}\right)\boldsymbol{k}.$$

旋度也可以写成如下便于记忆的形式:

$$\mathrm{rot}\boldsymbol{A}=\begin{vmatrix}\boldsymbol{i} & \boldsymbol{j} & \boldsymbol{k}\\ \dfrac{\partial}{\partial x} & \dfrac{\partial}{\partial y} & \dfrac{\partial}{\partial z}\\ P & Q & R\end{vmatrix}.$$

4. 向量微分算子

$$\nabla=\frac{\partial}{\partial x}\boldsymbol{i}+\frac{\partial}{\partial y}\boldsymbol{j}+\frac{\partial}{\partial z}\boldsymbol{k}.$$

5. 相关公式的重要性和使用公式计算时需要注意的问题

(1) 格林公式、斯托克斯公式、高斯公式的重要性

这三个公式是多元函数积分学的基本公式,都可以看作一元微积分基本公式(牛顿-莱布尼兹公式)的推广,在理论和应用上都有重要作用.

① 三个公式分别建立了平面曲线积分与二重积分,空间曲线积分与曲面积分、曲面积分与三重积分之间的关系,而且每个公式都是微积分公式,和牛顿-莱布尼兹公式一起,建立了全部微积分学之间的关系. 为各种积分之间,微分与积分之间的转化提供了条件.

② 三个公式统称为场论三大公式,是刻画和研究许多物理现象的重要工具.

③ 由格林公式可导出平面曲线积分与路径无关的充要条件,从而给出了平面保守场的特征刻画;可导出二元函数全微分求积的判定条件和具体方法,为解一类重要的微分方程——全微分方程提供了理论依据和具体解法.

由斯托克斯公式可导出空间曲线积分与路径无关的充要条件. 从而给出空间无旋场的特征刻画;可导出三元函数全微分求积的判定条件和具体方法.

由高斯公式可导出曲面积分与积分曲面无关的条件,从而给出空间无源场的特征刻画.

(2) 应用格林公式、斯托克斯公式、高斯公式计算积分应注意的问题

首先要注意公式成立的条件:一是积分曲线或积分曲面的闭性;二是积分曲线、积分曲面所围区域的方向性;三是被积表达式中的函数在区域上处处有一阶连续偏导数. 条件不具备时,不能直接应用公式.

其次,要注意用公式将曲线积分化为二重积分或曲面积分,将曲面积与化为三重积分后要容易计算. 一般地,$\dfrac{\partial P}{\partial x}+\dfrac{\partial Q}{\partial y}+\dfrac{\partial R}{\partial z}$ 比较简单时,用高斯公式计算曲面积分比较简单;当 $\dfrac{\partial R}{\partial y}$

$-\dfrac{\partial Q}{\partial z},\dfrac{\partial P}{\partial z}-\dfrac{\partial R}{\partial x},\dfrac{\partial Q}{\partial x}-\dfrac{\partial P}{\partial y}$ 都比较简单，且积分曲线是空间某一平面中的一条闭曲线时用斯托克斯公式计算空间曲线积分比较简单.

二、习题解答

A

1. 应用斯托克斯公式计算下列曲线积分:

(1) $\oint_{(C)}[y\mathrm{d}x+z\mathrm{d}y+x\mathrm{d}z]$，其中，$(C)$ 是圆 $x^2+y^2+z^2=a^2,x+y+z=0$，其方向与平面的 $x+y+z=0$ 法向量及 $\boldsymbol{n}=(1,1,1)$ 构成右手系；

(2) $\oint_{(C)}[y(z+1)\mathrm{d}x+z(x+1)\mathrm{d}y+x(y+1)\mathrm{d}z]$，其中，$(C)$ 是 $x^2+y^2+z^2=2(x+y)$ 与 $x+y=2$ 的交线，其方向为从原点 $O(0,0,0)$ 看去的逆时针方向；

(3) $\oint_{(C)}[3y\mathrm{d}x-xz\mathrm{d}y+yz^2\mathrm{d}z]$，其中，$(C)$ 是圆周 $x^2+y^2=2z,z=2$，其方向为从 z 轴正向看去的逆时针方向；

(4) $\oint_{(C)}[(z-y)\mathrm{d}x+(x-z)\mathrm{d}y+(y-x)\mathrm{d}z]$，其中，$(C)$ 是三角形边界，从点 $(a,0,0)$ 穿过 $(0,a,0)$ 和 $(0,0,a)$，最后回到点 $(a,0,0)$，$a>0$.

解：(1) 平面 $x+y+z=a$ 其法线方向余弦为

$$\cos\alpha=\cos\beta=\cos\gamma=\frac{1}{\sqrt{3}},$$

于是

$$\oint_{(C)}(y\mathrm{d}x+z\mathrm{d}y+x\mathrm{d}z)=\iint_{(S)}\begin{vmatrix}\cos\alpha & \cos\beta & \cos\gamma\\ \dfrac{\partial}{\partial x} & \dfrac{\partial}{\partial y} & \dfrac{\partial}{\partial z}\\ y & z & x\end{vmatrix}\mathrm{d}S$$

$$=-\iint_{(S)}(\cos\alpha+\cos\beta+\cos\gamma)\mathrm{d}S$$

$$=-\sqrt{3}\pi a^2.$$

(2) 平面 $x+y=2$ 的法线方向余弦为

$$\cos\alpha=\cos\beta=\frac{1}{\sqrt{2}},\quad \cos\gamma=0.$$

于是可得

$$\oint_{(C)}[y(z+1)\mathrm{d}x+z(x+1)\mathrm{d}y+x(y+1)\mathrm{d}z]=\iint_{(S)}\begin{vmatrix}\cos\alpha & \cos\beta & \cos\gamma\\ \dfrac{\partial}{\partial x} & \dfrac{\partial}{\partial y} & \dfrac{\partial}{\partial z}\\ y(z+1) & z(x+1) & x(y+1)\end{vmatrix}\mathrm{d}S=2\sqrt{2}\pi.$$

(3) 平面 $z=2$ 的法线方向余弦为

$$\cos\alpha=\cos\beta=0,\quad \cos\gamma=1.$$

于是可得

$$\oint_{(C)}(3y\mathrm{d}x-xz\mathrm{d}y+yz^2\mathrm{d}z)=\iint_{(S)}\begin{vmatrix}\cos\alpha & \cos\beta & \cos\gamma\\ \dfrac{\partial}{\partial x} & \dfrac{\partial}{\partial y} & \dfrac{\partial}{\partial z}\\ 3y & -xz & yz^2\end{vmatrix}\mathrm{d}S=-\iint_{(S)}5\mathrm{d}S=-20\pi.$$

(4) 过点 $(0,a,0)$，$(0,0,a)$ 和 $(a,0,0)$ 的平面 $x+y+z=a$ 其法线方向余弦为

$$\cos\alpha=\cos\beta=\cos\gamma=\frac{1}{\sqrt{3}},$$

于是

$$\begin{aligned}&\oint_{(C)}[(z-y)\mathrm{d}x+(x-z)\mathrm{d}y+(y-x)\mathrm{d}z]\\&=\iint_{(S)}\begin{vmatrix}\cos\alpha & \cos\beta & \cos\gamma\\ \dfrac{\partial}{\partial x} & \dfrac{\partial}{\partial y} & \dfrac{\partial}{\partial z}\\ z-y & x-z & y-x\end{vmatrix}\mathrm{d}S\\&=2\iint_{(S)}(\cos\alpha+\cos\beta+\cos\gamma)\mathrm{d}S\\&=2\sqrt{3}\iint_{(S)}\mathrm{d}S=2\sqrt{3}\,\frac{\sqrt{3}}{2}a^2=3a^2.\end{aligned}$$

2. 求向量场 $\boldsymbol{A}=(-y,x,c)$ (c 是常数) 沿下列曲线的正方向的环流量：

(1) 圆周 $x^2+y^2=r^2,z=0$；

(2) 圆周 $(x-2)^2+y^2=R^2,z=0$.

解：(1) 因为 $x=r\cos\theta,y=r\sin\theta,0\leqslant\theta\leqslant 2\pi$，所以

$$\begin{aligned}\Gamma&=\oint_{(C)}A\cdot\mathrm{d}S=\oint_{(C)}-y\mathrm{d}x+x\mathrm{d}y\\&=\int_0^{2\pi}(r^2\cos^2\theta+r^2\sin^2\theta)\mathrm{d}\theta=2\pi r^2,\end{aligned}$$

(2) 因为 $x=2+R\cos\theta,y=R\sin\theta,0\leqslant\theta\leqslant 2\pi$，所以

$$\begin{aligned}\Gamma&=\oint_{(C)}A\cdot\mathrm{d}S=\oint_{(C)}-y\mathrm{d}x+x\mathrm{d}y+c\mathrm{d}z\\&=\int_0^{2\pi}[(2+R\cos\theta)R\cos\theta+R^2\sin^2\theta]\mathrm{d}\theta\\&=\int_0^{2\pi}(2R\cos\theta+R^2)\mathrm{d}\theta=2\pi R^2.\end{aligned}$$

3. 求向量场 $\boldsymbol{A}=xyz(\boldsymbol{i}+\boldsymbol{j}+\boldsymbol{k})$ 在点 $M(1,3,2)$ 处的旋度以及 $\boldsymbol{A}$ 在点 M 沿方向 $\boldsymbol{n}=\boldsymbol{i}+2\boldsymbol{j}+2\boldsymbol{k}$ 的环流密度.

解:由 $P=Q=R=xyz$,可得

$$\begin{vmatrix} \boldsymbol{i} & \boldsymbol{j} & \boldsymbol{k} \\ \frac{\partial}{\partial x} & \frac{\partial}{\partial y} & \frac{\partial}{\partial z} \\ P & Q & R \end{vmatrix}=\begin{vmatrix} \boldsymbol{i} & \boldsymbol{j} & \boldsymbol{k} \\ \frac{\partial}{\partial x} & \frac{\partial}{\partial y} & \frac{\partial}{\partial z} \\ xyz & xyz & xyz \end{vmatrix}=(xz-xy)\boldsymbol{i}+(xy-yz)\boldsymbol{j}+(yz-xz)\boldsymbol{k},$$

即得 $(xz-xy)|_M=-1,(xy-yz)|_M=-3,(yz-xz)|_M=4$,从而有

$$\cos\alpha=\frac{1}{\sqrt{1+2^2+2^2}}=\frac{1}{3},$$

$$\cos\beta=\frac{2}{\sqrt{1+2^2+2^2}}=\frac{2}{3},$$

$$\cos\gamma=\frac{2}{\sqrt{1+2^2+2^2}}=\frac{2}{3},$$

所以

$$\frac{\mathrm{d}\Gamma}{\mathrm{d}s}=-1\times\frac{1}{3}-3\times\frac{2}{3}+4\times\frac{2}{3}=\frac{1}{3}.$$

4. 求下列各场的旋度:

(1) $\boldsymbol{A}=x^2\boldsymbol{i}+y^2\boldsymbol{j}+z^2\boldsymbol{k}$;

(2) $\boldsymbol{A}=yz\boldsymbol{i}+zx\boldsymbol{j}+xy\boldsymbol{k}$;

(3) $\boldsymbol{A}=\mathrm{e}^{xy}\boldsymbol{i}+\cos xy\boldsymbol{j}+\cos xz^2\boldsymbol{k}$ 在点 $M(0,1,2)$ 处;

(4) $\boldsymbol{A}=(3x^2-2yz,y^3+yz^2,xyz-3xz^2)$ 在点 $M(1,-2,2)$ 处.

解:(1) $$\nabla\times\boldsymbol{A}=\begin{vmatrix} \boldsymbol{i} & \boldsymbol{j} & \boldsymbol{k} \\ \frac{\partial}{\partial x} & \frac{\partial}{\partial y} & \frac{\partial}{\partial z} \\ x^2 & y^2 & z^2 \end{vmatrix}=0\boldsymbol{i}+0\boldsymbol{j}+0\boldsymbol{k}=(0,0,0).$$

(2) $$\nabla\times\boldsymbol{A}=\begin{vmatrix} \boldsymbol{i} & \boldsymbol{j} & \boldsymbol{k} \\ \frac{\partial}{\partial x} & \frac{\partial}{\partial y} & \frac{\partial}{\partial z} \\ yz & zx & xy \end{vmatrix}=0\boldsymbol{i}+0\boldsymbol{j}+0\boldsymbol{k}=(0,0,0).$$

(3) $$\nabla\times\boldsymbol{A}\big|_M=\begin{vmatrix} \boldsymbol{i} & \boldsymbol{j} & \boldsymbol{k} \\ \frac{\partial}{\partial x} & \frac{\partial}{\partial y} & \frac{\partial}{\partial z} \\ \mathrm{e}^{xy} & \cos xy & \cos xz^2 \end{vmatrix}_M$$

$$=(0,z^2\sin xz^2,-y\sin xy-x\mathrm{e}^{xy})_M=(0,0,0).$$

(4) $\nabla\times\boldsymbol{A}\big|_M=\begin{vmatrix}\boldsymbol{i}&\boldsymbol{j}&\boldsymbol{k}\\ \dfrac{\partial}{\partial x}&\dfrac{\partial}{\partial y}&\dfrac{\partial}{\partial z}\\ 3x^2-2yz&y^3+yz^2&xyz-3xz^2\end{vmatrix}_M$

$=(xz-2yz,3z^2-yz-2y,2z)_M=(10,20,4).$

5. 设 $\boldsymbol{A}=3y\boldsymbol{i}+2z^2\boldsymbol{j}+xy\boldsymbol{k}$，$B=x^2\boldsymbol{i}-4\boldsymbol{k}$，求 $\mathrm{rot}\boldsymbol{A}\times\boldsymbol{B}$.

解：

$$\boldsymbol{A}\times\boldsymbol{B}=\begin{vmatrix}\boldsymbol{i}&\boldsymbol{j}&\boldsymbol{k}\\ 3y&2z^2&xy\\ x^2&0&-4\end{vmatrix}=(-8z^2,(x^3+12)y,-2x^2z^2),$$

$$\mathrm{rot}\boldsymbol{A}\times\boldsymbol{B}=\begin{vmatrix}\boldsymbol{i}&\boldsymbol{j}&\boldsymbol{k}\\ \dfrac{\partial}{\partial x}&\dfrac{\partial}{\partial x}&\dfrac{\partial}{\partial x}\\ -8z^2&(x^3+12)y&-2x^2z^2\end{vmatrix}=4z(xz-4)\boldsymbol{j}+3x^2y\boldsymbol{k}.$$

6. 证明下列场为有势场并求其势函数：

(1) $\boldsymbol{A}=y\cos xy\boldsymbol{i}+x\cos xy\boldsymbol{j}+\sin z\boldsymbol{k}$；

(2) $\boldsymbol{A}=(2x\cos y-y^2\sin x)\boldsymbol{i}+(2y\cos x-x^2\sin y)\boldsymbol{j}+z\boldsymbol{k}$；

(3) $\boldsymbol{A}=2xyz^2\boldsymbol{i}+(x^2z^2+z\cos yz)\boldsymbol{j}+(2x^2yz+y\cos yz)\boldsymbol{k}$.

解：(1) $P=y\cos xy$，$Q=x\cos xy$，$R=\sin z$，故

$$\nabla\times\boldsymbol{A}=\begin{vmatrix}\boldsymbol{i}&\boldsymbol{j}&\boldsymbol{k}\\ \dfrac{\partial}{\partial x}&\dfrac{\partial}{\partial y}&\dfrac{\partial}{\partial z}\\ y\cos xy&x\cos xy&\sin z\end{vmatrix}=0\boldsymbol{i}+0\boldsymbol{j}+0\boldsymbol{k}=(0,0,0).$$

$\boldsymbol{A}$ 为有势场，势函数可用线积分求得，即

$$\begin{aligned}u&=\int_0^x P(x,0,0)\mathrm{d}x+\int_0^y Q(x,y,0)\mathrm{d}y+\int_0^z R(x,y,z)\mathrm{d}z+C\\&=\int_0^x 0\mathrm{d}x+\int_0^y x\cos xy\mathrm{d}y+\int_0^z\sin z\mathrm{d}z+C\\&=-\cos z+\sin xy+C.\end{aligned}$$

(2) $P=2x\cos y-y^2\sin x$，$Q=2y\cos x-x^2\sin y$，$R=z$，故

$$\nabla\times\boldsymbol{A}=\begin{vmatrix}\boldsymbol{i}&\boldsymbol{j}&\boldsymbol{k}\\ \dfrac{\partial}{\partial x}&\dfrac{\partial}{\partial y}&\dfrac{\partial}{\partial z}\\ 2x\cos y-y^2\sin x&2y\cos x-x^2\sin y&z\end{vmatrix}=0\boldsymbol{i}+0\boldsymbol{j}+0\boldsymbol{k}=(0,0,0).$$

$\boldsymbol{A}$ 为有势场，势函数可用线积分求得，即

$$u=\int_0^x P(x,0,0)\mathrm{d}x+\int_0^y Q(x,y,0)\mathrm{d}y+\int_0^z R(x,y,z)\mathrm{d}z+C$$
$$=\int_0^x 2x\mathrm{d}x+\int_0^y(2y\cos x-x^2\sin y)\mathrm{d}y+\int_0^z z\mathrm{d}z+C$$
$$=x^2+x^2\cos y+y^2\cos x-x^2+\frac{1}{2}z^2+C$$
$$=x^2\cos y+y^2\cos x+\frac{1}{2}z^2+C.$$

(3) $P=2xyz^2, Q=x^2z^2+z\cos yz, R=2x^2yz+y\cos yz$,故

$$\nabla\times\boldsymbol{A}=\begin{vmatrix}\boldsymbol{i} & \boldsymbol{j} & \boldsymbol{k}\\ \dfrac{\partial}{\partial x} & \dfrac{\partial}{\partial y} & \dfrac{\partial}{\partial z}\\ 2xyz^2 & x^2z^2+z\cos yz & 2x^2yz+y\cos yz\end{vmatrix}=0\boldsymbol{i}+0\boldsymbol{j}+0\boldsymbol{k}=(0,0,0).$$

$\boldsymbol{A}$ 为有势场,势函数可用线积分求得,即

$$u=\int_0^x P(x,0,0)\mathrm{d}x+\int_0^y Q(x,y,0)\mathrm{d}y+\int_0^z R(x,y,z)\mathrm{d}z+C$$
$$=\int_0^x 0\mathrm{d}x+\int_0^y 0\mathrm{d}y+\int_0^z(2x^2yz+y\cos yz)\mathrm{d}z+C$$
$$=x^2yz^2+\sin yz+C.$$

7. 求下列全微分的原函数:

(1) $\mathrm{d}u=(x^2-2yz)\mathrm{d}x+(y^2-2xz)\mathrm{d}y+(z^2-2xy)\mathrm{d}z$;

(2) $\mathrm{d}u=(3x^2-6xy^2)\mathrm{d}x+(6x^2y+4y^3)\mathrm{d}y$.

解:(1) 易知

$$\frac{\partial u}{\partial x}=x^2-2yz, \tag{1}$$
$$\frac{\partial u}{\partial y}=y^2-2xz, \tag{2}$$
$$\frac{\partial u}{\partial z}=z^2-2xy. \tag{3}$$

方程(1) 两边关于变量 x 积分得

$$u=\frac{x^3}{3}-2xyz+\varphi(y,z),$$

对上式两边关于 y 求偏导, 然后与方程(2) 比较可得$\dfrac{\partial\varphi(y,z)}{\partial y}=y^2$,于是有

$$\varphi(y,z)=\frac{y^3}{3}+\varphi(z),$$

从而 $u=\frac{x^3}{3}-2xyz+\frac{y^3}{3}+\varphi(z)$，对上式两边关于 z 求偏导，然后与方程(3) 比较可得 $\frac{\partial\varphi(z)}{\partial z}=z^2$，即 $\varphi(z)=\frac{z^3}{3}+C$，从而得势函数为 $u=\frac{x^3+y^3+z^3}{3}-2xyz+C$.

(2) 由 $\frac{\partial u}{\partial x}=3x^2-6xy^2,\frac{\partial u}{\partial y}=6x^2y+4y^3$，可得

$$u=\int 3x^2-6xy^2\ \mathrm{d}x+\varphi(y)=x^3-3x^2y^2+\varphi(y),$$

则 $\frac{\partial u}{\partial y}=6x^2y+\varphi'(y)=6x^2y+4y^3$，于是有 $\varphi'(y)=4y^3$，$\varphi(y)=y^4+C$，从而得势函数为 $u=x^3+y^4+3x^2y^2+C$.

8. 证明全微分表达式 $P\mathrm{d}x+Q\mathrm{d}y$ 的任意两个原函数仅仅相差一个常数.

证明：设 $u_1(x,y)$，$u_2(x,y)$ 是 $P\mathrm{d}x+Q\mathrm{d}y$ 的任意两个原函数，则

$$\mathrm{d}u_1=P\mathrm{d}x+Q\mathrm{d}y,\quad \mathrm{d}u_2=P\mathrm{d}x+Q\mathrm{d}y,$$

从而 $\mathrm{d}u_1-\mathrm{d}u_2=\mathrm{d}(u_1-u_2)=0$，于是可得 $u_1-u_2=C$，C 是常数.

9. 设(G) 是一维单连通域，$A(M)=(P,Q,R)\in C^{(1)}((G))$. 证明：$\nabla\times\boldsymbol{A}(M)=0$，$\forall M\in(G)$，等价于 $\oint_{(C)}\boldsymbol{A}\cdot\mathrm{d}s=0$，其中，$(C)$ 是(G) 中任一分段光滑闭曲线.

解：利用斯托克斯公式的向量形式：

由 $\nabla\times\boldsymbol{A}=0$，可得 $\oint_{(C)}\boldsymbol{A}\cdot\mathrm{d}s=\iint_{(S)}\nabla\times\boldsymbol{A}\mathrm{d}s=0$，反之若 $\oint_{(C)}\boldsymbol{A}\cdot\mathrm{d}s=0$，则 $\frac{\mathrm{d}\Gamma}{\mathrm{d}s}=0$，由 $\frac{\mathrm{d}\Gamma}{\mathrm{d}s}=0=\|\nabla\times\boldsymbol{A}\|\cdot\|\boldsymbol{n}\|\cos\varphi$，可得 $\nabla\times\boldsymbol{A}=0$. 所以 $\nabla\times\boldsymbol{A}=0\Leftrightarrow\oint_{(C)}\boldsymbol{A}\cdot\mathrm{d}s=0$.

10. 证明：场 $\boldsymbol{A}=-2y\boldsymbol{i}-2x\boldsymbol{j}$ 是一平面调和场，并求其势函数.

证明：因为

$$\nabla\times\boldsymbol{A}=\begin{vmatrix}\boldsymbol{i}&\boldsymbol{j}&\boldsymbol{k}\\ \frac{\partial}{\partial x}&\frac{\partial}{\partial y}&\frac{\partial}{\partial z}\\ -2y&-2x&0\end{vmatrix}=0\boldsymbol{i}+0\boldsymbol{j}+0\boldsymbol{k}=(0,0,0),$$

$$\nabla\cdot\boldsymbol{A}=\left(\frac{\partial}{\partial x},\frac{\partial}{\partial y}\right)\cdot(-2y,-2x)=0,$$

所以 $\boldsymbol{A}$ 无源无旋，是平面调和场，可得 $\frac{\partial u}{\partial x}=-2y,\frac{\partial u}{\partial y}=-2x$，对第一个式子积分可得

$$u=-2xy+\varphi(y),$$

对上式关于 y 求偏导可得 $\frac{\mathrm{d}\varphi(y)}{\mathrm{d}y}=0$，从而 $\varphi(y)=C$，即得势函数为 $u=-2xy+C$.

本章学习要求

1. 理解两类曲线积分的概念,了解两类曲线积分的性质及两类曲线积分的关系,会计算两类曲线积分.

2. 掌握格林公式,会使用平面曲线积分与路径无关的条件.

3. 理解两类曲面积分的概念及高斯公式和斯托克斯公式,会计算两类曲面积分.

4. 了解通量、散度、旋度的概念及其计算方法.

总习题十二

1. 填空题:

(1) 设 L 是圆周 $x^2+y^2=1$,则 $I_1=\oint_{(L)}x^3\,ds$ 与 $I_2=\oint_{(L)}x^5\,ds$ 的大小关系是__________.

(2) 设 L:$x=a\cos t, y=a\sin t(0\leqslant t\leqslant 2\pi)$,则 $\int_{(L)}(x^2+y^2)^n ds=$__________.

(3) 设 $f(x,y)$ 在 D:$\frac{x^2}{4}+y^2\leqslant 1$ 上具有二阶连续偏导数, L 是 D 的边界正向,则 $\oint_{(L)}f'_y(x,y)dy-[3y+f'_x(x,y)]dx=$__________.

(4) 设 L 为闭曲线 $|x|+|y|=2$ 方向为逆时针,a,b 为常数,则 $\oint_{(L)}\frac{ax\,dy-by\,dx}{|x|+|y|}=$ __________.

(5) 设 L 为圆周 $x^2+y^2=1$ 上从 $A(1,0)$ 到 $B(0,1)$ 再到 $C(-1,0)$ 的曲线段,则 $\int_{(L)}e^{y^2}dy=$ __________.

(6) 设 L 为直线 $y=x$ 从 $O(0,0)$ 到 $A(2,2)$ 的一段,则 $\int_{(L)}e^{y^2}dx+2xye^{y^2}dy=$__________.

(7) 设 $f(x)$ 连续可导,且 $f(0)=0$,曲线积分 $\int_{(L)}[f(x)-e^x]\sin y\,dx-f(x)\cos y\,dy$ 与路径无关,则 $f(x)=$__________.

(8) 设 Σ 为球面 $x^2+y^2+z^2=a^2$,则 $\oiint_{(\Sigma)}z\,dS=$__________.

(9) 设Σ为平面$\frac{x}{2}+\frac{y}{3}+\frac{z}{2}=1$在第一卦限部分，则$\iint\limits_{(\Sigma)}\left(z+\frac{2}{3}y+x\right)\mathrm{d}S=$______.

(10) 设Σ是xOy平面上的闭区域$\begin{cases}0\leqslant x\leqslant 1\\0\leqslant y\leqslant 1\end{cases}$的上侧，则$\iint\limits_{(\Sigma)}(x+y+z)\mathrm{d}x\mathrm{d}y=$______.

(11) 设$P(x,y,z)$在空间有界闭区域V上有连续的一阶偏导数，又S是V的光滑边界曲面之外侧，由高斯公式$\oiint\limits_{(S)}P(x,y,z)\mathrm{d}y\mathrm{d}z=$______，$\iiint\limits_{(V)}P(x,y,z)\mathrm{d}V=$______.

(12) 设Σ为球面$x^2+y^2+z^2=a^2$外侧，则$\oiint\limits_{(\Sigma)}(x^2+y^2+z^2)\mathrm{d}x\mathrm{d}y=$______.

(13) 设Σ是球面$x^2+y^2+z^2=a^2$外侧，则$\oiint\limits_{(\Sigma)}x^3\mathrm{d}y\mathrm{d}z+y^3\mathrm{d}z\mathrm{d}x+z^3\mathrm{d}x\mathrm{d}y=$______.

(14) 设Σ是长方体$\Omega:\{(x,y,z)\mid 0\leqslant x\leqslant a,0\leqslant y\leqslant b,0\leqslant z\leqslant c,\}$的整个表面的外侧，则$\oiint\limits_{(\Sigma)}x^2\mathrm{d}y\mathrm{d}z+y^2\mathrm{d}z\mathrm{d}x+z^2\mathrm{d}x\mathrm{d}y=$______.

(15) 向量$\boldsymbol{A}=yz\boldsymbol{i}+zx\boldsymbol{j}+xy\boldsymbol{k}$穿过圆柱$x^2+y^2=a^2(0\leqslant z\leqslant h)$全表面$\Sigma$流向外侧的通量$\Phi=$______.

(16) 向量$\boldsymbol{A}=(2x+3z)\boldsymbol{i}-(xz+y)\boldsymbol{j}+(y^2+2z)\boldsymbol{k}$穿过球面$(x-3)^2+(y+1)^2+(z-2)^2=9$流向外侧的通量$\Phi=$______.

(17) 设$u=xy+yz+zx+xyz$，则$\mathbf{grad}\,u=$______，$\mathrm{div}(\mathbf{grad}\,u)=$______，$\mathrm{rot}(\mathbf{grad}\,u)=$______.

(18) 设向量场$\boldsymbol{A}=x^2\sin y\,\boldsymbol{i}+y^2\sin(xz)\,\boldsymbol{j}+xy\sin(\cos z)\,\boldsymbol{k}$，则$\mathrm{rot}\boldsymbol{A}=$______.

2. 选择题：

(1) 设$\overrightarrow{OM}$是从$O(0,0)$到$M(1,1)$的直线段，则与曲线积分$I=\int_{\overrightarrow{OM}}\mathrm{e}^{\sqrt{x^2+y^2}}\mathrm{d}s$不相等的积分是(　　).

A. $\int_0^1\mathrm{e}^{\sqrt{2}x}\sqrt{2}\,\mathrm{d}x$　　B. $\int_0^1\mathrm{e}^{\sqrt{2}y}\sqrt{2}\,\mathrm{d}y$　　C. $\int_0^{\sqrt{2}}\mathrm{e}^r\mathrm{d}r$　　D. $\int_0^1\mathrm{e}^r\sqrt{2}\,\mathrm{d}r$

(2) 设$\overrightarrow{AB}$为由$A(0,\pi)$到$B(\pi,0)$的直线段，则$\int_{\overrightarrow{AB}}\sin y\mathrm{d}x+\sin x\mathrm{d}y=$(　　).

A. 2　　B. -1　　C. 0　　D. 1

(3) 设C表示椭圆$\frac{x^2}{a^2}+\frac{y^2}{b^2}=1$，其方向为逆时针，则$\int_C(x+y^2)\mathrm{d}x=$(　　).

A. πab　　B. 0　　C. $a+b^2$　　D. 1

(4) 设曲线C的方程为$x=\sqrt{\cos t},y=\sqrt{\sin t}\left(0\leqslant t\leqslant\frac{\pi}{2}\right)$，则$\int_C x^2y\mathrm{d}y-y^2x\mathrm{d}x=$(　　)

A. $\int_0^{\frac{\pi}{2}}[\cos t\sqrt{\sin t}-\sin t\sqrt{\cos t})]\mathrm{d}t$

B. $\int_0^{\frac{\pi}{2}}(\cos^2 t-\sin^2 t)\mathrm{d}t$

C. $\int_0^{\frac{\pi}{2}}\cos t\sqrt{\sin t}\dfrac{\mathrm{d}t}{2\sqrt{\sin t}}-\int_0^{\frac{\pi}{2}}\sin t\sqrt{\cos t}\dfrac{\mathrm{d}t}{2\sqrt{\cos t}}$

D. $\dfrac{1}{2}\int_0^{\frac{\pi}{2}}\mathrm{d}t$

(5) 设 C 是从 $O(0,0)$ 沿折线 $y=1-|x-1|$ 到 $A(2,0)$ 的折线段,则 $\int_C x\mathrm{d}y-y\mathrm{d}x=$ (　　).

A. 0　　B. -1　　C. -2　　D. 2

(6) 设曲线积分 $\int_C xy^2\mathrm{d}x+y\varphi(x)\mathrm{d}y$ 与路径无关,其中 $\varphi(x)$ 具有连续的导函数,且 $\varphi(0)=1$,则 $\int_{(0,0)}^{(1,1)}xy^2\mathrm{d}x+y\varphi(x)\mathrm{d}y=$ (　　).

A. $\dfrac{3}{8}$　　B. $\dfrac{1}{2}$　　C. $\dfrac{3}{4}$　　D. 1

(7) 设 L 是从 $O(0,0)$ 沿折线 $y=2-|x-2|$ 到 $A(4,0)$ 到的折线段,则 $\int_C x\mathrm{d}y-y\mathrm{d}x=$ (　　).

A. 8　　B. -8　　C. -4　　D. 4

(8) 设 L 为一条包含原点在内的简单闭曲线,则 $I=\oint_{(L)}\dfrac{x\mathrm{d}y-y\mathrm{d}x}{x^2+4y^2}=$ (　　).

A. 因为 $\dfrac{\partial Q}{\partial x}=\dfrac{\partial P}{\partial y}$,所以 $I=0$

B. 因为 $\dfrac{\partial Q}{\partial x},\dfrac{\partial P}{\partial y}$ 不连续,所以 I 不存在

C. 2π

D. 因为 $\dfrac{\partial Q}{\partial x}\neq\dfrac{\partial P}{\partial y}$,所以沿不同的 L,I 的值不同

(9) 已知 $\dfrac{(x+ay)\mathrm{d}x+y\mathrm{d}y}{(x+y)^2}$ 为某函数 $U(x,y)$ 的全微分,则 $a=$ (　　).

A. 0　　B. 2　　C. -1　　D. 1

(10) 设 $f(x)$ 连续可导,且 $f(0)=1$,曲线积分 $I=\int_{(0,0)}^{(\frac{\pi}{4},\frac{\pi}{3})}yf(x)\tan x\mathrm{d}x-f(x)\mathrm{d}y$ 与路径无关,则 $f(x)=$ (　　).

A. $1+\cos x$　　B. $1-\cos x$　　C. $\cos x$　　D. $\sin x$

(11) 设 Σ 是抛物面 $z = x^2 + y^2 (0 \leqslant z \leqslant 4)$,则下列各式正确的是(　　).

A. $\iint\limits_{(\Sigma)} f(x,y,z)\mathrm{d}S = \iint\limits_{x^2+y^2\leqslant 4} f(x,y,x^2+y^2)\mathrm{d}x\mathrm{d}y$

B. $\iint\limits_{(\Sigma)} f(x,y,z)\mathrm{d}S = \iint\limits_{x^2+y^2\leqslant 4} f(x,y,x^2+y^2)\sqrt{1+4x^2}\,\mathrm{d}x\mathrm{d}y$

C. $\iint\limits_{(\Sigma)} f(x,y,z)\mathrm{d}S = \iint\limits_{x^2+y^2\leqslant 4} f(x,y,x^2+y^2)\sqrt{1+4y^2}\,\mathrm{d}x\mathrm{d}y$

D. $\iint\limits_{(\Sigma)} f(x,y,z)\mathrm{d}S = \iint\limits_{x^2+y^2\leqslant 4} f(x,y,x^2+y^2)\sqrt{1+4x^2+4y^2}\,\mathrm{d}x\mathrm{d}y$

(12) 设 $\Sigma: x^2 + y^2 + z^2 = a^2 (z \geqslant 0)$,$\Sigma_1$ 是 Σ 在第一卦限中的部分,则有(　　).

A. $\iint\limits_{(\Sigma)} x\mathrm{d}S = 4\iint\limits_{(\Sigma_1)} x\mathrm{d}S$　　B. $\iint\limits_{(\Sigma)} y\mathrm{d}S = 4\iint\limits_{(\Sigma_1)} x\mathrm{d}S$

C. $\iint\limits_{(\Sigma)} z\mathrm{d}S = 4\iint\limits_{(\Sigma_1)} z\mathrm{d}S$　　D. $\iint\limits_{(\Sigma)} xyz\,\mathrm{d}S = 4\iint\limits_{(\Sigma_1)} xyz\,\mathrm{d}S$

(13) 设 Σ 是锥面 $z = \sqrt{x^2+y^2} (0 \leqslant z \leqslant 1)$,则 $\iint\limits_{(\Sigma)} (x^2+y^2)\mathrm{d}S =$ (　　).

A. $\iint\limits_{(\Sigma)} (x^2+y^2)\mathrm{d}S = \int_0^{2\pi}\mathrm{d}\theta\int_0^1 r^2 \cdot r\mathrm{d}r$

B. $\iint\limits_{(\Sigma)} (x^2+y^2)\mathrm{d}S = \int_0^{\pi}\mathrm{d}\theta\int_0^1 r^2 \cdot r\mathrm{d}r$

C. $\iint\limits_{(\Sigma)} (x^2+y^2)\mathrm{d}S = \sqrt{2}\int_0^{2\pi}\mathrm{d}\theta\int_0^1 r^2\mathrm{d}r$

D. $\iint\limits_{(\Sigma)} (x^2+y^2)\mathrm{d}S = \sqrt{2}\int_0^{2\pi}\mathrm{d}\theta\int_0^1 r^2 \cdot r\mathrm{d}r$

(14) 设 Σ 为球面 $x^2 + y^2 + z^2 = 2z$,则下列等式错误的是(　　).

A. $\oiint\limits_{(\Sigma)} x(y^2+z^2)\mathrm{d}S = 0$　　B. $\oiint\limits_{(\Sigma)} y(y^2+z^2)\mathrm{d}S = 0$

C. $\oiint\limits_{(\Sigma)} z(x^2+y^2)\mathrm{d}S = 0$　　D. $\oiint\limits_{(\Sigma)} (x+y)z^2\mathrm{d}S = 0$

(15) 设 Σ 是球面 $x^2+y^2+z^2=a^2$ 外侧,$D_{xy}: x^2+y^2 \leqslant a^2$,则下列结论正确的是(　　).

A. $\oiint\limits_{(\Sigma)} z^2\mathrm{d}x\mathrm{d}y = \iint\limits_{(D_{xy})} (a^2-x^2-y^2)\mathrm{d}x\mathrm{d}y$

B. $\oiint\limits_{(\Sigma)} z^2\mathrm{d}x\mathrm{d}y = 2\iint\limits_{(D_{xy})} (a^2-x^2-y^2)\mathrm{d}x\mathrm{d}y$

C. $\oiint\limits_{(\Sigma)} z^2\mathrm{d}x\mathrm{d}y = 0$

D. A、B、C 都不对

(16) 曲面积分$\iint\limits_{(\Sigma)} z^2 \mathrm{d}x\mathrm{d}y$在数值上等于(　　).

A. 向量$z^2\boldsymbol{i}$穿过曲面Σ的流量　　B. 密度为z^2的曲面Σ的质量

C. 向量$z^2\boldsymbol{k}$穿过曲面Σ的流量　　D. 向量$z^2\boldsymbol{j}$穿过曲面Σ的流量

(17) 设Σ是长方体Ω:$\{(x,y,z)\mid 0\leqslant x\leqslant a, 0\leqslant y\leqslant b, 0\leqslant z\leqslant c,\}$的整个表面的外侧,则$\oint\!\!\!\oint\limits_{(\Sigma)} x^2\mathrm{d}y\mathrm{d}z + y^2\mathrm{d}z\mathrm{d}x + z^2\mathrm{d}x\mathrm{d}y = $(　　).

A. a^2bc　　B. ab^2c　　C. abc^2　　D. $(a+b+c)abc$

(18) 在高斯定理的条件下,下列等式不成立的是(　　).

A. $\iiint\limits_{(\Omega)}\left(\frac{\partial P}{\partial x}+\frac{\partial Q}{\partial y}+\frac{\partial R}{\partial z}\right)\mathrm{d}x\mathrm{d}y\mathrm{d}z = \oint\!\!\!\oint\limits_{(\Sigma)}(P\cos\alpha + Q\cos\beta + R\cos\gamma)\mathrm{d}S$

B. $\oint\!\!\!\oint\limits_{(\Sigma)} P\mathrm{d}y\mathrm{d}z + Q\mathrm{d}z\mathrm{d}x + R\mathrm{d}x\mathrm{d}y = \iiint\limits_{(\Omega)}\left(\frac{\partial P}{\partial x}+\frac{\partial Q}{\partial y}+\frac{\partial R}{\partial z}\right)\mathrm{d}x\mathrm{d}y\mathrm{d}z$

C. $\oint\!\!\!\oint\limits_{(\Sigma)} P\mathrm{d}y\mathrm{d}z + Q\mathrm{d}z\mathrm{d}x + R\mathrm{d}x\mathrm{d}y = \iiint\limits_{(\Omega)}\left(\frac{\partial R}{\partial x}+\frac{\partial Q}{\partial y}+\frac{\partial P}{\partial z}\right)\mathrm{d}x\mathrm{d}y\mathrm{d}z$

D. $\oint\!\!\!\oint\limits_{(\Sigma)} P\mathrm{d}y\mathrm{d}z + Q\mathrm{d}z\mathrm{d}x + R\mathrm{d}x\mathrm{d}y = \oint\!\!\!\oint\limits_{(\Sigma)}(P\cos\alpha + Q\cos\beta + R\cos\gamma)\mathrm{d}S$

(19) 若Σ是空间区域Ω的外表面,下述计算用高斯公式正确的是(　　).

A. $\oint\!\!\!\oint\limits_{(\Sigma)} x^2\mathrm{d}y\mathrm{d}z + (z+2y)\mathrm{d}x\mathrm{d}y = \iiint\limits_{(\Omega)}(2x+2)\mathrm{d}x\mathrm{d}y\mathrm{d}z$

B. $\oint\!\!\!\oint\limits_{(\Sigma)}(x^3 - yz)\mathrm{d}y\mathrm{d}z - 2xy\mathrm{d}z\mathrm{d}x + z\mathrm{d}x\mathrm{d}y = \iiint\limits_{(\Omega)}(3x^2 - 2x + 1)\mathrm{d}x\mathrm{d}y\mathrm{d}z$

C. $\oint\!\!\!\oint\limits_{(\Sigma)} x^2\mathrm{d}y\mathrm{d}z + (z+2y)\mathrm{d}z\mathrm{d}x = \iiint\limits_{(\Omega)}(2x+1)\mathrm{d}x\mathrm{d}y\mathrm{d}z$

D. $\oint\!\!\!\oint\limits_{(\Sigma)} x^2\mathrm{d}x\mathrm{d}y + (z+2y)\mathrm{d}y\mathrm{d}z = \iiint\limits_{(\Omega)}(2x+2)\mathrm{d}x\mathrm{d}y\mathrm{d}z$

(20) 在斯托克斯定理的条件下,下列等式不成立的是(　　).

A. $\oint\limits_{(\Gamma)} P\mathrm{d}x + Q\mathrm{d}y + R\mathrm{d}z = \iint\limits_{(\Sigma)}\begin{vmatrix}\mathrm{d}y\mathrm{d}z & \mathrm{d}z\mathrm{d}x & \mathrm{d}x\mathrm{d}y \\ \frac{\partial}{\partial x} & \frac{\partial}{\partial y} & \frac{\partial}{\partial z} \\ P & Q & R\end{vmatrix}$

B. $\oint\limits_{(\Gamma)} P\mathrm{d}x + Q\mathrm{d}y + R\mathrm{d}z = \iint\limits_{(\Sigma)}\begin{vmatrix}\cos\alpha & \cos\beta & \cos\gamma \\ \frac{\partial}{\partial x} & \frac{\partial}{\partial y} & \frac{\partial}{\partial z} \\ P & Q & R\end{vmatrix}\mathrm{d}S$

C. $\oint_{(\Gamma)} P\mathrm{d}x + Q\mathrm{d}y + R\mathrm{d}z = \iint_{(\Sigma)} \begin{vmatrix} \boldsymbol{i} & \boldsymbol{j} & \boldsymbol{k} \\ \frac{\partial}{\partial x} & \frac{\partial}{\partial y} & \frac{\partial}{\partial z} \\ P & Q & R \end{vmatrix} \cdot \{\cos\alpha, \cos\beta, \cos\gamma\} \mathrm{d}S$

D. $\oint_{(\Gamma)} P\mathrm{d}x + Q\mathrm{d}y + R\mathrm{d}z = \iint_{(\Sigma)} \begin{vmatrix} \boldsymbol{i} & \boldsymbol{j} & \boldsymbol{k} \\ \frac{\partial}{\partial x} & \frac{\partial}{\partial y} & \frac{\partial}{\partial z} \\ P & Q & R \end{vmatrix} \cdot \{\mathrm{d}x, \mathrm{d}y, \mathrm{d}z\}$

3. 计算下列第一类曲线积分：

(1) 求$\int_{(L)}(xy + yz + zx)\mathrm{d}s$，其中，$L$ 是球面 $x^2 + y^2 + z^2 = a^2$ 与平面 $x + y + z = 0$ 的交线.

(2) 求$\int_{(L)}(x^2 + y^2)\mathrm{d}s$，其中，$L$ 为曲线 $x = a(\cos t + t\sin t)$，$y = a(\sin t - t\cos t)$ $(0 \leqslant t \leqslant 2\pi)$.

(3) 求$\int_{(L)} \mathrm{e}^{\sqrt{x^2+y^2}}\mathrm{d}s$，其中，$L$ 为圆周 $x^2 + y^2 = a^2$，直线 $y = x$ 及 x 轴在第一象限内所围成的扇形的整个边界.

(4) 求$\int_{(L)}(x^{\frac{4}{3}} + y^{\frac{4}{3}})\mathrm{d}s$，其中，$L$ 为内摆线 $x = a\cos^3 t$，$y = a\sin^3 t\left(0 \leqslant t \leqslant \frac{\pi}{2}\right)$ 在第一象限内的一段弧.

(5) 求$\int_{(L)} \frac{z^2}{x^2 + y^2}\mathrm{d}s$，其中，$L$ 为螺线 $x = a\cos t$，$y = a\sin t$，$z = at$ $(0 \leqslant t \leqslant 2\pi)$.

(6) 求$\int_{(L)} x^3\mathrm{d}x + 3zy^2\mathrm{d}y - x^2y\mathrm{d}z$，其中，$L$ 是从点 $A(3,2,1)$ 到点 $B(0,0,0)$ 的直线段 AB.

(7) 求$\int_{(L)}(2a - y)\mathrm{d}x - (a - y)\mathrm{d}y$，其中，$L$ 为摆线 $x = a(t - \sin t)$，$y = a(1 - \cos t)$ 的一拱(对应于 t 从 0 变到 2π 的一段弧).

4. 计算曲线积分：

$$I = \int_{(L)}(y^2 - z^2)\mathrm{d}x + (z^2 - x^2)\mathrm{d}y + (x^2 - y^2)\mathrm{d}z,$$

(1) L 是球面 $x^2 + y^2 + z^2 = 1$，$x > 0$，$y > 0$，$z > 0$ 的边界线，从球的外侧看去，L 的方向为逆时针方向；

(2) L 是球面 $x^2 + y^2 + z^2 = a^2$ 和柱面 $x^2 + y^2 = ax(a > 0)$ 的交线位于 Oxy 平面上方的部分，从 x 轴上 $(b,0,0)$，$b > a$ 点看去，L 是顺时针方向.

5. 利用格林公式计算下列曲线积分：

(1) 计算$\int_{(L)}(x^2-y)\mathrm{d}x-(x+\sin^2 y)\mathrm{d}y$,其中,$L$是圆周$y=\sqrt{2x-x^2}$上由点$(0,0)$到点$(1,1)$的一段弧.

(2) 计算$\oint_{(L)}(xy^2\cos x+2xy\sin x-y^2\mathrm{e}^x)\mathrm{d}x+(x^2\sin x-2y\mathrm{e}^x)\mathrm{d}y$,其中,$L$为正向星形线$x^{\frac{2}{3}}+y^{\frac{2}{3}}=a^{\frac{2}{3}}(a>0)$.

(3) 计算$\oint_{(L)}(2x-y+4)\mathrm{d}x+(5y+3x-6)\mathrm{d}y$,其中,$L$为三顶点分别为$(0,0)$、$(3,0)$和$(3,2)$的三角形正向边界.

6. 证明$\int_{(L)}\dfrac{(3y-x)\mathrm{d}x+(y-3x)\mathrm{d}y}{(x+y)^3}$与路径无关,其中,$L$不经过直线$x+y=0$,且求$\int_{(1,0)}^{(2,3)}\dfrac{(3y-x)\mathrm{d}x+(y-3x)\mathrm{d}y}{(x+y)^3}$的值.

7. 选择a,b值使$\dfrac{(y^2+2xy+ax^2)\mathrm{d}x-(x^2+2xy+by^2)\mathrm{d}y}{(x^2+y^2)^2}$为某个函数$u(x,y)$的全微分,并求原函数$u(x,y)$.

8. 计算$\int_{(L)}(x^2+y^2)\mathrm{d}x+(x^2-y^2)\mathrm{d}y$,其中,$L$为$y=1-|x|\ (0\leqslant x\leqslant 2)$方向为$x$增大的方向.

9. 验证曲线积分$\int_{(1,0)}^{(2,1)}(2x\mathrm{e}^y-y)\mathrm{d}x+(x^2\mathrm{e}^y+x-2y)\mathrm{d}y$与路径无关并计算积分值.

10. 计算$\int_{(L)}\dfrac{y^2}{\sqrt{R^2+x^2}}\mathrm{d}x+\left[4x+2y\ln\left(x+\sqrt{R^2+x^2}\right)\right]\mathrm{d}y$,其中,$e$是沿$x^2+y^2=R^2$由点$A(R,0)$逆时针方向到$B(-R,0)$的半圆周.

11. 设$f(x)$在$(-\infty,+\infty)$内有连续的导函数,求:

$$\int_{(L)}\frac{1+y^2f(xy)}{y}\mathrm{d}x+\frac{x}{y^2}[y^2f(xy)-1]\mathrm{d}y,$$

其中,L是从点$A\left(3,\dfrac{2}{3}\right)$到点$B(1,2)$的直线段.

12. 已知曲线积分$\int_{(L)}(x+xy\sin x)\mathrm{d}x+\dfrac{f(x)}{x}\mathrm{d}y$与路径无关,$f(x)$是可微函数,且$f\left(\dfrac{\pi}{2}\right)=0$,求$f(x)$.

13. 已知曲线积分$I=\oint_{(L)}y^3\mathrm{d}x+(3x-x^3)\mathrm{d}y$,其中,$L$为$x^2+y^2=R^2(R>0)$逆时针方向曲线:(1) 当$R$为何值时,使$I=0$?(2) 当$R$为何值时,使$I$取得最大值?并求最大值.

14. 设在平面上有 $\boldsymbol{F}=\dfrac{x\boldsymbol{i}+y\boldsymbol{j}}{(x^2+y^2)^{\frac{3}{2}}}$ 构成内场，求将单位质点从点(1,1)移到点(2,4)场力所作的功.

15. 计算 $I=\iint\limits_{(\Sigma)}x(1+x^2z)\mathrm{d}y\mathrm{d}z+y(1-x^2z)\mathrm{d}z\mathrm{d}x+z(1-x^2z)\mathrm{d}x\mathrm{d}y$，其中，$\Sigma$ 为曲面 $z=\sqrt{x^2+y^2}\ (0\leqslant z\leqslant 1)$ 的下侧.

16. 计算 $\iint\limits_{(\Sigma)}|xyz|\mathrm{d}s$，其中，$\Sigma$ 的方程为 $|x|+|y|+|z|=1$.

17. 计算曲面积分 $I=\iint\limits_{(\Sigma)}2(1+x)\mathrm{d}y\mathrm{d}z$，其中，$\Sigma$ 是曲线 $y=\sqrt{x}\ (0\leqslant x\leqslant 1)$ 绕 x 轴旋转一周所得曲面的外侧.

18. 计算曲面积分 $\iint\limits_{(\Sigma)}(x^2+y^2)\mathrm{d}x$，其中，$\Sigma$ 为抛物面 $z=2-(x^2+y^2)$ 在 xOy 平面上方的部分.

19. 计算面面积分 $\iint\limits_{(\Sigma)}(2xy-2x^2-x+z)\mathrm{d}S$，其中，$\Sigma$ 为平面和三坐标闰面所围立体的整个表面.

20. 求均匀的曲面 $z=\sqrt{x^2+y^2}$ 被曲面 $x^2+y^2=ax$ 所割下部分的重心的坐标.

21. 计算曲面积分 $I=\iint\limits_{x^2+y^2+z^2=a^2}f(x,y,z)\mathrm{d}s$，其中，

$$f(x,y,z)=\begin{cases}x^2+y^2, & z\geqslant\sqrt{x^2+y^2},\\ 0, & z<\sqrt{x^2+y^2}.\end{cases}$$

22. 计算 $\iint\limits_{(\Sigma)}\dfrac{1}{x}\mathrm{d}y\mathrm{d}z+\dfrac{1}{y}\mathrm{d}x\mathrm{d}z+\dfrac{1}{z}\mathrm{d}x\mathrm{d}y$，其中，$\Sigma$ 为椭球面 $\dfrac{x^2}{a^2}+\dfrac{y^2}{b^2}+\dfrac{z^2}{c^2}=1$.

23. 计算曲面积分 $\oiint\limits_{(\Sigma)}\dfrac{\mathrm{e}^{\sqrt{x}}}{\sqrt{x^2+y^2}}\mathrm{d}x\mathrm{d}y$，其中，$\Sigma$ 为曲面 $z=x^2+y^2$，平面 $z=1,z=2$ 所围立体外面的外侧.

24. 设 $u(x,y,z),v(x,y,z)$ 是两个定义在闭区域 Ω 上的具有二阶连续偏导数的函数，$\dfrac{\partial u}{\partial\boldsymbol{n}}$、$\dfrac{\partial v}{\partial\boldsymbol{n}}$ 依次表示 $u(x,y,z),v(x,y,z)$ 沿 Σ 外法线方向的方向导数. 证明：$\iiint\limits_{(\Omega)}(u\Delta v-v\Delta u)\mathrm{d}x\mathrm{d}y\mathrm{d}z=\oiint\limits_{(\Sigma)}\left(u\dfrac{\partial v}{\partial\boldsymbol{n}}-v\dfrac{\partial u}{\partial\boldsymbol{n}}\right)\mathrm{d}s$，其中，$\Sigma$ 是空间闭区域 Ω 的整个边界曲面，这个公式叫作格林第二公式.

25. 利用斯托克斯公式计算曲线积分 $\int\limits_{(\Gamma)}(x^2-yz)\mathrm{d}x+(y^2-xz)\mathrm{d}y+(z^2-xy)\mathrm{d}z$，其

中,L 是螺旋线 $x=a\cos t, y=a\sin t, z=\frac{h}{2\pi}t$,从 $A(0,0,0)$ 到 $B(a,0,h)$ 的一段.

参考答案

1. 填空题:

(1) $I_1=I_2$; (2) $2\pi a^{2a+1}$; (3) 6π; (4) $4(a+b)$; (5) 0; (6) $2e^4$;

(7) $\frac{e^x-e^{-x}}{2}$; (8) $2\pi a^3$; (9) $2\sqrt{22}$; (10)1; (11) $\iiint\limits_{(V)} P(x,y,z)\mathrm{d}V$;

(12) 0; (13) $\frac{2}{5}\pi a^5$; (14) $(a+b+c)abc$; (15) 0; (16) 108π;

(17) $\{y+z+yz, z+x+xz, x+y+xy\}$, 0, $\mathbf{0}$;

(18) $[x\sin(\cos z)-xy^2\cos(xz)]\boldsymbol{i}-y\sin(\cos z)\boldsymbol{j}+[y^2z\cos(xz)-x^2\cos y]\boldsymbol{k}$.

2. 选择题:

(1) D (2) C (3) B (4) D (5) C (6) B (7) B (8) C (9) B (10) C (11) D

(12) C (13) D (14) C (15) C (16) C (17) D (18) C (19) B (20) D

3. 提示:(1) $\int\limits_{(L)}(xy+yz+zx)\mathrm{d}s=-\pi a^3$.

(2) $\int\limits_{(L)}(x^2+y^2)\mathrm{d}s=2\pi^2a^3(1+2\pi^2)$.

(3) $\oint\limits_{(L)} e^{\sqrt{x^2+y^2}}\mathrm{d}s=\int\limits_{(L_1)}+\int\limits_{(L_2)}+\int\limits_{(L_3)}$.

$L_1:\begin{cases}x=x,\\ y=0,\end{cases}\ 0\leqslant x\leqslant a, \mathrm{d}s=\sqrt{1+0^2}\,\mathrm{d}x=\mathrm{d}x.$

$L_2:\begin{cases}x=x,\\ y=x,\end{cases}\ 0\leqslant x\leqslant \frac{\sqrt{2}}{2}a, \mathrm{d}s=\sqrt{1+1^2}\,\mathrm{d}x=\sqrt{2}\,\mathrm{d}x.$

$L_3:\begin{cases}x=a\cos t,\\ y=a\sin t,\end{cases}\ 0\leqslant x\leqslant \frac{\pi}{4}.$

所以 $\oint\limits_{(L)} e^{\sqrt{x^2+y^2}}\mathrm{d}s=e^a\left(2+\frac{\pi}{4}a\right)-2$.

(4) $\int\limits_{(L)}(x^{\frac{4}{3}}+y^{\frac{4}{3}})\mathrm{d}s=3a^{\frac{7}{3}}\int_0^{\frac{\pi}{2}}(\cos^4 t+\sin^4 t)\sin t\cos t\,\mathrm{d}t$

$$=3a^{\frac{7}{3}}\left(-\frac{1}{6}\cos 6t+\frac{1}{6}\sin^6 t\right)\Big|_0^{\frac{\pi}{2}}=4a^{\frac{7}{3}}.$$

(5) $\int_{(L)} \frac{z^2}{x^2+y^2}\mathrm{d}s = \frac{8}{3}\sqrt{2}a\pi^3$.

(6) 直线段 AB 的方程为$\frac{x}{3}=\frac{y}{2}=\frac{z}{1}$,化成参数方程为

$$x=3t,\quad y=2t,\quad z=t,$$

t 从 1 变到 0,

$$\int_{(L)} x^3\mathrm{d}x+3xy^2\mathrm{d}y-x^2y\mathrm{d}z=-\frac{87}{4}.$$

(7) $\int_{(L)}(2a-y)\mathrm{d}x-(9-y)\mathrm{d}y=a^2\pi$.

4. 提示:(1) 显然,L 具有轮换对称性,且被积表达式也具有轮换对称性,将 L 分为三段.

$$L_1: x^2+y^2=1, z=0\ (x>0, y>0),$$

则
$$I=3\int_{(L_1)}(y^2-z^2)\mathrm{d}x+(z^2-x^2)\mathrm{d}y+(x^2-y^2)\mathrm{d}z=-4.$$

(2) 曲线关于 Ozx 平面对称,且方向相反

$$\int_{(L)}(y^2-z^2)\mathrm{d}x=0,\qquad \int_{(L)}(x^2-y^2)\mathrm{d}z=0.$$

故
$$I=\int_{(L)}(z^2-x^2)\mathrm{d}y.$$

利用球面的参数方程,代入柱面方程 $x^2+y^2=ax$ 得 $\sin\varphi=\cos\theta$,

$$I=\int_{(L)}(z^2-x^2)\mathrm{d}y=\frac{\pi}{2}a^3.$$

5. 提示:(1) L 不是闭曲线,要用格林公式,先得补添路径,使其封闭,

$$\int_{(L)}+\int_{(\overrightarrow{AB})}+\int_{(\overrightarrow{BO})}=-\frac{7}{6}+\frac{1}{4}\sin 2.$$

(2) $\frac{\partial Q}{\partial x}=\frac{\partial P}{\partial y}$, 原式 $=0$.

(3) $\frac{\partial Q}{\partial x}=3, \frac{\partial P}{\partial y}=-1$,

$$\text{原式}=\iint_{(D)}\left(\frac{\partial Q}{\partial x}-\frac{\partial P}{\partial y}\right)\mathrm{d}x\mathrm{d}y=\iint_{(D)}4\mathrm{d}x\mathrm{d}y=12.$$

6. 提示:当 $x+y\neq 0$ 时,有$\frac{\partial P}{\partial y}=\frac{\partial Q}{\partial x}$,积分与路径无关,

$$\int_{(1,0)}^{(2,3)}\frac{(3y-x)\mathrm{d}x+(y-3x)\mathrm{d}y}{(x+y)^3}=\int_1^2\frac{-x}{x^3}\mathrm{d}x+\int_0^3\frac{y-6}{(2+y)^3}\mathrm{d}y=\frac{26}{25}.$$

7. 提示:$a=-1, b=-1$,

所以
$$\mathrm{d}u=\frac{y^2+2xy-x^2}{(x^2-y^2)^2}\mathrm{d}x-\frac{x^2+2xy-y^2}{(x^2+y^2)^2}\mathrm{d}y,$$

$$u(x,y)=\int_{(1,1)}^{(x,y)}\frac{y^2+2xy-x^2}{x^2+y^21^2}\mathrm{d}x-\frac{x^2+2xy-y^2}{(x^2+y^2)^2}\mathrm{d}y=\frac{x-y}{x^2+y^2},$$

故 $u(x,y)$ 的形式为 $\frac{x-y}{x^2+y^2}+l$.

8. 故原式 $=\frac{4}{3}$.

9. 提示:$\frac{\partial P}{\partial y}=\frac{\partial Q}{\partial x}=2xe^y+1$,故曲线积分与路径无关,取折线 $(1,0)\to(2,0)\to(2,1)$,则

$$\text{原 式}=\int_1^2 2x\mathrm{d}x+\int_0^1(4e^y+2-2y)\mathrm{d}y=4e.$$

10. 提示:因为 $\oint_{(C)+\overrightarrow{BA}}=\int_{(C)}+\int_{\overrightarrow{BA}}$,所以 $\int_{(C)}=\oint_{(C)+\overrightarrow{BA}}+\int_{\overrightarrow{AB}}$ 但 $\int_{\overrightarrow{AB}}=\int_{-R}^{R}0\mathrm{d}x=0$,又

$$\oint_{(C)+\overrightarrow{BA}}P\mathrm{d}x+Q\mathrm{d}y=\iint_{(D)}\left(4+\frac{2y}{\sqrt{R^2+x^2}}-\frac{2y}{\sqrt{R^2+x^2}}\right)\mathrm{d}x\mathrm{d}y=2\pi R^2.$$

11. 提示:当 $y\neq 0$ 时,$\frac{\partial P}{\partial y}=\frac{\partial Q}{\partial x}$,因此只要路径不过 x 轴,点 A 到点 B 的曲线积分与路径无关,取路径 $A\left(3,\frac{2}{3}\right)\to C\left(1,\frac{2}{3}\right)\to B(1,2)$,有:原式 $=-4$.

12. $f'(x)-\frac{1}{x}f(x)=x^2\sin x$,解此一阶线性微分方程得

$$f(x)=x(\sin x-x\cos x e).$$

由 $f\left(\frac{\pi}{2}\right)=0$ 得 $e=-1$,故所求函数为 $f(x)=x(\sin x-x\cos x-1)$.

13. 提示:由格林公式得

$$I=\iint_{(D)}(3-3x^2-3y^2)\mathrm{d}x\mathrm{d}y=3\pi R^2\left(1-\frac{R^2}{2}\right).$$

(1) 当 $R=0$(舍去),$R=\sqrt{2}$ 时,$I=0$.

(2) 由 $I_R=6\pi R-6\pi R^3=0$,得 $R=0$(舍去),$r=1$,

$$I''_R=6\pi-18\pi R^2,I''\big|_{R=1}=-12\pi<0,$$

故当 $R=1$ 时,I 取最大值,$I(1)=\frac{3}{2}\pi$.

14. 提示:所求的功 $W=\int_{(1,1)}^{(2,4)}\frac{x\mathrm{d}x+y\mathrm{d}y}{(x^2+y^2)^{\frac{3}{2}}}$,$\frac{\partial P}{\partial y}=\frac{\partial Q}{\partial y}$,当 $x^2+y^2\neq 0$ 时,此积分与路径无关故

$$W=\int_1^2\frac{x}{(x^2+y^2)^{\frac{3}{2}}}\mathrm{d}x+\int_1^4\frac{y}{(4+y^2)^{\frac{2}{3}}}\mathrm{d}y=\frac{1}{\sqrt{2}}-\frac{1}{2\sqrt{5}}.$$

15. 提示：补上 $\Sigma_1: x^2+y^2\leqslant 1, z=1$，上侧，由高斯公式得

$$I=\iiint\limits_{(\Omega)}3\mathrm{d}x\mathrm{d}y\mathrm{d}z-\iint\limits_{(\Sigma_1)}[x(1+x^2z)\mathrm{d}y\mathrm{d}z+y(1-x^2z)\mathrm{d}z\mathrm{d}x+z(1-x^2z)\mathrm{d}x\mathrm{d}y]=\frac{\pi}{4}.$$

16. 提示：由对称性可知

$$\text{原式}=8\iint\limits_{(\Sigma_1)}xyz\mathrm{d}s,\quad \Sigma_1: x+y+z=1.$$

而 $\iint\limits_{(\Sigma_1)}xyz\mathrm{d}s=\iint\limits_{(D)}xy(1-xy)\sqrt{1+z'^2_x+z'^2_y}\mathrm{d}x\mathrm{d}y=\frac{\sqrt{3}}{120}$，故原式 $=8\frac{\sqrt{3}}{120}=\frac{\sqrt{3}}{15}$.

17. 取 $\Sigma_1: x=1, y^2+z^2=1$ 方向与 x 轴同上，则

$$I=\oiint\limits_{(\Sigma+\Sigma_1)}2(1+x)\mathrm{d}y\mathrm{d}z-\iint\limits_{(\Sigma_1)}2(1+x)\mathrm{d}y\mathrm{d}z=2\iiint\limits_{(\Omega)}\mathrm{d}x\mathrm{d}y\mathrm{d}z-\iint\limits_{(\Sigma_1)}4\mathrm{d}y\mathrm{d}z$$

$$=2\int_0^{2\pi}\mathrm{d}\theta\int_0^1 r\mathrm{d}r\int_{r^2}^1\mathrm{d}x-4\pi=4\pi\int_0^1(r-r^3)\mathrm{d}r-\pi=-3\pi.$$

18. 提示：$D_{xy}: x^2+y^2\leqslant 2, \mathrm{d}x=\sqrt{1+z'^2_x+z'^2_y}\mathrm{d}x\mathrm{d}y=\sqrt{1+4x^2+4y^2}\mathrm{d}x\mathrm{d}y$，

$$\text{故原式}=\iint\limits_{(D_{xy})}(x^2+y^2)\sqrt{1+4x^2+4y^2}\mathrm{d}x\mathrm{d}y$$

$$=\int_0^{2\pi}\mathrm{d}\theta\int_0^{\sqrt{2}}r^2\sqrt{1+4r^2}r\mathrm{d}r=\frac{149}{30}\pi.$$

19. 提示：原式 $=\iint\limits_{(D_{xy})}|x||y|(x^2+y^2)\sqrt{1+z'_x+z'_y}\mathrm{d}x\mathrm{d}y$

$$=4\iint\limits_{(D_{xyI})}xy(x^2+y^2)\sqrt{1+4(x^2+y^2)}\mathrm{d}x\mathrm{d}y,$$

这里，D_{xyI} 为 D_{xy} 在第一象限部分，

$$D_{xyI}=4\int_0^{\frac{\pi}{2}}\mathrm{d}\theta\int_0^1 r^4\sin\theta\cos\theta\sqrt{1+4r^2}r\mathrm{d}r=\frac{125\sqrt{5}-1}{420}.$$

20. 提示：质量为 $M=\iint\limits_{(\Sigma)}\rho_0\mathrm{d}s=\sqrt{2}\rho_0\iint\limits_{x^2+y^2\leqslant ax}\mathrm{d}x\mathrm{d}y=\frac{\sqrt{2}\pi a^2\rho_0}{4}$.

从而垂心的坐标为

$$\bar{x}=\frac{1}{M}\sqrt{2}\rho_0\iint\limits_{x^2+y^2\leqslant ax}x\mathrm{d}x\mathrm{d}y=\frac{a}{2},\quad \bar{y}=\frac{1}{M}\sqrt{2}\rho_0\int_0^a\mathrm{d}x\int_{-\sqrt{ax-x^2}}^{\sqrt{ax-x^2}}y\mathrm{d}y=0,$$

$$\bar{z}=\frac{1}{M}\sqrt{2}\rho_0\iint\limits_{x^2+y^2\leqslant ax}z\mathrm{d}x\mathrm{d}y=\frac{16a}{9\pi}.$$

21. 提示:由曲面 $z=\sqrt{x^2+y^2}$ 得 $x^2+y^2+z^2=a^2$ 分成上、下两部分,记成 $S_上$、$S_下$,

$$I=\iint_{(S_上)}(x^2+y^2)\mathrm{d}s+\iint_{(S_下)}0\mathrm{d}s=\int_0^{2\pi}\mathrm{d}\theta\int_0^{\frac{a}{\sqrt{2}}}\frac{ar^3}{\sqrt{a^2-r^2}}\mathrm{d}r=\frac{\pi a^4}{6}(8-5\sqrt{2}).$$

22. 提示:$D_{xy}:\dfrac{x^2}{a^2}+\dfrac{y^2}{b^2}\leqslant 1,z=\pm c\sqrt{1-\dfrac{x^2}{a^2}-\dfrac{y^2}{b^2}}$. 由轮换对称,只要计算积分 $\iint_{(\Sigma)}\dfrac{1}{z}\mathrm{d}x\mathrm{d}y$,再利用广义极坐标可得

$$\iint_{(\Sigma)}\frac{1}{z}\mathrm{d}x\mathrm{d}y=\frac{2}{c}\iint_{(D_{xy})}\frac{1}{\sqrt{1-\frac{x^2}{a^2}-\frac{y^2}{b^2}}}\mathrm{d}x\mathrm{d}y=\frac{2ab}{c}\int_0^{2\pi}\mathrm{d}\theta\int_0^1\frac{r}{\sqrt{1-r^2}}\mathrm{d}r=4\pi\frac{ab}{c},$$

于是

$$原式=4\pi\left(\frac{bc}{a}+\frac{ac}{b}+\frac{ab}{c}\right)=\frac{4\pi}{abc}(b^2c^2+a^2c^2+a^2b^2).$$

23. 提示:$\oiint_{(\Sigma)}=\iint_{(\Sigma_1)}+\iint_{(\Sigma_2)}+\iint_{(\Sigma_3)}$,其中,$\Sigma_1,\Sigma_2,\Sigma_3$ 分别是 Σ 在 $z=1,z=2,z=x^2+y^2$ 上的曲面块.

$$\iint_{(\Sigma_1)}=-2\pi\mathrm{e},\qquad \iint_{(\Sigma_2)}=2\sqrt{2}\pi\mathrm{e}^{\sqrt{2}},\qquad \iint_{(\Sigma_3)}=2\sqrt{2}\pi\mathrm{e}^{\sqrt{2}},$$

所以 $\oiint_{(\Sigma)}\dfrac{\mathrm{e}^{\sqrt{2}}}{\sqrt{x^2-y^2}}\mathrm{d}x\mathrm{d}y==2\pi\mathrm{e}^{\sqrt{2}}(\sqrt{2}-1)$.

24. 提示:由格林第一公式得

$$\iiint_{(\Omega)}u\Delta v\mathrm{d}x\mathrm{d}y\mathrm{d}z=\oiint_{(\Sigma)}u\frac{\partial v}{\partial \boldsymbol{n}}\mathrm{d}x-\iiint_{(\Omega)}\left(\frac{\partial u}{\partial x}\frac{\partial v}{\partial x}+\frac{\partial u}{\partial y}\frac{\partial v}{\partial y}+\frac{\partial u}{\partial z}\frac{\partial v}{\partial z}\right)\mathrm{d}x\mathrm{d}y\mathrm{d}z$$

同理

$$\iiint_{(\Omega)}v\Delta u\mathrm{d}x\mathrm{d}y\mathrm{d}z=\oiint_{(\Sigma)}v\frac{\partial u}{\partial \boldsymbol{n}}\mathrm{d}x-\iiint_{(\Omega)}\left(\frac{\partial u}{\partial x}\frac{\partial v}{\partial x}+\frac{\partial u}{\partial y}\frac{\partial v}{\partial y}+\frac{\partial u}{\partial z}\frac{\partial v}{\partial z}\right)\mathrm{d}x\mathrm{d}y\mathrm{d}z$$

两式相减得:

$$\iiint_{(\Omega)}(u\Delta v-v\Delta u)\mathrm{d}x\mathrm{d}y\mathrm{d}z=\oiint_{(\Sigma)}\left(u\frac{\partial v}{\partial \boldsymbol{n}}-v\frac{\partial u}{\partial \boldsymbol{n}}\right)\mathrm{d}s.$$

25. 提示:设 $c=\Gamma+\overrightarrow{BA}$,其中,$\overrightarrow{BA}$ 为从 B 到 A 的直线段,则 c 为封闭曲线,由斯托克斯公式得

$$\int_{(L)}=\oint_{(C)}-\int_{\overrightarrow{BA}}=\oint_{(C)}+\int_{\overrightarrow{AB}}=\int_{\overrightarrow{AB}}=\int_0^h(z^2-ak0)\mathrm{d}z=\frac{h^3}{3}.$$